Telephon- und Signal-Anlagen

Ein praktischer Leitfaden für die Errichtung
elektrischer Fernmelde- (Schwachstrom-) Anlagen

Herausgegeben von

Carl Beckmann

Oberingenieur der Aktiengesellschaft Mix & Genest, Telephon-
und Telegraphenwerke, Berlin-Schöneberg

Bearbeitet nach den Leitsätzen für die Errichtung elektrischer Fern-
melde- (Schwachstrom-) Anlagen der Kommission des Verbandes deutscher
Elektrotechniker und des Verbandes elektrotechnischer Installationsfirmen
in Deutschland

Dritte, verbesserte Auflage

Mit 418 Abbildungen und Schaltungen
und einer Zusammenstellung der gesetzlichen Bestimmungen
für Fernmeldeanlagen

Berlin
Verlag von Julius Springer
1923

ISBN-13: 978-3-642-98846-2   e-ISBN-13: 978-3-642-99661-0
DOI: 10.1007/978-3-642-99661-0

Alle Rechte, insbesondere das der Übersetzung
in fremde Sprachen, vorbehalten
Softcover reprint of the hardcover 3rd edition 1923

Vorwort zur ersten Auflage.

Die Fernmeldetechnik (Schwachstromtechnik) hat sich im Laufe der letzten 25 Jahre zu einer Industrie von großer volkswirtschaftlicher Bedeutung entwickelt, so daß sie heute anderen großen technischen Berufszweigen gleichbedeutend an die Seite gestellt werden kann. Die Anforderungen, welche an moderne Fernmeldeanlagen gestellt werden, sind so groß und so vielseitig geworden, daß die Ausarbeitung allgemein gültiger Vorschriften für die Ausführung und die Installation von Fernmeldeanlagen in ähnlicher Weise, wie sie für Starkstromanlagen bereits seit einer Reihe von Jahren bestehen, zwingendes Bedürfnis geworden ist. Eine aus Mitgliedern des Verbandes deutscher Elektrotechniker und des Verbandes der elektrotechnischen Installationsfirmen in Deutschland gebildete Kommission unterzieht sich dieser Aufgabe in dankenswerter Weise. Die bis jetzt von der Kommission herausgegebenen grundlegenden Bestimmungen wurden bei der Bearbeitung des vorliegenden Werkes benutzt.

Es ist einleuchtend, daß es mit den Vorschriften allein nicht getan ist. Sollen dieselben für die Fernmeldeindustrie nutzbringend wirken, so ist eine sinngemäße Anwendung der Vorschriften in der Praxis Haupterfordernis. Das Personal der Monteure rekrutierte sich noch vor wenigen Jahren aus fast allen möglichen Berufszweigen. Erst in neuerer Zeit ist man dazu übergegangen, junge Leute für diesen Beruf systematisch auszubilden. Der Beruf des ,,Schwachstrommonteurs'' wurde von mancher Seite geringschätzig angesehen, obgleich in Wirklichkeit gerade an den Fernmeldemonteur weit höhere Anforderungen in bezug auf Kenntnis von verwickelten Schaltungen und verschiedenartigen Installationsverfahren gestellt werden als an den Starkstrommonteur.

Da das dauernd gute Funktionieren einer Fernmeldeanlage letzten Endes von der sorgfältigen vorschriftsmäßigen Installation der Anlage abhängt, so ist eine gute Ausbildung des Monteurs auch in technischer Beziehung Haupterfordernis. Das vorliegende

Werk soll ein Nachschlagebuch sein für den Fernmeldetechniker und -monteur, welches ihm in allen theoretischen und praktischen Fragen knappe und klare Auskunft erteilt.

Das Werk ist in erster Linie für den Montagepraktiker bestimmt. Daher wurde auch das Kapitel über Montage besonders eingehend behandelt und demselben die eigenen langjährigen praktischen Erfahrungen des Verfassers zugrunde gelegt.

Etwaige Anregungen aus dem Leserkreise über Verbesserungen in der Montageausführung würden bei einer etwaigen Neuauflage des vorliegenden Werkes gern Berücksichtigung finden.

Durch die umfassende Zusammenstellung der einschlägigen gesetzlichen Bestimmungen, über die vielfach noch Unklarheit herrscht, dürfte gleichfalls einem weit verbreiteten Bedürfnis Rechnung getragen sein.

Berlin - Lichterfelde, Oktober 1913.

Der Verfasser.

Vorwort zur dritten Auflage.

Die fortschreitende Entwicklung der Fernmeldetechnik machte eine gründliche Neubearbeitung des Buches notwendig. Insbesondere haben die Kapitel über Nebenstellenwesen, Automatie und Verstärkungseinrichtungen eine grundlegende Umarbeitung erfahren, wofür ich meinen Mitarbeitern zu besonderem Dank verpflichtet bin. Zahlreiche aus dem Leserkreise vom In- und Auslande mir zugegangene Anregungen habe ich für Verbesserungen der vorliegenden dritten Auflage benutzt. Ich hoffe, daß das Interesse meines Leserkreises auch ferner wach bleiben wird und sehe Anregungen über Verbesserungen gerne entgegen. So wird das Werk sich durch gemeinsame Arbeit aus der Praxis für die Praxis zu immer größerer Vollkommenheit entwickeln.

Berlin - Zehlendorf, November 1922.

Der Verfasser.

Inhaltsverzeichnis.

Erstes Kapitel.
Allgemeine Vorkenntnisse und die wichtigsten Konstruktionselemente der Fernmeldetechnik.

Seite
1. Der elektrische Strom 1
   A. Das Ohmsche Gesetz 1
   B. Der Widerstand 2
   C. Der Spannungsabfall 3
   D. Der Gleichstrom 4
   E. Der Wechselstrom 5
   F. Der Kondensator 6
2. Der Magnetismus 9
   A. Allgemeines 9
   B. Die magnetische Zugkraft 10
   C. Die Remanenz 10
   D. Der Dauermagnet 11
3. Die Induktion 11
   A. Allgemeines 11
   B. Die Drosselspule 12
   C. Der Transformator 13
   D. Die Induktionsspule 13
   E. Der Übertrager 14
   F. Der Magnetinduktor 14
4. Die elektrischen Maßeinheiten 16
5. Die Batterien und andere Stromquellen 17
   A. Allgemeines 17
   B. Primärelemente 17
      1. Ruhestromelemente 18
      2. Arbeitsstromelemente 19
         a) Nasse Elemente 19
         b) Trockenelemente 23
         c) Zusammenstellung der gebräuchlichsten Elementtypen 24
         d) Elementschränke 26
         e) Berechnung der Elementzahl für Batterien 26
         f) Schaltung der Elemente 28
         g) Prüfung im Gebrauch befindlicher Elemente 29
   C. Akkumulatoren 30
      1. Allgemeines 30
      2. Akkumulatorentabelle 32
      3. Vorschriften über die Behandlung der Akkumulatorenbatterien 33

Inhaltsverzeichnis.

	Seite
4. Berechnung der Akkumulatorenbatterie	33
5. Die Ladeeinrichtungen der Akkumulatorenbatterie	37
D. Der Polwechsler	44
E. Die Rufmaschine	45

6. Die wichtigsten Konstruktionselemente der Haustelegraphie ... 49
  A. Der Kontakt ... 49
  B. Der Aus- und Umschalter ... 51
  C. Der Selbstunterbrecher ... 52
  D. Das Relais ... 52
    1. Das Gleichstromrelais mit Ruhe- und Arbeitsstromkontakt ... 53
    2. Das Stromwechselrelais ... 53
    3. Das Wechselstromrelais ... 54
    4. Das Starkstromrelais ... 55
  E. Die Signalklappen ... 55
    1. Die Pendelklappe ... 56
    2. Die Fallklappe ... 57
    3. Die Vertikalklappe ... 57
    4. Die Emge-Tableauklappe ... 58
    5. Die Stromwechselklappe ... 58
    6. Die Kippklappe ... 59
    7. Die polarisierte Kippklappe ... 60

7. Die wichtigsten Konstruktionselemente der Telephonie ... 61
  A. Allgemeines ... 61
  B. Das Telephon ... 65
    1. Das Belltelephon ... 65
    2. Das Löffeltelephon ... 66
    3. Das Dosentelephon ... 66
    4. Das Stieltelephon ... 66
    5. Das lautsprechende Telephon ... 67
  C. Das Mikrophon ... 67
    1. Das Walzenmikrophon ... 67
    2. Das Kohlengrießmikrophon ... 68
    3. Das Kohlenkugelmikrophon ... 68
    4. Das Präzisionsmikrophon ... 69
    5. Das Stentormikrophon ... 69
    6. Das Starktonmikrophon ... 70
    7. Die Verstärkerröhren ... 70
  D. Das Mikrotelephon ... 79
  E. Der Hakenumschalter ... 76
  F. Der Gabelständer ... 77
  G. Der Hebelumschalter ... 78
  H. Klinken und Stöpsel ... 78
  I. Relais für Telephonschaltungen ... 80
    1. Das L-Relais ... 80
    2. Das Drosselrelais ... 81
  K. Ruf- und Schlußzeichenorgane ... 82
    1. Die Fallklappe ... 82
    2. Die Rückstellklappe ... 83
    3. Das Schauzeichen ... 89
      a) Das Sternschauzeichen ... 85
      b) Das Drosselschauzeichen ... 85
    4. Glühlampen ... 85

Inhaltsverzeichnis. VII

L. Die Sicherungen 87
 1. Die Blitzsicherungen 87
 2. Die Starkstromsicherungen 89
  a) Die Grobsicherungen 89
  b) Die Feinsicherungen 90

Zweites Kapitel.
Leitungsbau von Fernmeldeanlagen.

1. Allgemeines 93
2. Freileitungen 93
 A. Drahtmaterial 93
 B. Isoliermaterial 95
 C. Gestänge und Isolatorenträger 96
 D. Werkzeuge für den Freileitungsbau 99
 E. Freileitungsbau 102
  1. Abstecken der Strecke 102
  2. Aufstellen der Stangen und Isolatorenträger 103
  3. Das Ziehen der Leitungen 107
   a) Abrollen des Drahtes 109
   b) Verbindung zweier Drahtenden 109
   c) Das Auflegen der Leitung 110
   d) Das Abspannen der Leitung 110
   e) Das Abbinden der Leitung 114
 F. Verbinden der Freileitung mit der Innenleitung 115
 G. Das Tönen der Leitungen 116
 H. Schutz der Telephonleitungen gegen Beeinflussung durch benachbarte Leitungen und Fremdströme 117
 I. Schutz der Leitungen gegen Starkstrom und atmosphärische Elektrizität 118
 K. Die Erdleitung 119
 L. Fernmeldeleitungen an Hochspannungsgestängen 119
3. Kabelleitungen 120
 A. Allgemeines 120
 B. Kabelarmaturen 121
 C. Verlegung von Kabeln im Erdreich 122
  a) Nicht armierte Kabel 123
  b) Die Verlegung armierter Kabel 124
  c) Die Kosten der Kabelverlegung 124
 D. Kabelverbindungen 125
 E. Vorschriften über die Ausführung der Verbindung von Erdkabeln 125
 F. Kabelendverschlüsse 127
 G. Aufsuchen von Fehlern in Erdkabeln 128
 H. Kabelplan und Kabelakten 129
4. Innenleitungen 129
 A. Allgemeines 129
 B. Leitungsmaterialien für Inneninstallation 129
 C. Entstehen und Verhütung von Induktion (Mitsprechen) in Fernsprechkabeln 136

		Seite
D.	Isolier- und Befestigungsmaterial	139
E.	Werkzeuge für Innenleitungsbau	142
F.	Herstellung von Drahtverbindungen für Innenleitungen	144
	1. Die Würgelötstelle	145
	2. Das Druckverfahren für die Verbindung von Leitungsdrähten	146
	3. Das Klemmverfahren	146
G.	Das Verlegen der Leitungen in trockenen Räumen	149
H.	Die Rohrmontage	154
I.	Verlegung der Leitung in feuchten Räumen	157
K.	Verbindungskästen und Kabelverteiler	157
L.	Prüfung des Leitungsnetzes	162
M.	Anbringen der Apparate	163
N.	Die Prüfung der fertigen Anlage	165
	1. Strommessungen	166
	2. Spannungsmessung	167
	3. Isolations- und Widerstandsmessungen	167

5. **Aufsuchen von Störungen in Fernmeldeanlagen** 168
   - A. Allgemeines . . . 168
     1. Störungen der Stromquelle . . . 168
     2. Störungen in den Apparaten . . . 169
     3. Störungen in der Leitung . . . 169
        - a) Drahtbrüche . . . 170
        - b) Nebenschlüsse . . . 170
        - c) Erdschlüsse . . . 171
        - d) Störungen in beweglichen Schnüren . . . 171
   - B. Erläuterung häufig vorkommender Störungen . . . 172
   - C. Revision . . . 178

Drittes Kapitel.

Die gebräuchlichsten Apparate und Schaltungen der Fernmeldetechnik.

1. Telephonanlagen . . . 179
   - A. Haustelephonie . . . 179
   - B. Hoteltelephonie . . . 184
   - C. Geschäftstelephonie . . . 185
     1. Reine Privatanlagen . . . 188
        - a) Telephonanlagen für direkten Verkehr . . . 189
        - b) Linienwähleranlagen . . . 192
        - c) Zentralanlagen . . . 196
        - d) Gemischte Zentral- und Linienwähleranlagen . . . 196
     2. Posttelephonanlagen . . . 206
        - a) Reine Postnebenstellenanlagen . . . 207
        - b) Gemischte Postnebenstellen- und Privatanlagen, Janusnebenstellenanlagen . . . 209
          1. Janusreihenschaltung . . . 210
          2. Januszentralschaltung . . . 214
     3. Vollautomatische Zentralen . . . 220
     4. Lautsprech- und Lauschtelephonanlagen . . . 226
   - D. Eisenbahntelephonie . . . 230
   - E. Telephonanlagen für feuchte Räume . . . 231

Inhaltsverzeichnis. IX

	Seite
2. Signalanlagen	232
A. Haus- und Geschäftstelegraphie	232
1. Signal- und Alarmanlagen	232
2. Tableauanlagen	236
B. Hoteltelegraphie	237
1. Tableauanlagen	237
2. Lichtsignalanlagen	237
C. Eisenbahntelegraphie	242
3. Kontroll- und Sicherungsanlagen	243
A. Feuermeldeanlagen	243
1. Allgemeines	243
2. Feuermeldeanlagen mit vom Feuer betätigten automatischen Meldern	244
B. Feueralarmanlagen	245
C. Wächterkontrollanlagen	246
D. Sicherungsanlagen gegen Einbruch	247
E. Wasserstandsfernmelder	248
1. Voll- und Leerkontakte	249
2. Kontakt- und Zeigerwerk	250
F. Elektrische Zentraluhrenanlagen	254
G. Elektrische Türöffner	255
H. Blitzableiteranlagen	257
1. Allgemeines	257
2. Die Auffangvorrichtungen	258
3. Die Ableitungen	259
4. Die Befestigung der Ableitungen	260
5. Die Verbindung der Ableitungen	261
6. Die Erdleitungen	262
7. Die Gesamtanordnung	263
8. Die Prüfung der Blitzableiteranlagen	263

Viertes Kapitel.

Gesetzliche Verordnungen und Normalien.

1. Auszug aus dem Gesetz über das Telegraphenwesen	264
2. Auszug aus dem Telegraphenwegegesetz	271
3. Auszug aus dem Amtsblatt Nr. 30 des RPM.	272
4. Auszug aus den Bestimmungen über Fernsprechnebenanschlüsse	274
5. Graphische Darstellung der zulässigen Verbindungen in Postnebenstellenanlagen	286
6. Leitsätze für den Anschluß von Schwachstromanlagen an Niederspannungs-Starkstromnetze durch Transformatoren oder Kondensatoren	294
7. Vorschriften über die Errichtung selbsttätiger Feuermeldeanlagen	295
8. Leitsätze über den Schutz der Gebäude gegen den Blitz	303
9. Anleitung zur ersten Hilfeleistung bei Unfällen im elektrischen Betriebe	319
10. Gewicht und Widerstand von Kupferdrähten bei 15° C	321
Sachregister	323

Erstes Kapitel.
Allgemeine Vorkenntnisse und die wichtigsten Konstruktionselemente der Fernmeldetechnik.

1. Der elektrische Strom.

A. Das Ohmsche Gesetz.

Was ist elektrischer Strom? Eine wenn auch nicht vollkommene, so doch für die Praxis ausreichende Vorstellung bietet der Vergleich des elektrischen Stromes mit einer Wasserleitung. Verbindet man zwei mit Wasser gefüllte Gefässe von verschiedener Höhe der Wasseroberfläche miteinander durch ein Rohr, so findet ein Überfließen des Wassers von dem höher gelegenen Gefäß nach dem niedriger gelegenen so lange statt, bis beide Wasseroberflächen gleiche Höhe besitzen. Der Ausgleich erfolgt um so schneller, je größer der Höhenunterschied der beiden Oberflächen und je größer der Querschnitt des Rohres ist. Die Menge des das Rohr durchströmenden Wassers — die Stromstärke — ist also abhängig von dem Höhenunterschied, bei der Wasserleitung mit Druck, bei dem elektrischen Strom mit elektromotorischer Kraft, Spannung, bezeichnet, und von dem Widerstand, welchen das Rohr bzw. der Draht dem Strom entgegensetzt. Der Strom wird also um so größer werden, je höher die Spannung, und um so kleiner, je größer der Widerstand ist. Die Beziehung dieser Größen zueinander nennt man das Ohmsche Gesetz, welches in folgender Weise ausgedrückt wird:

$$\text{Stromstärke} = \frac{\text{Spannung}}{\text{Widerstand}}$$

oder $\quad \text{Spannung} = \text{Stromstärke} \times \text{Widerstand}$

und $\quad \text{Widerstand} = \dfrac{\text{Spannung}}{\text{Stromstärke}}$.

In der Elektrotechnik bezeichnet man die Einheit der Stromstärke mit Ampere (Amp.), die Einheit der Spannung mit Volt (V) und die Einheit des Widerstandes mit Ohm (Ω). Das Ohmsche Gesetz kann man daher auch schreiben:

$$1 \text{ Amp.} = \frac{1 \text{ Volt}}{1 \text{ Ohm}} \quad \text{oder:} \quad 1 \text{ Amp.} = \frac{1 \text{ V}}{1 \text{ Ω}}.$$

Die in der Fernmeldetechnik gebräuchlichen Stromstärken werden in $^1/_{1000}$ Ampere oder 1 Milliampere (Miamp.) gemessen. Aus Spannung und Widerstand eines Stromkreises kann die Stromstärke berechnet werden.

B. Der Widerstand.

Entsprechend dem oben angeführten Vergleich mit der Wasserleitung kann der elektrische Strom auf beliebige Entfernungen fortgeleitet werden. Als Material hierfür eignen sich am besten Metalle. Der Strom durchfließt aber auch Flüssigkeiten, welche durch einen Zusatz von Säuren leitend gemacht werden, und feuchtes Erdreich. Luft und andere Gase, trockenes, nicht metallhaltiges Gestein, Glas, Porzellan, trockenes Holz, Harz, trockenes Papier, Seide u. dgl. leiten den Strom nicht und werden daher als Isolatoren bezeichnet. Die Metalle, welche praktisch als Stromleiter allein in Frage kommen, setzen dem Strom einen jedem Metall eigentümlichen sogenannten spezifischen Widerstand entgegen. Derselbe ist durch Messungen an einem Metall von 1 qmm Querschnitt und 1 m Länge bei einer Temperatur von ca. 20° C festgestellt und besitzt für die gebräuchlichsten Materialien die folgenden Werte:

Kupfer	0,017
Silber	0,017
Siliziumbronze	0,019
Aluminium	0,032
Messing (30% Zn)	0,08
Flußeisen	0,1 bis 0,15
Nickelin	0,42
Konstanten	0,49

Der Widerstand einer Leitung ist um so größer, je länger dieselbe ist, und um so kleiner, je größeren Querschnitt sie besitzt. Der Widerstand W eines Drahtes ist daher:

$$W = \frac{\text{Länge}}{\text{Querschnitt}} \times \text{spezifischen Materialwiderstand},$$

oder $$W = \frac{L}{Q} \cdot s.$$

Bei der Berechnung ist die Länge L in Metern, der Querschnitt in Quadratmillimetern und der spezifische Widerstand nach der obigen Tabelle entsprechend dem Material einzusetzen.

1. **Beispiel.** Der Widerstand eines Kupferdrahtes von 100 m Länge und 1 qmm Querschnitt ist zu berechnen:

$$W = \frac{L}{Q} \cdot s = \frac{100}{1} \cdot 0{,}017 = 1{,}7 \text{ Ohm.}$$

2. **Beispiel.** Ein Bronzedraht von 1,5 mm Durchmesser, 1,76 qmm Querschnitt und 1000 m Länge besitzt einen Widerstand von:

$$W = \frac{L}{Q} \cdot s = \frac{1000}{1{,}76} \cdot 0{,}019 = 10{,}8 \text{ Ohm.}$$

Soll dieser Draht mit Rücksicht auf die hohen Anschaffungskosten durch einen Eisendraht ersetzt werden, so muß ein etwa 5 mal größerer Querschnitt gewählt werden, weil der spezifische Widerstand des Eisens zur Siliziumbronze sich wie 5 : 1 verhält. Die Berechnung ist wie folgt vorzunehmen:

$$Q \text{ (Eisen)} = Q \text{ (S.-Bronze)} \frac{s \text{ (Eisen)}}{s \text{ (S.-Bronze)}} = 1{,}76 \frac{0{,}12}{0{,}019} = 11{,}6 \text{ qmm.}$$

Dem entspricht ein Durchmesser von 3,9 oder 4 mm. Eine Kontrollrechnung ergibt:

$$W = \frac{L}{Q} \cdot s = \frac{1000}{12} \cdot 0{,}12 = 10 \text{ Ohm.}$$

C. Der Spannungsabfall.

Um einen Strom, welcher an einem entfernten Ort Arbeit leisten soll, durch einen Draht fortzuleiten, muß zur Überwindung des Drahtwiderstandes eine bestimmte Spannung aufgewendet werden, welche von der Spannung der Stromquelle in Abzug zu bringen ist und daher als Spannungsabfall oder Spannungsverlust bezeichnet wird. Die verlorengehende Energie setzt sich in Wärme um und erhitzt den Draht, und zwar um so mehr, je größer die Stromstärke pro qmm des Drahtquerschnittes ist. Bei zu großer Stromstärke tritt Glühen und schließlich Zerschmelzen des Drahtes ein. Der Spannungsverlust ist nach dem Ohmschen Gesetz zu berechnen:

$$V = \text{Amp.} \cdot W.$$

Beträgt z. B. die Stromstärke zum Betriebe eines Apparates 2 Ampere, der Widerstand der Zuleitung 1,5 Ohm, so ist der Spannungsverlust $V = 2 \cdot 1{,}5 = 3$ Volt. Es müssen also 3 Volt mehr aufgewendet werden, als eigentlich zum Betriebe des Apparates erforderlich wären.

D. Der Gleichstrom.

Das dauernde Abfließen einer Elektrizitätsmenge von dem Pluspol einer Stromquelle zum Minuspol bezeichnet man mit Gleichstrom.

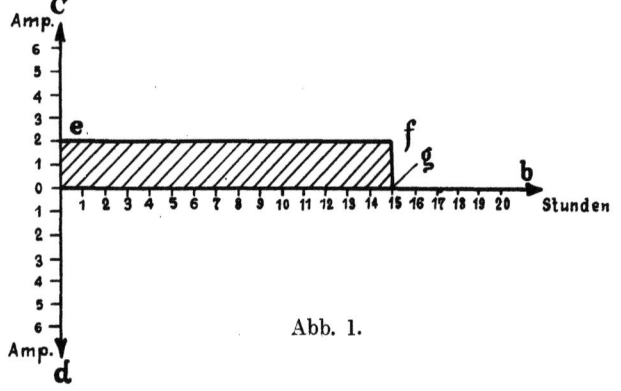

Abb. 1.

Man kann den zeitlichen Verlauf des Stromes bildlich darstellen, wenn man die Zeit auf einer horizontalen Linie und die Stromstärke für jede Zeiteinheit in senkrechter Richtung darüber oder bei umgekehrter Richtung darunter aufträgt. In Abb. 1 ist die Horizontale 0 b in Zeiteinheiten, z. B. Stunden, die Vertikale c d in Stromeinheiten, z. B. Ampere eingeteilt. Die Linie e f stellt einen Strom von 2 Ampere Stromstärke und 15 Stunden Dauer dar. Multipliziert man die Stromstärke mit der Zeit, so erhält man Amperestunden (Kapazität). Die Fläche 0 e f g entspricht also einer Kapazität von 30 Amperestunden. Diese Darstellungsweise benutzt man, um die Leistung einer Stromquelle, z. B. eines Elementes oder Akkumulators zu veranschaulichen. Die entstehende Kurve bildet ein vorzügliches Mittel für die Beurteilung der Güte von Elementen; da die Spannung eines Elementes mit der Entladung abnimmt, so wird auch die von dem Element gelieferte Strommenge bei Entladung durch einen bestimmten Widerstand mit der Zeit allmählich abnehmen. Abb. 2 zeigt die Entladungskurven zweier unter gleichen Bedingungen entladender Elemente. Beide Kurven fallen zunächst schnell ab, entsprechend dem bei der Entladung auftretenden Spannungsabfall. Die Kurve a des ersten Elementes verläuft dann längere Zeit fast horizontal, um sich schließlich bei wachsender Entladung dem Nullpunkt zu nähern. Die Kurve b des zweiten

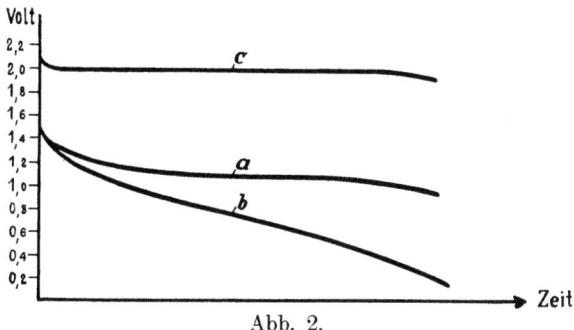

Abb. 2.

Elementes zeigt bereits nach kurzer Zeit einen dauernden Abfall der Stromstärke. Das Element b ist also minderwertiger als das Element a. Die günstigste Entladungskurve zeigt die Akkumulatorkurve c. Die Stromstärke bleibt fast bis zur völligen Erschöpfung konstant. Aus diesem Grunde findet der Akkumulator in größeren Schwachstromanlagen fast ausschließliche Anwendung.

E. Der Wechselstrom.

Der Gleichstrom fließt dauernd in derselben Richtung. Wird der Strom gezwungen, seine Richtung in sehr kurzen Zeiträumen

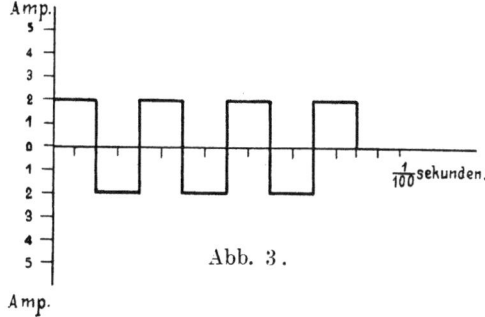

Abb. 3.

zu ändern, so nennt man ihn Wechselstrom. Man kann den Wechselstrom nach der oben angegebenen Methode gleichfalls bildlich darstellen. In Abb. 3 ist ein Strom von 2 Amp. dargestellt, welcher nach $^1/_{50}$ Sekunde seine Richtung wechselt. Die Stromkurve zeigt die Form einer Wellenlinie. Da der Strom in Wirklichkeit nicht momentan auf Null abfällt und ansteigt, sondern von verschiedenen Faktoren beeinflußt wird, so weicht die Form der Kurve praktisch von der in Abb. 3 dargestellten Kurve ab. Abb. 4 zeigt die ideale Kurve des Wechselstromes, die sogenannte Sinuskurve. Zwei Wechsel bilden eine Periode, welche durch das Zeichen ∿ dargestellt wird. Die Anzahl der Perioden des Wechselstroms in einer Sekunde nennt man Frequenz. Die Form der Kurve ist abhängig von der Konstruktion des Stromerzeugers und den Eigenschaften der von dem Strom durchflossenen Leiter.

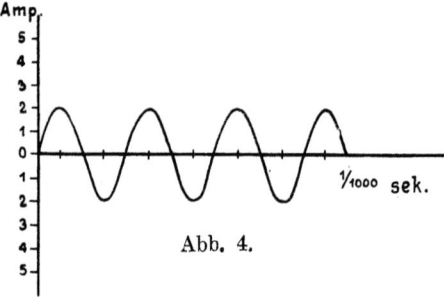

Abb. 4.

Die in der Praxis verwendeten Frequenzen der Wechselströme sind außerordentlich verschieden. Die Starkstromtechnik verwendet in der Regel 50 Perioden pro Sekunde. Die in der Schwachstromtechnik gebräuchlichen Induktoren erzeugen Wechselströme von 15—20 Perioden pro Sekunde. Polwechsler und Rufmaschinen haben in der Regel 25 Perioden. Auch die Sprechströme der Telephonie sind bei indirekter Übertragung Wechselströme. Ihre Periodenzahl entspricht der Schwingungszahl der übertragenen Töne und kann bis zu 1000 Perioden pro Sekunde betragen.

F. Der Kondensator.

Der Kondensator ist ein in der Telephonie vielfach zur Anwendung kommender Apparat. Er hat die Eigenschaft, dem Gleichstrom den Weg zu versperren und dem Wechselstrom nur einen geringen Widerstand entgegenzusetzen. Der Kondensator besteht nach dem Prinzip der bekannten Leidener Flasche aus zwei durch eine Isolierschicht getrennten Metallbelegungen, welche imstande sind, eine gewisse Menge Elektrizität aufzunehmen. Die beste Vorstellung von der Wirkung des Kondensators erhält man, wenn man ihn mit der in Abb. 5 dargestellten Einrichtung vergleicht:

a sei ein mit Wasser gefüllter Pumpenzylinder, in welchem die beiden Kolben b und c hin und her bewegt werden können. Die Mitte des Zylinders ist durch eine elastische Membran d abgeschlossen. Drückt man in der Pfeilrichtung auf den Kolben b, so wird die Membran in derselben Richtung durchgebogen, und zwar um so mehr, je größer der Druck ist; sie nimmt dann die punktierte Stellung ein, der Kolben c wird in der gleichen Richtung aus dem Zylinder hinausgetrieben.

Entfernt man die auf den Kolben b wirkende Kraft, so wird die Membran d infolge ihrer Elastizität bestrebt sein, in die Ruhelage zurückzuschwingen; infolgedessen [kehren auch

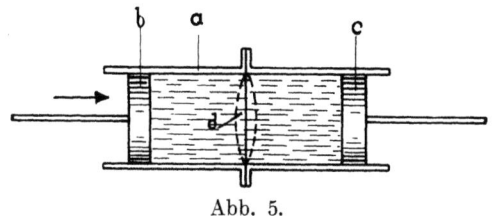

Abb. 5.

beide Kolben in ihre Ruhelage zurück. Infolge der Trägheit der Massen schwingen beide Kolben ein wenig über ihre Ruhelage hinaus, wodurch die Membran nach der entgegengesetzten Richtung durchgebogen wird. Das Spiel wiederholt sich, bis das bewegliche System infolge der Reibung zur Ruhe kommt. Zieht man den Kolben b entgegengesetzt der Pfeilrichtung, so wird die Membran in der entgegengesetzten Richtung durchgebogen und der Kolben c in den Zylinder hineingezogen. Man ist also offenbar imstande, von Kolben b Arbeit auf den Kolben c zu übertragen. Von dieser Arbeit geht ein Teil verloren, welcher für die Durchbiegung der Membran verbraucht wird. Dieser Verlust ist um so kleiner, je elastischer die Membran ist. Ähnlich so ist der Vorgang im Kondensator. Abb. 6 zeigt einen Kondensator in einfachster Ausführung. Das sogenannte Dielektrikum — eine Isolierplatte — d entspricht der Membran in Abb. 5, sie ist auf beiden Seiten mit den Metallbelegungen b und c versehen. Wird die Belegung b mit dem positiven Pol einer Stromquelle verbunden, so sammelt sich auf derselben eine positive Elektrizitätsmenge, und zwar um so mehr, je größer die Spannung (der Druck) der Stromquelle ist. Würde die Spannung zu groß, so würde die Membran (Abb 5) zerplatzen bzw.

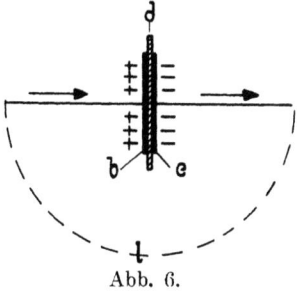

Abb. 6.

(Abb. 6) Dielektrikum durchgeschlagen werden. Auf der Belegung C wird eine entsprechende Menge negativer Elektrizität durch Influenz entstehen. Verbindet man nunmehr beide Belegungen nach Abtrennung der Stromquelle miteinander, so wird die positive Elektrizität von b nach c fließen. Es findet ein Ausgleich statt, und zwar in der Richtung von b nach c. Ähnlich der obenerwähnten Wirkung (durch die Trägheit der Massen) wird auf der bisher negativen Belegung c eine gewisse Menge positiver Elektrizität angehäuft, während gleichzeitig b negativ elektrisch wird. Infolgedessen findet ein Zurückfließen der Elektrizität von c nach b statt und so fort, bis ein völliger Ausgleich erreicht ist. Der Kondensator entladet sich also durch Hinundherschwingen der Elektrizität. Die hierzu erforderliche Zeit ist ein außerordentlich kleiner Bruchteil einer Sekunde. Dieser Vorgang ist in der Abb. 7 dargestellt. Die Linie a—b ist in Zeiteinheiten, z. B. $1/1000$ Sekunden eingeteilt, während auf c—d der Strom in Ampere aufgetragen ist. Die Kurve zeigt, daß die Entladung in Form eines Wechselstromes von sehr kurzer Dauer mit schnell abnehmender Stromstärke erfolgt.

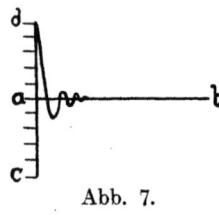

Abb. 7.

Die Entladung des Kondensators kann aber auch dadurch erfolgen, daß man die von dem positiven Pol der Elektrizitätsquelle geladene Belegung b mit dem negativen Pol und die Belegung c mit dem positiven Pol verbindet. Es wird dann ein Abströmen der Elektrizität von b nach der Elektrizitätsquelle und ein Zuströmen nach c stattfinden. Bei abermaliger Umkehrung der Pole wiederholt sich das Spiel. Die Menge der strömenden Elektrizität (der elektrische Strom) wird um so größer sein, je größer die Belegungen' b, c und. je dünner das Dielektrikum d ist. Verbindet man daher eine Wechselstromquelle mit den Polen eines Kondensators, so wird derselbe der Wirkung eines Ohmschen Widerstandes entsprechen, der um so kleiner ist, je größer die Belegungen und je dünner das Dielektrikum ist. Abweichend von dem Ohmschen Widerstande besitzt der Kondensator aber die wichtige Eigentümlichkeit, daß er Wechselströmen von niedriger Frequenz einen wesentlich höheren Widerstand entgegensetzt als Strömen von hoher Frequenz, während er dem Gleichstrom den Weg vollständig versperrt. Den Sprechströmen, welche außerordentlich hohe Frequenz besitzen, bietet er verhältnismäßig geringen Widerstand. Man verwendet für die Herstellung von Kondensatoren dünnste

Zinnfolie und dünnes Spezialpapier, welches mit Paraffin durchtränkt wird. In Abb. 8 ist der in der Telephonie gebräuchlichste Kondensator dargestellt. Er ist in einen Metallbecher eingeschlossen und durch Vergußmasse gegen das Eindringen von Feuchtigkeit abgeschlossen. Das Maß für die Kapazität des Kondensators ist das Mikrofarad. Die in der Telephonie gebräuchlichen Kondensatoren besitzen eine Kapazität von 2 Mikrofarad (2 Mf). Die Isolation der Belegungen gegeneinander beträgt in der Regel mehr als 50 Millionen Ohm (50 Megohm), für einen Kondensator von 2 Mf also mindestens 25 Megohm; sie ist allerdings sehr stark von Temperaturschwankungen abhängig. Die Kondensatoren sollen Gleichstromspannungen von mindestens 350 Volt ertragen, ohne durchzuschlagen.

Abb. 8.

2. Der Magnetismus.

A. Allgemeines.

Wird ein Draht von einem elektrischen Strom durchflossen, so erzeugt derselbe auf der ganzen Länge des Drahtes einen diesen umgebenden magnetischen Zustand. In der Elektrotechnik denkt man sich diesen Magnetismus dargestellt aus einer unendlich großen Zahl von in sich geschlossenen Linien, sogenannten Kraftlinien, von denen jede Punkte gleicher magnetischer Kraft verbindet. Den von diesen durchsetzten Raum nennt man das Kraftlinienfeld des den Draht durchfließenden Stromes. Die Zahl der Kraftlinien, also die Dichte des Kraftlinienfeldes, wächst mit der elektrischen Stromstärke. Die Dichte des Feldes nimmt mit der Entfernung vom Drahte sehr schnell ab. Die Kraftlinien fließen im Sinne des Uhrzeigers, wenn man sich den Strom im Drahte von sich wegfließend denkt (Abb. 9). Legt man mehrere vom Strom in gleicher Richtung durchflossene Drähte nebeneinander, oder windet man

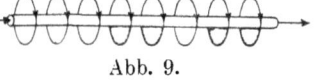

Abb. 9.

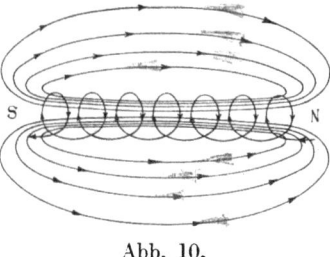

Abb. 10.

denselben Draht zu einer Spule zusammen, so vereinigen sich die Kraftlinien sämtlicher Drähte zu einem in sich geschlossenen magnetischen Strom (Abb. 10). Die Dichte der Kraftlinien ist auch hier wieder in der Nähe der Drähte am größten. Untersucht man die Spule mit einer Magnetnadel, so zeigt sich an dem einen Ende, an welchem die Kraftlinien ausströmen, ein Nordpol, am anderen Ende ein Südpol. Bringt man einen Eisenstab in die Spule, so wird die Zahl der Kraftlinien außerordentlich vergrößert; ein zweites vor die Spule gebrachtes Stück Eisen sammelt die Kraftlinien und wird von der Spule und dem darin befindlichen Eisen angezogen. Die Anziehung ist bei sonst gleichen Verhältnissen um so größer, je größer die Kraftlinienzahl, also je größer die Stromstärke in der Spule ist. Finden die Kraftlinien auf ihrem ganzen Wege nur Eisen, so wird ihre Zahl am größten. Die Wirkung eines Elektromagneten ist daher am größten, wenn der Luftweg zwischen Anker und Kern am kleinsten ist.

B. Die magnetische Zugkraft.

Die Zugkraft eines Elektromagneten wächst bis zu einem gewissen Grade mit der Stromstärke, und zwar so lange, bis die Vermehrung der Kraftlinien im Eisen mit wachsendem Strom aufhört, d. h. bis das Eisen vollkommen mit Magnetismus gesättigt ist. Eine weitere Erhöhung der Stromstärke bedeutet in diesem Falle nur eine Verschwendung von Energie, welche in der Wicklung in Wärme umgesetzt wird. Die in der Schwachstrompraxis gebräuchlichen Apparate besitzen im allgemeinen eine Zugkraft von ca. 2—3 kg pro qcm Eisenquerschnitt, wenn der Anker ohne Luftzwischenraum den Eisenkern berührt. Die Zugkraft nimmt bei Vergrößerung des Luftspaltes mit dem Quadrat der Entfernung ab.

C. Die Remanenz.

Nach Öffnung des Stromes verschwinden die Kraftlinien aus dem Eisen. Es bleibt jedoch ein geringer Rest von Magnetismus darin bestehen, welcher mit Remanenz bezeichnet wird. Diese ist um so geringer, je weicher das Eisen ist. Große, nicht unterteilte Eisenmassen nehmen den Magnetismus verhältnismäßig langsam an und geben denselben schwer wieder ab, d. h. sie besitzen größere magnetische Trägheit. Für Apparate mit schnell wechselndem Magnetismus verwendet man daher aus einzelnen Blechen oder Drähten zusammengesetzte unterteilte Eisenkerne.

D. Der Dauermagnet.

Wird ein gehärteter Stahlstab dem Einflusse eines Kraftlinienstromes ausgesetzt, so wird der Stab gleichfalls magnetisch. Gut gehärteter Stahl besitzt große Remanenz, so daß er nach Unterbrechung des Kraftlinienstromes seinen Magnetismus beibehält und nun selbständig dauernd Kraftlinien aussendet. Diese Konstanz ist um so größer, je härter der Stahl ist. Für sehr starke Dauermagnete wendet man der besseren Bearbeitung wegen lamellierte Magnete aus Spezialstahl (Wolframstahl) an. Die Tragkraft der in der Schwachstromtechnik zu verwendenden Dauermagnete ist ca. 1 kg pro qcm, wenn der Anker den Magnet ohne Luftzwischenraum berührt.

3. Die Induktion.

A. Allgemeines.

Der Raum zwischen zwei entgegengesetzt magnetisierten und sich daher gegenseitig anziehenden Eisenteilen, welcher von Kraftlinien durchströmt wird, heißt magnetisches Feld. Bewegt man einen Draht rechtwinklig zur Richtung der Kraftlinien durch ein solches Feld, so entsteht in dem Drahte ein elektrische Spannung. Diese Wirkung wird mit Induktion bezeichnet. Die Spannung ist um so höher, je größer die Zahl der geschnittenen Kraftlinien, also die Dichte des Magnetfeldes und je größer die Geschwindigkeit des bewegten Drahtes ist. Die Spannung entsteht auch, wenn die Zahl der den Draht schneidenden Kraftlinien geändert wird. Beim Ein- und Ausschalten einer Magnetspule entsteht daher immer in derselben ein Extrastrom, welcher auf den die Spule durchfließenden Strom beim Einschalten schwächend und beim Ausschalten verstärkend einwirkt. Diese Erscheinung heißt Selbstinduktion.

Genau dasselbe findet statt, wenn der Strom in seiner Stärke geändert wird. Die Gegenwirkung des Extrastromes ist um so größer, je schneller die Änderung des Stromes erfolgt, und je größer die Zahl der von dem Strom erzeugten Kraftlinien ist, d. h. je besser der Eisenkreis geschlossen ist. Ganz allgemein gesagt, es entstehen immer Ströme, wenn Kraftlinien bewegte Metallmassen schneiden, oder wenn Metallmassen sich in einem Kraftlinienfelde befinden, dessen Kraftlinienzahl sich ändert. Es entstehen also auch in den Eisenkernen der Magnete, in den

Ankern, den Metallmassen der Spulen, kurz in allen in der Nähe eines Magnets befindlichen Metallmassen Ströme, die in der Metallmasse selbst verlaufen. Diese Ströme heißen Wirbelströme. Sie verbrauchen Energie und setzen diese in Wärme um. Sie sind daher schädlich und setzen den Nutzeffekt des Apparates besonders bei Verwendung von Wechselstrom herab. Man sucht die Wirbelströme dadurch zu vermeiden, daß man ihnen durch Unterteilung des Eisens in dünne Bleche, welche durch eine Papier- oder Lackschicht gegeneinander isoliert werden, den Weg versperrt. Aus diesem Grunde bestehen alle Wechselstrommagnete, Dynamoanker, Transformatoren, Drosselspulen, Induktionsspulen aus unterteiltem Eisen.

B. Die Drosselspule.

Die Selbstinduktion von Magnetspulen wird als Grundlage für die Konstruktion der Drosselspulen benutzt. Dieselben haben den Zweck, dem Wechselstrom einen möglichst hohen Widerstand entgegenzusetzen, während sie dem Gleichstrom ziemlich freien Durchgang gestatten. Die Drosselspule entspricht also in ihrer Eigenschaft einem Drosselventil, welches dem Wechselstrom einen um so größeren Widerstand entgegensetzt, je höher die Frequenz desselben ist. Die Spannung des durch eine Drosselspule gedrosselten Wechselstromes ist hinter der Drosselspule gleich der Spannung der offenen Stromquelle, vermindert um die in der Drosselspule entstehende und entgegengesetzt gerichtete Spannung. Da die Wirkung der Drosselspule abhängig ist von der Anzahl der von dem Wechselstrom erzeugten Kraftlinien, so kann die Wirkung der Spule beeinträchtigt werden, wenn dieselbe gleichzeitig von einem Gleichstrom durchflossen wird, der ja auch Kraftlinien erzeugt. Ist die von dem Gleichstrom hervorgerufene Sättigung sehr groß, so verringert sich die Drosselwirkung für den Wechselstrom.

In Abb. 11 ist eine Drosselspule dargestellt. Sie besteht aus einer Spule a mit sehr vielen Windungen. Der aus dünnen Blechlamellen bestehende Eisenkern b ist um die Spule herumgeführt und vollkommen geschlossen, damit die entstehenden Kraftlinien einen möglichst geringen Widerstand finden. Die Drosselwirkung der Spule ist, abgesehen von der Frequenz des Wechselstromes, abhängig von der

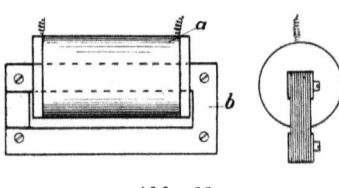

Abb. 11.

Windungszahl der Spule und der Güte des geschlossenen Eisenkernes. Die Drosselwirkung der Drosselspulen wird durch eine besondere Maßeinheit, dem Henry, ausgedrückt. Mit Hilfe desselben kann der scheinbare Widerstand der Spule für einen Wechselstrom berechnet werden, dessen Frequenz bekannt ist. Die Drosselspule findet vorzugsweise in der Telephonie Verwendung. Am gebräuchlichsten sind Spulen von 0,5 bis 5 Henry.

C. Der Transformator.

Bringt man auf oder neben einer von Wechselstrom durchflossenen Spule auf demselben Eisenkern eine zweite Wickelung an und verbindet die Enden derselben miteinander, so entsteht in diesen Windungen infolge der Induktion der ersten Spule ebenfalls ein Wechselstrom von gleicher Frequenz. Die Windungen des erzeugenden Stromes nennt man primäre, diejenigen der zweiten Spule sekundäre Windungen. Die Spannung des erzeugten Stromes entspricht dem Verhältnis der Windungszahlen beider Spulen zueinander. Ist die Windungszahl der primären Spule z. B. 100 und diejenige der sekundären Spule 200, so ist die Spannung des hier erzeugten Stromes doppelt so groß wie die des primären Stromes, gemessen an den Enden der Spulen. Diese Spule mit primärer und sekundärer Wicklung heißt Transformator. Er findet in der Haustelegraphie als sogenannter Klingeltransformator Anwendung (Abb. 12). Die Windungen desselben sind so bemessen, daß die an ein Wechselstrom-Lichtnetz angeschlossene Primärwickelung in der sekundären Wicklung eine Spannung von 4 oder 8 Volt erzeugt, mit welcher eine Haustelegraphenanlage gespeist werden kann.

Abb. 12.

D. Die Induktionsspule.

Die in der Telephonie gebräuchlichsten Transformatoren, die sogenannten Induktionsspulen besitzen folgende Anordnung: Der Eisenkern ragt über die Spule an beiden Enden ein wenig heraus, er ist nicht geschlossen. Dies ist auf die im Kapitel Telephonie erläuterte Anordnung zurückzuführen, bei der Gleichstrom durch die primäre Wicklung fließt. Bei geschlossenem Eisenkreise würde der Gleichstrom eine zu hohe Sättigung des Eisens und eine verminderte Wirkung der Induktion erzeugen. In Abb. 13 ist eine Induktionsspule dargestellt. Die primäre Wicklung a von geringer Windungszahl ist direkt auf den Kern gewickelt. Die sekundäre Wicklung b, welche eine sehr große Windungszahl besitzt, ist über die primären Windungen gewickelt. Der Eisenkern besteht aus dünnen geglühten Eisendrähten, welche einige Millimeter über die Spulen hinausragen und von dicken Holzflanschen umfaßt sind, die auch die Anschlußklemmen tragen.

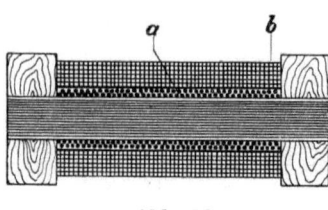

Abb. 13.

E. Der Übertrager.

Ein anderer in der Telephonie angewendeter Transformator ist der Übertrager (Abb. 14). Er gleicht im Prinzip der Drosselspule, besitzt aber zwei Spulen von gleicher Windungszahl, so daß die Spannung der sekundären Spule derjenigen der primären gleich wird. Der sehr fein unterteilte Eisenkreis ist geschlossen, weil die Spulen nur von äußerst schwachen Wechselströmen durchflossen werden, so daß eine schädliche zu starke Sättigung des Eisens nicht auftreten kann. Der Übertrager findet in der Telephonie Anwendung für die Verbindung von verschiedenen Telephonnetzen und beim Übergang von Einfachleitung auf Doppelleitung.

Abb. 14.

F. Der Magnetinduktor.

Eine weitere Verwendung der Induktion findet bei dem Magnetinduktor statt. Wie auf S. 11 beschrieben ist, wird in einem im magnetischen Felde bewegten Draht eine Spannung erzeugt. Der Induktor ist in Abb. 15 dargestellt. Mehrere kräftige

Der Magnetinduktor.

Dauermagnete sind durch Polschuhe von weichem Eisen miteinander verbunden. Zwischen diesen zylindrisch ausgebohrten Polen entsteht ein kräftiges Magnetfeld, in welchem ein Eisenanker von I-förmigem Querschnitt drehbar gelagert ist. Die Einschnitte desselben sind mit vielen Windungen isolierten Drahtes umwickelt. Wird der Anker in Umdrehung versetzt, so schneiden die Drahtwindungen die Kraftlinien des Magnetfeldes, und zwar bei jeder Umdrehung zweimal in entgegengesetzter Richtung. Dement-

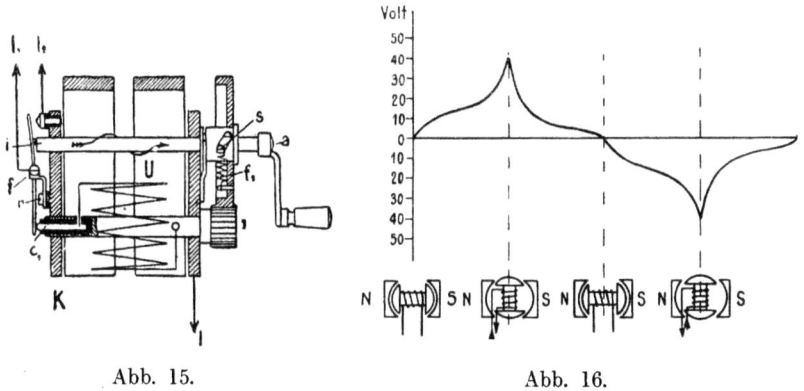

Abb. 15. Abb. 16.

sprechend wechselt der erzeugte Strom bei jeder Umdrehung die Richtung zweimal. Es entsteht also ein Wechselstrom, dessen Periodenzahl der Anzahl der Drehungen des Ankers pro Sekunde entspricht. Da die Spannung von der Zahl der durch den Ankerdraht geschnittenen Kraftlinien abhängig ist, so ändert dieselbe fortwährend ihre Größe. Die Spannung steigt von Null bis zu einem höchsten Werte, fällt ab bis Null, um nun in entgegengesetzter Richtung wieder den Höchstwert zu erreichen, worauf dieselbe wieder bis zum Nullpunkt zurückkehrt. Bei der nächsten Umdrehung wiederholt sich dieser Vorgang. In Abb. 16 ist die Stromkurve eines normalen Induktors mit den entsprechenden Stellungen des Ankers dargestellt. Die gebräuchlichen Induktoren erzeugen eine Spannung von ca. 30 bis 60 Volt bei ca. 1000 Ankerumdrehungen pro Minute. Die von den Induktoren abgegebenen Ströme betragen meist nur wenige Milliampere; der Widerstand der Wicklung des Induktorankers kann daher sehr hoch sein. Der Induktor findet vorzugsweise Anwendung als stets bereite Stromquelle für die Abgabe von Signalen in Telephon und Alarmanlagen.

4. Die elektrischen Maßeinheiten.

Die elektrischen Maßeinheiten sind durch das „Gesetz vom 1. Juni 1898, betreffend die elektrischen Maßeinheiten" festgelegt:

1. Das **Ohm** (Ω) ist die Einheit des elektrischen Widerstandes. Das Ohm ist gleich dem Widerstande einer Quecksilbersäule von durchweg 1 qmm Querschnitt, 106,3 cm Länge, einem Gewicht von 14,4521 g bei der Temperatur des schmelzenden Eises. 1 000 000 Ω = 1 Megohm.
2. Das **Amper** (Amp.) ist die Einheit der elektrischen Stromstärke, welche entsteht, wenn eine Stromquelle von 1 Volt Spannung durch einen Gesamtwiderstand (innerer Widerstand + äußerer Widerstand) von 1 Ohm geschlossen ist. $^1/_{1000}$ Amp. = 1 Miamp.
3. Das **Volt** (V) ist die Einheit der elektromotorischen Kraft. Es wird dargestellt durch die elektromotorische Kraft (Spannung), welche in einem Leiter von 1 Ω Widerstand 1 Amp. erzeugt.
4. Die **Ampersekunde** (Coulomb) ist die Einheit der Elektrizitätsmenge von 1 Amp., welche in einer Sekunde durch den Leitungsquerschnitt fließt. Das gebräuchlichste Maß ist die in einer Stunde fließende Elektrizitätsmenge von 1 Amp. = Ampstd.
5. Das **Watt** (V·A = Voltampere) ist das Einheitsmaß der Leistung von 1 Amp. in einem Leiter von 1 Volt Endspannung.
6. Die **Wattstunde** ist die Einheit für die Arbeit von 1 Watt während einer Stunde.
7. Das **Farad** ist die Einheit eines Kondensators, welcher durch eine Ampersekunde auf 1 Volt Spannung geladen wird. Gebräuchlich ist $^1/_{1\,000\,000}$ Farad = Mikrofarad MF.
8. Das **Henry** ist die Einheit des Induktionskoeffizienten eines Leiters, in welchem durch die gleichmäßige Änderung der Stromstärke in der Sekunde 1 Volt erzeugt wird.

Als Vorsätze vor den Maßeinheiten werden folgende Bezeichnungen verwendet:

Kilo	das Tausendfache,
Mega (Meg)	das Millionenfache,
Milli	der tausendste Teil,
Mikro	der millionste Teil.

5. Die Batterien und andere Stromquellen.

A. Allgemeines.

Als Stromquelle für Fernmeldeanlagen unterscheiden wir chemische und maschinelle Stromerzeuger. Die ersteren, welche für die Fernmeldetechnik von überwiegender Bedeutung sind, sollen zunächst erläutert werden. Die chemischen Stromerzeuger zerfallen in Primärelemente und Sekundärelemente oder Akkumulatoren. Die Primärelemente erzeugen den Strom direkt, während die Sekundärelemente zunächst einer Umformung ihrer Elektroden durch den elektrischen Strom bedürfen. Sie beruhen auf der Einwirkung von verdünnten Säuren auf verschiedene Metalle und ihre Oxyde oder Kohle. Bereits vor etwa 100 Jahren zeigte Volta, daß man einen kontinuierlichen Strom erzeugen kann, wenn man eine Zink- und eine Kupferplatte in Wasser stellt, dem einige Prozent Schwefelsäure zugesetzt sind. Verbindet man die Kupferplatte mit der Zinkplatte durch einen Draht, so fließt ein Strom vom Kupfer zum Zink und von diesem durch die Flüssigkeit zum Kupfer zurück. Schaltet man ein Meßinstrument in den Stromkreis, so wird man sehr bald eine Abnahme der Stromstärke beobachten. Dies rührt daher, daß der Strom das Wasser in seine Bestandteile, Wasserstoff und Sauerstoff, zerlegt. Der Wasserstoff schlägt sich in Form von Bläschen auf der Kupferplatte nieder, während der Sauerstoff sich mit dem Zink zu Zinkoyxd verbindet, welches durch einen weiteren chemischen Prozeß zu Zinksulfat umgewandelt wird. Dies ist der bei gebrauchten Elementen dem Zink anhaftende sogenannte Zinkschlamm. Diesen Vorgang nennt man Polarisation. Da die Platten infolge der Polarisation dem Durchgang des Stromes einen erhöhten Widerstand entgegensetzen, so muß die Stromstärke allmählich abnehmen. Durch Reinigen der Platten kann man den erhöhten inneren Widerstand des Elementes zwar beseitigen. Der Vorgang wiederholt sich aber bei erneuter Stromentnahme, so daß dieses einfachste Element für den praktischen Gebrauch nicht geeignet ist.

B. Primärelemente.

Durch Anwendung geeigneter Mittel ist es gelungen, die Elemente für die Praxis brauchbar zu machen. Man unterscheidet, dem Verwendungszweck entsprechend, Ruhestromelemente für dauernde Stromentnahme und Arbeitsstromelemente für zeitweilige Stromentnahme. Durch die Anordnung von sogenannten Depolarisatoren suchte man die schädliche Polarisation des Elementes zu beseitigen. So entstanden die Elemente von Bunsen und Daniell, welche flüssige Depolarisatoren (Säure) verwendeten.

1. Ruhestromelemente.

Von diesen sogenannten Ruhestromelementen hatte das Element von Meidinger besonders in der Telegraphie in früherer Zeit eine weite Verbreitung erlangt. Später ist dasselbe durch das Krügerelement, welches nach ähnlichen Prinzipien aufgebaut ist, verdrängt worden. Das Krügerelement ist in Abb. 17 dargestellt. Es besteht aus einem Glasgefäß, in welches die Zinkelektrode an den Vorsprüngen hineingehängt wird. Der Zinkzylinder ragt etwa bis zur Mitte des Gefäßes. Die positive Elektrode besteht aus einer Bleiplatte, die in ihrer Mitte einen Metallstab als Stromzuführung trägt. In der unteren Hälfte des Glases befindet sich eine Lösung von Kupfervitriol, die obere Hälfte ist mit einer Lösung von Bittersalz angefüllt, welche auf der Kupfervitriollösung infolge ihres leichteren spezifischen Gewichtes schwimmt. Ein Vermischen der Flüssigkeiten ist daher bei ruhigem Stehen des Elementes nicht zu befürchten. Während der Stromentnahme bildet sich auf der Bleiplatte eine Schicht von metallisch reinem Kupfer, welches verwertet werden kann. Die Sättigung der Kupfervitriollösung ist von Zeit zu Zeit durch Einlegen von Kupfervitriolstücken zu verbessern. Es ist jedoch darauf zu achten, daß die blaue Kupfervitriollösung den Zinkzylinder nicht erreicht. Der obere Rand des Glases ist mit einer Schicht Fett oder Paraffin zu überziehen, damit die Salze nicht aus dem Glase herauskristallisieren. Die Spannung des Elementes beträgt ca. 1 Volt.

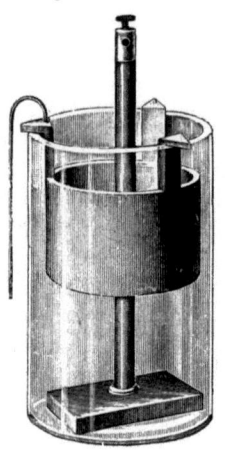

Abb. 17.

Ruhestromelemente finden vorzugsweise Anwendung in Sicherungsanlagen mit dauernder Stromentnahme. Neuerdings verwendet man für diese Anlagen auch die weiter unten beschriebenen Beutelelemente, wenn bestimmte Voraussetzungen zutreffen.

Primärelemente.

2. Arbeitsstromelemente.

a) Nasse Elemente.

Durch die Anwendung eines festen Depolarisators gelang es Leclanché und Barbier, ein für die Praxis wirklich brauchbares Element herzustellen. Sie benutzten Mangansuperoxyd oder Braunstein, welcher Sauerstoff in großen Mengen gebunden enthält. Beim Durchgang des Stromes verbindet sich der Sauerstoff mit dem freiwerdenden Wasserstoff zu Wasser. Die ursprüngliche Form dieses Ele-

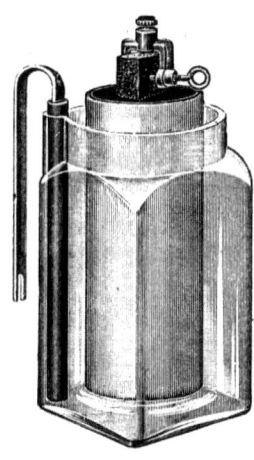

Abb. 18.

Abb. 19.

mentes ist in Abb. 18 dargestellt. Die Kohle ist in einem porösen Tonbecher, der mit Braunstein gefüllt wird, untergebracht. Die Zinkelektrode hat die Form eines Stabes, der in einer Ecke des viereckigen Glasgefäßes aufgestellt wird. Als Erregerflüssigkeit dient eine Lösung des in der Leuchtgasindustrie gewonnenen Salmiaks.

Eine einfachere und billigere Ausführung dieses Elementes ist das in Abb. 19 dargestellte Braunsteinelement, bei welchem man die Braunsteinkohlenmischung lose in das Glas einschüttete und in diese nur wenige Zentimeter hohe Schicht eine Kohlenplatte einstellte.

Die weiteren Bestrebungen, die Tonzelle zu vermeiden und eine innigere Berührung der Braunsteinkohlenteilchen zu erzielen, waren anscheinend bei den Standkohlenelementen (Abb. 20) von Erfolg gekrönt. Eine Verbesserung der Standkohlenelemente

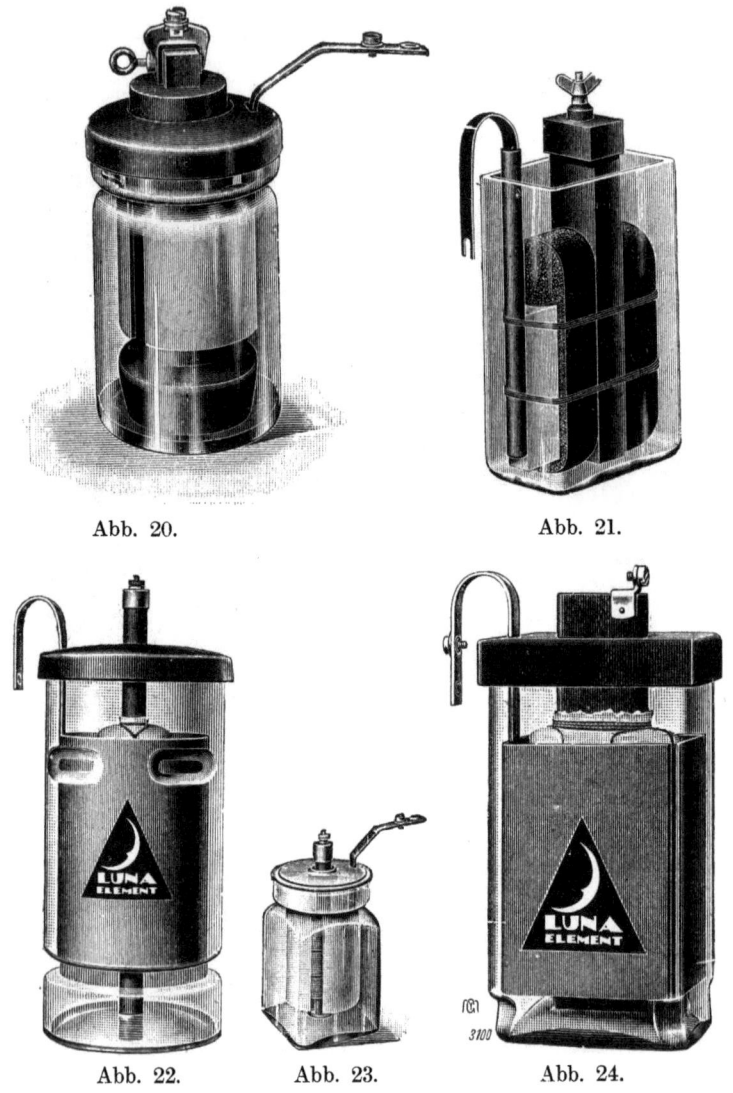

Abb. 20.   Abb. 21.

Abb. 22.   Abb. 23.   Abb. 24.

wurde mit den neueren Brikettelementen (Abb. 21) erzielt, welche längere Zeit hindurch große Verbreitung gefunden haben.

Alle diesen Elementen anhaftenden Fehler wurden erst mit großem Erfolg durch die Beutelelemente beseitigt. Für diese wird eine Braunstein-Graphit-Mischung in staubfeiner Verteilung verwendet, die, unter hohem Druck gepreßt, eine innige Berührung der einzelnen Teilchen ermöglicht. Zur Erzielung eines festen Zylinders sind isolierende Bindemittel oder ein nachheriges Brennen nicht erforderlich, und somit kommt das verwendete hochprozentige Material bei der Stromabgabe voll zur Geltung. Als Polträger dient ein dichter, hartgebrannter, oben paraffinierter Kohlenstab, in welchem die Salmiaklösung nicht aufzusteigen vermag, so daß eine Grünspanbildung an der Polklemme vermieden wird. Der zur Verwendung kommende Stoffbeutel soll ein Abbröckeln der zusammengepreßten Masse verhüten. In Abb. 22, 23 und 24 sind einige von der Aktiengesellschaft Mix & Genest in den Handel gebrachte Typen von Beutelelementen dargestellt.

Nachstehende Tabelle gibt Aufschluß über die hohen Leistungen der modernen Beutelelemente im Vergleich zu den veralteten Konstruktionen. Die Aufzeichnungen wurden an 16 Elementen, die dauernd über 5 Ohm geschlossen waren, festgestellt.

	Elektromotorische Kraft Volt	Klemmenspannung Volt	Innerer Widerstand Ohm	Betriebsstunden bis auf		Gesamtkapazität Amp.-Std.	Gewicht Gramm	Marktpreis vor dem Kriege Mark[1])
				0,8 Volt	0,4 Volt			
Leclanché-Elemente	1,5	1,1	1	$1^3/_4$	30	3	1576	1,35
Braunstein-Elemente	1,4	1,1	1,35	1	6	0,75	2140	1,80
Standkohlen-Elemente ...	1,15	1	0,15	2	34	3,3	1455	1,45
Brikett-Elemente.....	1,52	1,27	1	22	72	9,8	1520	1,70
Beutel-Elemente	1,6	1,54	0,1	78	264	36	1140	1,10

Nach diesen Feststellungen besitzt das Leclanché-Element $1/9$, das Braunstein-Element $1/44$, das Standkohlenelement $1/8$, das Brikettelement $1/4$ der Leitungsfähigkeit des Beutelelementes.

Nach beendeter Messung wurden die Elemente 6 Tage lang ausgeschaltet, um festzustellen, wie weit dieselben sich regenerieren. Nach dem Wiedereinschalten sank die Spannung bei den vier ersten Typen sofort auf 0,8 Volt; das Beutelelement zeigte dagegen eine Spannung von 1,1 Volt.

---
[1]) Die angezogenen Preise geben ein Bild von den Herstellungskosten der Elemente. Wegen der heute gültigen Preise vgl. die Preislisten der Elementfirmen.

Zu den vorzüglichen elektrischen Leistungen der Beutelelemente kommen noch die folgenden besonderen Eigenschaften hinzu.

Großer Kurzschlußstrom, starke Beanspruchungsmöglichkeit, schnelle Regeneration, leichte Transportfähigkeit, geringes Gewicht, billiger Preis.

Welche Leistungen mit einem zweckmäßig konstruierten Beutelelement erreicht werden können, zeigt das in Abb. 25 dargestellte Mammut-Element der Aktiengesellschaft Mix & Genest. Die Kapazität dieses Elementes beträgt 400—500 Amperestunden. Der innere Widerstand steigt von 0,02 Ohm auf ca. 0,25 Ohm von Beginn der Entladung bis zur Erschöpfung.

Diese guten Eigenschaften des Elementes in konstruktiver und elektrischer Beziehung ergeben die unbedingte Brauchbarkeit in allen den Fällen, in denen bislang die Verwendung von Akkumulatoren unumgänglich nötig schien, als Lautsprecher,

Abb. 25.

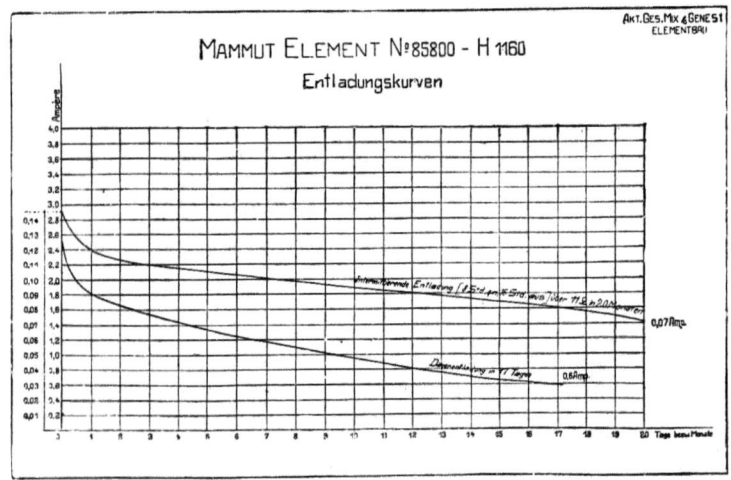

Abb. 26.

kleine Glühlampenzentralen sowie zur Betätigung der Sicherheits- und Kontrollapparate, welche zum Schutze gegen Einbruch, für Feuermelder, Gruben, Hochspannungen usw. vorhanden sind.

Aus der Kurve (Abb. 26) ist ersichtlich, daß das Element bei intermittierender Entladung (8 Stunden eingeschaltet, 16 Stunden ausgeschaltet) 2 Jahre einen Strom von ca. 0,1 Ampere hergegeben hat.

Die aufgetragene untere Stromkurve gibt einen Maßstab für die Stromstärke, welche dem Element entnommen werden kann, wenn die depolarisierende Wirkung des Braunsteins gerade in Wechselwirkung mit der Stromentnahme stehen soll.

Aus dem vorstehenden dürfte klar hervorgehen, daß für moderne Schwachstromanlagen nur Beutelelemente Anwendung finden dürfen.

b) Trockenelemente.

Die unangenehme Anwendung von flüssigen Lösungen und der schwierige Transport der Gläser ließ schon vor langer Zeit das Bedürfnis nach sogenannten Trockenelementen laut werden. Diese Elemente sind nicht im wahren Sinne des Wortes „trocken". Sie enthalten vielmehr genau dieselben Elektroden wie die nassen Elemente. Die Erregerflüssigkeit ist mit Sägespänen, Gips oder anderen organischen Substanzen vermischt, so daß sie nicht ausfließen kann. Die Öffnung des Elementes ist durch eine harte, schwer schmelzbare Asphaltmischung fest vergossen. Das Innere steht jedoch mittels einer Glasröhre mit der Außenluft in Verbindung, damit etwaige sich bildende Gase entweichen können. In Abb. 27 und 28 sind 2 gebräuchliche Trockenelemente in runder und viereckiger Form dargestellt. Die Trockenelemente sind wegen ihrer leichten Versandfähigkeit und steten Betriebsbereitschaft zu außerordentlich großer Verbreitung gelangt, Eine Abart der Trockenelemente sind die sogenannten lagerfesten Elemente. Dieselben gleichen im allgemeinen den Trockenelementen, sie werden jedoch erst bei Ingebrauchnahme mit Wasser angefüllt. Nach etwa 2 Stunden können die Elemente in Gebrauch genommen werden. Nach Abgießen des überflüssigen Wassers ist die Einfüllöffnung wieder mittels eines Korkens zu verschließen. Lagerfeste Elemente können unbegrenzte Zeit an einem trockenen Orte aufbewahrt werden, während Trockenelemente nach mehrjährigem Lagern unbrauchbar werden.

Abb. 27.

Abb. 28.

c) Zusammenstellung der gebräuchlichsten Elementtypen.

Abbildung	Benennung der Elemente	Höhe cm	Durchmesser cm	EMK Spannung neu Volt	Klemmenspannung über 10ΩWd.	Kurzschlußstromstärke Amp.	Zulässige Stromstärke f. Arbeitsstr. Amp.	Zulässige Stromstärke f. Ruhestr. Amp.	Kapazität bei dauernd. Entladung Amp. St.	Innerer Widerstand neu Ω	Innerer Widerstand gebraucht ca. Ω	Gewicht g	Markt-[1]) preis (vor dem Kriege) ca. M.
				Ruhestromelemente									
	Bunsen klein	16	10	2,15	2,1	10	4	0,2	6	0,24	0,5	1090	2,90
	Bunsen groß	25	10	2,15	2,1	10	4	0,4	15	0,24	0,5	2235	4,60
	Meidinger	23	11,5 / 10,6 / 8	1,1	0,55	0,2	0,05	0,1—0,15	—	5—6	6—10	1295	1,80
17	Krüger	16	10	1	0,56	0,2	0,05	0,1—0,15	—	3—3,5	5—6	1555	2,—
				Arbeitsstromelemente									
18	Leclanché klein	16	9	1,55	1,35	1,5	0,14	0,01	5	1,4	1,8	1516	1,25
18	Leclanché groß	24	10	1,55	1,4	3	0,2	0,15	10	1,4	0,8	2682	1,90
19	Braunstein	25	11,5	1,4	1,1	1	0,2		0,75	1,35	1,7	1990	1,60
21	Brikett	16	11,5	1,5	1,25	1	0,2		9,8	1	1,3	1400	1,50
20	Standkohlen klein	16	10	1,1	0,98	4	0,3		3,3	0,15	1,2	1395	1,35
20	Standkohlen groß	25	12,5	1,1	0,96	4	0,3		6	0,15	1,2	2715	2,15
22	Beutel rund klein	16	10	1,58	1,55	6	0,4		30	0,02	0,8	1110	1,05
22	Beutel rund und gr.	25	12	1,58	1,54	7	0,5		60	0,02	0,8	1750	1,85
23	Beutel viereckig kl.	16	10	1,58	1,54	11,5	1,0		35	0,02	0,8	1500	1,55
23	Beutel viereckig gr.	25	12,5	1,58	1,54	12	2,0	0,03	75	0,02	0,7	2870	2,60
24	Beutel flach	18,5	6×10	1,58	1,54	15	0,8	0,04	75	0,02	0,6	1510	2,10
25	Mammut	28	13×19,5	1,6	1,57	50	30	0,08	440	0,02	0,25	9700	14,50

[1]) S. Anmerkung S. 21.

Primärelemente.

Abbildung	Benennung der Elemente	Höhe cm	Durch-messer cm	EMK Spannung neu Volt	Klemmen-spannung über 10Ω Wd.	Kurzschluß-Stromstärke Amp.	Zulässige Stromstärke f. Arbeitsstr. Amp.	Zulässige Stromstärke f. Ruhestr. Amp.	Kapazität bei dauernd. Entladung Amp.Std.	Innerer Widerstand neu ca. Ω	Innerer Widerstand gebraucht ca. Ω	Gewicht g	Markt-[1] preis (vor dem Kriege) ca. M.
	Trockenelemente												
27	Rund Gr. I	17	7,5	1,5	1,47	20	0,1	—	35	0,2	1,5	1100	1,45
27	„ „ II	15	8,0	1,5	1,47	20	1	—	35	0,2	1,5	1150	1,45
27	„ „ III	13	7,0	1,5	1,47	15	0,75	—	20	0,2	1,5	700	1,—
27	„ „ IV	9	6,0	1,5	1,47	7,5	0,5	—	10	0,2	1,6	350	0,80
27	Eckig Gr. I	18,5	8 × 8	1,5	1,47	25	0,2	—	90	0,2	1,5	2000	2,30
28	„ „ II	16,5	7,6 × 7,6	1,5	1,47	20	0,2	—	75	0,2	1,5	1560	1,90
28	„ „ III	14	6,3 × 6,3	1,5	1,47	15	1,5	—	38	0,2	1,5	925	1,40
28	„ „ IV	11	5,7 × 5,7	1,5	1,47	10	1,25	—	20	0,2	1,5	550	1,10
28	„ „ V	10	4 × 4	1,5	1,47	7,5	1,0	—	7	0,2	1,5	250	0,80
28	„ „ VI	7,5	3,2 × 3,2	1,5	1,47	5	1,75	—	3	0,2	1,5	120	0,65
28	Flach Gr. I	11	8 × 4	1,5	1,47	10	1,25	—	50	0,2	1,5	650	1,60
28	„ „ II	14	8 × 4	1,5	1,47	15	1,5	—	75	0,2	1,5	800	1,75
28	„ „ III	17,5	9 × 4,5	1,5	1,47	20	2,0	—	90	0,2	1,5	1250	2,00
	Lagerfeste Trockenelemente												
28	Eckig Gr. I	18,5	8 × 8	1,5	1,47	25	2,0	—	75	0,2	1,5	1625	2,70
28	„ „ II	16,5	7,6 × 7,6	1,5	1,47	20	2	—	50	0,2	1,5	1250	2,20
28	„ „ III	14	6,3 × 6,3	1,5	1,47	15	1,5	—	20	0,2	1,5	775	1,70
28	„ „ IV	11	5,7 × 5,7	1,5	1,47	10	1,25	—	10	0,2	1,5	500	1,30
28	„ „ V	10	4 × 4	1,5	1,47	7,5	1,5¹	—	5	0,2	1,5	210	1,—
28	„ „ VI	7,5	3,2 × 3,2	1,5	1,47	5	0,75	—	3	0,2	1,5	100	0,80
28	Flach Gr. I	11	8 × 4	1,5	1,47	10	1,25	—	30	0,2	1,5	575	1,90
28	„ „ II	14	8 × 4	1,5	1,47	15	1,5	—	50	0,2	1,5	500	2,10
28	„ „ III	17,5	9 × 4,5	1,5	1,47	20	2,0	—	75	0,2	1,5	1100	2,40

[1] S. Anmerkung S. 21.

d) Elementschränke.

Wichtig für die Lebensdauer einer Batterie ist die Auswahl des Standortes. Die Elemente sollen in einem kühlen, nicht feuchten und nicht der Wärme ausgesetzten Ort untergebracht werden, da sie sonst schnell austrocknen oder die Anschlußklemmen bei anhaltender Feuchtigkeit schnell oxydieren. Unter allen Umständen empfiehlt es sich, die Elemente in einem besonderen Kasten oder Schrank unterzubringen. Durch Anbringen von Öffnungen in der Rückwand des Schrankes muß für Luftzirkulation gesorgt werden. Trockenelemente können wegen ihrer geringeren Empfindlichkeit, wenn es sich um wenige Stück handelt, auch in Drahtkörben aufgehängt werden.

e) Berechnung der Elementzahl für Batterien.

Die Lebensdauer eines Elementes hängt ab von der Inanspruchnahme desselben; je mehr und je häufiger Strom entnommen wird, desto eher wird das Element erschöpft.

Es ist daher von Wichtigkeit, die Zahl der Elemente dem Stromverbrauch anzupassen. Beim Arbeitsstrombetrieb, wie er in allen Haustelegraphen- und Telephonanlagen Anwendung findet, darf die Beanspruchung eines Elementes ein Zehntel des Kurzschlußstromes betragen. Die Kurzschlußstromstärke ist in der Tabelle (S. 24—25) angegeben. Die Stromstärke einer Anlage richtet sich nach den verwendeten Apparaten. Der Berechnung einer Batterie sind nicht die Daten eines neuen Elementes, sondern diejenigen eines halbverbrauchten Elementes zugrunde zu legen. Setzt man

$x =$ der Zahl der Elemente,
$i =$ der Stromstärke,
$z =$ dem inneren Widerstand eines gebrauchten Elementes (neu 0,1 Ohm, alt 1 Ohm),
$W =$ Apparatwiderstand,
$w =$ Leitungswiderstand,
$e =$ Spannung eines Elementes (neu 1,5, gebraucht 1,2),

so ist die Zahl der Elemente:
$$x = \frac{i \cdot (W + w)}{e - z \cdot i}$$

oder in Worten:

$$x = \frac{\text{Erforderl. Stromst.} \times (\text{Apparatwiderst.} + \text{Leitungswiderst.})}{\text{Spanng. ein. Elem. (1,2 V)} - \text{inner. Widerst. ein. Elem.} \times \text{erford. Stromst.}}$$

1. Beispiel: In einer Haustelegraphenanlage sollen 2 hintereinander geschaltete Tableaux und 1 Wecker betrieben werden.

Primärelemente.

Zu berechnen ist die Zahl der erforderlichen Elemente. Zum Betriebe der Klappen und des Weckers sind 0,2 Amp. erforderlich, der Widerstand der Apparate w ist:

2 Tableauklappen à 3 Ohm . . . . = 6 Ohm
1 Wecker . . . . = 5 Ohm
Summa = 11 Ohm

Leitungswiderstand w = 145 m Kupferdraht von 0,9 mm ᴓ 4 Ohm Spannung eines gebrauchten Elementes e = 1,2 Volt. Innerer Widerstand desselben z = 0,5 Ohm.

$$\frac{i \cdot (W + w)}{e - z \cdot i} = \frac{0,2 \cdot (11 + 4)}{1,2 - 0,5 \cdot 0,2} = 3 \text{ Elemente.}$$

Die Elementzahl ist stets nach oben abzurunden.

2. Beispiel: Eine Wasserstandsfernmeldeanlage enthält ein Kontakt- und ein Zeigerwerk, welche mit einer Leitung von 6 km Länge aus 3 mm Eisendraht verbunden sind; zu berechnen ist die Zahl der Elemente:

i = 0,1 Ampere,
z = 0,1 Ohm (große Beutelelemente),
W = 60 Ohm (Widerstand des Zeigerwerkes).

Der Widerstand der Leitung setzt sich zusammen aus dem Widerstande der Freileitung und dem Widerstand der Erdleitung. 1 km 3-mm-Eisendraht besitzt einen Widerstand von 20 Ohm, die ganze Leitung daher 120 Ohm. Als Widerstand einer an die Wasserleitung angeschlossenen Erdverbindung kann man 10 Ohm rechnen, der Gesamtwiderstand ist daher
w = 130 Ohm

$$x = \frac{i (W + w)}{e - z \cdot i} = \frac{0,1 \cdot (60 + 130)}{1,2 - 0,1 \cdot 0,1} = \frac{19}{0,12} = 15,8 = 16 \text{ Elemente.}$$

Der Widerstand der Wasserleitung ist mitunter größer oder kleiner als 10 Ohm. Stellt sich nach Inbetriebsetzung der Anlage heraus, daß die Stromstärke mit dem vorgeschriebenen Strom der Apparate nicht entspricht, so muß die Zahl der Elemente entsprechend geändert werden.

3. Beispiel. In einer Fabrik sollen zwei parallel geschaltete große Einschlagglocken von 50 cm Schalendurchmesser als Signal für den Betriebsleiter gleichzeitig betätigt werden. Der zum Betriebe einer Glocke erforderliche Strom betrage 0,35 Amp., die Gesamtstromstärke ergibt bei Parallelschaltung beider Wecker 0,7 Amp. Bei dieser erforderlichen großen Stromstärke kommen nur die größten Elementtypen in Frage.

$i = 0{,}7$ Amp.,
$z = 0{,}1$ Ohm,
$W = 2$ parallel geschaltete Glocken à 24 Ohm $= \dfrac{24}{2}$
$= 12$ Ohm,
$w = $ Leitungswiderstand: Bei dieser Stromstärke ist Draht von mindestens 1 qmm Querschnitt zu verwenden. Die Entfernung betrage 100 m, der Widerstand der Leitung ergibt sich daraus zu ca. 2 Ohm.
$e = 1{,}2$ Volt,

$$x = \frac{i\,(W+w)}{e - z\cdot i} = \frac{0{,}7\,(12+2)}{1{,}2 - 0{,}1\cdot 0{,}7} = \frac{9{,}8}{1{,}13} = 8{,}7 = 9 \text{ Elemente.}$$

4. Beispiel. Eine Diebessicherungsanlage soll durch Ruhestrom betrieben werden. Die Anlage enthält zwei Relais von je 40 Ohm Widerstand, durch welche bei Unterbrechung des Stromes Lokalwecker betätigt werden. Zum Betriebe sind Krüger-Elemente vorgesehen. Die Betriebsstromstärke der Relais beträgt 0,05 Amp.

$z = $ innerer Widerstand eines Krüger-Elem. $= 6$ Ohm
$W = $ Apparatwiderstand $2 \times 40\,\Omega$ .... $= 80$,,
$w = $ Leitungswiderstand .... $= 10$,,
$e = $ Spannung eines Elementes ..... $= 0{,}8$ Volt

$$x = \frac{i\,(W+w)}{e - z\cdot i} = \frac{0{,}05\,(80+10)}{0{,}8 - 6\cdot 0{,}05} = \frac{4{,}5}{0{,}5} = 9 \text{ Elemente.}$$

Vor Inbetriebsetzung einer Anlage ist die Stromstärke unter allen Umständen mit einem Milliamperemeter nachzumessen und mit der von der liefernden Firma angegebenen Betriebsstromstärke zu vergleichen. Diese äußerst wichtige Untersuchung wird häufig von den Installateuren unterlassen. Es ist grundfalsch, eine zu große Anzahl von Elementen zu verwenden, wie es häufig in dem Glauben an größere Betriebssicherheit geschieht. Die sich daraus ergebende zu große Stromstärke erschöpft die Elemente vorzeitig, der innere Widerstand derselben steigt schnell an, infolgedessen sinkt die Stromstärke unter das erforderliche Maß, und die Anlage kommt bald außer Betrieb. Eine richtige bemessene Batterie von Primärelementen muß mindestens ein Jahr standhalten.

f) Schaltung der Elemente.

Da die Spannung eines Elementes selten zum Betriebe einer Anlage genügt, so müssen mehrere Elemente miteinander verbunden werden, damit die nötige Spannung erzeugt wird. Es ist stets der Kohlepol des einen Elementes mit dem Zinkpol des nächsten Elementes zu verbinden (siehe Abb. 29). Wenn in einer Anlage größere Stromstärken gebraucht werden, so half man sich in früherer Zeit damit, daß man mehrere Reihen von hintereinander geschalteten Elementen parallel schaltete. Da es aber heute Elementtypen gibt, welche mit Stromstärken bis zu 10 Amp. und mehr belastet werden dürfen, so ist die Parallelschaltung von Elementen nicht immer erforderlich. Bei der Parallelschaltung sind zwei oder mehr Elemente mit gleichen Polen gegeneinander geschaltet. Da nun einzelne Elemente mit ihrer Spannung überwiegen, so entladen sie einen wenn auch

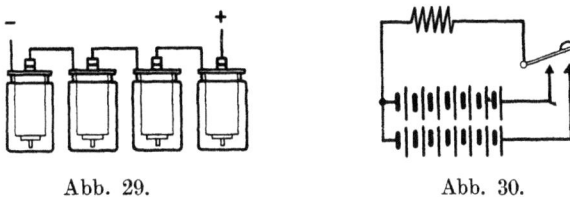

Abb. 29.   Abb. 30.

schwachen Dauerstrom über die anderen Elemente. Die Folge davon ist vorzeitiger Verbrauch der Batterie. Wenn die Parallelschaltung von Elementen durchaus erforderlich ist, so sollte man nur die in Abb. 30 dargestellte Schaltung verwenden. Die beiden parallel geschalteten Hälften der Batterie sind in der Ruhelage nicht verbunden. Erst bei der Stromentnahme erfolgt die Parallelschaltung durch Anwendung eines Doppelkontaktes.

g) **Prüfung im Gebrauch befindlicher Elemente.**

Die Beurteilung von Elementen, welche längere Zeit im Gebrauch gewesen sind, ist Sache der Erfahrung. Bei nassen Elementen lehrt der Augenschein in den meisten Fällen, ob das Element noch gebrauchsfähig ist oder nicht. Wenn die Flüssigkeit zum größten Teil verdunstet ist, der Zinkzylinder mit Zinkschlamm besetzt und der Kohlenbeutel von einer Kruste von Salmiakkristallen umgeben ist, so muß das Element auseinandergenommen, gereinigt und neu zusammengesetzt werden. In den meisten Fällen genügt es, die Kohlenbeutel in einer schwachen Salzsäurelösung auszulaugen und den Zinkzylinder zu reinigen und neu zu amalgamieren. Zu diesem Zweck taucht man die sorgfältig gereinigten Zinkzylinder in reines, mit 10% Schwefelsäure vermischtes Wasser, in dem 10% Quecksilbersulfat aufgelöst sind. Die Zinkzylinder überziehen sich bei dem Eintauchen mit einer Quecksilberschicht. Sogleich nach der Amalgamierung sind die Zinkzylinder in fließendem Wasser sorgfältig abzuspülen, damit sie von der anhaftenden Säure befreit werden. Das Glas ist gleichfalls zu reinigen und der obere Rand notwendigenfalls mit einer neuen Paraffinschicht zu versehen. Die Füllung erfolgt genau so wie beim Neuansetzen des Elementes. Die Beurteilung von Trockenelementen ist durch den Augenschein nicht ohne weiteres möglich. Hier empfiehlt sich die Verwendung eines kleinen Taschen-Volt- und Amperemeters. Man mißt zunächst die Spannung, welche mindestens ein Volt betragen muß. Hierauf ist die Stromstärke zu messen. Ergibt der Ausschlag des Zeigers bei direkter Einschaltung des Elementes weniger als 0,2 Amp., so ist das Element für den Gebrauch nicht mehr geeignet und muß durch ein neues ersetzt werden. — Die gleiche Messung kann auch bei nassen Elementen vorgenommen werden, wenn die Güte des Kohlenbeutels zweifelhaft ist.

C. Akkumulatoren.

1. Allgemeines.

Stellt man zwei Bleiplatten in Wasser, dem 10% Schwefelsäure zugesetzt sind, so bildet sich im Ruhezustande auf den Bleiplatten Bleisulfat. Verbindet man nun beide Platten mit einer Stromquelle, so findet, ähnlich wie bei den Primärelementen, an den Platten eine Polarisation statt. An der mit dem positiven Pol der Stromquelle verbundenen Platte entsteht Sauerstoff, an der negativen Platte Wasserstoff. Der Sauerstoff wandelt das Bleisulfat an der positiven Platte zu Bleisuperoxyd um, während der Wasserstoff das Bleisulfat an der negativen Platte in reines schwammiges Blei reduziert. Verbindet man nach beendeter Ladung ein Voltmeter mit den Elektroden, so zeigt dieses eine Spannung von 2 Volt an. Dem Akmkumulator kann nunehr Strom entnommen werden, welcher in der dem Ladestrom entgegengesetzten Richtung fließt. Die Spannung sinkt während der Entladung. Bei 1,8 Volt gilt der Akkumulator als entladen. Er kann nun durch Hinzuführung von Strom von neuem geladen werden, wobei die Spannung von 2,2 Volt allmählich bis auf 2,65 Volt ansteigt.

Bei der Entladung durchfließt der Strom den Akkumulator in umgekehrter Richtung. Es findet daher der umgekehrte Vorgang statt. An der positiven Platte bildet sich Wasserstoff, an der negativen Sauerstoff. Das Bleisuperoxyd der positiven Platte wird zu Bleioxyd und infolge der Einwirkung der Schwefelsäure zu Bleisulfat umgewandelt, während das reine Blei der negativen Platte zu Bleioxyd und dieses gleichfalls in Bleisulfat verwandelt wird. Die Spannung fällt ab, sobald beide Platten zu Bleisulfat umgewandelt sind. Bei den Akkumulatoren findet also lediglich eine Umwandlung, kein Materialverbrauch wie bei den Primärelementen statt. Vergleicht man die Menge des zur Ladung aufgewendeten Stromes mit der entnommenen Strommenge, so ergibt

Akkumulatoren.

sich, daß die letztere etwa 80%, bei guten Akkumulatoren sogar bis 90% der Ladestrommenge beträgt. 10—20% der zum Laden aufgewendeten Amperenstundenzahl geht also in chemischer

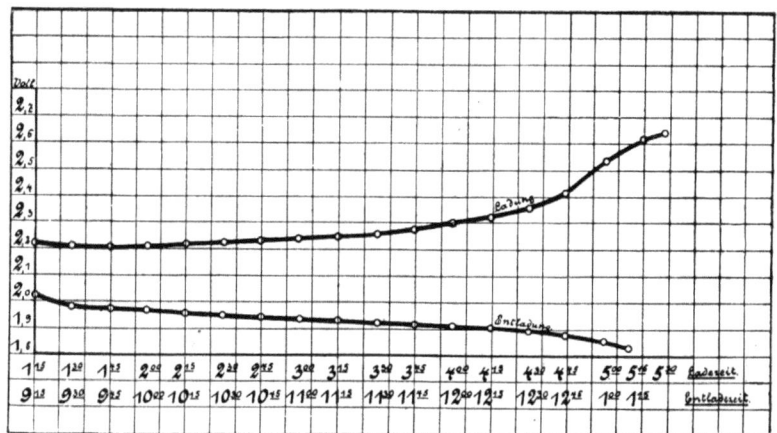

Abb. 31.

Abb. 32.

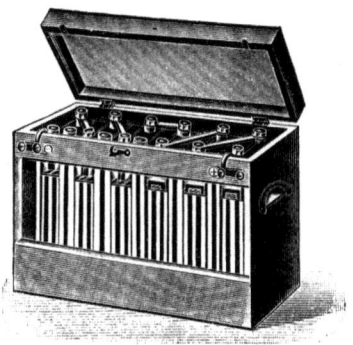

Abb. 33.

Arbeit verloren. Abb. 31 zeigt die Lade- und Entladekurve eines Akkumulators. Dieses günstige Resultat ist indessen durch einen in oben beschriebener Weise hergestellten Akkumulator nicht zu erreichen. Da zur Erzeugung der erforderlichen Oxydschichten auf den Elektroden ein sehr oft wiederholtes Laden und Entladen erforderlich wäre, so würden die Herstellungskosten unverhältnismäßig hoch sein. Nach dem von Faure angegebenen Verfahren verwendet man gitterförmige Bleiplatten, welche mit Masse ausgefüllt werden. Dieselbe besteht bei der positiven Platte aus Teig von Bleiglätte, Mennige und Schwefelsäure, während die negative Platte mit Bleiglätte und Schwefelsäure angefüllt wird. Die Platten werden dann angesetzt und einige Male geladen und entladen, worauf sie gebrauchsfertig sind. Diesen Vorgang nennt man das Formieren der Platten. In Abb. 32 ist eine der in Schwachstromanlagen gebräuchlichen Akkumulatortypen dargestellt. In kleineren Anlagen verwendet man, um die verhältnismäßig kostspielige Ladeeinrichtung zu vermeiden, in der Regel tragbare Akkumulatoren (Abb. 33).

2. Akkumulatoren-Tabelle.

In der nachstehenden Tabelle sind die gebräuchlichsten Akkumulatortypen aufgeführt:

Akkumulatoren.
Fertig eingebaute Zellen in Glasgefäßen.
Zellen mit Gitterplatten.

Nr.	Kapazität in Amperestunden	bei Entladestrom in Ampere	Maximaler Entladestrom	Maximaler Ladestrom	Gewicht der Zelle kg	Gewicht der Säure kg	Marktpreis[1]) vor dem Kriege ca. M.
1	3 — 3,5	0,5—0,35	0,6	0,5	0,8	0,12	2,10
2	7 — 8	0,7—0,5	1,2	0,9	1,3	0,19	2,70
3	13 —16	1,3—0,5	2,2	2	2,7	0,38	4,90
4	13,5—30	4,5—0,5	4,5	3	2,6	0,5	6,75
5	27	2,7	4,6	4,6	4	0,67	8,40
6	18 —40	6 —0,5	6	4	3,2	0,65	8,25
7	42	4,2	7	7	5	0,92	11,65

Zellen mit Gitter- und Masseplatten.

8	58	5,8	5,8	6	8,2	1,38	14,80
9	87	8,7	8,7	9	12,8	2,4	20,20
10	105	10,5	10,5	12	11,2	2,5	24,60
11	145	14,5	15	15	3	3	36,40
12	174	17,4	17,4	18	15	4,5	42,40

Fertig eingebaute Batterien zu 10 Volt Spannung.
Zellen mit Gitterplatten.

13	3 — 3,5	0,5—0,35	0,6	0,5	5	0,55	14,—
14	7 — 8	0,7—0,5	1,2	0,9	7,8	0,87	16,50
15	13 —16	1,3—0,5	2,2	2	17	1,9	35,25
16	13,5—30	4,5—0,5	4,5	3	12,5	2,5	40,20
17	27	2,7	4,6	4,6	22	3,4	52,—
18	18 —40	6 —0,5	6	4	19,5	3,25	50,10
19	42	4,2	7	7	32	4,6	69,25

Zellen mit Gitter- und Masseplatten.

20	58	5,8	5,8	6	44	6,95	94,—
21	87	8,7	8,7	9	60,5	12	123,75
22	125	10,5	10,5	12	72	12,5	150,—
23	145	14,5	14,5	15	64	23	250,—
24	174	17,4	17,4	18	77,5	27	291,—

[1]) S. Seite 21.

Die Akkumulatoren. 33

3. Vorschriften über die Behandlung der Akkumulatorenbatterien.

Ladung. Die Ladung mit normaler Stromstärke ist beendigt, sobald in den einzelnen Zellen gleichmäßig an allen Platten eine lebhafte Gasentwicklung stattfindet oder jede Zelle 2,5 Volt Spannung zeigt. Eine über 2,6 Volt fortgesetzte Ladung ist den Platten schädlich.

Entladung. Der Akkumulator kann mit jeder beliebigen Stromstärke bis zur höchstzulässigen Amperezahl entladen werden. Die Entladung ist beendigt, sobald die einzelne Zelle 1,85 Volt zeigt. Eine unter diese Spannung fortgesetzte Entladung ist den Platten schädlich.

Wiederladung. Die Wiederladung des Akkumulators muß spätestens 24 Stunden nach erfolgter Entladung geschehen.

Nichtbenutzung. Soll der Akkumulator längere Zeit nicht benutzt werden, so ist er vorher voll zu laden und alle zwei Monate bis zur Gasentwicklung aufzuladen.

Schwefelsäure. Bei Prüfung der Säure mit dem Aräometer soll diese nach der Ladung ca. 24—26° Baumé betragen. Steigt die Säuredichte über 26° Bé, so ist mit destilliertem Wasser nachzufüllen. Beim Sinken der Säuredichte unter 42° Bé ist die erforderliche Konzentration durch Nachfüllen mit stärkerer verdünnter Schwefelsäure wiederherzustellen. Die Säure soll stets 1 cm über den Platten stehen.

4. Berechnung der Akkumulatorenbatterie.

Soll in einer Anlage eine Akkumulatorenbatterie verwendet werden, so ist zunächst die größte Stromstärke und die erforderliche Spannung festzustellen, sodann ist der Stromverbrauch pro Tag zu berechnen. Die Art der Berechnung ist am besten aus einigen Beispielen zu ersehen:

1. Beispiel. In einer Fabrik sollen 25 Alarmglocken für die Abgabe der Pausensignale gleichzeitig betätigt werden. Da die Fabriksäle sehr geräuschvoll sind, so sollen große Lautschlägerglocken mit 20 cm Durchmesser verwendet werden. Sämtliche Glocken sind parallel geschaltet, und zwar mittels Gegenschaltung (Abb. 34), damit der Gesamtleitungswiderstand von der Batterie bis zu jeder Glocke der gleiche ist.

Die Stromstärke. Der Stromverbrauch jeder Glocke betrage 0,5 Amp. Die gesamte Stromstärke ist daher

$$0,5 \cdot 25 = 12,5 \text{ Amp.}$$

Der Widerstand der Anlage setzt sich zusammen aus dem Widerstand der Apparate, dem Widerstand der Leitungen und dem inneren Widerstand der Batterie. Da der letztere bei Akkumulatoren sehr gering ist, so kann er vernachlässigt werden. Der Widerstand der einzelnen Wecker sei 10 Ohm, der Gesamtwiderstand daher $\frac{10}{25} = 0{,}4$ Ohm. Die Berechnung des Gesamtwiderstandes der Leitungen kann in vereinfachter Form in der Weise vorgenommen werden, daß man die Länge der beiden von der Batterie ausgehenden Leitungen bis zur Mitte der Anlage (in Abb. 34 mit X bezeichnet) feststellt und den Widerstand nach der Tabelle berechnet. Bei einer Stromstärke von 12 Amp. ist ein Draht von 3 mm Durchmesser, welcher einen Widerstand von 0,25 Ohm pro 100 m besitzt, zu verwenden. Die Leitungslänge betrage 400 m. Der Widerstand der Leitung ist demnach

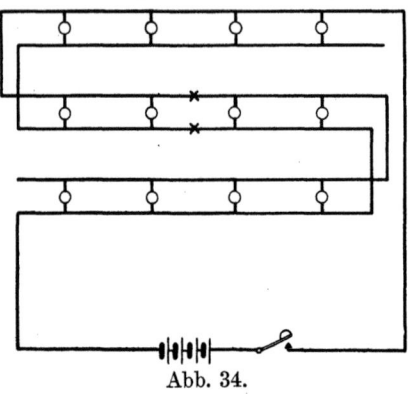

Abb. 34.

$$4 \cdot 0{,}25 = 1 \text{ Ohm.}$$

Hierzu kommen noch die Widerstände der zu den Weckern führenden Zuleitungen aus 1-mm-Draht. Die durchschnittliche Länge dieser Leitungen betrage ca. 50 m, welche einen Widerstand von etwa 1 Ohm besitzt. Da alle Wecker parallel geschaltet sind, so ergibt sich für diese Leitungen ein Gesamtwiderstand von $\frac{1}{25} = 0{,}04$ Ohm. Alle Widerstände zusammengerechnet ergeben:

Wecker . . . . 0,4 Ohm
Speiseleitung . . . . 1,0 „
Weckerleitung . . . . . . 0,04 „
Gesamtwiderstand . . . . . 1,44 Ohm
   abgerundet . . . . 1,5 „

Bei Anlagen mit großer Stromstärke ist es wichtig, entsprechend starke Leitungen zu verwenden, damit der Gesamtwiderstand möglichst gering wird. Schwächere Leitungen besitzen höheren Widerstand und würden Batterien von unverhältnismäßig hoher Spannung ergeben, so daß die Ersparnis von Leitungskosten durch die teueren Batterien wieder aufgewogen würde. Zu dünne Drähte würden sich ferner durch zu hohe Strombelastung er-

Die Akkumulatoren. 35

wärmen. Die Belastung isolierter Leitungen soll im allgemeinen 3—4 Amp. pro qmm nicht übersteigen.
Die Spannung ist zu berechnen aus $V = \text{Amp.} \cdot \text{Ohm}$. $12{,}5 \cdot 1{,}5 = 18{,}75$, angerundet auf 20 Volt.

Die Strommenge ist bei derartigen Anlagen verhältnismäßig gering, wenn die Anlage nur für Pausensignalgebung benutzt werden soll. Würde sie etwa achtmal täglich je 30 Sekunden benutzt werden, so ergibt sich:

$$\frac{12{,}5 \cdot 8 \cdot 30}{3600} = 0{,}9 \gtrsim 1 \text{ Amperestunde.}$$

Soll die Anlage dagegen zum Rufen einzelner Personen benutzt werden, so wird dieselbe viel häufiger in Gebrauch genommen. Die Berechnung kann dann nur auf Grund von Erfahrungswerten gemacht werden. Angenommen, die Anlage werde bei 10 stündiger Arbeitszeit stündlich dreimal betätigt, so ergibt sich eine tägliche Benutzungsdauer von $3 \cdot 10 \cdot 30 = 900$ Sekunden $= 0{,}25$ Stunden. Die Amperestundenzahl ist dann:

$$12{,}5 \cdot 0{,}25 = 3 \text{ Amperestunden.}$$

Soll die Batterie wöchentlich einmal geladen werden, so ist die Amperestundenzahl in diesem Falle mit 6 zu multiplizieren, da die Anlage an den Sonntagen nicht benutzt wird. Die erforderliche Kapazität der Batterie ist demnach:

$$3 \cdot 6 = 18 \text{ Amperestunden.}$$

Für die Wahl der Batterie ist maßgebend die größte Entladestromstärke und die Kapazität. Die in der Tabelle (S. 32) aufgeführte Zelle Nr. 11 mit 14,5 Amp. max. Ladestrom und 145 Amperestunden Kapazität kommt diesen Bedingungen am nächsten. Es empfiehlt sich immer, Batterien von größerer Kapazität zu wählen, damit die Anlage auch noch einige Tage in Betrieb bleiben kann, wenn die Ladeeinrichtung gestört ist. Da die Kapazität der gewählten Zellen wesentlich größer ist, so genügt es, wenn die Ladung monatlich einmal vorgenommen wird. Bei Sicherheitsanlagen, welche unter allen Umständen in Betrieb bleiben müssen, ist stets eine zweite Batterie als Reserve aufzustellen.

Nun erübrigt es sich noch, die Anzahl der Zellen festzustellen. Die erforderliche Spannung ist oben mit 20 Volt berechnet. Da die Spannung einer Akkumulatorenzelle 2 Volt beträgt, so sind

$$\frac{20}{2} = 10 \text{ Zellen erforderlich.}$$

Beim Laden erhöht sich die Spannung der einzelnen Zellen auf je 2,65 Volt, die Spannung der Batterie demnach auf
$$10 \cdot 2{,}65 = 26{,}5 \cong 28 \text{ Volt.}$$
Die Ladeeinrichtung muß demnach eine Spannung von ca. 28 Volt und eine Stromstärke von 15 Amp. besitzen.

2. Beispiel. Die Akkumulatorenanlage für eine Telephonzentrale mit 300 Anschlüssen für Zentral-Batteriebetrieb und Glühlampenanruf ist zu berechnen: Für die Betriebsspannung der Batterie wird in der Regel 24 Volt vorgeschrieben. Die Batterie dient zur Speisung der Mikrophone der Sprechstellen und der Lampen des Umschalteschrankes. Als Grundlage für die Berechnung der Stromstärke dienen Erfahrungszahlen, welche entsprechend der mehr oder minder großen Benutzung der Anlage entsprechend abzuändern sind:

Stromverbrauch der Telephonstation. 0,05 Amp. pro Apparat,
„   „   Glühlampen . . 0,2   „   „ Lampe,
Mittlere Gesprächsdauer . . . . . . 2 Minuten pro Gespräch,
Mittlere Brenndauer der Lampen für
  Anruf und Schlußzeichengebung
  (diese Zahl ist abhängig von der Ge-
  schicklichkeit und der Aufmerksam-
  keit der Bedienung) . . . . . . ca. 0,5 Minuten p. Lampe.

Bei einer gut ausgenutzten Anlage kommen auf jede Sprechstelle etwa 15 Anrufe pro Tag. Hieraus ergeben sich für den Sprechverkehr
$$15 \cdot \frac{2}{60} \cdot 300 \cdot 0{,}05 = 7{,}5 \text{ Ampstd.,}$$
für die Brenndauer der Glühlampen
$$15 \cdot \frac{30}{3600} \cdot 300 \cdot 0{,}2 = 7{,}5 \text{ Ampstd.}$$

Damit für den sicheren Betrieb der Anlage immer eine Reserve vorhanden ist, empfiehlt es sich, die errechnete Amperestundenzahl um etwa 100% zu erhöhen. Dies ergibt in dem vorliegenden Falle 30 Amperestunden. Bei wöchentlich zweimaliger Ladung ist die Amperestundenzahl auf 100 festzusetzen.

Für die maximale Stromstärke braucht nicht der gleichzeitige Anruf sämtlicher Sprechstellen zugrunde gelegt zu werden. Bei einigermaßen gewandter Bedienung brennen selten mehr wie 5% aller Lampen gleichzeitig, während die Zahl der gleichzeitig sprechenden Teilnehmer in der Zeit stärksten Verkehrs etwa 25% nicht überschreitet. Nach den in der Praxis ausgeführten

Anlagen beträgt die maximale Stromstärke etwa 3 Amp. pro 100 Teilnehmer. In unserem Falle würde die maximale Stromstärke also ca. 10 Amp. betragen. Die Wahl der Batterie erfolgt nach der Tabelle auf S. 32. Wir wählen 12 Zellen Nr. 10 mit 105 Amperestunden Kapazität, 12 Amp. max. Ladestromstärke und 10,5 Amp. Entladestromstärke.

5. Die Ladeeinrichtungen der Akkumulatorenbatterie.

Bei Verwendung einer Akkumulatorenbatterie ist stets die Beschaffung einer Ladeeinrichtung notwendig. Bei der Projektierung sind folgende Fragen zu beantworten:
1. Stromart, ob Gleich- oder Wechselstrom,
2. Spannung der Stromlieferungsanlage,
3. Preis pro Kilowattstunde.

Auf Grund der Beantwortung dieser Fragen ergeben sich verschiedene Arten von Ladeeinrichtungen. Da die Spannung der Batterie immer bedeutend geringer ist wie die Spannung der Starkstromanlage, aus welcher der Ladestrom zu entnehmen ist, so muß der überschüssige Teil der Spannung auf irgendeine Weise vernichtet bzw. umgeformt werden. Folgende Ausführungsarten der Ladeeinrichtungen sind gebräuchlich:

1. Ladeeinrichtung mit Vorschaltwiderstand. Die überschüssige Spannung wird in einem Widerstande, welcher reguliert werden kann, vernichtet. Nur für Gleichstrom bei geringem Ladestrom und billigem Strompreise vorzugsweise bei Selbsterzeugung des Stromes verwendbar.

2. Ladeeinrichtung mit rotierendem Umformer, für alle Stromarten und Spannungen anwendbar. Der rotierende Umformer besteht aus einem vom Starkstromnetz gespeisten Motor, welcher mit einer kleinen Dynamomaschine direkt gekuppelt ist. Die letztere ist so gebaut, daß gerade die erforderliche Spannung und Stromstärke von ihr erzeugt wird. Für den Motor ist ein Reguliwiderstand dorgesehen, damit seine Tourenzahl und dadurch die Spannung der Dynamomaschine reguliert werden kann. Da von dem Umformer dem Starkstromnetz nur soviel Energie entnommen wird, als zur Erzeugung des Ladestroms erforderlich ist, so arbeitet eine derartige Anlage wesentlich ökonomischer als die unter 1. beschriebene Einrichtung, so daß sich die höheren Anschaffungskosten sehr bald bezahlt machen.

3. Ladeeinrichtung mit Quecksilber-Gleichrichter, nur für Wechselstromanlagen zu verwenden. Diese Einrichtung arbeitet

mit noch besserem Wirkungsgrad wie die unter 2. beschriebenen rotierenden Umformer. Sie besitzt außerdem den Vorteil, daß sie keinerlei rotierende Teile enthält. Sie bedarf sehr weniger Wartung und ist auch nicht so sehr der Abnutzung unterworfen.

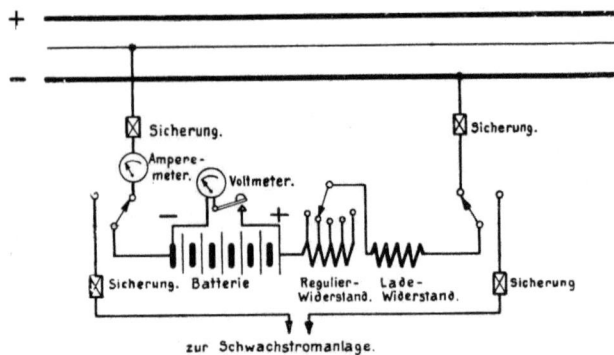

Abb. 35.

Nachstehend sind einige Schaltungen von Ladeeinrichtungen für Akkumulatoren angegeben:

1. Abb. 35 zeigt eine Schaltung mit Vorschaltwiderstand. Grundbedingung für alle Ladeeinrichtungen für Schwachstromanlagen ist, daß die Schwachstromanlage nicht mit dem Starkstromnetz zusammengeschaltet werden kann. Für die Umschaltung der Akkumulatorenbatterie auf Laden oder Entladen sind daher stets Schalter zu verwenden, welche eine Verbindung der Umschaltpole unmöglich machen. In Abb. 36 ist ein derartiger Schalter in der Seitenansicht dargestellt. Die Ladeeinrichtung enthält den Ladewiderstand, dessen Drahtstärke auf Grund der Ladestromstärke und der zu vernichtenden überflüssigen Spannung zu bestimmen ist, einen Regulierwiderstand zum Einstellen der Ladestromstärke, ein Voltmeter und ein Amperemeter. Bei der Einschaltung der Ladevorrichtung mit dem Starkstromnetz ist streng darauf zu achten, daß die Batterie mit dem Nulleiter, welcher in der Regel geerdet ist, in Verbindung steht. Da die Batterien häufig Erdschluß haben, so würde im anderen Falle leicht ein schädlicher Erdstrom über die Batterie fließen, welcher dieselbe in kurzer

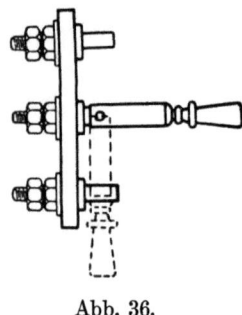

Abb. 36.

Zeit zerstört. An Stelle des Vorschaltwiderstandes können in kleinen Anlagen auch Glühlampen, die parallel zu schalten sind, verwendet werden. In die Leitungen zum Starkstromnetz sind Sicherungen zu schalten. Auch die zur Schwachstromanlage führenden Leitungen sind zu sichern, damit die Batterie bei einem etwaigen Kurzschluß oder einer Überlastung durch zu große Stromstärke nicht beschädigt wird. Die Bemessung der Sicherung erfolgt nach den Angaben über Lade- und Entladestromstärke. Abb. 37 zeigt eine mit obiger Schaltung ausgeführte Ladetafel.

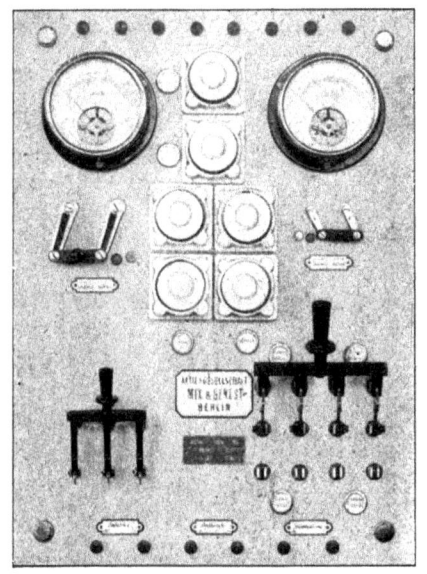

Abb. 37.

Abb. 38 zeigt eine Schaltung der gleichen Art für 2 Batterien, welche abwechselnd geladen werden sollen. Diese Anlage, welche für eine größere Telephonanlage bestimmt ist, enthält außer der Lademaschine noch eine sogenannte Rufmaschine, welche weiter unten beschrieben ist. Anlasser und Sicherungen der Maschine sind gleichfalls auf der Ladetafel montiert.

2. In Abb. 39 ist die Schaltung der unter 2. beschriebenen Ladeeinrichtung mit Umformer (Abb. 40) dargestellt. Der Anlasser und der Regulierwiderstand des Umformers sind auf der Ladetafel montiert. Bezüglich der Schalter, Sicherungen und Instrumente gilt auch hier das oben Gesagte. In der Tabelle (S. 43) sind die Normalien von Akkumulatoren-Lademaschinen zusammengestellt.

3. Der Quecksilberdampfgleichrichter zur direkten Ladung von Akkumulatoren beruht auf der Eigenschaft der Quecksilberdampflampe, dem Strom nur in einer Richtung den Durchgang zu gestatten.

Die Quecksilberdampflampe besteht aus einer luftleer gemachten Glasröhre, in deren Enden 2 Elektroden eingeschmolzen

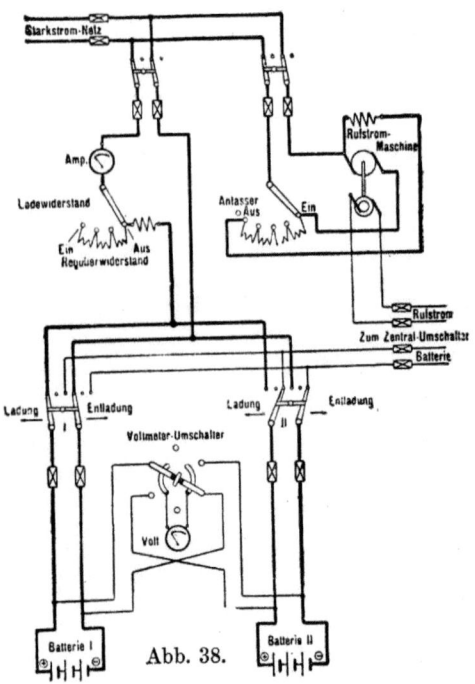

Abb. 38.

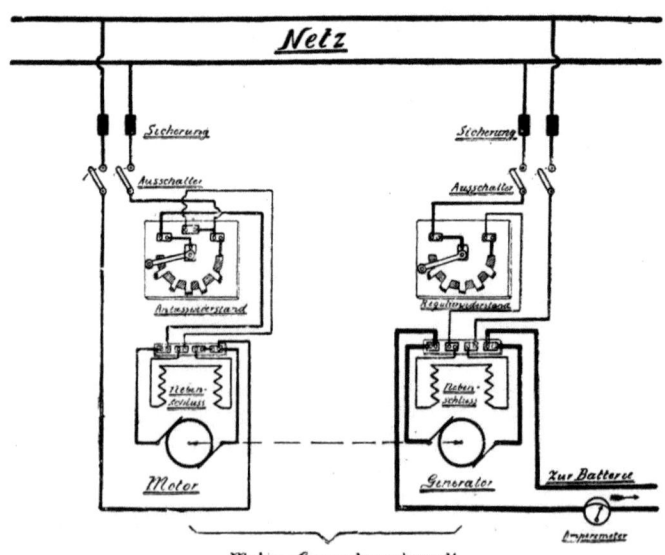

Abb. 39.

sind. Die eine derselben ist mit Quecksilber bedeckt. Der Quecksilberpol ist mit —, der andere mit + der Stromquelle zu verbinden. Die Entzündung der Lampe erfolgt durch einen Induktionsfunken von sehr hoher Spannung. Durch den Funken

Abb. 40.

wird Quecksilberdampf erzeugt, welcher den Strom leitet. Die Lampe leuchtet mit fahlem violetten Licht. In der entgegengesetzten Richtung leitet die Lampe den Strom nicht. Diese Wirkungsweise gibt der Quecksilberdampflampe die Eigenschaft eines elektrischen Rückschlageventils, welches für die Gleichrichtung von Wechselströmen benutzt wird. Die Schaltung eines Quecksilberdampfgleichrichters für Wechselstrom ist in Abb. 41 dargestellt. Die Quecksilberlampe besitzt vier Arme a, b, c, d. a ist ein Hohlraum, an dessen Wänden sich der erhitzte Quecksilberdampf abkühlt und in kleinen Tropfen niederschlägt, welche zur Quecksilberkathode zurückfließen. b und c sind zwei seitliche Arme, in welche die aus Graphit oder Eisen hergestellten Anoden luftdicht eingeschmolzen sind, c ist ein kleiner seitlicher Ansatz des Armes d, welcher die sogenannte Zündanode enthält. Dieselbe dient zur Erregung der Lampe. Durch seitliches Umlegen der Lampe fließt Quecksilber von d nach e und schließt den Strom; bei der Rückstellung reißt der Quecksilberfaden ab,

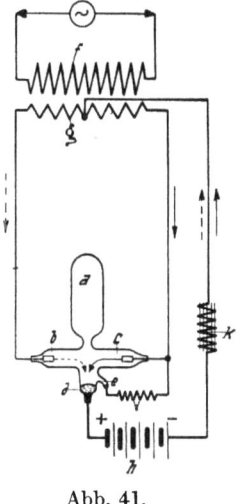

Abb. 41.

es entsteht ein Funke, der die Lampe mit Quecksilberdampf anfüllt, so daß der Strom nunmehr von den Anoden b und c nach d fließen kann. Die Stromentnahme aus dem Starkstromnetz geschieht mittels eines Transformators mit der Primärwicklung f und der Sekundärwicklung g. Das Übersetzungsverhältnis der Windungen ist so gewählt, daß die in g erzeugte Spannung doppelt so groß ist wie die Ladespannung der zu ladenden Batterie h. Man verwendet häufig auch sogenannte Spartransformatoren mit nur einer Wicklung, von denen die erforderliche Sekundärspannung von einem Teil der Windungen abgezweigt wird. Diese Anordnung ist aber für Akkumulatoren mit niedriger Spannung wegen der Gefahr durch etwaige Erdschlüsse der Starkstromanlage nicht zu empfehlen. Die Sekundärwicklung g steht mit der Anode b und c in Verbindung. c ist über den sogenannten Zündwiderstand i an die Zündanode e angeschlossen. Die Mitte der Sekundärwicklung g führt über eine Drosselspule k an den +Pol der Batterie, deren —Pol an die Kathode d angeschlossen ist. Der erzeugte Sekundärstrom fließt von der Mitte der Wicklung g, wenn er die Richtung der Pfeile hat, abwechselnd über die Anode b, c zur Kathode d und von dieser zur Batterie h und über die Drosselspule k zur Mitte nach g zurück. Da die Spannung des Wechselstromes bei jedem Wechsel auf 0 sinkt, so sinkt die Stromstärke ebenfalls auf 0, und da sich der Quecksilberdampf sehr schnell abkühlt, so würde nicht mehr genügend Dampf erzeugt, um den Lichtbogen aufrechtzuerhalten, die Lampe würde somit erlöschen. Zur Vermeidung dieses Übelstandes ist die sogenannte Stromerhaltungsspule k vorgesehen. Beim Ansteigen der Stromwelle wird sie magnetisiert, beim Sinken des Stromes erzeugt sie infolge ihrer Selbstinduktion einen Strom von gleicher Richtung, welcher dem Ladestrom etwas nacheilt.

Abb. 42.

Abb. 43.

Derselbe genügt, um den Flammenbogen in der Lampe aufrechtzuerhalten. Die Stromerhaltungsspule ist also ähnlich wie bei der Dampfmaschine das Schwungrad, eine Vorrichtung, durch welche der kontinuierliche Gang des Systems aufrechterhalten wird. Bei der Verwendung von Drehstrom besitzt die Lampe noch einen weiteren Arm für den Anschluß der Anoden der dritten Phase. Hier ist die Anwendung einer Stromerhaltungsspule überflüssig. Denn wenn sich die Stromstärke der ersten Phase dem Nullpunkt nähert, hat die der zweiten bereits so weit zugenommen, daß sie den Lichtbogen aufrechterhalten kann. In Abb. 42 und 43 ist ein Quecksilberdampfrichter für Einphasen-Wechselstrom der A. E. G. in Vorder- und Rückansicht dargestellt.

Umformer zum Laden von Akkumulatoren.

1. Zwei-Anker-Gleichstrom — Gleichstrom-Umformer. Spannungsregulierung bis auf 0,7 der angegebenen Sekundärspannung bei maximaler Stromstärke und Leerlauf.

Primärspannungen 110 Volt und 220 Volt.

Sekundärspannung . .	16,8	16,8	16,8	16,8	16,8	16,8	Volt,
Sekundärstromstärke .	3	4,5	6	9	18	27	Ampere,
Sekundärleistung . . .	50	75	100	150	300	450	Watt.
Sekundärspannung . .	28	28	28	28	28	28	Volt,
Sekundärstromstärke .	3	4,5	6	9	18	27	Ampere,
Sekundärleistung . . .	84	125	170	250	500	750	Watt.
Sekundärspannung . .	33,6	33,6	33,6	33,6	33,6	33,6	Volt,
Sekundärstromstärke .	3	4,5	6	9	18	27	Ampere,
Sekundärleistung . . .	100	150	200	300	600	900	Watt.

2. Zwei-Anker-Drehstrom — Gleichstrom-Umformer; Spannungsregulierung bis auf 0,7 der angegebenen Sekundärspannung bei maximaler Stromstärke und Leerlauf.

Primärspannungen 110 und 220 Volt. 45 bis 55 Perioden.

Sekundärspannung . .	16,8	16,8	16,8	16,8	16,8	16,8	Volt,
Sekundärstromstärke .	3	4,5	6	9	18	27	Ampere,
Sekundärleistung . . .	50	75	100	150	300	450	Watt.
Sekundärspannung . .	28	28	28	28	28	28	Volt,
Sekundärstromstärke .	3	4,5	6	9	18	27	Ampere,
Sekundärleistung . . .	84	125	170	250	500	750	Watt.
Sekundärspannung . .	33,6	33,6	33,6	33,6	33,6	33,6	Volt,
Sekundärstromstärke .	3	4,5	6	9	18	27	Ampere,
Sekundärleistung . . .	100	150	200	300	600	900	Watt.

Anlasser je nach Vorschrift der Elektrizitätswerke. Falls nichts vorgeschrieben, für Gleichstrom: Anlasser für Leerlauf; für Drehstrom: Stern-Dreieckschalter oder Leeranlasser.

D. Der Polwechsler.

Als Rufstrom für Telephonanlagen, insbesondere für solche mit Zentralmikrophonbatterie, findet ausschließlich Wechselstrom Anwendung. Da das jedesmalige Drehen einer Induktorkurbel die Bedienung des Umschalteschrankes sehr erschweren würde, so verwendet man den Strom der vorhandenen Betriebsbatterie in der Weise, daß man den Gleichstrom durch einen Polwechsler in Wechselstrom umwandelt. Die Schaltung eines Polwechslers ist in Abb. 44 dargestellt. Der Apparat besteht aus einem Elektromagneten a mit Selbstunterbrecher, ähnlich einem elektrischen Wecker. Der Anker b ist an seiner Verlängerung mit dem verstellbaren Gewicht c versehen, durch welches die Schwingungszahl des Ankers verstellt werden kann. Dieses Rasselwerk wird durch Schließen des Kontaktes d in Betrieb gesetzt. Isoliert mit dem Anker verbunden sind die Federn e und f, welche in der Ruhelage die Kontakte g und h berühren. Wird der Anker von dem Ma-

Die Rufmaschine. 45

gneten angezogen, so berühren die Federn e, f die Kontakte i, k. i, h stehen miteinander und über dem Kontakt l mit der primären Windung p eines Transformators in Verbindung, während g, k an den anderen Pol der p-Wicklung angeschlossen sind. Die sekundäre Wicklung des Transformators führt an die Rufstromklemmen des Schrankes. Wie aus der Schaltung hervorgeht, durchfließt der Strom beim Betriebe des Rasselwerkes die Spule p in wechselnder Richtung. Der in der Sekundärwicklung s erzeugte

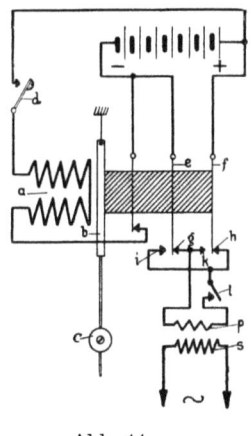

Abb. 44.

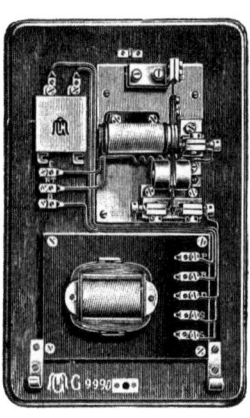

Abb. 45.

Wechselstrom fließt über die Schaltapparate des Schrankes zu der anzurufenden Station. Die Kontakte d und ∼ werden bei jedem Anruf durch die Schalter des Schrankes geschlossen. In Abb. 45 ist ein Polwechsler, wie ihn die Reichspost verwendet, dargestellt.

E. Die Rufmaschine.

In größeren Telephonanlagen mit mehr als zwei Arbeitsplätzen würde der Polwechsler nicht ausreichen, um den gleichzeitigen Anruf von mehreren Teilnehmern mit Sicherheit zu bewirken. Man verwendet daher in solchen Fällen kleine Wechselstromdynamomaschinen, kurz Rufmaschinen genannt, welche dauernd in Betrieb gehalten werden, so daß der Rufstrom jederzeit entnommen werden kann. Diese Maschinen besitzen eine ähnliche Konstruktion wie die Gleichstromumformer zum Laden von Akkumulatoren (siehe S. 41). Ein an das Starkstromnetz angeschlossener Motor treibt direkt eine Wechselstromdynamo an, welche den Strom erzeugt. Für sehr kleine Leistungen sind die Wicklungen der Dynamo auf dem Motoranker untergebracht. Diese Maschine, welche in Abb. 46 dargestellt ist, nennt man Einankerumformer. Dieselben werden nur in Gleichstromnetzen verwendet. Sie haben eine Periodenzahl von 30 pro Sekunde, 70 Volt Spannung und liefern ca. 0,75 Amp. Abb. 38 (S. 40) zeigt den Anschluß einer Rufmaschine an die Ladetafel einer Telephonzentrale. In Wechselstromnetzen sind Zweiankerumformer zu verwenden, weil die Isolation und die Erreichung der niedrigen Periodenzahl beim Einankerumformer auf Schwierigkeiten stoßen würde.

Abb. 46.

Die gebräuchlichsten Rufmaschinen und ihre Daten sind in der nachstehenden Tabelle aufgeführt.

Rufstromumformer.

1. Gleichstrom - Wechselstrom - Einanker - Umformer.

Gleichstromspannungen 110 und 220 Volt. Periodenzahl des Wechselstromes bei Vollast 22 pro Sekunde, bei Leerlauf nicht mehr als 26,5. Anlasser je nach Vorschrift des Elektrizitätswerkes; falls nichts vorgeschrieben: für Leerlauf.

Sekundärspannung . . . . . 45 Volt, bei Vollast; bei Leerlauf nicht über 54 Volt.
Sekundärleistung . . . . . . 20 Watt bei cos $\varphi = 1$.

2. Drehstrom - Wechselstrom - Zweianker - Umformer.

Drehstromspannungen 110 und 220 Volt. Periodenzahl des Wechselstromes bei Vollast 22 pro Sekunde, bei Leerlauf nicht mehr als 26,5. Anlasser je nach Vorschrift des Elektrizitätswerkes; falls nichts vorgeschrieben: für Leerlauf.

Periodenzahl des Drehstromes 45 bis 55 pro Sekunde.
Sekundärspannung . . . . . 45 Volt, bei Vollast; bei Leerlauf nicht über 54 Volt.
Sekundärleistung . . . . . . 20 Watt bei cos $\varphi = 1$.

Die Rufmaschine.

Bemerkungen: Bei Type 2 sind beide Maschinen auf gemeinsamer Grundplatte montiert zu liefern. Bei Type 1 ist größter Wert auf höchste Isolation der primären Wicklung gegen die sekundäre zu legen. Diese ist mit 1000 Volt Wechselstrom zu prüfen und soll nicht weniger als 100 Megohm, gemessen mit der primären Betriebsspannung gegen Körper und Wicklung gegen Wicklung betragen.

Normalspannungen unter 100 Volt.

Durch .den Verband Deutscher Elektrotechniker sind die Normalspannungen unter 100 Volt wie folgt festgesetzt:

Normen für die Spannungen elektrischer Anlagen unter 100 Volt.

§ 1. Die in diesen Normen aufgeführten Spannungen sind Nennspannungen. Als Nennspannung, gemessen in Volt, gilt:
  a) bei Verwendung von Bleiakkumulatoren als Stromerzeuger die doppelte Zellenzahl,
  b) in allen anderen Fällen die Spannung, für die der Stromverbraucher gebaut ist.

§ 2. Nennspannungen sind festgelegt für die folgenden Fachgebiete:
1. Beleuchtung,
2. Elektromedizin,
3. Fernmeldung,
4. Motorenbetrieb.

§ 3. Für die verschiedenen Fachgebiete und Stromarten gelten folgende Nennspannungen:

Gleichstrom

Nennspannung in Volt	Fachgebiete:			
1,5	—	—	Fernmeldung	—
2	Beleuchtung	Elektromedizin	Fernmeldung	—
2,5	Beleuchtung (nur für Taschenlampen)	—	—	—
3,5	Beleuchtung (nur für Taschenlampen)	—	—	—
4	Beleuchtung	Elektromedizin	—	Motorenbetrieb
6	Beleuchtung	Elektromedizin	Fernmeldung	Motorenbetrieb
8	Beleuchtung	Elektromedizin	Fernmeldung	Motorenbetrieb nur für Spielzeugindustrie

Nenn-spannung in Volt	Fachgebiete:			
12	Beleuchtung	Elektromedizin	Fernmeldung	Motorenbetrieb
16	Beleuchtung	Elektromedizin	—	—
24	Beleuchtung	—	Fernmeldung	Motorenbetrieb
32	Beleuchtung	—	—	—
36	—	—	Fernmeldung	—
40	Beleuchtung nur für Elektromobile	—	—	Motorenbetrieb
48	—	—	Fernmeldung	—
60	—	—	Fernmeldung	—
65	Beleuchtung	—	—	Motorenbetrieb
80	Beleuchtung nur für Elektromobile	—	—	Motorenbetrieb

Wechselstrom

Nenn-spannung in Volt	Fachgebiete:			
2	Für Beleuchtung mit Wechselstrom können alle in der Tabelle für Gleichstrom genannten Nennspannungen verwendet werden	Elektromedizin	—	—
3		—	Nur für Klingeltransformatoren	—
4		Elektromedizin	—	—
5		—	Nur für Klingeltransformatoren	—
6		Elektromedizin	—	—
8		Elektromedizin	Nur für Klingeltransformatoren	—
12		Elektromedizin	—	—
36		—	Fernmeldung	—
48		—	Fernmeldung	—
75		—	Fernmeldung	—

Erläuterungen.

Zu § 1. In die Normung sind nur Anlagen unter 100 Volt einbezogen; nicht berücksichtigt sind Erregerspannungen und in Reihe geschaltete Apparate, deren Einzelspannung zwar unter 100 Volt liegt, die aber an eine Stromquelle über 100 Volt angeschlossen sind.

Die Normung soll vor allem für neu herzustellende Apparate und Anlagen Berücksichtigung finden. Ein Zwang zur Umänderung an bestehenden Anlagen soll nicht ausgeübt werden.

Eine einheitliche Begriffserklärung für Spannungen unter 100 Volt ließ sich nicht festlegen. Für dieses Gebiet dient vorzugsweise der Bleiakkumulator als Stromquelle, bei dem eine Nennspannung von 2 Volt für die Zelle gebräuchlich ist. Eine Änderung dieser allgemein durchgeführten Bezeichnung erschien nicht möglich. Unter Beibehaltung dieser Sonderstellung des Bleiakkumulators wurde im übrigen die Spannung des Stromverbrauchers zugrunde gelegt.

Zu § 2. Die Spannungen, die in den verschiedenen Fachgebieten gebraucht werden, sind nicht einheitlich. Jedes Fachgebiet erfordert deshalb die Aufstellung einer besonderen Reihe von Normalspannungen. Es wurden 4 Fachgebiete ausgesondert. Die Elektrochemie wurde dabei nicht mit in die Normung einbezogen, weil die Eigenart der elektrochemischen Prozesse eine Festlegung der Spannungen nicht zuläßt.

Zu § 3. Es wurde erforderlich, viele der bis jetzt gebräuchlichen Spannungen zu streichen. Nach Anhören aller beteiligten Kreise wurden nur die wichtigsten Spannungen beibehalten. Die Abstände zwischen den einzelnen Spannungen sind so gewählt, daß die nicht genannten Spannungen leicht nach oben oder unten angeschlossen werden können.

Eine zahlenmäßige Angabe über die zulässigen Spannungsschwankungen, wie das bei Anlagen über 100 Volt gebräuchlich ist, läßt sich bei den Anlagen unter 100 Volt nicht festlegen. Der Leitungswiderstand spielt in den Niederspannungsanlagen vielfach eine unverhältnismäßig große Rolle, so daß durch etwas längere oder kürzere Leitung die Spannung im Verbrauchsapparat ganz nennenswert beeinflußt wird. Ferner verändert sich die Spannung, wenn Akkumulatoren als Stromquellen dienen, bei ihrer Entladung um 10%; vielfach befinden sich aber auch Akkumulatoren während des Betriebes der Anlagen im Zustand der Ladung, wobei dann Spannungssteigerungen bis zu 20% eintreten können. Ebenso ist bei Primärelementen je nach Gattung und Größe die Entladungskurve verschieden, auch daraus ergibt sich von Fall zu Fall ein verschieden großer Spannungsabfall beim Gebrauch. Infolgedessen wurde von einer Festlegung der zulässigen Spannungsänderung abgesehen.

6. Die wichtigsten Konstruktionselemente der Haustelegraphie.

A. Der Kontakt.

Der Kontakt ist das Ventil des elektrischen Stromes. Bringt man zwei an eine Stromquelle angeschlossene Metallteile mit metallisch reiner Oberfläche miteinander in Berührung, so fließt der Strom von einem Metallstück in das andere über. Die Berührungsstelle heißt Kontakt. Trennt man die Metallteile voneinander, so entsteht ein Flammenbogen, welcher das Metall an der Kontaktstelle zum Schmelzen bringt. Ist die Stromstärke im Verhältnis zum Metallquerschnitt sehr gering, so ist die Schmelzstelle sehr klein. Daraus ergeben sich die Grundbedingungen für

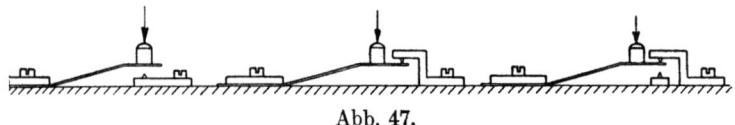

Abb. 47.

einen zuverlässig wirksamen Kontakt: Reine metallische Oberfläche und großer Querschnitt im Verhältnis zur Stromstärke, damit die von dem Trennungsfunken erzeugte Wärme möglichst schnell abgeleitet wird. Mit Ausnahme der Edelmetalle Gold, Platin und Wolfram bedecken sich die Metalle an der freien Luft sehr bald mit einer Oxydschicht, welche nicht leitet; ausgenommen hiervon ist Silberoxyd. Man verwendet daher in der Fernmeldetechnik ausschließlich Platin, Wolfram oder schwer oxydierbare Metalle bzw.

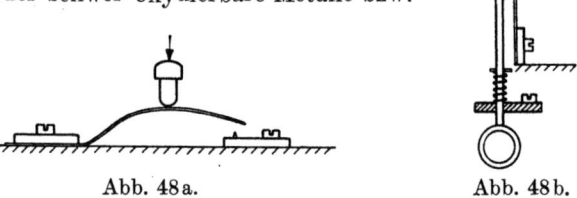

Abb. 48a.   Abb. 48b.

Metallegierungen. Platin eignet sich wegen seines hohen Schmelzpunktes und seiner stets reinen Oberfläche am besten für Kontakte mit leichtem Kontaktdruck. Wolfram findet neuerdings Verwendung für Kontakte mit schwerem Kontaktdruck. Es besitzt dem Platin gegenüber den Vorzug, daß es bei Stromüberlastung die Kontaktflächen nicht aneinanderschweißt, außerdem ist Wolfram wesentlich billiger wie Platin. Wegen der hohen Platinpreise — das Kilogramm kostete vor dem Kriege bereits über 6000 M. — verwendet man vielfach Silber als Ersatz für Platin. Für gröbere Kontakte kommt Neusilber oder Nickelin zur Anwendung. Um den isolierenden Einfluß der Oxydschicht zu vermeiden, werden diese Kontakte so ausgeführt, daß sich die Flächen bei der Kontaktgebung aufeinander reiben, wodurch die Oxydschicht abgeschabt wird.

Man unterscheidet Schließkontakte, Trennkontakte und kombinierte Schließ- und Trennkontakte, sogenannte Morsekontakte.

In Abb. 47 sind die verschiedenen Kontakte in ihrer prinzipiellen Anordnung dargestellt. Abb. 48 zeigt einen Druckkontakt, bei welchem das freie Ende der Feder eine schleifende Bewegung ausführt, und einen Zugkontakt, welcher bei Betätigung eine schabende Wirkung auf die Kontaktfläche der Feder ausübt.

B. Der Aus- und Umschalter.

Die Schalter haben den Zweck, eine Leitung zeitweise zu unterbrechen oder dieselbe mit beliebigen anderen Leitungen zeit-

Abb. 49.   Abb. 50.

weise zu verbinden. Die oben beschriebenen Kontakte dienen zur Stromschließung oder Unterbrechung, während die Schalter den Weg für den Strom vorbereiten. Sie gleichen in dieser Beziehung der Weiche im Eisenbahnbetriebe. Die Schalter sind einarmige Metallhebel, welche an einem Ende auf einer Metallplatte drehbar gelagert sind; an dem anderen Ende ist eine Handhabe angebracht, mittels welcher sie über nebeneinander angeordnete Metallplatten seitlich verschoben werden können. Zur Erzeugung einer guten metallischen Verbindung sind die Hebel mit elastischen Federn versehen, welche auf den Metallplatten schleifen und dieselben infolge der Reibung stets metallisch rein erhalten. Abb. 49 zeigt einen Ausschalter und Abb. 50 einen Umschalter für zwei Richtungen. Diese Schalter werden auch mit mehreren Schalthebeln zum gleichzeitigen Umschalten mehrerer Leitungen ausgeführt.

4*

C. Der Selbstunterbrecher.

Ein besonders häufig angewendetes Element der Fernmeldetechnik ist der Selbstunterbrecher. In Abb. 51 ist das Prinzip desselben dargestellt. Der Apparat besteht aus dem Elektromagneten a, dessen Anker b an einer Feder c aufgehängt ist. Durch die mittels der Schraube e verstellbare Feder d wird der Anker von den Magnetpolen entfernt. Damit der Anker nicht infolge von Remanenz an den Magnetpolen klebt, sind dieselben mit kleinen Messingstiften h versehen, welche den Abstand des Ankers begrenzen. Auf dem Anker ist die elastische Kontaktfeder f angeordnet, welche in der Ruhelage die Schraube g berührt. Dieselbe steht mit dem einen Pol der Magnetwicklung in Verbindung, deren anderer Pol an die Batterie i angeschlossen ist. Der Kontakt k ist einerseits an die Batterie, andererseits an die Feder c angeschlossen. Wird der Kontakt k geschlossen, so fließt der Strom von der Batterie über den Kontakt, die Feder c, Feder f zum Kontakt g, von diesem über die Magnetwindung zur Batterie zurück. Der Magnet zieht den Anker an, infolgedessen wird der Kontakt g geöffnet und der Strom unterbrochen, der Anker folgt der Einwirkung der Federn c und d, der Strom wird von neuem geschlossen, und das Spiel wiederholt sich so lange, als der Kontakt k geschlossen ist. Die Schwingungszahl des Ankers pro Sekunde ist abhängig von der Größe und dem Gewicht des Ankers, der Spannung der Feder d, der Stärke des Magnetismus und dem Abstand des Ankers von dem Magneten. Ist der Abstand sehr klein und die Feder d stark gespannt, so ist die Schwingungszahl sehr hoch (elektrischer Summer, Schnarrer). Befestigt man an dem Anker eine Kugel mit Stiel, so ist die Schwingungszahl geringer. Der Anker schwingt um so langsamer, je schwerer die Klöppel und je länger der Stiel ist (elektrischer Rasselwecker, Lautschläger, Weitschläger). Durch Anordnung besonderer Verzögerungseinrichtungen kann die Schwingungszahl bis auf wenige Schwingungen pro Minute verlangsamt werden (Langsamschläger).

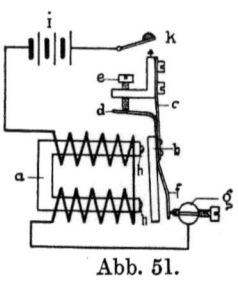
Abb. 51.

D. Das Relais.

Die Bezeichnung „Relais" (Vorspann) ist aus der Zeit der alten Postkutsche übernommen. Das Relais hat dieser Bezeichnung

Das Relais. 53

entsprechend den Zweck, in langen Leitungen eine neue Stromquelle einzuschalten. Es ist also ein elektrischer Fernschalter. In Haustelegraphenanlagen ist es ein bequemes Mittel für die Schaltung komplizierter Anlagen.

1. Das Gleichstromrelais mit Ruhe- und Arbeitsstromkontakt.

In Abb. 52 ist die gebräuchliche Ausführung eines Haustelegraphenrelais dargestellt. Es gleicht in seiner Konstruktion

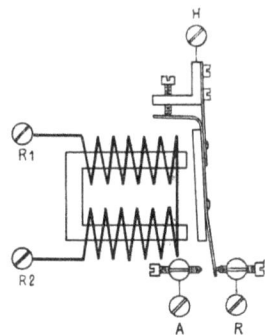

Abb. 52.   Abb. 53.

dem Selbstunterbrecher. An Stelle des Unterbrechungskontaktes besitzt es jedoch zwei sich gegenüberliegende Kontakte, welche abwechselnd geschlossen sind, je nachdem der Anker angezogen oder abgefallen ist. Abb. 53 zeigt die Schaltung dieses Relais.

2. Das Stromwechselrelais.

Wenn der Eisenkern eines Relais durch einen Dauermagneten polarisiert wird, so zeigt es zwei neue wichtige Eigenschaften: Erstens spricht es nur auf Ströme von bestimmter Richtung an, zweitens wird seine Empfindlichkeit bedeutend erhöht. Die Anordnung dieses Relais ist in Abb. 54 dargestellt. Ein ungleichschenkliger Dauermagnet NS trägt auf dem längeren Schenkel den Eisenkern a mit der Wicklung b. Der Anker c ist an dem kurzen Schenkel S federnd aufgehängt; er wird mittels der Abreißfeder d in der Ruhelage festgehalten. Die Verlängerung des Ankers berührt in der Ruhelage den Kontakt e, in angezogenem Zustande den Kontakt f. Ein quer über den Magneten NS gelegter Stab g von weichem Eisen dient zur Regulierung des Magnetismus, indem ein Teil der Kraftlinien des Dauermagneten durch den Eisenstab zum anderen Pol geleitet wird. Der Rest fließt über den

Anker c und den Eisenkern a zum anderen Pol. Infolgedessen wird der Anker von dem Eisenkern a angezogen. Die Feder d ist jedoch so weit gespannt, daß sie die Zugkraft des Magneten gerade überwindet. Fließt nun ein Strom in dem Sinne durch die Spule, daß sie die darin vorhandenen Kraftlinien verstärkt, so wird der Anker angezogen, fließt der Strom in entgegengesetzter Richtung, so wird der Anker abgestoßen; er verharrt also in der Ruhelage. Selbstverständlich darf der Strom eine gewisse Stärke nicht überschreiten; denn wenn er so weit verstärkt ist, daß er den Anker vollständig umpolarisiert, so würde dieser gleichfalls angezogen werden. Dieses Relais findet Verwendung in Anlagen mit sehr geringer Stromstärke und für die Einschaltung verschiedener Signale mittels einer Leitung.

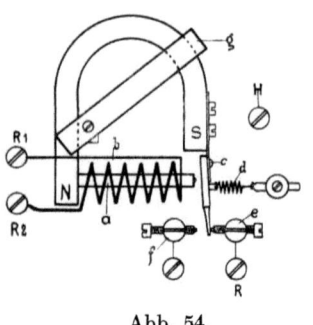

Abb. 54.

3. Das Wechselstromrelais.

Schaltet man einen Wechselstrom auf ein normales Relais, so wird der Anker abwechselnd angezogen und abgestoßen, er arbeitet also wie ein Selbstunterbrecher. Zur Vermeidung dieses Übelstandes erhält das Wechselstromrelais eine besondere Konstruktion, die in Abb. 55 dargestellt ist. Der Eisenkern a besteht aus einzelnen U-förmigen dünnen Eisenblechen, auf welchen die Wicklung b angebracht ist. Der gleichfalls unterteilte Anker c ist verhältnismäßig schwer und an dem Lagerbock g so aufgehängt, daß das Eigengewicht desselben ihn den Magnetpolen zu nähern sucht. Die Feder d wirkt dem Ankergewicht entgegen und hält ihn in der gezeichneten Stellung fest, wobei er mittels Feder h den Kontakt e berührt. Ist der Anker angezogen, so berührt er den Kontakt f. Bei Durchgang des Wechselstromes können schädliche Wirbelströme, welche eine Abstoßung des Ankers bewirken würden, nicht entstehen. Der Anker wird von jedem Impuls des Wechselstromes angezogen,

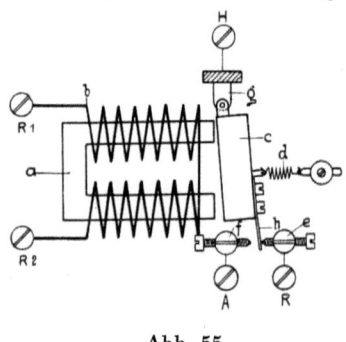

Abb. 55.

es ist gleichgültig, in welcher Richtung der Strom fließt. Für die Zeit des Polwechsels verharrt der Anker infolge seiner Trägheit in angezogenem Zustand.

4. Das Starkstromrelais.

Dieses Relais hat den Zweck, elektrische Glühlampen oder andere Starkstromapparate durch eine Schwachstromanlage

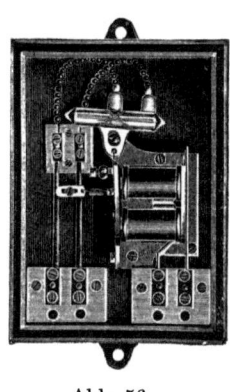

Abb. 56.

Abb. 57.

einzuschalten. Sie besitzen einen Elektromagneten, dessen Anker eine Wippe betätigt, auf der ein Quecksilberkontakt befestigt ist. Dieser Kontakt besteht aus einer luftleer gemachten Glasröhre, in der ein Quecksilbertropfen eingeschlossen ist. Zwei in die Reihen eingeschmolzene Elektroden bewirken die Stromzuführung. Zieht der Magnet seinen Anker an, so fließt der Quecksilbertropfen über die beiden Elektroden und schließt den Strom. Die Relais werden den Vorschriften für Starkstrom entsprechend ausgeführt. Abb. 56 zeigt das Relais für Zeitkontakt, eine Ausführung des Schiersteiner Metallwerkes. Es schließt den Starkstrom so lange, als der Schwachstrom geschlossen ist. In Abb. 57 ist eine zweite Ausführung für Dauerkontakt dargestellt, welche den Starkstrom nur einschaltet. Die Ausschaltung desselben erfolgt durch einen zweiten Elektromagneten.

E. Die Signalklappen.

Die elektrischen Rasselglocken geben ein hörbares (akustisches) Signal. Die Signalklappen sollen das gegebene Signal festhalten und den Ort anzeigen, von woher das Signal gegeben wurde.

56 Die wichtigsten Konstruktionselemente der Haustelegraphie.

Sie heißen daher „optische Signaleinrichtungen". Die gebräuchlichen Einrichtungen dieser Art besitzen Scheiben mit Aufschrift, die nach der Betätigung hinter einem Fenster sichtbar werden. Die Abstellung kann von Hand oder auf elektrischem Wege erfolgen. Wir unterscheiden folgende Ausführungsarten:
1. die Pendelklappe,
2. die Fallklappe,
3. die Vertikalklappe,
4. die Stufenklappe (K. D. M.-Klappe),
5. die Stromwechselklappe,
6. die Kippklappe,
7. die polarisierte Kippklappe.

1. Die Pendelklappe.

Die einfachste Klappe dieser Art ist in Abb. 58 dargestellt. Sie besteht aus einem Elektromagneten, welcher in einem U-förmigen Eisenbügel untergebracht ist. Der Anker ist an dem verlängerten Eisenbügel an Schneiden in einiger Entfernung aufgehängt. An dem unteren Ende des Ankers ist die hinter einem Fenster sichtbare Schaufahne befestigt. Nach Ein- und Ausschaltung des Stromes pendelt der Anker mit der Fahne etwa eine Minute. Die Pendelklappe hat den Vorzug, daß sich die Abstellung erübrigt; ein Nachteil ist, daß das Zeichen nach einer Minute nicht mehr erkennbar ist. Die Klappe findet daher nur in solchen Räumen Anwendung, in welchen sich dauernd Personen aufhalten, die benachrichtigt werden sollen. Diese Klappe wird in neuerer Zeit nicht mehr fabriziert. Sie besitzt daher nur noch historisches Interesse.

Abb. 58.

2. Die Fallklappe.

Diese am weitesten verbreitete Signalklappe ist in Abb. 59 dargestellt. Die Magnetspule ist auf einem eisernen Gestell angeordnet, welches gleichzeitig die Lagerung für das ganze System bildet. Der Anker ist an einem auf einem Zapfen drehbar gelagerten Messinghebel befestigt. Eine an dem Hebel befindliche Nase dient als

Die Signalklappen.

Sperrung für den auf einem Zapfen gelagerten Winkelhebel, der die Schaufahne trägt. Wird der Anker angezogen, so gibt die Nase den

Abb. 59.

Abb. 60.

Abb. 61.

Abb. 62.

Hebel frei, die Klappe fällt um ihre volle Breite vor und wird hinter einem Fenster sichtbar. Der Winkelhebel trägt eine Verlängerung, mittels welcher die Klappe durch einen in der Schubstange befestigten Stift abgestellt wird. Diese Klappe findet in

58 Die wichtigsten Konstruktionselemente der Haustelegraphie.

der Haustelegraphie auch als Relais für Zeit- und Dauerkontakt Anwendung. Zu diesem Zweck werden auf der Grundplatte Kontaktsäulen mit Schrauben isoliert befestigt. Zum Zweck einer zuverlässigen Stromzuleitung muß der Hebel mittels einer Litze mit dem Gestell verbunden werden. Abb. 60 zeigt die Fallklappe für Dauerkontakt, in Abb. 61 ist die Klappe mit Zeitkontakt dargestellt.

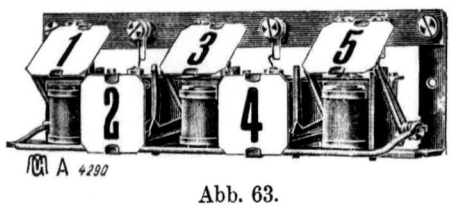

Abb. 63.

3. Die „Emge-Tableauklappe.

Eine von den älteren Konstruktionen vollständig abweichende Signalklappe wird seit einiger Zeit von der Akt.-Ges. Mix & Genest in den Handel gebracht. Die in Abb. 63 dargestellten Klappen sind zu je 5 in einer Schiene vereinigt. Hierdurch wird eine für Massenfabrikation besonders geeignete Form erzielt, so daß die Tableaus zu einem sehr niedrigen Preise geliefert werden können. Abb. 64 zeigt ein mit diesen Klappen ausgerüstetes Tableau.

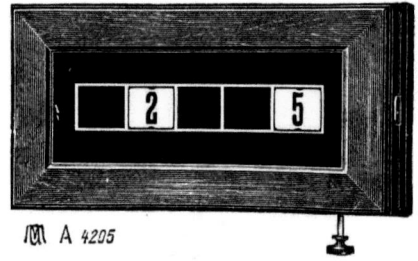

Abb. 64.

4. Die Stromwechselklappe.

Die mechanische Abstellung der oben beschriebenen Signalklappen hat zur Voraussetzung, daß die gerufene Person sich zu dem Tableau begibt, um die Klappe abzustellen. Dies ist kein Übelstand, solange nur ein Tableau vorhanden ist. Sobald das Signal aber an zwei und mehr Stellen erscheinen soll, muß die Abstellung der Klappen auf elektrischem Wege erfolgen. Die älteste Signalklappe mit elektrischer Abstellung ist die polarisierte Klappe (Abb. 65). Die Schaufahne ist an einem um eine Achse leicht drehbaren zweischenkligen Dauermagneten befestigt. Das Zeichen der Klappe ist an dem Lagerbock dauernd befestigt und steht hinter dem Fenster. In der Ruhelage wird es von der geschwärzten Schaufahne verdeckt. Diese Klappe besitzt zwei

Magnetspulen, die auf der Messinggrundplatte mittels ihrer Eisenkerne befestigt sind, aber nicht miteinander in magnetischer Verbindung stehen. Die dargestellte Stellung der Klappe ist ihre Arbeitslage. Der Dauermagnet berührt mit seinen Polen die eine Spule. Der durch die Spule geleitete Strom ist so gerichtet, daß die erzeugten Magnetpole denjenigen des Dauermagneten entgegengesetzt gerichtet sind. Infolgedessen erfolgt Abstoßung. Die Klappe bewegt sich in die entgegengesetzte Lage und wird in dieser festgehalten, weil sich die Kraftlinien des Dauermagneten über den Eisenkern der nicht magnetisierten Spule schließen. Wird diese Spule entgegengesetzt erregt, so erfolgt abermals Abstoßung, und die Klappe nimmt wieder die abgebildete Stellung ein.

Abb. 65.

Die polarisierte Klappe findet vorzugsweise Anwendung für große Hotelanlagen, in denen das Signal an mehreren Stellen zugleich wiedergegeben werden soll. Auch diese Klappe kann mit Kontakteinrichtungen für besonderen Zweck versehen werden.

5. Die Kippklappe.

Der Dauermagnet verliert bekanntlich mit der Zeit seinen Magnetismus. Es ist daher ein Übelstand der polarisierten Klappe, daß sie im Laufe der Zeit in ihrer Wirkung nachläßt. Die in Abb. 66 dargestellte Kippklappe besitzt keinen Dauermagneten. Das Prinzip ihrer Anordnung zeigt Abb. 67. Oberhalb der beiden Spulen ist ein stumpfwinkliger, um eine Achse leicht drehbarer Anker angeordnet, der in der Ruhelage den Magnetpol der einen Spule berührt. Oberhalb dieses Ankers befindet sich ein zweiter winkelförmiger um die gleiche Achse drehbarer Anker, dessen Winkel aber bedeutend kleiner ist als derjenige des ersten Ankers. Der letztere trägt die Schaufahne, welche in ähnlicher Weise wie die Fahne der polarisierten Klappe das Signalzeichen verdeckt. In der Ruhelage haben beide Anker die gleiche Stellung. Wird der vom Anker nicht berührte Magnet erregt, so zieht er den über ihm befindlichen Schenkel des Ankers an, infolgedessen übt der andere Schenkel desselben auf den über ihm liegenden Schenkel des zweiten Ankers einen Stoß aus, wodurch dieser mit der Schaufahne in die Arbeitsstellung geschleudert wird. Ein Zurückprallen kann nicht stattfinden, weil die beiden Schenkel des von dem Magneten angezogenen Ankers von demselben so lange festgehalten werden, als die Erregung des Magneten dauert. Wird der andere Magnet erregt,

Abb. 66.

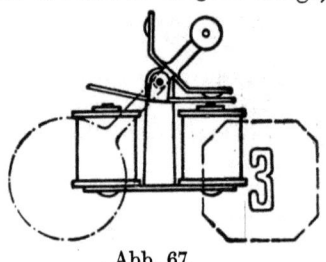

Abb. 67.

so findet das umgekehrte Spiel statt, und die Klappe fällt wieder in die Ruhelage. Die Kippklappe findet gleichfalls Anwendung in ausgedehnten Hotelanlagen. Sie eignet sich infolge ihrer eigenartigen Konstruktion besonders gut für große Schaufahnen. Sie wird mit Fahnen von 3, 6 und 10 cm Durchmesser ausgeführt.

6. Die polarisierte Kippklappe.

Die besondere Eigenschaft der polarisierten Klappe, daß sie infolge ihrer Polarität mit einer Leitung durch Umkehrung des Stromes betrieben werden kann, besitzt die normale Kippklappe nicht. Um ihr auch diese Eigenschaft zu geben, wird die Kippklappe mit einem kräftigen Magneten (Abb. 68) ausgerüstet. Die Kraftlinien des Magneten schließen sich über die Eisenkerne und Anker der Klappe. Infolge des guten Eisenschlusses und der wesentlich stärkeren Ausführung des Dauermagneten, welcher durch die Polarisation der Spulen wesentlich geringer beeinflußt wird als der leichte Magnet der polarisierten Klappe, ist ein Nachlassen der Klappe in ihrer Wirkungsweise nicht zu befürchten.

Abb. 68.

7. Die wichtigsten Konstruktionselemente der Telephonie.

A. Allgemeines.

Das Telephon, eine der genialsten Erfindungen des 19. Jahrhunderts, hat heute eine so große volkswirtschaftliche Bedeutung erlangt, daß ein moderner Geschäftsbetrieb ohne Telephonie überhaupt nicht mehr denkbar ist. Die Wirkungsweise des Telephons erklärt man am besten durch folgenden Vergleich (Abb. 69). Auf einer glatten Wasseroberfläche befinden sich die Schwimmer a und b. Wird der Schwimmer a auf und ab bewegt, so entstehen Wellenberge und -täler, welche sich, immer kleiner werdend, auf der Oberfläche ringförmig ausbreiten. Sobald sie den Schwimmer b erreicht haben, gerät dieser ebenfalls in

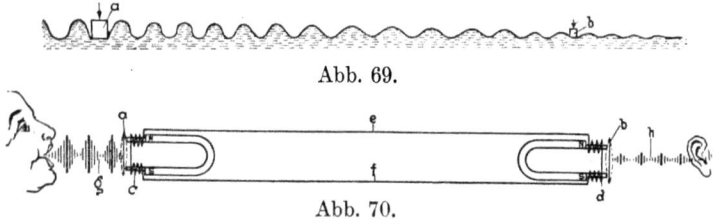

Abb. 69.

Abb. 70.

auf- und abgehende Schwingungen. Genau so verhält sich der Vorgang bei der telephonischen Übertragung. Den Schwimmern a und b entsprechen die Eisenblechmembranen a und b (Abb. 70). Hinter den Membranen sind kleine Elektromagnete c d angebracht, deren Eisenkern an den Polen von Dauermagneten N S befestigt sind. Die Kraftlinien der Dauermagnete schließen sich durch die Eisenkerne (Polschuhe) und die davor gelagerten Membranen. Die Windungen der Spulen sind durch die Leitungen e f miteinander verbunden. Wird nun die Eisenmembrane a z. B. durch die Schallwellen g in Schwingungen versetzt, so ändert sich die Entfernung zwischen Membran und den Polschuhen (der Luftweg der Kraftlinien), infolgedessen auch die Zahl der Kraftlinien. Ändert sich in einer Magnetspule die Kraftlinienzahl, so werden in derselben Ströme induziert, und zwar Wechselströme, weil die Membrane die Kraftlinienzahl vermehrt und vermindert, je nachdem sie sich den Polen nähert oder sich entfernt (siehe S. 11). Die erzeugten Ströme fließen über die Leitungen e f und erregen den Elektromagneten d, welcher die Membran b in Schwingungen versetzt. Die Membran gibt die Schwingungen an die sie umgebende Luft ab und erzeugt auf diese Weise Schallwellen h, welche eine genau gleiche Schwingungszahl wie die erzeugenden Schallwellen g, aber erheblich geringere Stärke besitzen, ähnlich dem oben angeführten Schwingungsbeispiel der Wasseroberfläche.

Die soeben beschriebene Anordnung ergibt eine besonders reine und klare Übertragung, sie ist aber wegen der geringen Lautstärke für den praktischen Gebrauch wenig geeignet.

Erst in dem Mikrophon wurde schließlich ein Apparat gefunden, welcher in Verbindung mit dem Telephon für die moderne Telephonie die Grundlage bildet.

Das Telephon kann natürlich auch von einer beliebigen Stromquelle, z. B. einer Batterie, erregt werden. Beim Einschalten

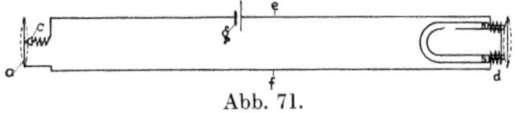

Abb. 71.

des Stromes macht sich ein knackendes Geräusch im Telephon bemerkbar, welches sich so oft wiederholt, als der Kontakt geschlossen und geöffnet wird. Die Eigenschaft der Kohle, ihren Widerstand unter Druck zu verändern, macht sie in hohem Maße für derartige Kontakte geeignet. Abb. 71 zeigt die Anordnung einer mikrophonischen Übertragung. Die die Schallwellen aufnehmende Membrane besteht aus einer dünnen Kohlenplatte a, vor deren Mitte ein Kohlenstift c mit leichtem Druck gelagert ist. Das Telephon besitzt genau dieselbe Anordnung wie in Abb. 70. Mikrophon und Telephon sind durch die Leitungen e und f verbunden. In die Leitung e ist eine Stromquelle g geschaltet. Der Strom fließt von dem Element über die Leitung e zum Telephon d über Leitung f, Mikrophonmembrane a, Kohlenstift c und Leitung e zum Element g zurück. Solange die Membrane nicht erregt wird, ist in dem Telephon kein Ton hörbar. Sobald aber Schallwellen die Membrane in Schwingungen versetzen, ändert sich der Druck an der Berührungsstelle von a und c, damit ändert sich auch der Widerstand des Mikrophons, der Strom wird verändert, die Telephonmembrane erregt und die Schallwellen wiedergegeben. Zur direkten mikrophonischen Übertragung dient also Gleichstrom, der in seiner Stärke den Schwingungen der Schallwellen entsprechend schwankt. Das Mikrophon besitzt eine außerordentlich hohe Empfindlichkeit, die von dem

Allgemeines. 63

Telephon wiedergegebenen Schallwellen sind erheblich stärker als bei der Übertragung nach Anordnung Abb. 70. Da die verwendete Stromstärke verhältnismäßig groß ist, so nimmt die Lautstärke des Telephons mit wachsender Leitungslänge infolge des höheren Widerstandes sehr bald ab. Diese Schaltung wird daher nur für sehr kurze Entfernungen, besonders in der Haustelephonie verwendet.

Ein geeignetes Mittel, um die mikrophonische Übertragung auch für größere Entfernungen brauchbar zu machen, ist der Transformator, und zwar in dem auf S. 14 beschriebenen Typus der Induktionsspule. Diese Anordnung ist in Abb. 72 dargestellt. Das Mikrophon a c ist über die Batterie g an die primären Windungen p der Induktionsspule angeschlossen. Die sekundäre Wicklung s steht mit den zum Telephon führenden Leitungen e f in Verbindung. Die durch das Mikrophon hervorgerufenen Schwankungen des Gleichstromes erzeugen in der mit hoher

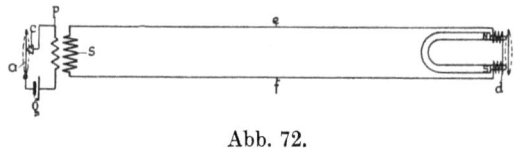

Abb. 72.

Windungszahl versehenen Sekundärwicklung s Wechselströme von verhältnismäßig hoher Spannung. Die Stromstärke ist äußerst gering, so daß selbst ein hoher Widerstand der Leitungen von keinem großen Einfluß ist. Von ungünstigem Einfluß auf die Stromstärke ist die kondensatorische Wirkung der Leitungen. Jede Leitung bildet einen Kondensator, dessen Kapazität abhängig ist von der Länge der Leitungen, dem sie umgebenden Material und bei Freileitungen von den Witterungsverhältnissen. Die Oberfläche der Leitung selbst bildet die eine Belegung, die Luft das Dielektrikum und eine parallel laufende Leitung oder die Erdoberfläche die andere Belegung. Da wie in Kapitel I beschrieben, ein Kondensator den Sprechströmen wegen ihrer hohen Periodenzahl einen verhältnismäßig geringen Widerstand entgegensetzt, so wird ein Teil des Stromes das Telephon d nicht erreichen. Eine weitere Quelle von Stromverlusten ist die unvollkommene Isolation der Leitungen, welche um so geringer wird, je länger die Leitungen sind. Am besten geeignet für die telephonische Übertragung sind Freileitungen. Ist Verwendung eines Kabels nicht zu umgehen, so findet Papier-Luftisolation Anwendung, welche in dieser Ausführung die besten Resultate ergibt.

64 Die wichtigsten Konstruktionselemente der Telephonie.

Bei der in Abb. 72 dargestellten Schaltung muß bei jeder Telephonstation eine Sprechbatterie aufgestellt werden. Die Beschaffung und Unterhaltung von vielen tausend Mikrophon-

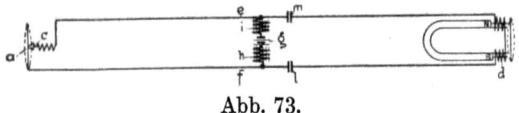

Abb. 73.

batterien in großen Telephonanlagen ist aber außerordentlich kostspielig und umständlich. Sobald daher die Telephonämter größeren Umfang annahmen, ging das Bestreben der Telephontechniker dahin, die Speisung der Mikrophone zu zentralisieren. Abb. 73 zeigt die Anordnung für zentrale Mikrophonbatterien. Das Mikrophon a c unterscheidet sich von dem der Abb. 72 durch wesentlich höheren Widerstand. In der Zentrale ist die zur gemeinsamen Speisung aller Mikrophone dienende Batterie g aufgestellt. Die das Mikrophon mit der Zentrale verbindenden Leitungen e f sind mittels Drosselspulen i h an die Batterie g angeschlossen. Vor die zum Telephon d führenden Leitungen ist je ein Kondensator l m geschaltet. Der Mikrophonspeisestrom fließt von der Batterie g über die Drosselspule h, Leitung f, Mikrophon a c, Leitung e, Drosselspule i zur Batterie g zurück. Die von dem Mikrophon erzeugten Stromschwingungen können die Drosselspulen wegen der hohen Selbstinduktion derselben nicht passieren, sie laden und entladen die Kondensatoren l m und gelangen als Wechselströme zum Telephon d.

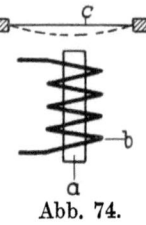

Abb. 74.

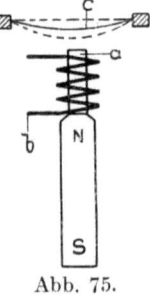

Abb. 75.

An Stelle des polarisierten Magneten kann man die Telephone auch mit einem einfachen Elektromagneten ausrüsten; die Wirkungsweise wäre aber wesentlich geringer. Wenn z. B. (Abb. 74) ein einfacher Eisenkern a mit der Spule b Verwendung findet, so wird die Membrane c in der Ruhelage sich im Gleichgewicht befinden. Bei Erregung des Magneten wird die Membrane angezogen, so daß sie die punktiert gezeichnete Stellung einnimmt. Da zum Sprechen allgemein Wechselstrom Anwendung findet, so wird die Membrane bei jedem Polwechsel in der gleichen Richtung nach unten durchgebogen werden. Ihre Schwingungen haben demnach die doppelte Periodenzahl des Wechselstromes.

Hieraus ergibt sich eine geringere Lautstärke und eine Verzerrung der übertragenen Töne. Ist der Magnet a dagegen, wie in Abb. 75 dargestellt, durch einen Dauermagneten S N polarisiert, so wird die Membrane C auch in der Ruhelage durchgebogen sein. Der die Windungen b durchfließende Sprechstrom wird den Magnetismus entsprechend seiner Richtung verstärken oder schwächen. Im ersteren Falle wird die Durchbiegung der Membrane vergrößert, im letzteren Falle verringert. Die Schwingungen der Membrane entsprechen demnach genau den Schwingungen des Wechselstromes. Hieraus ergibt sich, daß Telephone stets mit polarisierten Magneten ausgeführt werden müssen. Nur wenn bei der telephonischen Übertragung reiner Gleichstrom Anwendung findet, wie z. B. bei der Abb. 71 beschriebenen direkten Schaltung, sind reine Eisenmagnete zulässig.

B. Das Telephon.

Den Erfordernissen der Praxis entsprechend sind eine Reihe von verschiedenen Telephontypen entstanden.

1. Das Belltelephon.

Das Prinzip der ursprünglich von Bell angegebenen einpoligen Form ist bereits in Abb. 75 dargestellt. Heute verwendet man allgemein die doppelpolige Form mit Hufeisenmagneten, welche infolge ihres stärkeren Magnetismus eine wesentlich kräftigere Wirkung besitzt. Abb. 76 zeigt das verbesserte Belltelephon mit Hufeisenmagneten, welches in Amerika allgemein gebräuchlich ist. Der Hufeisenmagnet ist in einer Röhre gelagert, die sich trichterförmig zum Membransitz erweitert. Die Membrane wird durch eine abschraubbare Hörmuschel in ihrer Lage befestigt. Dicht unter der Membrane befinden sich die auf den Magnetpolen befestigten Polschuhe aus weichem Eisen mit der Wicklung. Der Abstand der Magnetpole von der Membrane kann mittels einer Stellschraube reguliert werden. Beim Einstellen des Telephons auf höchste Empfindlichkeit sind die Pole den Membranen zunächst

Abb. 76.   Abb. 77.

Beckmann, Telephonanlagen. 3. Aufl.   5

so weit zu nähern, daß sie dieselben berühren. Sodann sind die Pole wieder von der Membrane zu entfernen. Dieselbe klebt zunächst und wird von dem Magneten durchgebogen. Der Augenblick des Abreißens macht sich durch ein leise knackendes Geräusch bemerkbar. Jetzt besitzen die Pole den richtigen Abstand von der Membrane.

2. Das Löffeltelephon.

Das in Abb. 77 dargestellte Präzisionstelephon, ein älteres Modell der Reichspost, besitzt im Prinzip dieselbe Konstruktion wie das verbesserte Belltelephon. Die Polschuhe und die Membrane sind jedoch nicht an der Stirnfläche, sondern seitlich an den Polen des Hufeisenmagneten angebracht. Derselbe ist bedeutend kräftiger gehalten als der des Belltelephons, die Membrane hat größeren Durchmesser. Infolgedessen besitzt dieses Telephon größere Empfindlichkeit und. größere Lautstärke. Infolge der seitlichen Anordnung der Hörmuschel ist es praktischer für den Gebrauch, weil es der natürlichen Stellung der Hand besser entspricht.

3. Das Dosentelephon.

Ein leichterer, für geringe Entfernungen geeigneter Typ ist in Abb. 78 dargestellt. Bei diesem sogenannten Dosentelephon besitzen die Magnete Ringform und sind in einer Kapsel untergebracht. Die Membrane wird mittels der Hörmuschel auf der Kapsel festge-

Abb. 78.

Abb. 79.

Abb. 80.

Abb. 81.

schraubt. Bei der Bedienung der Telephonzentralen und für manche andere Zwecke ist es notwendig, die Hände frei zu haben. Man versieht das Dosentelephon deshalb mit einem Bügel (Abb. 79), mittels welches es am Kopf getragen werden kann.

4. Das Stieltelephon.

Um dem Dosentelephon eine für die Handhabung praktischere Form zu geben, wird dasselbe mit einem Griff versehen. Abb. 80 zeigt das gebräuchliche Modell der Reichspost. In Abb. 81 ist ein kleinerer Typ dieser Art der Aktiengesellschaft Mix & Genest dargestellt.

5. Das lautsprechende Telephon.

Durch Anwendung besonders starker Magnetsysteme, größerer Membranen und großer Sprechstromstärke kann die Lautstärke des Telephons so weit gesteigert werden, daß man die Sprache auf mehrere Meter Entfernung verstehen kann. Durch Aufsetzen eines Sprachrohres auf die Schallöffnung erfährt die Lautstärke noch eine weitere Steigerung.

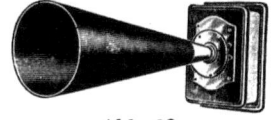

Abb. 82.

Abb. 82 zeigt ein derartiges sogenanntes Stentortelephon.

C. Das Mikrophon.

1. Das Walzenmikrophon.

Das Mikrophon ist, wie S. 61 beschrieben, eine Kontakteinrichtung mit sehr leicht veränderlichem Widerstand. Nach Erfindung des Mikrophons ergab sich schnell, daß ein einzelner Kontakt infolge der Verbrennung sehr bald unbrauchbar wird. Man vermehrte deshalb die Zahl der Kontakte. Es entstand das Walzenmikrophon. Eine Ausführungsart desselben ist in Abb. 83 dargestellt. Die Kohlenwalzen sind in zwei auf einer Membrane befestigten Kohlenböcken gelagert. Durch eine Bremsvorrichtung werden die Walzen

Abb. 83.

aus der tiefsten Stellung des Lagers herausgehoben, so daß die Kontakte nicht durch Staub und Asche beeinträchtigt werden können. Dieses Modell wurde von der Aktiengesellschaft Mix & Genest eingeführt und erhielt durch die Telephonanlagen der Reichspost eine weite Verbreitung. Es ist jedoch in seiner Wirkung durch die modernen vielkontaktigen Mikrophone weit überholt, so daß es heute nur noch historisches Interesse besitzt.

2. Das Kohlengrießmikrophon.

Es stellte sich bald heraus, daß die Güte der mikrophonischen Übertragung mit der Anzahl der Kontakte wächst. Man verwendet daher heute nur noch vielkontaktige sogenannte Pulver- oder Grießmikrophone. Abb. 84 zeigt die Anordnung eines modernen Grießmikrophons im Prinzip. Das Mikrophon besteht aus einer Metallkapsel a, welche durch die Membrane b verschlossen ist. Auf dem Boden der Kapsel ist ein Körper c aus harter Kohle, die konzentrische Ringe besitzt, mittels der Schraube d isoliert befestigt. Zwischen Membrane und Boden der Kapsel befindet sich ein Ring f von weichem Klavierfilz, der die Kohle c umschließt.

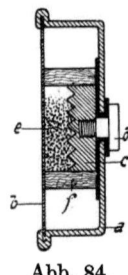

Abb. 84.

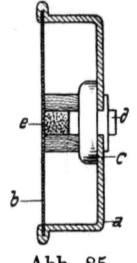

Abb. 85.

Die durch den Filzring der Membrane und den Körper c gebildete Kammer ist mit hartem feinkörnigen Kohlengrieß zum größten Teil angefüllt. Der Strom fließt von der Schraube d über den Kohlenträger c durch den Grieß e und zur Membrane b, welche mit der Metallkapsel in Verbindung steht. Die Größe der Kohlenkammer ist entsprechend der Stärke des sie durchfließenden Stromes bemessen. Das in Abb. 84 dargestellte Mikrophon ist für Ortsbatteriebetrieb (O. B.) bestimmt. Bei Zentralmikrophonbetrieb (Z. B.) ist der Strom wesentlich schwächer, die Kohlenkammer daher ebenfalls, wie Abb. 85 zeigt, kleiner bemessen.

3. Das Kohlenkugelmikrophon.

Ein Übelstand des Pulvermikrophons mit großer Kammer für O. B.-Betrieb ist das Zusammenbacken der Körner, wodurch die Empfindlichkeit des Mikrophons herabgemindert wird. Die Fassungen der Mikrophone werden daher mit einer Schüttelvorrichtung versehen, damit die Körner durch Drehung der Kapsel voneinander gelöst werden können. Da das Schütteln der Mikrophone aber meistens nicht beachtet wird, so wurden die Kohlengrießmikrophone für O. B. durch die Kugelmikrophone, bei denen das Schütteln nicht notwendig ist, verdrängt. Abb. 86

Das Mikrophon.

zeigt einen Teil eines solchen Kugelmikrophons in vergrößertem Maßstabe. Der Kohlenkörper c besitzt eine Anzahl muldenförmiger Vertiefungen, in denen sich je eine Anzahl kleiner Kohlenkugeln befindet. Der Körper c ist der Membrane so weit genähert, daß die Kugeln nicht aus ihren Kammern herausfallen können. Die Kugeln sind in den Kammern übereinandergelagert und bewirken durch ihr Gewicht und die Keilwirkung der schiefen Ebene, auf der sie ruhen, eine Dämpfung der Membrane. Durch die Schwingungen der Membrane werden die Kugeln in Umdrehung versetzt, so daß immer neue Teile ihrer Oberfläche miteinander bzw. mit der Membrane oder dem Kohlenkörper in Verbindung kommen. Diese Mikrophone sprechen zwar nicht so voll und rein wie die Pulvermikrophone, sie sprechen aber bei geringerer Spannung laut und klar und werden nur mit einem Element betrieben. Die Kugelmikrophone sind in neuerer Zeit fast ausschließlich für O. B.-Betrieb angewendet worden.

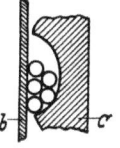

Abb. 86.

4. Das Präzisionsmikrophon.

Ein neues, von der Aktiengesellschaft Mix & Genest vor dem Kriege auf den Markt gebrachtes Mikrophon ist in Abb. 87 dargestellt. Die innere Konstruktion des Mikrophons entspricht den oben beschriebenen Anordnungen. Die Kapsel ist jedoch auseinandernehmbar angeordnet, so daß jedes Teil des Mikrophons ausgewechselt werden kann. Die Abb. 87 zeigt das Mikrophon in Vorderansicht. Die Membrane wird durch eine durchlöcherte Scheibe geschützt, die mittels einer eigenartigen kreuzförmigen Feder durch eine in der Mitte befindliche Schraube an der Kapsel befestigt ist. Das Mikrophon wird mit Pulver- und Kugelfüllung für Z. B.- und O. B.-Betrieb ausgeführt.

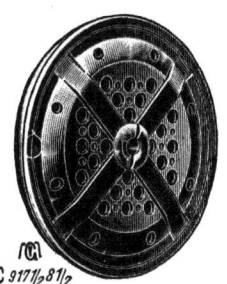

C 917½ 81½
Abb. 87.

5. Das Stentormikrophon.

Für die Hervorbringung besonders großer Lautstärken sind entsprechend größere Mittel erforderlich. Die auf S. 67 beschriebenen Stentortelephone bedürfen zum Betrieb entsprechend größerer Stromstärke. Normale Mikrophone würden daher durch Stromüberlastung bald verbrennen und zugrunde gehen. Das in Abb. 88 dargestellte sogenannte Stentormikrophon ist diesen Anforderungen angepaßt. Es besitzt größeren Membrandurchmesser und eine größere Pulverfüllung. Das Mikrophon kann daher mit 0,5 bis 0,8 Amp. belastet werden. Diese Mikrophone werden vorzugsweise für Bureaulautsprecher und Kommandoapparate verwendet, sie eignen sich auch für die Übertragung auf große Entfernungen bis zu ca. 2500 km.

Abb. 88.   Abb. 89.

6. Das Starktonmikrophon.

Eine noch größere Wirkung wird mit dem in Abb. 89 dargestellten Starktonmikrophon erzielt. Es dient vorzugsweise für postalische Zwecke und überträgt die Sprache unter günstigen Bedingungen auf Entfernungen bis zu 4500 km. Durch die in den letzten Jahren zur Einführung gelangten Verstärkerröhren (Kap. 7) ist dieses Mikrophon überholt, es hat daher nur noch historisches Interesse.

7. Die Verstärkerröhren[1]).

Zur lauteren Sprachwiedergabe werden neuerdings Verstärkungseinrichtungen in die Fernsprechanlagen eingeschaltet. Es kommen dafür fast ausschließlich die folgenden Apparate zur Anwendung:

In einem Glaskörper k (Abb. 90) befindet sich ein Glühfaden f aus Wolfram, eine gitterförmige Elektrode g und eine Blechelektrode a. Der Glaskörper ist bis zum höchsten Vakuum luftleer gepumpt. Der Glühfaden wird durch eine Akkumulatorenbatterie h über einen Eisenwiderstand e (zum Konstanthalten der Stromstärke) und einen festen Widerstand w bis zur Weißglut erhitzt.

---

[1]) Von Dr. Droysen.

Durch die Hitze des Glühdrahtes werden die im Fadenmaterial befindlichen Elektronen, das sind kleinste Teilchen negativer Elektrizität, frei gemacht. Lädt man die Blechelektrode a durch eine Batterie b positiv gegenüber dem Glühdraht auf, so werden die negativen Elektronen von der positiven Blechelektrode angesogen, und es wird ein Strom negativer Teilchen durch die Röhre hindurchfließen.

Dementsprechend wird der Glühfaden auch Glühkathode, die Blechelektrode Anode genannt. Die Verstärker vorstehender Art heißen Hochvakuum-, Elektronen- oder Glühkathodenverstärker.

Die Größe des durch die Röhre fließenden Stromes kann man nun sehr stark dadurch verändern, daß man das zwischen Faden

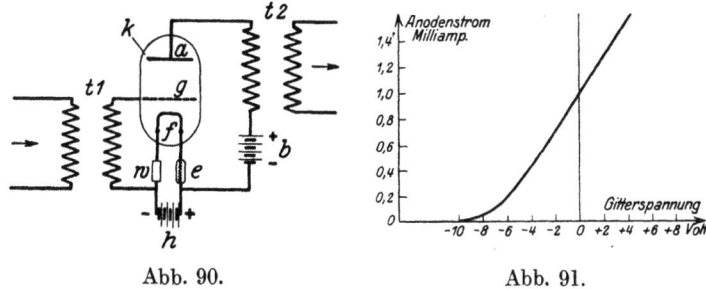

Abb. 90.   Abb. 91.

und Anode befindliche Gitter g auf verschiedene Spannungen gegenüber dem Heizfaden bringt. Wird das Gitter positiv aufgeladen, so wird der Elektronenstrom zur Anode erheblich verstärkt, da die negativen Elektronen durch das positive Gitter beschleunigt werden. Wird das Gitter negativ geladen, so wird der Strom geringer, da die Elektronen durch die negative Spannung des Gitters zurückgehalten werden.

Abb. 91 zeigt eine Kurve der Abhängigkeit des Anodenstromes von der Spannung am Gitter. Man erkennt, daß mit wachsender Gitterspannung der Anodenstrom stark ansteigt. Bemerkenswert dabei ist, daß die Veränderung des Anodenstroms allein durch die Spannungsänderungen am Gitter bewirkt wird, ohne daß ein Strom von dem Gitter abzufließen braucht.

Zur Verstärkung wird die vorbeschriebene Eigenschaft der Röhren folgendermaßen ausgenutzt:

Die zu verstärkenden Wechselströme werden in einem Eingangstransformator t_1 (Abb. 90) geleitet und in demselben auf hohe Spannung transformiert und dem Gitter g und dem Glühdraht f zugeführt. Es werden also durch die wechselnden Ströme in der Primärwickelung des Eingangstransformators t_1 wechselnde Spannungen am Gitter g erzeugt. Wie wir vorher sahen, werden durch diese Spannungsänderungen Schwankungen des Anodenstromes im gleichen Rhythmus hervorgerufen, die einen sehr viel größeren Betrag erreichen, wie die in den Transformator hereingeschickten Stromänderungen. Die erreichbare Verstärkung mit einer Röhre ist etwa 10fach. Durch Anschließen einer zweiten und dritten Röhre können die Ströme weiter verstärkt werden.

Zweckmäßigerweise werden die Anodenstromschwankungen nicht direkt in den Empfangsapparat geleitet, sondern erst durch einen sogenannten Ausgangstransformator t_2 auf entsprechende Spannung transformiert. Um die höchsten Verstärkungen zu erzielen, ist es notwendig, die Verluste im Eingangstransformator möglichst herunter zu drücken. Es geschieht dies dadurch, daß im Sekundärkreis des Eingangstransformators dem Gitter eine negative Vorspannung gegeben wird. Es können dann keine Elektronen auf das Gitter fließen, da sie von dem negativen Gitter abgestoßen werden. Die Belastung ist, da kein Strom im Sekundärkreise fließt, null. Es sind nur die Eigenverluste des Transformators aufzubringen. Die negative Vorspannung des Gitters wird zweckmäßig durch den Spannungsabfall an dem kleinen Widerstande w im Heizstromkreise erzeugt.

In der Fernsprechtechnik werden im wesentlichen drei verschiedene Arten von Verstärkeranordnungen benutzt:
1. Endverstärker.
2. Anfangsverstärker.
3. Zwischenverstärker.

Die Endverstärker dienen dazu, die schwachen ankommenden Ströme am Ende einer Fernsprechleitung zu verstärken. Die Anfangsverstärker um abgehende Ströme am Anfang einer Leitung zu verstärken. Es ist klar, daß die Größenordnung der zu verstärkenden Ströme für Endverstärker sehr viel geringer ist wie für Anfangsverstärker, denn die Ströme am Ende einer Leitung betragen oft nur den tausendsten Teil der Ströme am Anfang derselben. Dementsprechend müssen auch die Verstärkerröhren gebaut sein, insbesondere wird für Anfangverstärker ein größerer Heizstrom des Fadens und eine höhere Anodenspannung benötigt. Gebräuchlich sind etwa 6 Volt, 1,1 Amp. Heizstrom und 220 Volt Anodenspannung. Für Endverstärker nur etwa 6 Volt, 0,5 Amp. Heizstrom und 12 Volt Anodenspannung.

Der Nachteil aller dieser Verstärker besteht darin, daß eine Verstärkung nur in einer Sprechrichtung stattfindet. Würde man beispielsweise Fernsprechströme in den Ausgangstransformator einleiten, so würde man am Eingangstransformator nur abgeschwächte Wechselströme erhalten können. Aus diesem Grunde ist es nicht möglich, die Verstärker ohne weiteres in die Fernsprechleitung einzufügen, sondern es sind in diesem Falle besondere Schaltungen notwendig, welche erst eine Verstärkung nach beiden Richtungen gestatten. Derartige Verstärkungsanordnungen heißen Zwischenverstärker. Vornehmlich finden dafür Anordnungen mit je einer Röhre für jede Sprechrichtung Anwendung.

Um bei den Zwischenverstärkerschaltungen eine Selbsterregung von Tönen zu vermeiden, dürfen die Verstärker der beiden Sprechrichtungen nicht aufeinander einwirken. Durch eine Brückenschaltung mit einer künstlichen Nachbildung der angeschlossenen Leitungen kann dies erreicht werden.

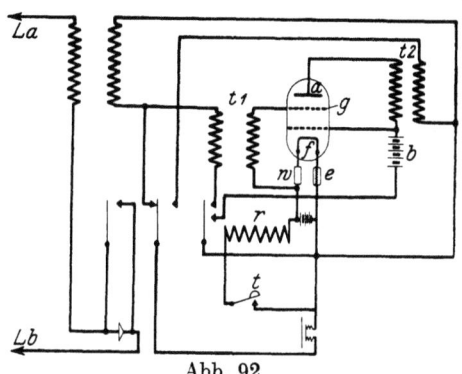

Abb. 92.

Da die Nachbildung der Fernsprechleitungen Schwierigkeiten macht und auch dem jeweiligen Betriebszustande der Fernsprechleitungen angepaßt sein muß, so ist es nur möglich, die Zwischenverstärker für sehr lange Leitungen anzuwenden, bei denen im Postbetriebe eine ständige Betriebskontrolle möglich ist.

Auch für die Anfangs- und Endverstärker sind bestimmte Bedingungen zu erfüllen, wenn ein einwandfreier Verkehr ermöglicht werden soll. Im allgemeinen kann entweder nur gehört oder gesprochen werden, da die gegenseitige Beeinflussung vom Fernhörer auf das Mikrophon zu groß wird, und Störungserscheinungen in den Verstärkern auftreten. Die Umschaltung von Sprechen auf Hören geschieht in bekannter Weise durch eine Wippe am Mikrotelephon.

Als Beispiel für eine praktische Anwendung der Endverstärker mag eine Schaltung eines Zusatzverstärkerkastens für normale Z. B. oder Poststationen dienen, wie er von der Aktiengesellschaft Mix & Genest hergestellt wird. (Abb. 92.) Bei ungedrückter Taste t am Mikrotelephon arbeitet die Station wie eine normale Station ohne Verstärkung. Wird die Taste t gedrückt, so wird mittels des Relais r der Lautverstärker zwischen Induktionsspule und Telephon eingeschaltet und das Mikrophon kurzgeschlossen. Man kann also bei gedrückter Taste verstärkt hören und die gerade bei verstärktem Hören besonders unangenehmen Eigengeräusche im Mikrophon ausschalten. Die Bedienung des Apparates ist gleich der einer normalen O. B.-Station mit Lauthörtaste. Als Stromquellen sind eine Akkumulatorenbatterie von 6 Volt und 4 kleine Trockenelemente erforderlich.

Grundsätzlich ist zu bemerken, daß durch die Verstärker sämtliche im Tonbereiche der Sprache liegenden Wechselströme verstärkt werden. Es werden also nicht nur die Sprachschwingungen des Ferngesprächs, sondern auch die Störungen durch Übersprechen aus anderen Leitungen, Induktionen aus Starkstrom und Rufstromkreisen u. dgl. verstärkt. Das Anwendungsgebiet der Verstärker ist daher nur auf sehr gut gehaltene, störungsfreie Leitungen beschränkt.

D. Das Mikrotelephon.

Die umständliche Bedienungsweise des an der Wand befestigten Telephonapparates führte zu der zuerst von der Aktiengesellschaft Mix & Genest eingeführten Konstruktion des Mikrotelephons. Das Mikrotelephon ist die mechanische Vereinigung des Telephons mit einem Mikrophon. Abb. 93 zeigt den Querschnitt dieses Apparates. Im Griff sind häufig Schaltvorrichtungen für die Umschaltung der Sprech- und Rufstromkreise untergebracht. Abb. 94 bis 96 zeigen drei Typen für Haus-, Geschäfts- und Posttelephonie, welche ihren Verwendungszwecken entsprechend ausgeführt werden.

Das Mikrotelephon besitzt folgende wichtige Vorzüge:
1. Infolge der Anordnung des Telephons und des Mikrophons an einem gemeinsamen Griff ist der Sprechende gezwungen, das Mikrophon in richtiger Entfernung vom Munde zu halten, was schon wegen der verschiedenen Größe der Personen bei einer Wandstation nicht möglich ist.
2. Infolge der leichten Beweglichkeit des Mikrotelephons kann der Sprechende das Gespräch in jeder beliebigen Stellung ausführen.
3. Durch sein größeres Gewicht bietet das Mikrotelephon die Gewähr für zuverlässige Umschaltung der selbsttätigen Schaltvorrichtungen an den Apparaten.

Das Mikrotelephon.

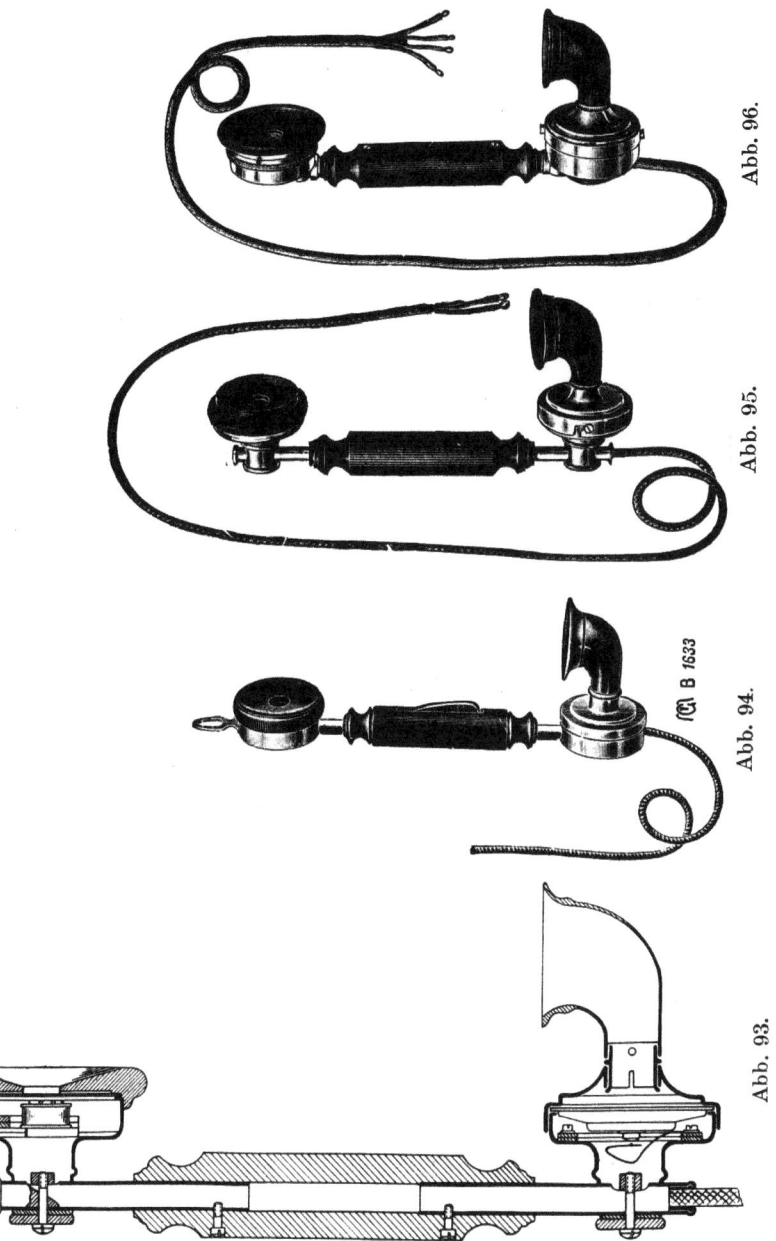

Abb. 96.

Abb. 95.

Abb. 94.

Abb. 93.

76 Die wichtigsten Konstruktionselemente der Telephonie.

4. Durch das Abnehmen des Mikrotelephons erhalten die Kohlenkörner des Mikrophons jedesmal eine andere Lage, wodurch das Zusammenhaken derselben vermieden wird.

E. Der Hakenumschalter.

Die Schaltvorrichtungen der Telephonapparate dienen teils für den Anruf, teils für die Umschaltung der Leitung von dem

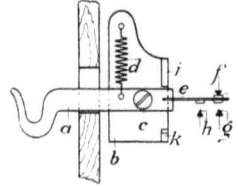
Abb. 97.

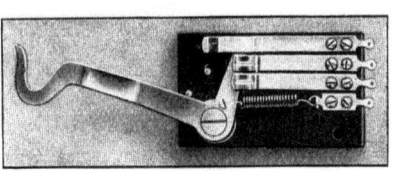
Abb. 98.

Abb. 99.

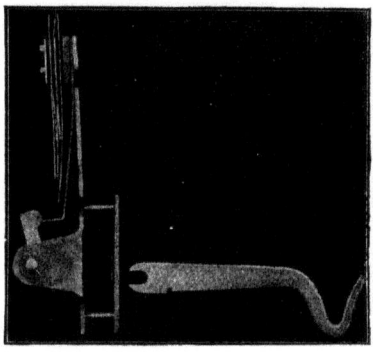
Abb. 100.

Ruforgan (Wecker) auf die Sprechorgane. Zur Betätigung der Sprechumschalter verwendet man das Gewicht des Telephons. Es ist zu diesem Zweck immer mit einer Aufhängeöse ausgestattet, mittels welcher es in der Ruhelage an einem beweglichen Hebel hängt. Das Prinzip des letzteren ist in Abb. 97 dargestellt. Ein kräftiger Haken a ist auf der Grundplatte b um die Zapfenschraube drehbar gelagert. Die Grundplatte besitzt zwei Anschläge i und k, welche als Widerlager für den Umschaltehebel dienen. Die Feder d zieht den Haken nach oben, die Verlängerung des Hakens endigt in der Feder e, welche in der Ruhelage (bei angehängtem Telephon) den zum Wecker führenden Kontakt f berührt. Wird das Telephon abgehängt, so berührt die Feder e die Kontakte g und h, welche zum Einschalten des Mikrophon- und Telephonstromkreises dienen. Abb. 98 bis 100 zeigen verschiedene Ausführungen von Hakenumschaltern. Bemerkenswert ist der in Abb. 100 dargestellte Hakenumschalter, welcher einen leicht herausnehmbaren Haken besitzt. Dies ist von großem Vorteil für den Transport der Apparate, weil dieselben wenig Raum einnehmen und die Haken dabei nicht so leicht verbogen werden können.

F. Der Gabelständer.

Für Tischtelephonapparate kommen lediglich Mikrotelephone zur Anwendung. Diese Apparate sind zur Aufnahme des Mikrotelephons mit einem in Abb. 101 dargestellten Gabelständer aus-

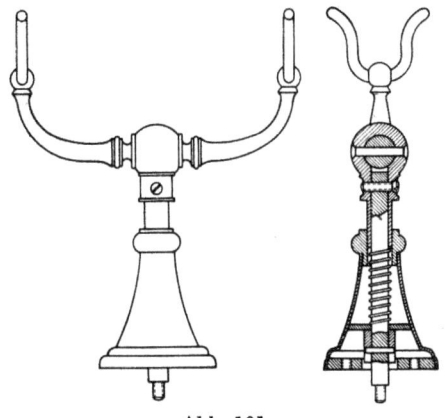

Abb. 101.

gerüstet. Die Gabel desselben ist beweglich angeordnet, sie wird durch eine im Innern angebrachte Feder angehoben. Das Gewicht des aufgelegten Mikrotelephons bringt die Gabel in die Ruhelage und betätigt dadurch die im Innern angebrachten Kontaktfedern. Abb. 102 zeigt einen normalen beweglichen Gabelständer. Wenn eine Umschaltung nicht notwendig ist, wird der Gabelständer feststehend angeordnet. Ein derartiger Gabelständer für kleine Mikrotelephone ist in Abb. 103 dargestellt.

G. Der Hebelumschalter.

Außer den auf S. 50 beschriebenen Druckknopfschaltern, welche zum Ein- und Ausschalten des Stromes dienen, kommen

78 Die wichtigsten Konstruktionselemente der Telephonie.

in der Telephonie besondere Hebelumschalter in großem Maßstabe zur Anwendung, die als Hörschlüssel bezeichnet werden, wenn sie zum Umschalten der Verbindungen zwischen Stöpsel und Abfrageapparat in Telephonzentralen dienen. Abb. 104

Abb. 102.

Abb. 103.

zeigt einen Hörschlüssel normaler Ausführung in der Seitenansicht. Er besteht aus einer Grundplatte a, auf welcher ein kräftiger Eisenwinkel b befestigt ist. Die Grundplatte und der Eisenwinkel besitzen einen Schlitz, in dem eine runde Scheibe c mittels der Achse d gelagert ist. Die Scheibe endigt nach oben in einem Hebel mit Griff f, welcher die punktiert gezeichneten Stellungen einnehmen kann. An der unteren Seite der Scheibe befinden sich eine oder mehrere drehbare Hartgummirollen g, die den Kontaktfedern h, i gegenübergestellt sind. Die letzteren sind meist paarweise vorhanden. Durch Umlegen des Hebels f in die eine oder andere Endstellung werden die entsprechenden Federn umgebogen, so daß sie mit den ihnen gegenüberliegenden Federn k, l usw. in Verbindung kommen. Entsprechend der Biegung der Federn i, k wird der Hebel entweder zurückfedern oder in der eingestellten Lage verharren.

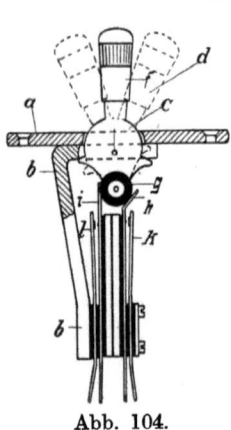

Abb. 104.

H. Klinken und Stöpsel.

Die soeben beschriebenen Schaltorgane können auch für die Verbindung von Teilnehmerleitungen in Telephonzentralen be-

Klinken und Stöpsel. 79

nutzt werden. Dies geschieht jedoch nur für kleine Zentralen mit geringer Teilnehmerzahl. Da die Zahl der Schalter der Anzahl der Verbindungsmöglichkeiten entsprechen muß, so wird die Anwendung von festen Schaltern bei mehr als ca. 20 Anschlüssen unrentabel. Die Herstellung der Verbindungen in Schränken für größere Teilnehmerzahlen erfolgt daher bei Handbetrieb ausschließlich durch Klinke und Stöpsel. Abb. 105 zeigt eine Klinke mit Stöpsel im Querschnitt. Der Träger der Klinkenfedern, der sogenannte Klinkenkörper a, besitzt an der Vorderseite röhrenförmige Gestalt, die in einer Isolierschiene aus Hartgummi gelagert ist.

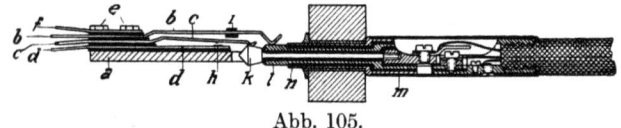

Abb. 105.

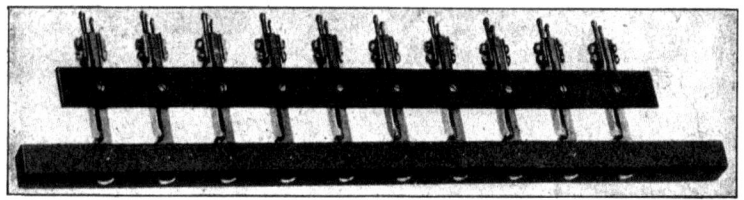

Abb. 106.

Auf dem Klinkenkörper sind zwei oder mehr Kontaktfedern b, c, d entsprechend der Schaltung, zu der die Klinke verwendet werden soll, angeordnet. Die Befestigung der Federn mit dem Körper geschieht mittels zweier Schrauben e, welche durch Iolierhülsen und Unterlagen von den Kontaktfedern getrennt sind. Die Federn endigen in Lötösen b, c, d, welche verzinnt sind, um einen leichten Anschluß der Drähte durch Lötung zu ermöglichen. Der Anschluß des Körpers a erfolgt gleichfalls durch eine Lötöse f. Die Feder d ist mit einem Platinkontakt h versehen, welcher in der Ruhelage von der Feder c geschlossen wird. Die Feder b ruht mittels eines Isolierstückes i in der Ruhelage auf der Feder c und erhöht dadurch den Kontaktdruck. Die Enden der Federn sind, wie aus Abb. 105 ersichtlich, hakenförmig gebogen, um ein leichtes Untergleiten des Stöpsels zu ermöglichen. Die Klinken werden entweder einzeln oder in einer gemeinsamen Isolierschiene im Umschalteschrank untergebracht. In Abb. 106 ist eine Schiene mit 10 Klinken dargestellt. Der in Abb. 105 mitdargestellte Stöpsel ist dreiteilig ausgeführt. Er besteht aus mehreren übereinander-geschobenen Metallröhren, die durch Iolsiermaterial voneinander getrennt sind. Der aus Stahl hergestellte Kern des Stöpsels endigt in einer Spitze k, welche die Feder c berührt und sie gleichzeitig von dem Kontakt h abhebt. Über dem Kern ist ein Isolierrohr und auf diesem das Metallrohr l angeordnet. Dasselbe ragt etwa 5 mm aus der sie umgebenden Isolierhülle heraus und berührt die Feder b, wobei sie von der Feder c abgebogen wird. Die äußerste Hülse n steht in Berührung mit dem Klinkenkörper a und dient als Träger des Stöpselgriffes m. Die Verbindungsschnur enthält drei Adern, welche mit den drei Metallkörpern des Stöpsels mittels Schrauben verbunden werden. Die Schnur ist mehrfach mit Zwirn umklöppelt und an der Einführungsstelle in den Stöpsel durch eine Drahtspirale gegen Reibung und Abnutzung geschützt.

I. Relais für Telephonschaltungen.

Eines der wichtigsten Schaltorgane der modernen Telephonzentralen ist das Relais. Wir unterscheiden zwei Haupttypen: das L-Relais und das Drosselrelais.

1. Das L-Relais.

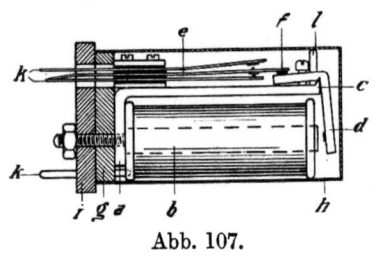

Abb. 107.

In Abb. 107 ist dieses Relais teilweise im Schnitt dargestellt. Es besitzt sehr einfache Konstruktion und ist für die Betätigung der Schaltvorgänge in Telephonzentralen bestimmt. Es besteht aus einem L-förmig gebogenen Eisenwinkel a mit der Spule b. Das Ende des Eisenwinkels ist mit einer Schneide c versehen, auf welcher der winkelförmig gebogene Anker d gelagert ist. Die Kontaktfedern e sind über- bzw. nebeneinander in bekannter Weise isoliert auf dem Eisenwinkel a befestigt. Die mittlere der Federn ruht mit ihrem Ende auf dem Anker d, welcher an dieser Stelle ein Isolierstück f trägt. Wird der Anker angezogen, so hebt er die mittlere Feder an und trennt bzw. schließt die Kontakte. Das Relais ist mit einem Isolierstück g befestigt, welches gleichzeitig für die Führung des Schutzgehäuses h dient. Das Gehäuse ist ferner durch Stifte l geführt, es dient zum Schutze des Relais gegen Verstauben und mechanische Beschädigungen. Das Relais

Relais für Telephonschaltungen. 81

wird in der Regel zu mehreren vereinigt auf einer gemeinsamen Eisenschiene i mittels des als Schraube ausgebildeten Eisenkerns der Spule b durch eine Mutter befestigt. Die Zuführung der Leitungen zu den Kontaktfedern und der Wicklung der Spule

Abb. 108. (Von unten gesehen.)

geschieht durch Lötösenstifte k, die isoliert durch die Eisenschiene i geführt und in der Isolierplatte g befestigt sind. Das Relais wird den Bedürfnissen der Schaltung entsprechend mit 2 bis 6 Kontaktfedern ausgerüstet. Abb. 108 zeigt eine Schiene mit 10 L-Relais, von denen einzelne Schutzkästen entfernt sind.

2. Das Drosselrelais.

Wenn das Relais gleichzeitig eine hohe Drosselwirkung ausüben oder hohe Empfindlichkeit besitzen soll, so verwendet

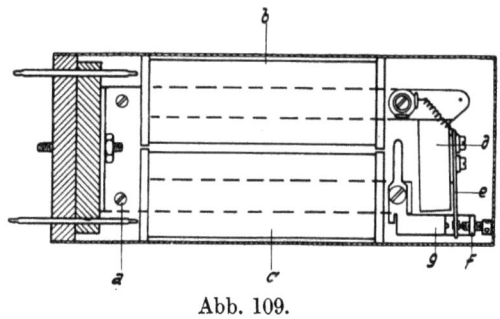

Abb. 109.

man die in Abb. 109 dargestellte Ausführung. Der Kern a des Relais besteht aus U-förmigen Eisenblechlamellen, welche die Spulen b, c tragen. Der Anker d ist gleichfalls aus lamelliertem Eisen hergestellt. Er trägt die Kontaktfeder e, die in der Ruhelage die Kontaktschraube f und in angezogenem Zustande den

82 Die wichtigsten Konstruktionselemente der Telephonie.

Kontakt g berührt. g und f sind mittels entsprechend geformter Böcke isoliert auf den Enden des Eisenkernes befestigt. Die Befestigung des Relais auf einer Eisenschiene und die Herausführung der Leitungen geschieht in derselben Weise wie bei dem oben beschriebenen L-Relais. Das Drosselrelais ist gleichfalls durch ein Blechgehäuse gegen Verstauben geschützt.

K. Ruf- und Schlußzeichenorgane.

Wünscht der Teilnehmer einer Telephonanlage die Herstellung oder Trennung einer Verbindung, so muß er sich in der Zentrale durch ein optisches Zeichen bemerkbar machen. Diesem Zwecke dienen die Ruf- und Schlußzeichenorgane. Wir unterscheiden drei Arten dieser Apparate: Fallklappen, Schauzeichen und Glühlampen.

1. Die Fallklappe.

Dieser Apparat gleicht im Prinzip der auf S. 54 beschriebenen Tableauklappe. Durch Anziehen des Ankers eines Elektromag-

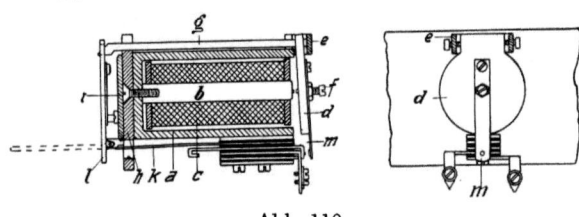

Abb. 110.

neten wird eine von der Verlängerung desselben gesperrte Klappe freigegeben, so daß sie ihrem Eigengewicht folgend die Arbeitslage einnimmt. Die Anordnung der Klappe ist in Abb. 110 dargestellt. Zur Betätigung der Klappe dient ein sogenannter Topfmagnet, bestehend aus dem Eantel a uisenmnd dem Kern b. Die Spule c ist von dem Eisenmantel vollständig umschlossen. Der Anker d ist in einem auf dem Eisenmantel befestigten Lagerbock e zwischen zwei Schrauben gelagert, sein Abstand kann durch die Messingschraube f reguliert werden. Am oberen Ende des Ankers ist der Auslösehaken g befestigt, dessen charakteristisch geformte Spitze durch eine Öffnung der Fallklappe i hindurchragt. Die Klappe wird in der Regel zu mehreren gemeinsam auf einer Schiene h befestigt. Auf dieser ist auch die eigentliche Fallklappe i, die um ein Scharnier drehbar ist, angeordnet. An der unteren Seite des Eisenmantels ist eine Kontaktfeder k isoliert befestigt, die für die Betätigung von Alarmsignalen bestimmt ist. Ist die Klappe gefallen, so legt sie mit einer nach unten vorstehenden Verlängerung l die Feder k gegen einen Kontakt und bewirkt dadurch den Stromschluß (Dauerkontakt). Wenn ein dauerndes Fortläuten des Alarmweckers nicht gewünscht wird, so wird an dem Anker d eine Kontaktfeder m befestigt, welche beim Anziehen des Ankers einen Kontakt mit dem anderen Ende der Feder k herstellt (Zeitkontakt). Sobald die Klappe gefallen ist, wird eine hinter derselben angebrachte Zahl, die Nummer des

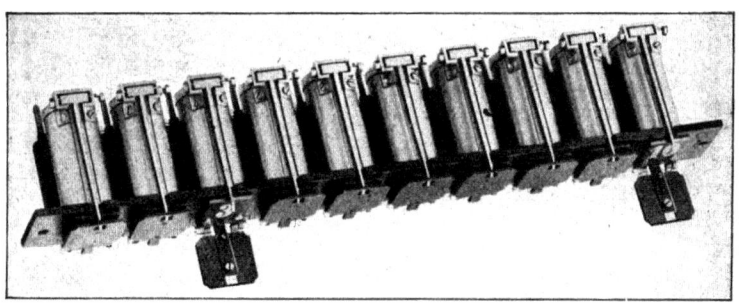

Abb. 111.

Teilnehmers, sichtbar. Die Rückstellung der Klappe erfolgt von Hand. In Abb. 111 ist eine Klappenschiene mit 10 Klappen dargestellt.

2. Die Rückstellklappe.

Die Bedienung einer Telephonzentrale erfolgt um so schneller, je weniger Handgriffe für die Herstellung von Verbindungen notwendig sind. Man verwendet daher in größeren Zentralumschaltern sogenannte Rückstellklappen, bei denen die Abstellung der Klappe selbsttätig beim Einstecken des Stöpsels in die Klinke erfolgt. Der ältere Typ dieser Art ist in Abb. 112 dargestellt. Die Klappe befindet sich hinter einem Fenster. Sie ist zylindrisch ausgebildet und um eine senkrechte Achse drehbar angeordnet. Unterhalb der Klappe befindet sich die Klinke. Die Klappe besitzt eine Verlängerung, welche in den Hohlraum der Klinke hineinragt. Wird der Stöpsel eingeführt, so stößt er gegen diese Verlängerung und schiebt dadurch die Klappe in ihre Ruhelage zurück. Bei dem neueren, von der deutschen Reichspost vielfach angewendeten Typ (Abb. 113) ist die Klappe zu einer Zunge ausgebildet, die bei Betätigung aus einem Schlitz der Klappenschiene vorfällt. Die Rückstellung erfolgt durch einen Hebelmechanismus beim Einführen des Stöpsels in die unterhalb der Klappe angeordnete Klinke. Diese sogenannten Zungenklappen besitzen den Vorzug größerer Deutlichkeit und geringerer Inanspruchnahme des verfügbaren Raumes. Sie werden gleichfalls mit Kontakten für die Betätigung von Alarmweckern ausgerüstet.

Abb. 112.

Abb. 113.

3. Das Schauzeichen.

Die Fallklappen werden durch den Strom ausgelöst und verharren in ihrer Schaulage, bis sie von Hand bzw. durch den Stöpsel abgestellt werden. Die Schauzeichen sind Anzeigeapparate, welche ihre Schaufläche so lange zeigen, als die Spule von Strom durchflossen wird. Wir unterscheiden Sternschauzeichen und Drosselschauzeichen.

Ruf- und Schlußzeichenorgane.

a) Das Sternschauzeichen.

Abb. 114 besteht aus einem Topfmagneten, auf dessen Eisenkern ein Z-förmiger Anker gelagert ist, der eine weiße Schaufläche in Form eines Maltheserkreuzes trägt. Oberhalb desselben ist eine mit einer Glaslinse abgedeckte Platte angeordnet, die mit vier dreieckigen Ausschnitten in Kreuzform versehen ist. Bei Stromdurchgang wird der Anker um 45° gedreht und die weißen Flächen der Schaufahne werden sichtbar. Das Sternschauzeichen wird vorzugsweise zum Anzeigen des Besetztseins von Sprechleitungen benutzt.

Abb. 114.

b) Das Drosselschauzeichen.

Das Drosselschauzeichen ist ein wesentlich empfindlicherer Apparat. Er ist in Abb. 115 dargestellt. Der U-förmige Eisenkern besteht aus unterteiltem Eisen, damit die Wirkung des Apparates nicht durch Remanenz beeinflußt wird und derselbe für die Drosselung von Sprechströmen verwendet werden kann. An dem in zwei Spitzen drehbar gelagerten Anker ist an einem langen Stiel die Schaufahne aus leichtem Aluminiumblech befestigt. Das Eigengewicht derselben wird durch ein Gegengewicht zum größten Teile ausbalanciert. Das Drosselschauzeichen ist auf einer mit Fenster versehenen Grundplatte montiert. Beim Einschalten des Stromes hebt der Anker die Fahne vor das Fenster, so daß dieselbe sichtbar wird. Der Apparat wird gleichfalls durch einen übergeschobenen Blechkasten gegen Verstauben geschützt. Die Drosselschauzeichen finden fast ausschließlich für die Schlußzeichensignalisierung in Telephonzentralen Anwendung.

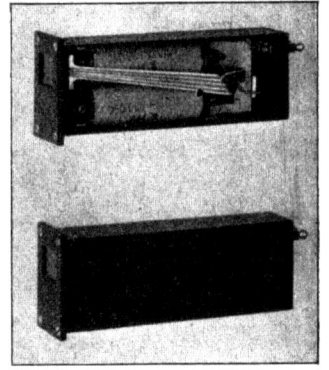

Abb. 115.

4. Glühlampen.

In ihrer Wirkungsweise den Fallklappen und Schauzeichen gleichend, an Deutlichkeit der Signalisierung und an Raumersparnis diese weit übertreffend, sind die Glühlampen die voll-

86 Die wichtigsten Konstruktionselemente der Telephonie.

kommensten Signalorgane der Telephonie. Sie finden wegen ihres größeren Strombedarfes aber nur in größeren Telephonzentralen und Ämtern Anwendung, wo die Möglichkeit zum Laden von Akkumulatoren vorhanden ist. In Abb. 116 ist der gebräuchlichste

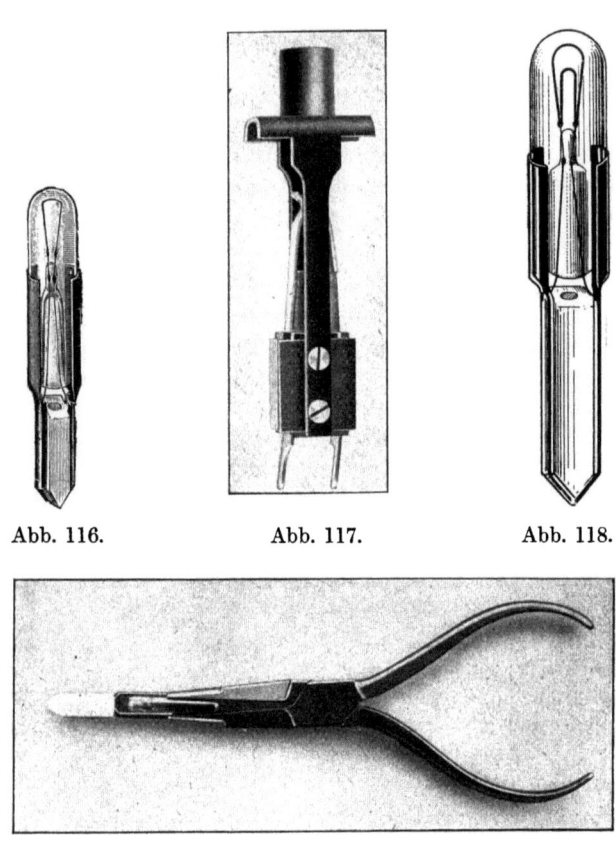

Abb. 116.   Abb. 117.   Abb. 118.

Abb. 119.

Typ einer Telephonlampe dargestellt. Sie besteht aus einer auf beiden Seiten geschlossenen Glasröhre, in deren Innern der Glühfaden auf einem Glassockel angeordnet ist. Die Stromzuführung erfolgt durch zwei seitlich befindliche Metallamellen, deren Verlängerungen an einem Porzellansockel befestigt sind. Der letztere dient zur Führung der Lampe beim Einsetzen und zur Befestigung derselben in der Fassung. Diese besteht aus zwei kräftigen

Metallfedern (Abb. 117), die in Isoliermasse gelagert und zu einer Schiene vereinigt werden. Vor jeder Lampe ist eine Linse aus Opalglas angeordnet, die für besondere Zwecke auch farbig ausgeführt wird. In Abb. 118 ist eine der Aktiengesellschaft Mix & Genest patentierte Glühlampe mit Doppelfaden dargestellt. Die Glühfäden besitzen verschiedene Stärke. Ist der dünnere Faden durchgebrannt, so strahlt der stärkere Faden ein rötliches Licht aus und zeigt dadurch an, daß die Lampe ausgewechselt werden muß. Zum Auswechseln der Lampen ist zunächst die Linse zu entfernen. Dies geschieht durch eine besonders geformte Zange, die in Abb. 119 dargestellt ist. Die normale Spannung der Lampen beträgt 24 Volt, ihre Stromstärke 0,15 bis 0,2 Amp. Seltener finden auch Lampen von 8 bis 36 Volt Anwendung.

L. Die Sicherungen.

Die Telephon- und Signalapparate stehen in den überwiegend meisten Fällen mit Freileitungen oder mit Leitungen in Verbindung, die in die Nähe von Starkstromleitungen führen. Es sind daher Vorkehrungen zu treffen, welche die Spulen und empfindlichen Teile der Apparate gegen Blitz und Starkstrom schützen. Wir unterscheiden dementsprechend Blitz- und Starkstromsicherungen.

1. Die Blitzsicherungen.

Eine vollkommene Sicherung der Apparate gegen einen direkten Blitzschlag ist praktisch unmöglich, denn die bei einem direkten Blitzschlag auftretende Energiemengen sind bekanntlich so groß, daß die Apparate trotz der besten Sicherungseinrichtungen zerstört werden. Direkte Blitzschläge gelangen glücklicherweise nur selten bis an die Apparate. Sehr häufig wird dagegen die freie Leitung durch atmosphärische Elektrizität geladen; sie besitzt mitunter mehrere tausend Volt Spannung und sucht über die Erdverbindungen zur Erde abzufließen.

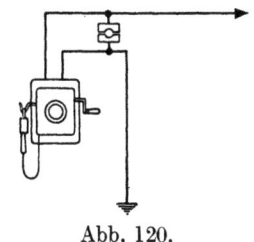

Abb. 120.

In den Apparaten macht sie sich durch Anschlagen der Glocke und durch Knacken in den Telephonen bemerkbar. Der sicherste Schutz gegen atmosphärische Elektrizität ist die Verlegung der Leitungen als Erdkabel. Der Bleimantel derselben schützt die Leitungen gleichzeitig gegen induktive Beeinflussung etwaiger benachbarter Starkstrom-

88 Die wichtigsten Konstruktionselemente der Telephonie.

kabel. Die beste Sicherung der Freileitungen ist die direkte Verbindung der Leitung mit der Erde während des Gewitters. Sie besteht aus zwei Metallplatten, die an die Leitung und an die Erde angeschlossen sind und gegebenfalls mittels eines Stöpsels miteinander verbunden werden. Diese in Abb. 120 dargestellte Anordnung wird in gewitterreichen Gegenden zum Schutz der Telephonzentralen verwendet. Um die Erdverbindung möglichst schnell und für sämtliche Leitungen gleichzeitig herstellen zu können, kommen sogenannte Erdungsschalter (Abb. 121) zur Anwendung. Dieselben bestehen aus einer der Zahl der

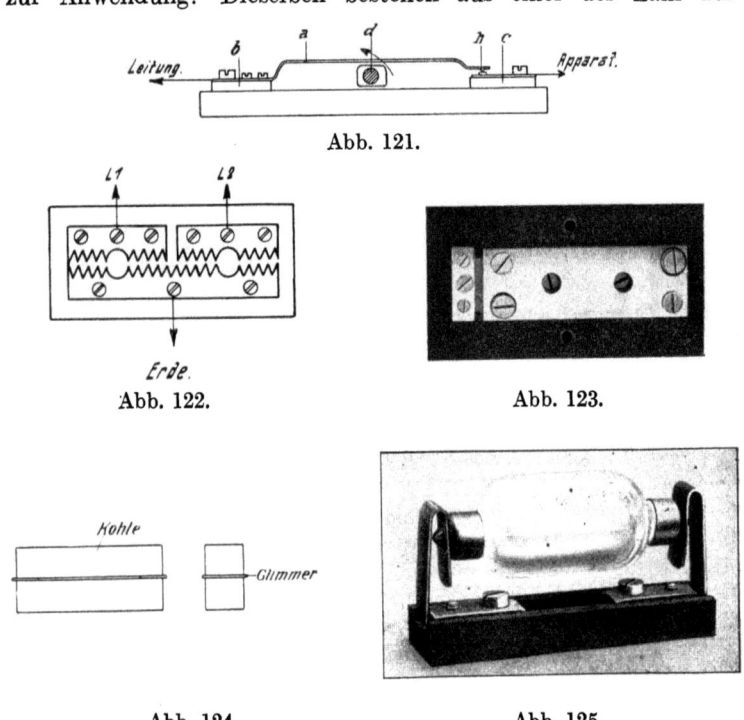

Abb. 121.

Abb. 122.   Abb. 123.

Abb. 124.   Abb. 125.

Leitungen entsprechenden Anzahl von Kontaktfedern a, welche an den Klemmen b befestigt sind. Das freie Ende der Federn steht durch den Kontakt h mit den Klemmen c in Verbindung. Unter den Federn ist eine Achse d mit exzentrischem Querschnitt gelagert, die mit der Erde verbunden ist. Wird die Achse d mittels eines Hebels in der Pfeilrichtung gedreht, so kommt sie mit sämtlichen Federn a in Berührung, gleichzeitig trennt sie die

Kontakte h, so daß die Apparate vollständig abgetrennt sind und die Leitungen direkt mit der Erde verbunden werden. Die Apparate kommen selbstverständlich für die Dauer der Einschaltung außer Betrieb. Da die Ladungen aber oft unvorhergesehen infolge von weit entfernten Gewittern auftreten, so genügt der oben beschriebene Schutz nicht. Man bietet daher der auf der Leitung sich ansammelnden Elektrizitätsmenge einen Weg zur Erde, welchen sie infolge ihrer hohen Spannung leicht passieren kann. Diese Vorrichtung besteht aus zwei Metallplatten, die mit sich gegenüberstehenden Spitzen versehen sind. Abb. 122 zeigt eine Blitzsicherung für zwei Leitungen. Die Platten sind mit Aussparungen versehen, so daß die Leitungen mittels Stöpsels mit der Erde verbunden werden können. In Abb. 123 ist eine ältere Ausführung dargestellt, welche aus zwei übereinanderliegenden Platten besteht, die gleichfalls miteinander gegenüberliegenden Spitzen versehen sind. Diese Sicherungen wirken, wenn größere Elektrizitätsmengen vorhanden sind, bei einer Spannung von ca. 3000 Volt. Die entstehenden Funken verlöschen sehr schnell. Findet aber z. B. bei Berührung der Leitungen mit Hochspannungsleitungen eine dauernde Stromzufuhr statt, so bildet sich zwischen den Spitzen ein dauernder Lichtbogen, durch welchen dieselben ab- bzw. zusammengeschmolzen werden. Man verwendet daher neben den oben beschriebenen sogenannten Grobblitzableitern die in Abb. 124 dargestellten Kohleblitzableiter. Dieselben bestehen aus zwei sehr nahe aneinanderliegenden Kohlenplatten, die durch eine dünne Zwischenlage von Glimmer voneinander isoliert sind. Die Erfahrung hat gezeigt, daß die Kohleblitzableiter wesentlich empfindlicher sind als Metallblitzableiter, die Funken verlöschen sehr schnell, und ein Zusammenschmelzen findet nicht statt. Werden die Kohlenplatten in eine luftleere Röhre eingeschlossen, wie bei den Vakuumblitzableitern der A.-G. Siemens & Halske (Abb. 125), so erreicht der Blitzableiter die höchste Empfindlichkeit. Schon bei Spannungen von 300 Volt finden Entladungen statt. Diese sogenannten Vakuumblitzableiter werden in Metallfassungen auf Porzellansockeln untergebracht.

2. Die Starkstromsicherungen.

a) Die Grobsicherungen.

Die stetig zunehmende Verbreitung des Starkstroms in Gestalt von Beleuchtungs- und Kraftübertragungsanlagen, elektrischen Bahnen, Überlandzentralen usw. bildet eine dauernd größer werdende Gefahr für solche Schwachstromanlagen, deren

Leitungen die Starkstromleitungen kreuzen oder auf dem gleichen Gestänge geführt sind bzw. mit denselben parallel laufen. Man verwendet an den gefährdeten Stellen daher isolierten Freileitungsdraht und schützt die Schwachstromleitungen durch Schutznetze bzw. Schutzdrähte. Den sichersten Schutz bildet die Überführung der Schwachstromleitung mittels eines Kabels. Außer diesen soeben beschriebenen Vorrichtungen sichert man die Apparate noch durch besondere Einrichtungen, die auf der Wärmewirkung des elektrischen Stromes beruhen. Wir unterscheiden Grob- und Feinsicherungen.

Abb. 126.

Die Grobsicherungen bestehen aus einer Glasröhre, die an beiden Enden durch je eine Metallkappe verschlossen ist. Im Innern der Röhre befindet sich ein dünner Draht aus leicht schmelzbarem Metall, welcher bei einer bestimmten Stromstärke schmilzt und dadurch den Weg für stärkere Ströme unterbricht. Die Länge der Röhre und die Stärke des Schmelzdrahtes richten sich nach der zu erwartenden Spannung der in der Nähe befindlichen Starkstromanlage. Diese sogenannten Sicherungspatronen werden leicht auswechselbar zwischen Metallfedern, meist zu mehreren, auf einem Porzellansockel untergebracht. In Abb. 126 ist eine derartige Grobsicherung für eine Leitung dargestellt.

b) Die Feinsicherungen.

Die soeben beschriebenen Grobsicherungen sollen plötzlich auftretende starke Ströme unwirksam machen. Es kommt aber häufig vor, daß durch Erd- oder Nebenschlüsse sogenannte Schleichströme auftreten, deren Stärke zum Schmelzen der Grobsicherungen nicht genügt. Man verwendet daher außer den Grobsicherungen noch sogenannte Feinsicherungen, welche durch die längere Zeit andauernde Wirkung eines Stromes von geringer Stromstärke betätigt werden. Abb. 127 zeigt die Anordnung einer derartigen Feinsicherung im Querschnitt. Der Metallzylinder a, welcher von einer mit Schlitz versehenen Feder b gehalten wird, besitzt in seinem Innern eine feindrähtige Spule, die sogenannte Schmelzrolle c. Der Metallkern d der Schmelzrolle ist mit einer Bohrung versehen, in welche ein Metallstift hineinragt. Kern d und Stift e sind mit leichtflüssigem Lot, dem sogenannten Wood-

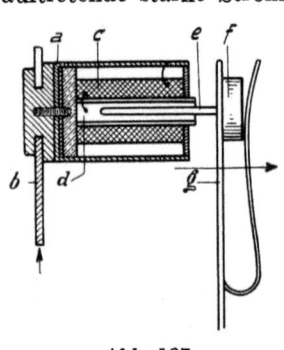

Abb. 127.

schen Metall, miteinander verlötet. Der Kopf f des Stiftes steckt in einer Aussparung der Feder g, welche den Stift in der Pfeilrichtung herauszuziehen sucht. Der Strom fließt von g nach f, e, d zum Anfang der Spule c, von dieser über a nach b, b und g werden mit der Leitung verbunden. Die schwachen Ruf- und Sprachströme üben auf die Sicherung keinerlei Wirkung aus. Sobald jedoch ein starker Strom durch die Windungen fließt, erwärmt sich die Spule, das Lötmetall wird flüssig, der Stift f gibt dem Druck der Feder g nach, er wird aus dem Kern d herausgezogen, und der

Abb. 128.   Abb. 129.

Strom ist unterbrochen. Um die Sicherung wieder betriebsfähig zu machen, ist der Stift f in d hineinzustecken und durch ein erhitztes Metallstück zu erwärmen. Eine Ausführung der Firma Zwietusch & Co. ist in Abb. 128 in Vorderansicht dargestellt. Der Kopf f des Stiftes e (Abb. 127) besitzt die Form eines Kreuzes. Die Feder g ist hakenförmig gebogen. g greift hinter einen Arm des Kreuzes f und sucht dieses in der Pfeilrichtung zu verdrehen. Sobald das Lötmetall flüssig wird, gibt f nach, die Feder bewegt sich in der Pfeilrichtung und dreht dabei f um 90., gleichzeitig wird der Kontakt zwischen g und f getrennt. Um die Sicherung wieder einzuschalten, ist nur das Einhaken der Feder g hinter den nächsten Arm von f notwendig, nachdem das Lötmetall wieder erhärtet ist. Diese Sicherung besitzt also gegenüber der in Abb. 127 dargestellten den Vorteil, daß die Einschaltung ohne irgendwelche Hilfsmittel geschehen kann.

Abb. 129 zeigt die Anordnung von zwei mit Kohleblitzableitern und Grobblitzsicherung vereinigten Feinsicherungen. Für Telephonzentralen und Ämter werden diese Sicherungen zu Gruppen zusammengebaut, sie erhalten dann häufig Vorrichtungen, welche den Kontakt einer Alarmglocke schließen, wenn eine Sicherung ihren Stromkreis geöffnet hat. In Abb. 130 ist die Verbindung der Sicherungen mit der Leitung dargestellt. Von derselben ist zuerst der Grobblitzableiter abgezweigt, der oft nur aus einem einfachen Metallwinkel besteht; sodann führt die Leitung zur

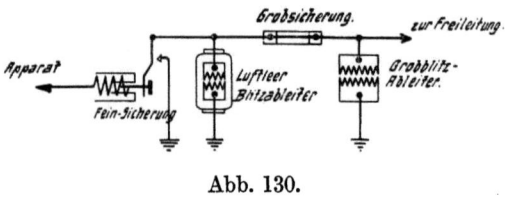

Abb. 130.

Grobsicherung, hinter welcher der Luftleerblitzableiter abgezweigt wird. Schließlich endet die Leitung an der Feinsicherung, um von dieser zu den Apparaten zu führen.

Zweites Kapitel.
Leitungsbau von Fernmeldeanlagen.

1. Allgemeines.

Einer der wichtigsten und häufig auch der kostspieligste Teil der Fernmeldeanlagen ist die Leitung, durch welche die Apparate und die Stromquelle miteinander verbunden werden. Folgende Punkte sind bei dem Bau der Leitungsanlage zu berücksichtigen:
1. Auswahl des Leitungsmaterials,
2. Art der Montage.

Beiden Punkten sind die örtlichen Verhältnisse zugrunde zu legen. Wir unterscheiden demnach
1. Leitungen über der Erde (Freileitungen),
2. Leitungen unter der Erde (Kabelleitungen),
3. Leitungen für Innenräume (Innenleitungen).

Die sachgemäße und sorgfältige Ausführung der Leitungen ist für das dauernd zuverlässige Funktionieren einer Fernmeldeanlage von allergrößter Bedeutung. Schlecht und nachlässig ausgeführte Leitungen bilden oft die Quelle dauernder Störungen, welche häufig erst durch völlige Neuverlegung der Leitungen beseitigt werden können. Es ist deshalb grundfalsch, beim Leitungsbau an den Kosten sparen zu wollen. Es gilt auch hier die Erfahrung, daß die teuerste Anlage mit der Zeit die billigste wird, weil sie die wenigsten Reparaturen verursacht.

2. Freileitungen.

A. Drahtmaterial.

Für den Bau von Freileitungen kommt im allgemeinen blanker Draht, für besondere Fälle, welche weiter unten näher erläutet werden, isolierter Draht zur Anwendung. Als Material für diese Drähte verwendet man ausschließlich verzinktes Eisen und Siliziumbronze. Eisen ist wesentlich billiger wie Bronze, besitzt aber höheren Widerstand und erheblich geringere Lebensdauer wie Bronzedraht. Man verwendet Eisen daher nur für kurze Entfernungen und für solche Anlagen, bei denen ein verhältnismäßig hoher Widerstand zulässig ist. Für Telephonanlagen ist ausschließlich Bronzedraht zu verwenden, weil das Eisen wegen seiner magnetischen Eigenschaften auf die Telephonströme eine ungünstige Wirkung ausübt. Die isolierten Leitungen werden mit einer wetterfesten imprägnierten Umspinnung versehen. Sie finden Anwendung für Kreuzungen mit Starkstrom- und anderen Leitungen. In der nachstehenden Tabelle sind die gebräuchlichsten Drahtsorten für Freileitungen zusammengestellt. Die angegebenen Widerstände stimmen nicht immer mit den im Handel befindlichen Drähten gleichen Durchmessers überein, da die Zusammensetzung der betreffenden Metallegierung den spezifischen Widerstand bestimmt. Bei genauerer Berechnung empfiehlt es sich daher, den Widerstand des Drahtes vorher zu messen bzw. vom Lieferanten angeben zu lassen.

Tabelle der gebräuchlichen Drähte für Freileitungen.

Benennung	Durchmesser mm	Querschnitt qmm	Gewicht ca. kg p. 100 m	Leitungswiderst. i. Ohm bei 15° C p. 100 m	Länge eines Drahtes pro kg etwa m	Bruchfestigkeit total kg	Biegungsprobe Anz. d. Biegung über ein. Radius 5 mm	10 mm
Verzinkte Eisendrähte	2	3,14	2,38	4,8	42	125	9	—
	3	7,06	5,88	2,2	17	283	8	—
	4	12,56	9,01	1,2	11	503	—	8
	5	19,63	14,5	0,64	4	786	—	7
Verzinkte Eisenbindedrähte	0,7	0,38	0,3	39	330	—	—	—
	1,5	1,76	1,35	10	74	—	—	—
Verzinkte Stahldrähte	2	3,14	2,38	2,88	42	251	8	—
	3	7,06	5,88	6,5	17	566	6	—
Bronzedrähte	1,2	1,13	1,00	1,55	99	75	18	—
	1,5	1,76	1,6	1,04	60	120	15	—
	2	3,14	2,8	0,59	34	170	10	—
	2,5	4,5	4,0	0,42	25	250	7	—
	3	7,06	6,3	0,26	16	372	—	7
	4	12,56	11,2	0,15	9	640	—	6
Bronzebindedraht.	0,8	9,50	0,74	3,73	210	—	—	—

Die Eisendrähte werden in Ringen von ca. 60 cm Durchmesser und ca. 50—60 kg Gewicht geliefert. Die Bunde der Bronzedrähte haben einen Durchmesser von ca. 40—50 cm und ein Gewicht von ca. 30—50 kg. Bei der Biegungsprobe ist der Draht in einen Schraubstock zwischen zwei mit 5 bzw. 10 mm Radius abgerundete Backen zu spannen. Der Draht ist abwechslungsweise vor- und rückwärts um 90. zu biegen.

Isolierte Bronzedrähte mit einfacher Isolation.

Durchmesser mm	Querschnitt qmm	Widerstand Ohm 100 m b. 15° C	Gewicht ca. kg p. 100 m	Länge pro kg ca. m
1,5	1,76	1,04	3,1	32
2,0	3,14	0,59	5,2	19

Isolierte Bronzedrähte mit mehrfacher Isolation.

1,5	1,76	1,04	5,7	18
2,0	3,14	0,59	8,0	13

B. Isoliermaterial.

Der frei durch die Luft geführte Leitungsdraht muß so unterstützt werden, daß der Strom nicht über die Befestigungspunkte zur Erde oder zu anderen Leitungen überfließen kann. Diesem

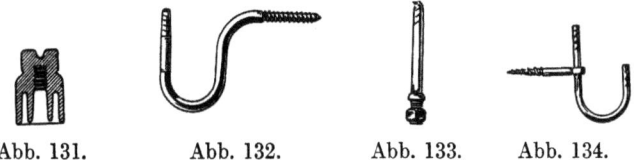

Abb. 131. Abb. 132. Abb. 133. Abb. 134.

Zwecke dienen die Porzellanisolatoren. Abb. 131 zeigt eine Porzellanglocke im Querschnitt. Der Porzellankörper besteht aus dem Kopf zur Aufnahme des Drahtes und aus dem doppelten Glockenmantel. Im Innern ist der Isolator mit Gewinde versehen zwecks Befestigung auf der eisernen Stütze mittels in Leinöl getränkten Wergs. Durch die tiefe Einbuchtung im Innern der Glocke wird ein Übertreten der atmosphärischen Feuchtigkeit auf die Stütze und ein dadurch mögliches Abfließen des Stromes verhütet. Trotzdem findet bei feuchter Witterung ein wenn auch nur sehr geringer Stromübergang statt, der sich bei sehr langen Leitungen mit vielen Tausenden von Isolatoren unter Umständen unangenehm bemerkbar macht, da sich die einzelnen Stromübergänge addieren.

Die Isolatorstützen, die Träger der Isolatoren, besitzen die in Abb. 132 dargestellte Form. Wir unterscheiden gebogene Stützen mit Holzgewinde oder Steinschraube und gerade Stützen (Abb. 133). Für Telephondoppelleitungen kommen Doppelstützen (Abb. 134) zur Anwendung.

C. Gestänge und Isolatorenträger.

Als Stützpunkte für Isolatoren dienen im freien Gelände Holzmasten, in bebauten Orten Mauern und eiserne Gestänge. Als Material für Telegraphenstangen kommen die gutgewachsenen Stämme von Kiefern, Tannen oder Fichten, seltener andere Holzarten, wie Lärche, Eiche und Kastanie, in Frage. Der Stamm muß gerade gewachsen und ohne Astlöcher sein. Das Holz darf nicht gedreht, verwachsen, gerissen oder schwammig sein. Die Bäume sind in der Winterzeit zu fällen, das Zopfende ist bei einer Stärke von 9—15 cm entsprechend der Länge der Stange dachförmig abzuschneiden. Das untere Ende wird stumpf zugespitzt. Die Länge der Stangen beträgt 7—12 m. Sie werden am Schlagorte geschält und müssen einer Imprägnierung unterworfen werden, damit die in das Erdreich eingesetzten Stammenden nicht zu schnell abfaulen. Die Imprägnierung geschieht mit Kupfervitriol, Quecksilbersublimat, Teeröl und ähnlichen, die Fäulnis verhütenden Materialien. Die Stangen können fertig imprägniert von verschiedenen Firmen bezogen werden. Wenn dies nicht angängig ist, so genügt im Notfall ein mehrmaliger Anstrich mit Karbolineum und Anbrennen des in das Erdreich zu versenkenden Endes der Stangen. Die Lebensdauer der Telegraphenstangen beträgt entsprechend dem verwendeten Imprägnierungsverfahren 6—20 Jahre. Die Isolatoren werden, wie weiter unten erläutert wird, mit ihrem Holzgewinde in die Stangen eingeschraubt. Soll ein Gestänge mehr wie vier Leitungen tragen, so empfiehlt sich die Anbringung von besonderen Isolatorenträgern (Abb. 135). Dieselben bestehen aus einem U-Eisen, welches mittels Überlegers und Schraubenbolzen an der Stange befestigt wird. Das U-Eisen besitzt Bohrungen, in welche die geraden Isolatorenstützen (Abb. 135) mittels Muttern festgeschraubt werden. Diese sogenannten Querträger werden für 2—8 Stützen hergestellt. Sind mehr Leitungen vorhanden, so werden mehrere Querträger übereinander angebracht. Wegen der größeren Beanspruchung sind die Stangen natürlich entsprechend stärker zu wählen. Abb. 136 zeigt eine andere, etwas einfachere Konstruktion, die sogenannte Winkelstütze aus Flacheisen, welche einseitig am Maste befestigt wird. Die Abb. 137 ist eine ähn-

Gestänge und Isolatorenträger.

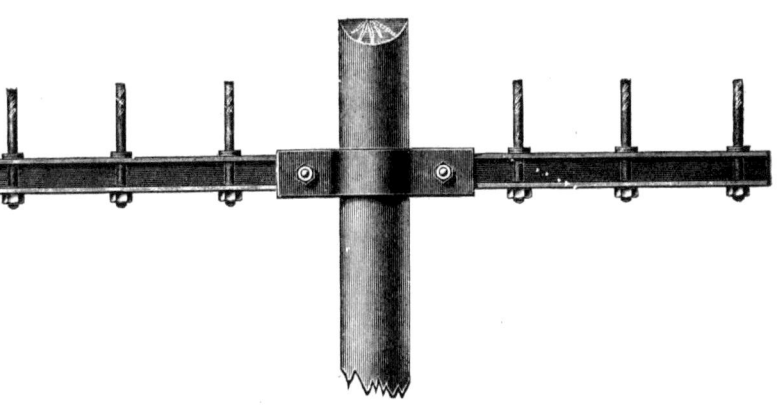

Abb. 135.

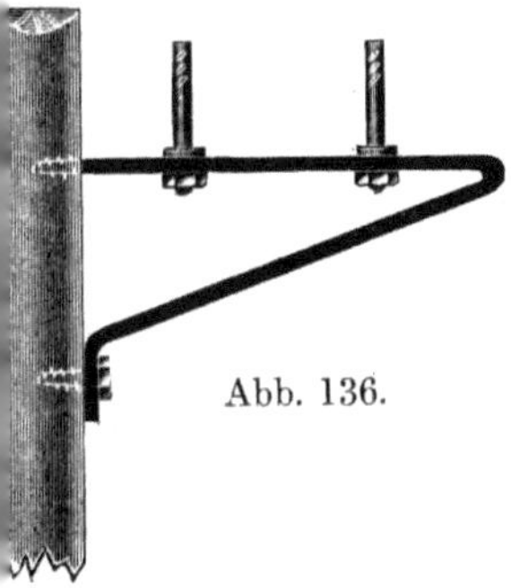

Abb. 136. 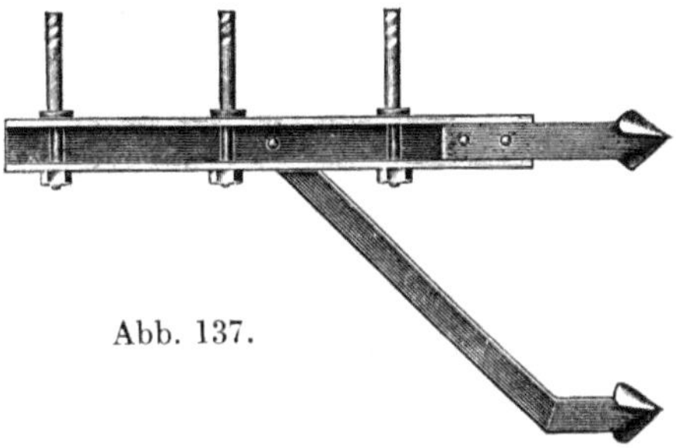 Abb. 137.

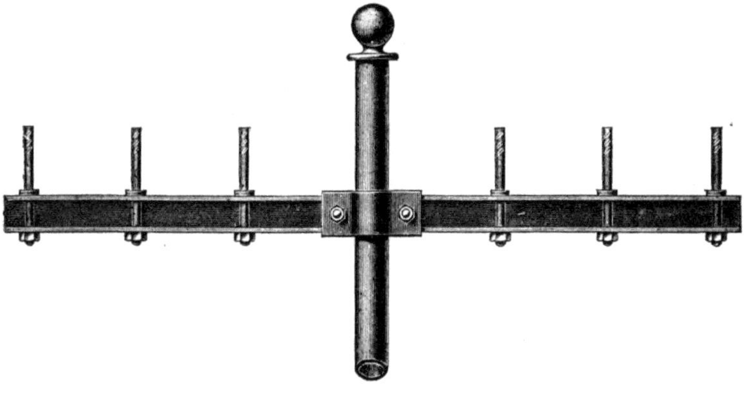

Abb. 138.

Beckmann, Telephonanlagen. 3. Aufl.

liche, aber schwere Konstruktion, aus U-Eisen dargestellt, welche
für die Verwendung an Mauern mit Steinschrauben versehen
ist. Wenn die bei solchen Stützen angewendeten Spannungen
der Drähte sehr groß sind, so müssen die als Stützpunkte benutzten
Mauern untersucht werden, ob sie genügend Festigkeit besitzen,

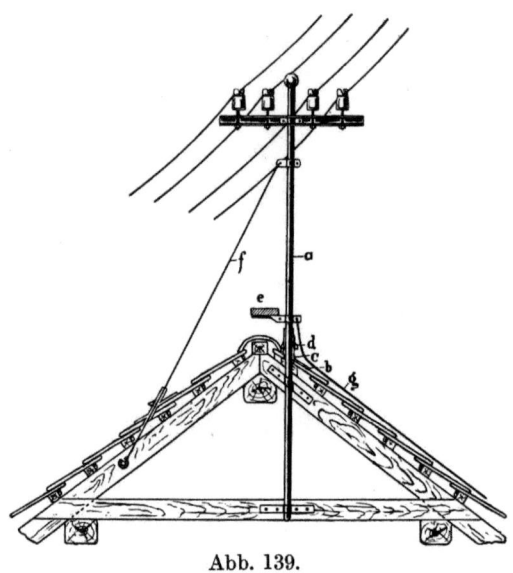

Abb. 139.

evtl. sind nach innen und seitlich Verankerungen anzubringen.
Für Dachgestänge kommen gleichfalls Querträger (Abb. 138)
zur Anwendung. Als Träger dienen eiserne Rohrständer von
ca. 70 mm Durchmesser und 2—4 m Länge. Die Rohre sind an
ihrem oberen Ende durch einen gußeisernen Knopf gegen das
Eindringen von Feuchtigkeit verschlossen. Die Querträger werden
durch einen Überleger, der dem Durchmesser des Rohres angepaßt ist, mittels Schrauben an dem Rohrständer befestigt. Die
Befestigung des Rohrständers muß der betreffenden Dachkon-
struktion angepaßt werden. Abb. 139 zeigt z. B. die Anbringung
eines Rohrständers auf einem Ziegeldach. Der Rohrständer a wird
mittels Überleger an dem Dachsparren befestigt. An der Durch-
bruchstelle des Daches ist ein Dichtungsblech b aus Zink anzubringen, welches mit einem den Rohrständer a umschließenden
Rohr c verlötet ist und über bzw. unter die nächsten Dachsparren
reicht. Oberhalb des Rohres c ist ein Zinkblechtrichter d mit dem
Rohrständer verlötet. Der Trichter d ragt über die Öffnung des

Rohres c hinaus, so daß kein Regenwasser in das Rohr c eindringen kann. An dem Rohrständer ist ein Laufbrett e befestigt. Der Rohrständer ist durch einen oder mehrere verzinkte Spanndrähte f gegen etwaigen seitlichen Zug der Leitung abzusteifen. Für lange Rohrständer ist dies nach beiden Seiten in der Richtung der Leitungen zu empfehlen, weil der Ständer beim etwaigen Reißen der Drähte nach einer Richtung zu sehr beansprucht würde. Die Durchführung der Spanndrähte durch das Dach geschieht auf die gleiche Weise durch Blechtrichter und Dichtungsblech. Vor Aufstellung von großen Gestängen ist die Konstruktion des Daches von einem Sachverständigen zu untersuchen, ob dasselbe der durch die Leitung zu erwartenden Beanspruchung gewachsen ist. Jedes Dachgestänge muß durch ein Blitzableiterseil g mit einer guten Erdleitung verbunden werden. Näheres hierüber siehe Kapitel Blitzableiter.

D. Werkzeuge für den Freileitungsbau.

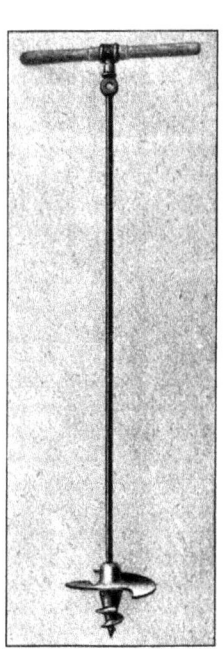

Die Anwendung guter und praktischer Werkzeuge ist für die Schnelligkeit und Solidität des Leitungsbaues von allergrößter Wichtigkeit. Entsprechend den vorzunehmenden Arbeiten unterscheiden wir folgende Werkzeuge:
A. Werkzeuge für Erdarbeiten: Spaten, möglichst schmal und lang, Erdbohrer (Abb. 140); derselbe wird auch für die Herstellung von Löchern für Erdplatten benutzt.
B. Werkzeuge für die Bearbeitung von Holzstangen: Säge, Beil, Hohlaxt (Abb. 141), Schneckenbohrer, für Isolatorspitzen passend, und Stemmeisen.
C. Werkzeuge für die Bearbeitung der Querträger und eisernen Gestänge: Universalschraubenschlüssel, Meißel, Feilen, Rohrzange.
D. Werkzeuge für die Bearbeitung des Leitungsdrahtes: Universalzangen (Abb. 142), Flachzange mit Seitenschneider (Abb. 143), Feilkloben, Drahthaspel (Abb. 143) zum Abwickeln des Drahtes, Handdrahthebelspanner (Abb. 145)

Abb. 140.

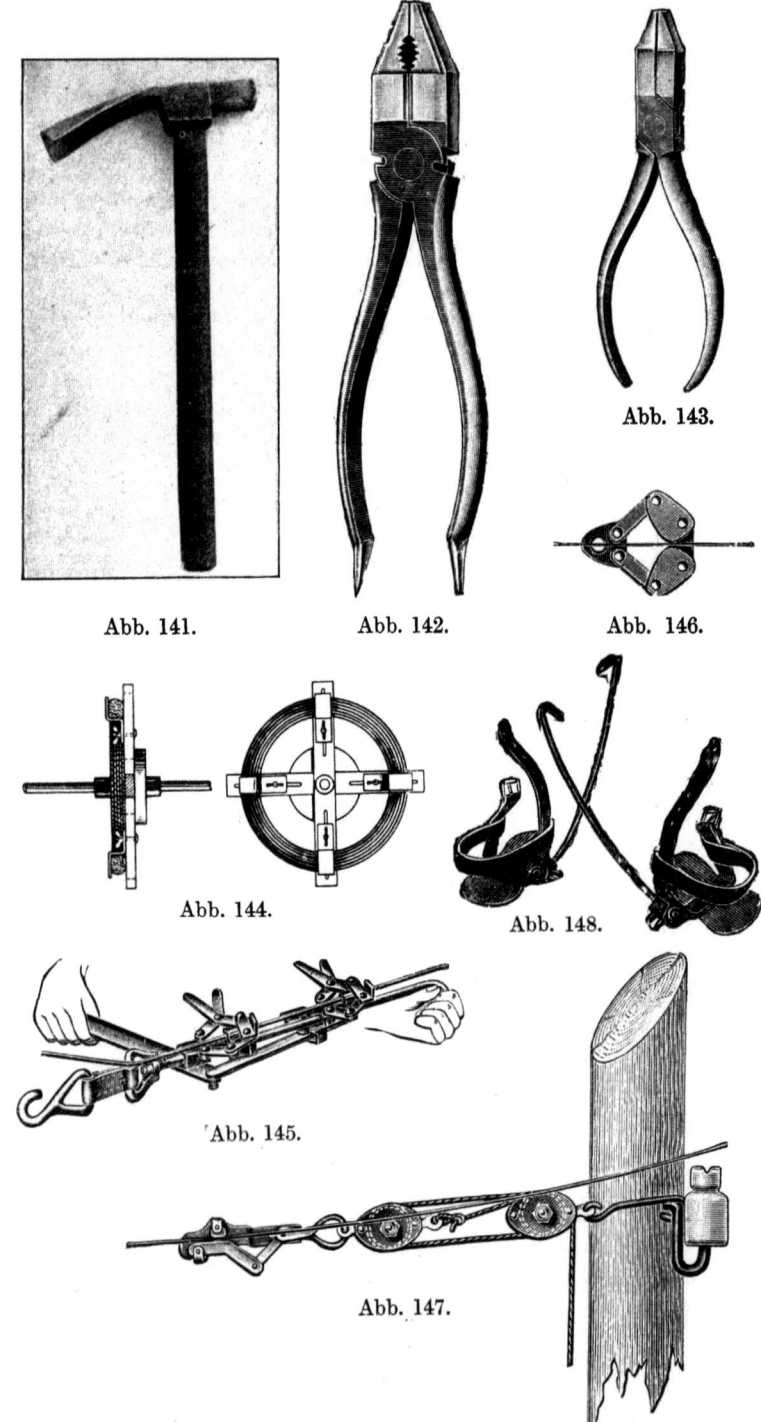

Abb. 141. Abb. 142. Abb. 143.

Abb. 144. Abb. 148.

Abb. 146.

Abb. 145.

Abb. 147.

Werkzeuge für den Freileitungsbau. 101

der Firma Böffinger und Schäffer, Frankfurt a. M., für 1—3 mm Drahtdurchmesser, und Froschklemmen (Abb. 146) für 2—6 mm Durchmesser, Flaschenzug (Abb. 147) zum Spannen des Drahtes, Steigeisen (Abb. 148) zum Erklettern der Stangen, Sicherheitsgürtel mit Werk-

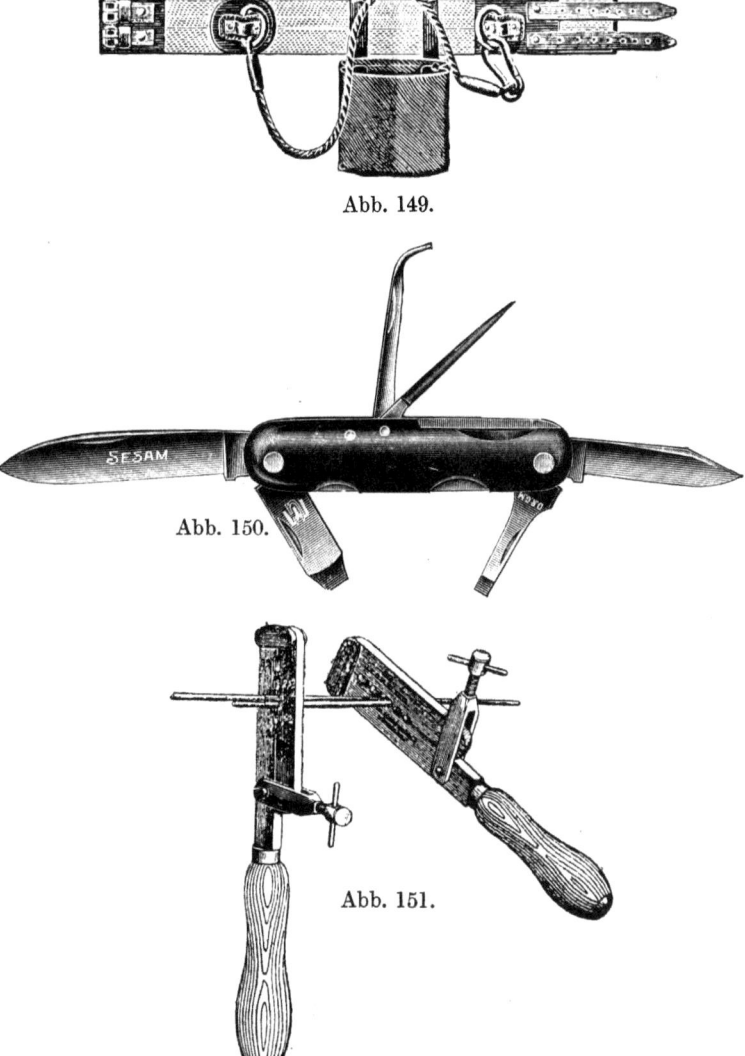

Abb. 149.

Abb. 150.

Abb. 151.

zeugtasche (Abb. 146), Hammer und eine möglichst leichte, ca. 4—5 m lange Leiter; ferner für die Herstellung der Drahtverbindungen einen Lötkolben mit Benzinheizung, eine Lötlampe, Montagemesser (Abb. 150) und Zange (Abb. 151) für die Herstellung von Drahtverbindungen mittels Verbindungshülsen.

E. Freileitungsbau.

Für die rationelle Ausführung langer Freileitungsstrecken ist die Verwendung einer geschulten Arbeiterkolonne Grundbedingung. Man stellt hierzu am besten Leute an, die bereits bei der Post oder Eisenbahn mit ähnlichen Arbeiten beschäftigt waren. Die vorzunehmenden Arbeiten zerfallen in folgende Abschnitte:

a) Abstecken der Strecke;
b) Aufstellen der Stangen und Isolatorträger;
c) Ziehen der Leitungen.

1. Abstecken der Strecke.

Nachdem die erforderlichen Stangen, deren Anzahl und Länge auf Grund des Planes bestimmt wurden, angefahren sind, begibt sich der Monteur mit zwei Hilfsarbeitern auf die Strecke, um die Standorte der Stangen zu bestimmen. Alle drei sind mit je einem, an einem Ende mit Metallspitze versehenen Stabe von ca. 2 m Länge und 3 cm Stärke ausgerüstet. Die Hilfsarbeiter tragen jeder ein Bündel flacher dünner Pflöcke von ca. 30 cm Länge, 5 cm Breite und ca. $^1/_2$ cm Stärke, die an einem Ende zugespitzt sind. Die Pflöcke werden an die für Telegraphenstangen bestimmten Punkte gesteckt und mit Blaustift laufend numeriert. Die Entfernung der Stangen stellt der Monteur durch Abschreiten fest. Man rechnet ca. 80 cm pro Schritt. Man kann auch die mit dem Meterstock festgestellte Entfernung abschreiten und sich die Zahl der Schritte merken. Die Entfernung der Stangen richtet sich nach der Zahl der Leitungen und dem zu verwendenden Drahtmaterial. Die Entfernung ist dem Monteur vorher angegeben, sie beträgt ca. 50—80 m. In Kurven sind die Stangen näher zu stellen. In der Regel führt die Leitung an einem Weg oder einer Bahnlinie (Kleinbahn) entlang, selten über freies Feld. In letzterem Falle sind möglichst die Grenzen der Felder als Standort für das Gestänge zu wählen. Welche Seite eines Weges oder einer Bahnlinie zu wählen ist, hängt ab von dem

Vorkommen von Bäumen. Ist das Berühren der Leitung mit Baumzweigen nicht zu vermeiden, so müssen die Bäume an den betreffenden Stellen ca. 1 m weit ausgeholzt werden. Durch die Berührung mit den Baumzweigen entstehen bei feuchtem Wetter Erdschlüsse, die unter Umständen den Betrieb der Anlage in Frage stellen können. Hat der Monteur den Standpunkt der ersten Stange festgelegt und den Pflock Nr. 1 eingesteckt, so stellt der erste Hilfsarbeiter seinen Stab vor den Pflock und bleibt stehen, bis der Standort der zweiten und dritten Stange festgelegt ist. Der Monteur schreitet die Entfernung ab und bestimmt den Standort der zweiten Stange. An diesem Punkt stellt der zweite Arbeiter seinen Stab und stellt sich so auf, daß der Stab des ersten von dem Standort der dritten Stange gesehen werden kann. Der Monteur stellt seinen Stab an den Standort der dritten Stange und visiert, ob alle drei Stäbe in einer Linie stehen. Evtl. gibt er den Arbeitern durch Zeichen zu verstehen, daß die Stäbe seitlich versetzt werden müssen. Die Arbeiter korrigieren diese Änderungen durch entsprechendes Versetzen der Pflöcke. Der Monteur notiert die Nummer der Stange, die Länge derselben und bei Kurven, ob die Stange durch Anker oder Strebe zu versteifen ist. Hierauf schreitet der Monteur die Entfernung bis zur nächsten Stange ab, die Arbeiter folgen bis zum nächsten Pflock, wo sie, wie oben beschrieben, ihre Stäbe aufstellen. An Wegkreuzungen sind lange Stangen in kurzer Entfernung aufzustellen, damit hochbeladene Wagen unter der Leitung hindurchfahren können, ohne diese zu berühren. Die Entfernung der untersten Leitung über dem Wege soll mindestens 5 m betragen. Auf diese Weise ist die ganze Strecke abzustecken. Werden Ortschaften passiert, so daß die Leitung an oder über Gebäude zu führen ist, so sind entsprechende Notizen mit Kreide oder Kohle an dem betreffenden Gebäude zu machen. Gleichzeitig notiert der Monteur die Art des Isolatorträgers, wenn dieser nicht schon vorher bestimmt ist.

2. Aufstellen der Stangen und Isolatorenträger.

Nach dem Abstecken der Strecke kann schon am nächsten Tage mit dem Verteilen der Stangen, Streben und Ankerhölzer durch eine zweite Kolonne begonnen werden. Bei jedem Pflock ist auf Grund der Notizen des Monteurs je eine kurze oder lange Stange sowie Strebe oder Ankerpflock abzuwerfen. Bei im Bau befindlichen Eisenbahnstrecken kann das Verteilen des Stangenmaterials verhältnismäßig schnell während der verlangsamten

Fahrt vorgenommen werden. Man ladet so, daß der eine Wagen die normalen Stangen, der nächste nur lange Stangen und Streben und Ankerhölzer enthält. Auf jedem Wagen stehen zwei Arbeiter zum Abwerfen der Stangen bereit. Der Monteur steht zwischen beiden Ladungen und gibt auf Grund seiner Notizen die Kommandos, was abgeworfen werden soll, wenn ein Pflock passiert wird. Die letzteren sind so gestellt, daß ihre Nummer vom Zuge aus gelesen werden kann. Nach erfolgter Verteilung des Stangenmaterials erfolgt die Aufstellung der Stangen durch zwei Kolonnen von je ein bis drei Mann. Die erste Kolonne gräbt oder bohrt an den durch die Pflöcke bezeichneten Stellen Löcher von genau vorgeschriebener Tiefe. Dieselbe soll ca. $^1/_5$ der Stangenlänge betragen. Zur Handhabung des Erdbohrers sind zwei Mann erforderlich. Zum Lochgraben mit dem Spaten ist nur ein Mann notwendig. Um die Arbeit des Grabens möglichst zu fördern, ist darauf zu achten, daß möglichst wenig Boden bewegt wird. Das Loch erhält die Breite des Spatens und ist, wie in Abb. 152 dargestellt, stufenförmig auszuheben. Diese Anordnung erleichtert die Herstellung der nötigen Tiefe, auch können die Stangen bequem eingesetzt werden. Ein Mann der zweiten Kolonne folgt dem Gräber und schraubt die Isolatoren ein. Dieselben sind in der in Abb. 153 dargestellten Weise in Abständen von 25 cm einzuschrauben. Das Aufrichten der Stangen geschieht, wenn es sich um leichte Stangen für nur eine oder zwei Leitungen handelt, durch einen Mann, für schwere Stangen sind zwei und mehr Leute erforderlich. Zum Aufrichten sehr langer Stangen müssen besondere Maßnahmen getroffen werden. Die von der Stange beim Einsetzen berührten Wände der Grube sind durch zwei Bretter abzudecken (siehe Abb. 154), damit die Ränder und Wände der Grube beim Aufrichten der Stange nicht deformiert werden und die Grube nicht mit Erde angefüllt wird. Nach dem Aufrichten werden die Bretter wieder entfernt. Am Zopfende der Stange werden drei Leinen befestigt, mit denen dieselbe beim Aufrichten gehalten und gerichtet werden kann. Beim Aufrichten ist die Stange

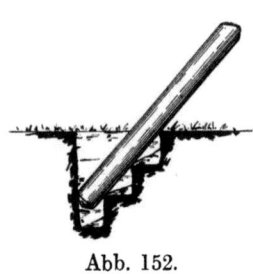

Abb. 152.

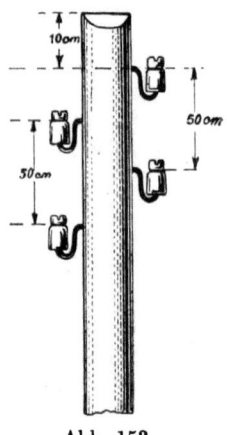

Abb. 153.

durch eine unterstellte Leiter zu stützen. Die Grube ist nach dem Aufrichten wieder zu füllen und von Grund auf zu stampfen. Durch Einlegen von Steinen und Angießen mit Wasser kann der Boden besonders befestigt werden. In Sandboden macht das Stellen der Stangen keine Schwierigkeit. Bei frisch geschüttetem

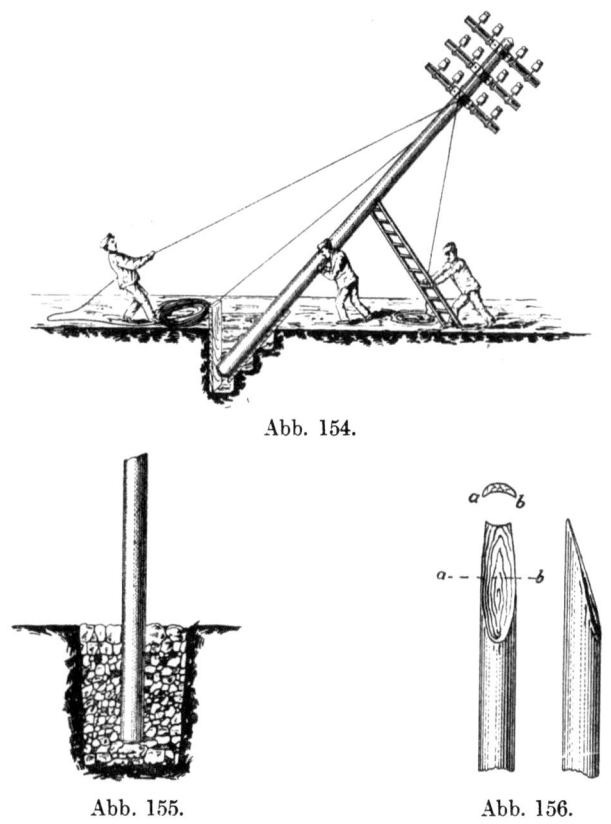

Abb. 154.

Abb. 155.   Abb. 156.

Erdreich (Eisenbahndämmen) oder moorigem Boden müssen besondere Vorsichtsmaßregeln getroffen werden. Wenn die Aufstellung der Stangen in derartigem nachgiebigen Boden nicht zu umgehen ist, so wird ein größeres Loch von ca. $^3/_4$ m Durchmesser gegraben, dessen Boden mit Feldsteinen und Geröll bedeckt wird. Man stellt die Stange auf einen größeren Stein (Abb. 155) und füllt die Grube dann mit dem gleichen Material unter Zwichenschüttung von Kies und Sand aus.

Wenn die Führung der Leitung von der geraden Linie abweicht, so muß die Stange nach der dem Drahtzug entgegengesetzten Richtung verstrebt bzw. verankert werden. Zu Streben verwendet man Stangen von etwa $^3/_4$ der Länge der Stange. Die Strebe wird am Zopfende unter spitzem Winkel mit der Hohlaxt bearbeitet und der zu stützenden Stange so angepaßt, daß die ausgehöhlte

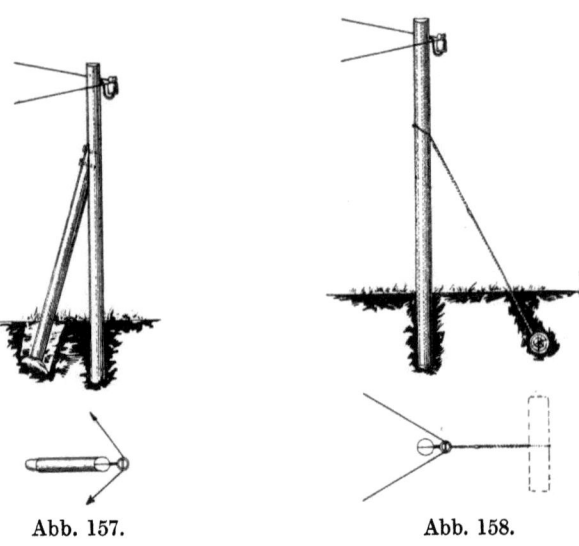

Abb. 157.　　　　　　　　Abb. 158.

Fläche der Stange möglichst an allen Punkten berührt. Abb. 156 zeigt das fertig bearbeitete Zopfende einer Strebe in Ansicht und Querschnitt. Die Befestigung der Strebe erfolgt mittels zweier kräftiger Holzschrauben mit □ Kopf. Das Einschneiden der Stange oberhalb der Strebe ist überflüssig und zu verwerfen, weil die Stange dadurch unnötig geschwächt wird. Das Anbringen der Strebe erfolgt, nachdem die Stange fertig aufgestellt ist. Die Strebe wird im Erdboden tunlichst durch einen untergelegten Feldstein gestützt. In Abb. 157 ist die Stange mit Strebe dargestellt. Dieselbe befindet sich innerhalb des von der Leitung gebildeten Winkels. (Siehe Grundriß.)

Räumliche Verhältnisse gestatten nicht immer das Anbringen einer Strebe. In diesem Falle fängt man den seitlichen Zug der Leitung durch einen Anker (Abb. 158) ab. Der Anker ist ein Pfahl von der Stärke der Stangen und ca. 1 m Länge. Im Notfall kann auch ein größerer Feldstein verwendet werden. In $^3/_4$ Höhe der Stange wird eine kräftige Holzschraube an der Innenseite des Leitungswinkels bis auf etwa 1 cm eingeschraubt. Sodann ist der Anker mit der Stange durch eine Drahtschleife von 4—5 mm Eisendraht, die über die Schraube um die Stange geschlungen wird, zu verbinden. Hierauf wird die Ankergrube zugeschüttet und festgestampft. Schließlich erfolgt das Spannen des Ankerdrahtes durch Verdrehung desselben mittels eines $^3/_4''$ Gasrohres

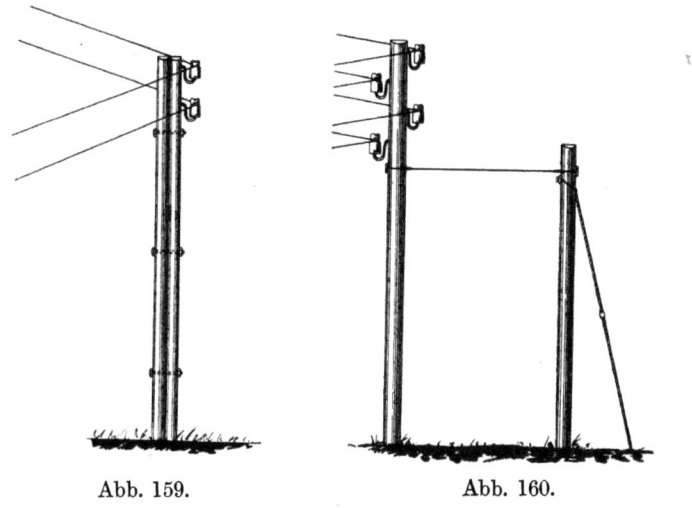

Abb. 159.   Abb. 160.

von ca. $^3/_4$ m Länge. Der Anker ist außerhalb des Leitungswinkels anzubringen. (Siehe Grundriß.) Wenn die Örtlichkeit weder die Anbringung einer Strebe noch eines Ankers gestattet, so sind zwei Stangen nebeneinander aufzustellen, die durch eiserne Bolzen miteinander verschraubt werden (Abb. 159). Bei schweren Gestängen mit vielen Leitungen muß in solchen Fällen eine Hilfsstange aufgestellt werden, die in der oben beschriebenen Weise zu verankern ist. Die Hilfsstange ist mit der Telegraphenstange durch einen Ankerdraht verbunden (Abb. 160).

Die Befestigung der Isolatoren im Mauerwerk geschieht durch Eingipsen der mit Steinschrauben versehenen Stützen. Der Gips darf nicht zu flüssig angerührt werden, weil er sonst nicht genügend bindet. Größere Isolatorenträger werden im Mauerwerk verankert. Die Mauern sind stets vorher zu untersuchen, ob sie genügend Festigkeit besitzen.

3. Das Ziehen der Leitungen.

Für die Verlegung der Leitungen sind folgende Arbeiten erforderlich:

Freileitungen.

Abb. 161.

Abb. 162.

Abb. 163.

a) Abrollen des Drahtes;
b) Verbindung zweier Drahtenden miteinander;
c) Auflegen auf die Isolatorstützen;
d) Abspannen des Drahtes und Regulieren des Durchganges;
e) Abbinden der Leitung;

a) Zum **Abrollen** des Drahtes bedient man sich am besten einer Drahthaspel (Abb. 144). Dieselbe besteht aus zwei Kreuzhölzern, die durch einen Holzzylinder miteinander verbunden sind. Als Achse dient ein $^3/_4$" Gasrohr von ca. 1 m Länge. Vier Flacheisenwinkel dienen für die Führung des Drahtes, das Ganze ist drehbar auf einer Tragbahre gelagert. Beim Abrollen des Drahtes ist das Ende desselben um das Fußende einer Stange zu schlingen. Zwei Arbeiter tragen die Haspel (siehe Abb. 161). Sie gehen die Strecke ab, wobei sich die Haspel mit dem Drahtring dreht und der Draht sich abwickelt. Die Drahtringe sind vorher auf der Strecke in Abständen, die der jeweiligen Länge eines Ringes entsprechen, verteilt. Wenn die Länge eines Ringes nicht bekannt ist, so kann dieselbe leicht an Hand der Tabelle (S. 94) mit Hilfe des Ringgewichtes berechnet werden. Ist eine Drahthaspel nicht

Abb. 164.

Abb. 165a.

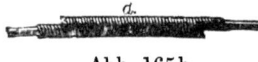

Abb. 165b.

vorhanden, so kann der Draht im Notfalle auch durch einen Mann „abgetanzt" werden. Er legt den Drahtring zu diesem Zweck auf eine Schulter und dreht sich beim Abgehen der Strecke um die eigene Achse (Abb. 162). Allerdings eine schwere und nicht sehr beliebte Beschäftigung, die auch nur in Notfällen angewendet wird. Das Verfahren ist aber immer noch schneller und zweckmäßiger als das Abrollen des Ringes auf dem Erdboden (Abb. 163). Ganz unzulässig ist es, die einzelnen Drahtringe seitlich abspringen zu lassen (Abb. 164). Hierdurch bilden sich Schlingen, welche oft schon beim Spannen der Leitung Brüche herbeiführen.

b) **Verbindung** zweier Drahtenden miteinander. Es sind verschiedene Verfahren für die Verbindung zweier Drahtenden gebräuchlich. Die Wickellötstelle (Abb. 165) setzt das Mitführen von Lötzeug voraus. Bei Wind und Wetter wird die Lötstelle häufig nicht vorschriftsmäßig ausgeführt, so daß die Lötstellen leicht zu Störungen Anlaß geben. Die Würgelötstelle (Abb. 166) sollte nur in Notfällen angewendet werden. Bei der Herstellung derselben wird der Draht häufig zu stark beansprucht, es bilden sich Risse, die mit der Zeit den Bruch verursachen. Sehr gut bewährt hat sich das sogenannte Würgeverfahren. Zur Herstellung dieser Verbindungen werden Röhren aus zähem Metall verwendet (Abb. 167), deren innerer Querschnitt genau demjenigen zweier nebeneinandergelegter Drähte entspricht. Die Drahtenden werden mit Schmirgelpapier blank gerieben und in entgegengesetzter Richtung durch die Röhre geschoben, so daß die Enden, entsprechend dem Drahtdurchmesser,

Abb. 166.

Abb. 167.   Abb. 168.

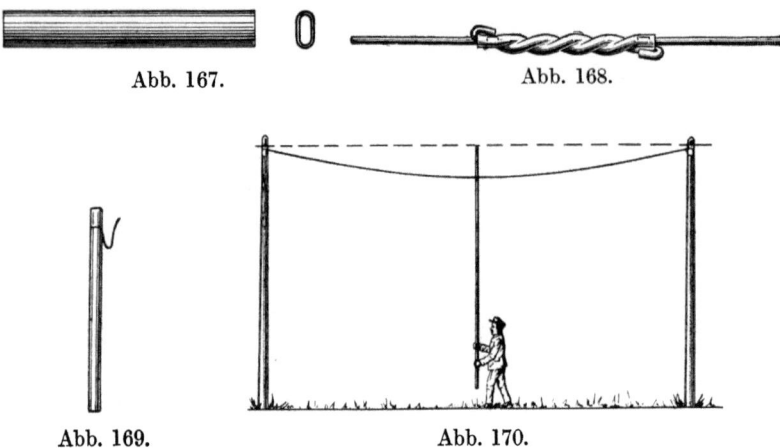

Abb. 169.   Abb. 170.

ca. 4—10 mm vorstehen. Sodann werden zwei Kluppen (Abb. 151, S. 101) über die Enden der Verbindungsröhre gelegt und die Verbindungsstelle nunmehr durch Verdrehen der beiden Kluppen in entgegengesetzter Richtung spiralig verdreht. Nachdem die Kluppen entfernt sind, werden die Drahtenden umgebogen. Die Verbindung hat dann das Aussehen in Abb. 168. Bevor man durch einen ungeübten Arbeiter derartige Verbindungen herstellen läßt, empfiehlt es sich, ihn zunächst durch die Anfertigung einiger Verbindungen für dieses Verfahren einzuüben. Zu lose gedrehte oder überdrehte Verbindungen erfüllen ihren Zweck nicht.

c) Das **Auflegen** der Leitungen auf die Isolatorstützen geschieht durch einen Mann mittels einer 3—4 m langen Stange, die an ihrem Ende mit einem Haken versehen ist (Abb. 169).

d) Dem Auflegen der Leitung folgt das **Abspannen** derselben. Die Felder von 4—5 Stangen werden gleichzeitig gespannt. Man befestigt einen Flaschenzug (Abb. 147, S. 94) am Fußende der fünften Stange, ergreift den Draht mittels der Froschklemme (Abb. 146, S. 94), verbindet diese mit dem Flaschenzug und spannt zunächst möglichst fest, damit etwaige Krümmungen des Drahtes ausgereckt werden. Schwache Stellen, welche durch etwaige Schleifen oder durch mangelhaft hergestellte Lötstellen verursacht sein können, zeigen sich hierbei durch Reißen des Drahtes an. Selbstverständlich ist die Spannung dem Durchmesser des Drahtes anzupassen. Dünne Drähte werden von Hand mittels des Handdrahtspanners (Abb. 145, S. 94) gespannt. Hat der Draht die Spannprobe bestanden, so ist nachzulassen, bis der vorgeschriebene Durchhang erreicht ist. Die Innehaltung des vorgeschriebenen Durchhanges ist von allergrößter Wichtigkeit, da die Beanspruchung und die Haltbarkeit der Leitung von dem Durchhang in erster Linie abhängig sind. Der Durchhang ist nach der Entfernung der Stangen und der Lufttemperatur zu bemessen. Da zwischen Winter und Sommer Temperaturdifferenzen von 60—50° C auftreten können, so kommt es häufig vor, daß ein im Sommer zu straff gespannter Draht bei strenger Kälte im Winter zerreißt. Die Kontrolle des Durchhanges erfolgt mittels einer Meßstange, die in der Höhe des tiefsten Durchhanges mit einem Anschlag versehen ist. Ein Mann hält die Meßstange in der Mitte zwischen zwei Telegraphenstangen, so daß ihr oberes Ende in die Visierlinie der beiden nächsten Isolatorköpfe fällt (Abb. 170). Der Draht ist nun so weit nachzulassen, bis er den Anschlag der Meßstange berührt.

In den Abb. 171 und 172 sind die in der Praxis üblichen Durchhänge für Bronze- und Eisendraht in Form von Kurven dargestellt. Abb. 171 zeigt die Durchhangswerte für 1, 5 und 2 mm Bronzedraht. Um den Durchhang für eine bestimmte Entfernung der Stützpunkte festzustellen, verfahre man wie folgt: Angenommen, die Entfernung der Stützpunkte betrage 80 m und die Temperatur $+15°$C. Man suche die mit $+15°$ bezeichnete Temperaturkurve und verfolge dieselbe, bis sie die Vertikallinie von 80 m schneidet; von diesem Schnittpunkt verfolge man die denselben schneidende horizontale Linie und lese den vorgeschrie-

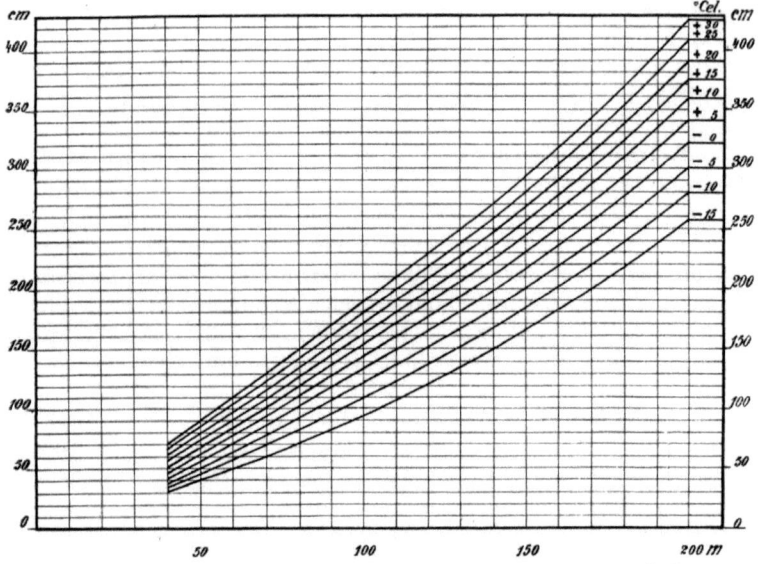

Abb. 171. Normaler Durchhang für Bronzedrähte von 1,5 und 2 mm Durchmesser.

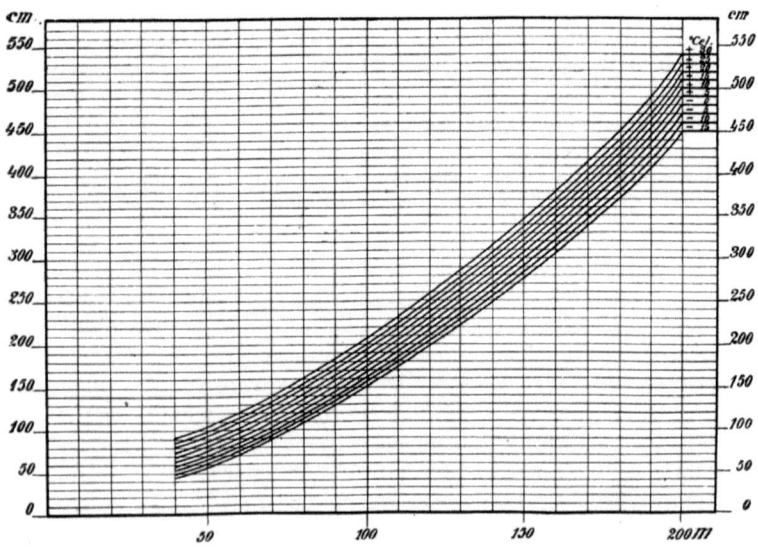

Abb. 172. Normaler Durchhang für Eisendrähte von 3 und 4 mm Durchmesser.

benen Durchhang in Zentimetern am Ende der Linie ab. Im vorliegenden Falle beträgt der Durchhang 130 cm. Bei — 15° würde der Durchhang nur 70 cm betragen. Für die dargestellten Kurven wird kein Anspruch auf wissenschaftliche Genauigkeit erhoben. Sie dürften aber im allgemeinen den in der Praxis gestellten Anforderungen genügen. Näheres über Durchhang von Freileitungen

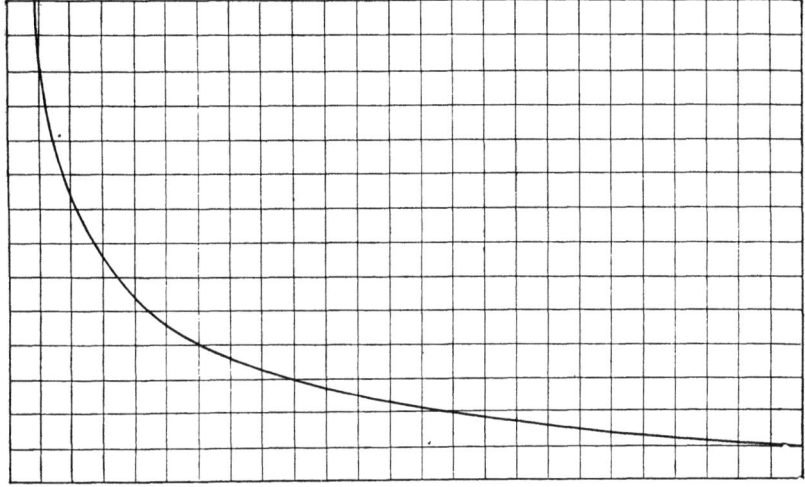

Abb. 173.

siehe Rob. Weil: „Beanspruchung und Durchhang von Freileitungen." Verlag von Julius Springer, Berlin.

Bei großen Spannweiten, z. B. bei Spannungen über Gewässer oder über hohe Gebäude, ist es nicht möglich, den Durchhang des Drahtes direkt zu messen. Man bedient sich in solchen Fällen eines von A. Pillonel angegebenen Verfahrens, welchem die Beziehung der Pendelschwingungen von gespannten Saiten im Verhältnis zu ihrem Durchhang zugrunde gelegt ist. Bei der Anwendung dieses Verfahrens ist das Diagramm (Abb. 173) wie folgt zu benutzen: Man versetze den Draht durch vorsichtiges Hin- und Herbewegen in seitliche Schwingungen und stelle fest, wieviel Schwingungen in der Minute erfolgen. Unter Schwingung ist je ein Ausschlag des Drahtbogens nach der einen oder anderen Seite zu verstehen. Dann suche man auf der Tabelle die der gefundenen Schwingungszahl entsprechende horizontale Linie des Netzes und verfolge sie bis zu ihrem Schnittpunkt mit der Kurve.

Von diesem Punkt verfolge man die die Kurve schneidende vertikale Netzlinie nach unten und lese die angegebene Größe des Durchhanges ab. Derselbe muß dem in den Kurven S. 112 angegebenen Durchhang entsprechen bzw. angepaßt werden.

Führt ein Gestänge mehrere Leitungen, so ist die oberste Leitung einzuregulieren, die unteren werden dem Durchhang der oberen angepaßt.

e) Das **Abbinden** der Leitung ist die zuletzt vorzunehmende Arbeit, sie erfolgt durch zwei einander abwechselnde Arbeiter. Man kann zum Besteigen der Stangen sogenannte Stegeisen (Abb. 148, S. 100) verwenden. Die Benutzung derselben ist jedoch ziemlich anstrengend, man verwendet sie daher vorzugsweise bei Reparaturen, wenn weite Wege zurückzulegen sind und das Mitführen einer Leiter zu beschwerlich wäre. Für den Neubau von Leitungen ist eine leichte Leiter besser geeignet. Das Tragen der Leiter von Stange zu Stange ist nicht sehr beschwerlich, die Leiter ermöglicht das Besteigen der Stange in kürzerer Zeit als mit Steigeisen, außerdem bietet sie für die Arbeit am Iso-

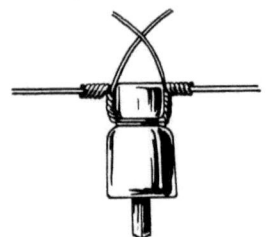

Abb. 174.

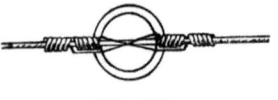

Abb. 175.

lator einen besseren Halt. Für die Befestigung der Leitung an dem Isolator unterscheiden wir zwei Verfahren, und zwar den Kopfbund für schwere Leitungen von 4 mm und darüber und den Seitenbund für leichte Leitungen. Der Kopfbund ist nur für gerade Strecken anzuwenden, bei Kurven ist der Draht stets an den Hals des Isolators zu legen und durch Seitenbund zu befestigen. Der Kopfbund ist in Abb. 174 dargestellt. Der Draht wird in die im Kopf befindliche Rinne gelegt, zwei Bindedrähte werden miteinander verseilt und um den Hals des Isolators geschlungen, und die Enden nach oben gebogen. Die kürzeren Enden des Bindedrahtes sind mit fünf Windungen um den Draht zu schlingen (Abb. 175). Die längeren Enden des Bindedrahtes werden kreuzweise über den Isolatorkopf gebogen und hinter den ersten Windungen gleichfalls fünfmal um den Draht geschlungen. Die überstehenden Enden werden kurz abgekniffen. Für die Herstellung des Seitenbundes ist nur ein Bindedraht erforderlich. Er wird in der Mitte gebogen und kreuzweise über den Draht gelegt (Abb. 176). Die Enden werden dann um den Hals des Isolators geschlungen, unter bzw. über den Draht geführt und vor dem

Draht gekreuzt (Abb. 177). Schließlich werden die Enden des Bindedrahtes in acht engen Windungen um den Leitungsdraht gewunden (Abb. 178). Bei dem letzten Isolator erfolgt die Befestigung der Leitung ohne Bindedraht. Der Leitungsdraht wird zweimal um den Hals des Isolators geschlungen und dann in sechs Windungen um die Leitungen gewunden. Das überstehende Ende wird nicht abgeschnitten, sondern auf zirka 10 cm gekürzt zwecks Verbindung mit der Innenleitung. (Siehe Abb. 179.)

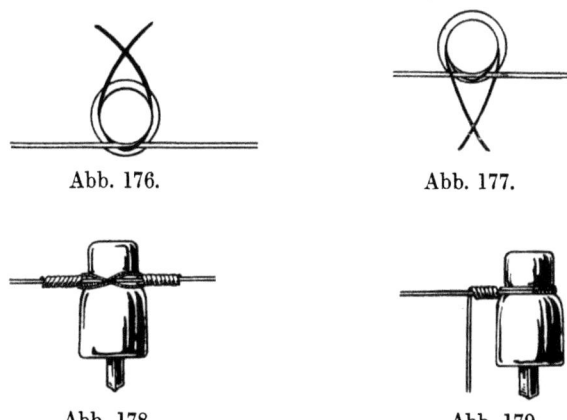

Abb. 176.   Abb. 177.

Abb. 178.   Abb. 179.

F. Verbinden der Freileitung mit der Innenleitung.

Ein empfindlicher Punkt der Leitungsanlage, welcher bei unsachgemäßer Ausführung häufig zu Störungen Anlaß gibt, ist die Verbindungsstelle der Freileitung mit der Innenleitung. Hier ist besonders große Sorgfalt anzuwenden und genau nach Vorschrift zu verfahren. Es ist nicht gleichgültig, welche Stelle des Gebäudes für die Einführung benutzt wird. Am besten eignen sich trockene, geschützte Wände der Hofseite, welche möglichst nach Norden oder Osten gelegen sein sollten. Wenn möglich, ist die Einführung unter einem weit vorspringenden Dach anzubringen. Die Mauer wird durchbohrt (Abb. 180) und in die Bohrung eine Porzellantülle eingesetzt, die mit einem durch die Mauer führenden Isolierrohr verbunden ist. Die Verbindungsstelle zwischen Rohr und Tülle wird durch Mennige und Werg abgedichtet. Als Verbindungsleitung verwendet man einadriges Bleikabel oder Gummiaderkabel mit starker Gummiisolation. Die Isolation wird von der Kupferader auf ca. 30 cm vollständig entfernt und das blanke Drahtende mit dem überstehenden Ende

der Leitung durch Lötung verbunden. Die Isolation darf aus der
Tülle nicht herausragen. Bei Verwendung von Bleikabel ist der
Bleimantel auf ca. 10 cm von der Isolation zu entfernen und das
Ende des Bleimantels mit Gummiisolierband zu umwickeln,
damit kein Feuchtigkeitsschluß zwischen Bleimantel und der
Kupferader entstehen kann. An Stelle der eben bschriebenen
einfachen Einführung verwendet man auch besondere Isolier-

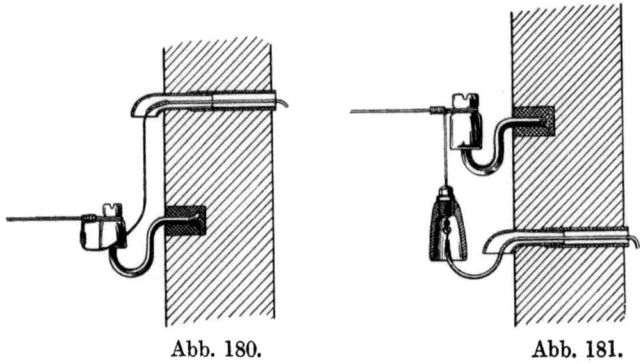

Abb. 180.   Abb. 181.

glocken aus Hartgummi. Der Innendraht wird im Innern der
Glocke mit einem wasserdicht durch den Boden der Glocke geführten Draht verbunden, der um den Isolator geschlungen und
mit dem Ende der Freileitung verlötet wird. Bei dieser Anordnung
ist der Bleimantel bis in das Innere der Isolierglocke zu führen.
Die zwischen dem blanken Draht und dem Bleimantel stehen-
bleibende Isolation muß ca. 2 cm betragen. In Abb. 181 ist
die Verbindung der Isolierglocke mit der Frei- und Innenleitung
dargestellt.

G. Das Tönen der Leitungen.

Das Tönen ist eine sehr unangenehme Eigenschaft der Leitungen, es macht sich besonders bei Kälte und bei starkem Winde
bemerkbar und wird von Dachgestängen leicht auf die Gebäude
übertragen, so daß es die Bewohner belästigt. Um die Übertragung
abzumindern, sind die Rohrständer unten zu verschließen und
mit feinem Sand zu füllen. Um das Tönen selbst zu verringern,
wickelt man einen Bleidraht in Spiralen um die Leitung bis auf
ca. 1 m Entfernung vom Isolator. Die deutsche Reichspost
wendet Gummidämpfer (Abb. 182) an, welche in ca. 1 m Entfernung vom Isolator auf den Draht gesetzt und mit Bleiblech

umwickelt werden. Schlecht befestigte Gummidämpfer wandern häufig bis zur Mitte des Feldes, so daß ihre Wirkung dann ausbleibt. Ein sehr praktischer Tonwellenbrecher wird von der Aktiengesellschaft Mix & Genest ausgeführt (Abb. 183). Er besteht gleichfalls aus einem Weichgummizylinder, der an einem Ende eine Wulst besitzt. Der Gummizylinder wird dicht am Isolator befestigt, so daß die Wulst den Isolatorkopf berührt. Er umfaßt die Bindung und sitzt infolgedessen so fest, daß er sich nicht von selber lösen kann. Die Befestigung geschieht durch eine übergeschobene Metallhülse. Der Dämpfer besitzt den Vorzug geringeren Gewichtes, so daß die Gestänge nicht so sehr belastet werden wie durch Gummidämpfer mit Bleimantel.

Abb. 182.

Abb. 183.

H. Schutz der Telephonleitungen gegen Beeinflussung durch benachbarte Leitungen und Fremdströme.

Bei Telephonanlagen mit Einfachleitung, welche die Erde als Rückleitung benutzen, treten leicht fremde Ströme direkt in die Leitung über, wenn sich z. B. elektrische Straßenbahnen oder andere Starkstromanlagen in der Nähe befinden. Durch die Geräusche der Fremdströme wird ein telephonischer Verkehr oft unmöglich gemacht. Der einzige und beste Schutz gegen diese Erscheinung ist die Ausführung der Leitungsanlage als Doppelleitung. Da die Leitungen parallel laufen, so werden die induzierten Ströme in beiden Leitungen gleichzeitig erzeugt; da sie entgegengesetzt gerichtet sind, so heben sie sich gegenseitig auf und kommen nicht zur Wirkung. Bei langen Leitungen auf gemeinschaftlichen Gestängen genügt aber die Anwendung der Doppelleitung allein nicht. Um die Induktion von anderen Leitungen möglichst vollkommen zu vermeiden, werden die beiden Drähte der Doppelleitung in regelmäßigen Abständen von 3 bis 4 Stangen derart umeinander geführt, daß eine Verdrehung der gesamten Leitung entsteht. Dieses Verfahren ist in Abb. 184 in der Seitenansicht und im Grundriß dargestellt. Näheres hierüber siehe S. 136. In Abb. 185 ist die von Christiani angegebene Anordnung von Schleifenleitungen auf gemeinschaftlichen Gestängen dargestellt. Hier kommen Doppelisolatoren zur Anwen-

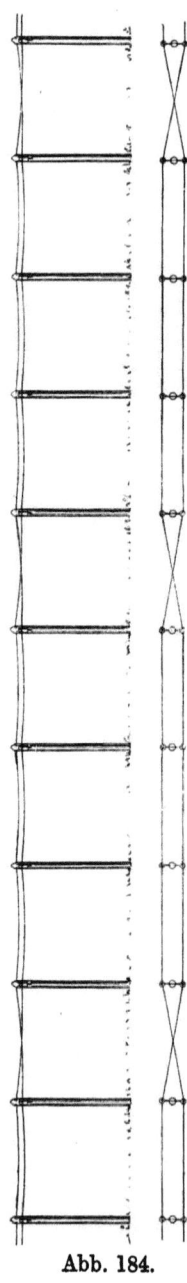

Abb. 184.

dung, welche in genau vorgeschriebenen Abständen in die Stange geschraubt werden. Die Lagerung der Doppelleitungen geschieht nach einem bestimmten Gesetz derart, daß die Mittellinie der einen Doppelleitung auf der Achse der nächsten senkrecht steht. Hierdurch wird erreicht, daß beide Drähte der einen Leitung ihrer Länge nach auf einer Fläche gleichen Potentials der anderen Doppelleitung verlaufen, so daß Induktionserscheinungen nicht auftreten können.

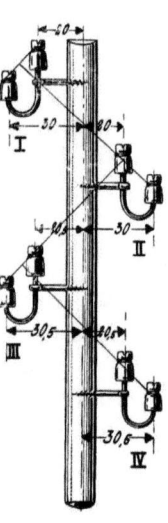

Abb. 185.

J. Schutz der Leitungen gegen Starkstrom und atmosphärische Elektrizität.

Die direkte Berührung der Fernmeldeleitungen mit Starkstromleitungen ist für die ersteren immer mit Beschädigungen verknüpft. An der Berührungsstelle findet ein Übergang von Starkstrom statt, der die dünndrähtigen Spulen der Apparate erhitzt und verbrennt Über den Schutz der Apparate ist S. 87—92 bereits das Nötige besagt. **Wenn Freileitungen in die Nähe Starkstrom führender Leitungen verlegt werden oder dieselben kreuzen, so ist immer isolierter Freileitungsdraht zu verwenden.** Kreuzungen sollen möglichst unter einem rechten Winkel erfolgen. Für die Kreuzungsstelle ist die Spannweite möglichst kurz zu wählen, um Drahtbrüche zu vermeiden. Besitzt die Starkstromleitung mehr wie 1000 Volt Spannung, so sind besondere Vorsichtsmaßregeln anzuwenden. Lange Freileitungen müssen auch auf der Strecke gegen Blitzschläge und Ladungen mit statischer Elektrizität geschützt werden. Man

Die Erdleitung. — Fernmeldeleitungen an Hochspannungsgestängen. 119

verwendet hierzu in Abb. 186 dargestellte Stangenblitzableiter, welche gleichzeitig als Isolatoren dienen. Der Kopf des Isolators ist mit Gewinde versehen. Er trägt eine Blechschutzkappe, die mittels des Gewindes und eine Weichgummizwischenlage wasserdicht auf den Kopf aufgeschraubt wird. In dem von der Kappe gebildeten Hohlraum ist der aus zwei geriffelten Kohlenplatten gebildete Blitzableiter untergebracht. Die untere Platte steht mittels einer Schraube mit dem Isolatorträger in Verbindung, der für den Anschluß der Erdleitung mit einer Schraube versehen ist. Die obere Platte hat mittels einer Feder metallische Verbindung mit der Schutzkappe, an welche die Leitung mittels eines besonderen Drahtes angeschlossen wird. Die Stangenblitzableiter werden an das Ende der Leitung gesetzt, wenn diese in Kabelleitung übergeht. Auf der freien Strecke finden die Streckenblitzableiter nach Bedarf Verwendung, wenn die Leitung z. B. in gewitterreichen Gegenden über freie Höhen geführt wird.

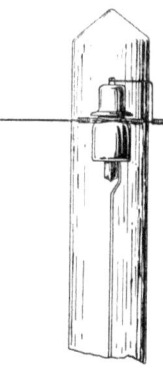

Abb. 186.

K. Die Erdleitung.

Die Verbindung der Apparate und Blitzableiter mit der Erde muß so beschaffen sein, daß sie dem Strome einen möglichst geringen Widerstand entgegensetzt. Als Leitungsmaterial ist Kupferseil von 3×2 mm Draht oder verzinkter 5-mm-Eisendraht bzw. Seil aus verzinktem Eisendraht zu verwenden. Diese Leitung endigt in einer Kupferplatte, welche stets in Grundwasser zu verlegen ist. Näheres hierüber siehe Kapitel Blitzableiter. Als guten Ersatz für die Erdplatten verwendet man die Röhren der Wasserleitung, eiserne Brunnen und die Rohre von Gasleitungen, soweit sich diese im Erdboden befinden.

L. Fernmeldeleitungen an Hochspannungsgestängen.

Die immer mehr an Verbreitung zunehmenden Überlandzentralen, welche auf ihren Leitungen Ströme bis zu 100 000 Volt Spannung führen, bedürfen für die Kontrolle ihres Betriebes einer zuverlässigen Nachrichtenübermittlung. Fast ausschließlich wird hierzu das Telephon benutzt. Die Leitungen der Telephonanlagen müssen fast immer an den Hochspannungsgestängen geführt werden. Es besteht deshalb die Gefahr, daß die hohe Spannung sich infolge der Induktion oder durch direkten Stromübergang auf die Telephonleitung überträgt. Abgesehen von der Zerstörung der Apparate ist für die Berührung der stromführenden Teile mit Lebensgefahr für das Personal verbunden. Für die Ausführung von Leitungen an Hochspannungsgestängen sind deshalb ganz besondere Vorsichtsmaßregeln notwendig. Die Anlagen sind nach speziellen Vorschriften auszuführen, die den Monteuren von den liefernden Firmen angegeben werden. In neuerer Zeit hat man die drahtlose Telephonie für die Nachrichtenübermittlung in Hochspannungsnetzen verwendet. Hierbei werden die Antennen an den Endpunkten der Hochspannungsleitung parallel zu der Leitung und am gleichen Gestänge entlang geführt. Die die Sprache übertragenden elektrischen Wellen wandern an den Drähten der Hochspannungsanlage entlang, ohne von dem Hochspannungsstrom beeinflußt zu werden. Eine nähere Erläuterung aller Einzelheiten derartiger Anlagen würde den Rahmen des vorliegenden Werkes überschreiten. Es sei daher an dieser Stelle nur kurz darauf hingewiesen.

3. Kabelleitungen.

A. Allgemeines.

Die in der Erde verlegte Leitung besitzt gegenüber der Freileitung den Vorzug, daß sie den störenden atmosphärischen Einflüssen nicht ausgesetzt ist. Die Isolation der Kupferadern gegeneinander und gegen die feuchte Erde bietet heute keine Schwierigkeiten mehr. Als Isoliermaterial werden Guttapercha, Gummi, Jute mit Isoliermasse getränkt und Papier verwendet. Gegen die Einflüsse der Feuchtigkeit erhalten die Kabel einen nahtlos umpreßten Bleimantel, welcher mit einer Draht- oder Eisenbandarmierung gegen mechanische Beschädigungen geschützt wird. Guttapercha- und Gummikabel besitzen eine so große Kapazität, daß sie für telephonische Übertragung nicht geeignet sind. Faserstoffkabel haben zwar geringere Kapazität, eignen sich aber nur für kürzere Strecken, bei 10 km Entfernung tritt bereits eine merkbare Herabminderung der Lautstärke ein. Für telephonische Übertragung sind daher am besten Papierkabel, von dem Abb. 215, S. 135 einen Querschnitt zeigt, zu verwenden. Die einzelnen Kupferadern werden mit Papierstreifen nach einem besonderen Verfahren in der Weise umwickelt, daß Hohlräume zwischen Ader und Umhüllung gebildet werden. Je zwei Adern werden miteinander verseilt, um die Induktionsübertragung von einem Aderpaar zu dem anderen zu verhüten.

B. Kabelarmaturen.

Ein gut ausgeführtes und vorschriftsmäßig verlegtes Kabel ist gegen alle störenden Einflüsse in ausreichendem Maße geschützt. Die empfindlichen Punkte eines Kabels sind die Verbindungsstellen und die Endpunkte. Man verwendet daher besondere Konstruktionselemente, um diese Teile zu schützen. Von viel größerer Wichtigkeit ist aber die bis in die kleinste Einzelheit sorgfältige und gewissenhafte Ausführung der für die Herstellung von Verbindungen und Endpunkten erforderlichen Arbeiten. In Abb. 187

Abb. 187.

Abb. 188.

sind Verbindungsmuffen für 1 und 2 Kabel dargestellt. Sie besitzen die Form einer bauchig erweiterten Röhre, die der Länge nach oberhalb der Mittellinie aufgeschnitten ist. Die untere Hälfte besitzt auf beiden Enden runde Öffnungen für die Einführung des Kabels, deren Durchmesser dem Bleimantel des Kabels genau angepaßt wird. Vor diesen Öffnungen ist im Innern je eine Kammer vorgesehen zum Einfüllen von flüssigem Asphalt. Außerhalb besitzen die Kabel auf beiden Enden Überleger zum Festklemmen des Kabels. Die Öffnung ist mit einer Rinne umgeben für die Aufnahme eines Rundgummiringes, der zum Abdichten des Deckels dient. Der Deckel besitzt in der Mitte eine durch einen Metallpfropfen abzudichtende Öffnung zum Einfüllen der Füllmasse. Die Abzweigungsmuffe (Abb. 188) hat an einem Ende breitere Form für die Aufnahme mehrerer Kabel und ist im übrigen genau so ausgeführt, wie die Verbindungsmuffe (Abb. 187). Die Kabelmuffen sind mit seitlichen Eingußöffnungen versehen, damit die Vergußmasse bei jeder Lage der Muffe eingegossen werden kann. Bei einer größeren Anzahl von Kabeln und besonders wenn die Verbindungsstellen häufig revidiert werden müssen, empfiehlt sich die Verwendung von Kabelverteilungskästen. Abb. 189 zeigt einen Kabelverteilungskasten für 5 bis 7 Kabel geschlossen und Abb. 190 in geöffnetem Zustande. Besonders bemerkenswert sind die in Abb. 190 sichtbaren Porzellanklemmleisten, welche in den Kabelkasten für den Anschluß der Leitungen untergebracht werden. Die Klemmen besitzen Kontaktfedern, zwi-

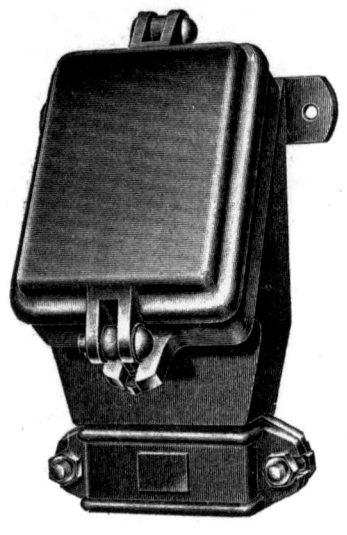
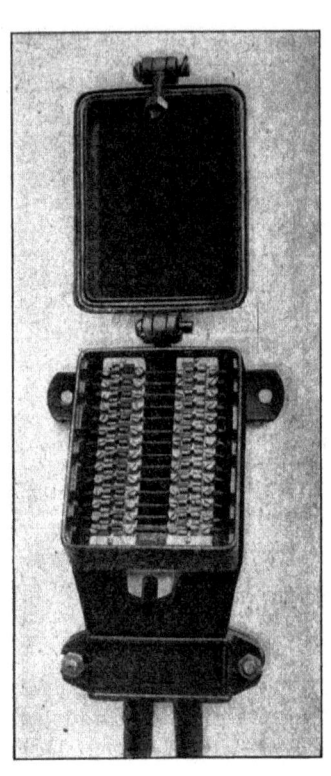

Abb. 189. Abb. 190.

schen denen ein mit der Nummer der Ader versehenes Metallmesser geklemmt wird. Dasselbe ist um einen Punkt drehbar und kann zum Zweck des Abtrennens der Leitungen leicht herausgenommen werden, ohne daß die Verbindungsschrauben der Leitungen gelöst werden müssen. Die Enden der Kabel sind vor der Einführung in die Apparate sorgfältig gegen Eindringen von Feuchtigkeit zu schützen. Diesem Zwecke dienen die in Abb. 196 und 198, Seite 127 und 128 dargestellten Kabelendverschlüsse.

C. Verlegung von Kabeln im Erdreich.

a) **Nicht armierte Kabel** finden für sehr kurze Entfernungen, z. B. zur Verbinung der Gartentür mit dem Wohnhause, Anwendung. Man wirft einen Graben von 40—50 cm Tiefe aus, reinigt die Sohle des Grabens von Steinen und sonstigen scharfen Gegenständen und legt das vorsichtig abgerollte Kabel

Abb. 191.   Abb. 192.

hinein. Bei steinigem Untergrunde empfiehlt es sich, das Kabel in eine Schicht Sand zu betten. Auf das Kabel kommt gleichfalls eine Schicht Sand von ca. 5 cm Höhe. Um das Kabel gegen Beschädigungen beim Graben zu schützen, ist über die Sandschicht eine Reihe Mauersteine zu legen (Abb. 191). Die Mauersteine werden zwecks größerer Sicherheit auch dachförmig angeordnet (Abb. 192). An Stelle der Mauersteine können auch Zementplatten, eiserne Schienen und dergleichen verwendet werden. Noch besser ist es, das Kabel durch ein verzinktes eisernes Rohr zu schützen. Für die Führung durch Fundamente ist gleichfalls ein verzinktes Rohr zu verwenden. Dasselbe muß mit einer Steigerung nach innen in das Fundament eingemauert werden, damit die Bodenfeuchtigkeit nicht in den Keller dringen kann. In den Kellerräumlichkeiten ist das Kabel an den Wänden mit Überlegern (S. 140) zu befestigen und bis an eine vollkommen trockene Wand zu führen. Das Ende des Kabels ist hier auf ca. 15 cm von dem Bleimantel zu befreien und auf einer isolierenden Unterlage (imprägniertes Holz oder dergleichen) zu verlegen. Die Kabeladern werden an zwei auf der Unterlage montierte Klemmen angeschlossen, von welchen die Innenleitung weiterführt (Abb. 193). Das isolierte Kabelende und die Klemmen sind mit einem Schutzkasten zu bedecken. Das andere, im Freien befindliche Ende des Kabels muß durch ein Eisenrohr geschützt werden, welches unter einer wasserdichten Schutzvorrichtung endigt. Der Bleimantel ist ca. 10 cm zu entfernen und mit Gummiband zu umwickeln, die Verbindung des isolierten Endes ist so zu schützen, daß die Feuchtigkeit nicht eindringen kann. Es ist empfehlenswert, das isolierte Kabelende und die Anschlußklemmen mit einem Überzug von Isolierlack zu versehen. Diese Arbeiten sind mit größter Sorgfalt auszuführen, denn diese der Witterung besonders ausgesetzten Teile verursachen häufig wegen mangelhafter Montage Störungen.

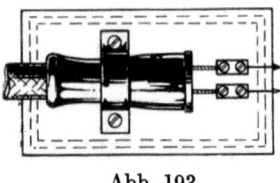

Abb. 193.

b) **Die Verlegung armierter Kabel** geschieht gleichfalls in der oben geschilderten Weise. Der Graben ist etwa $^3/_4$ m tief auszuheben. Auch diese Kabel sind durch eine Lage Mauersteine oder dergleichen zu schützen, da die Gefahr der Beschädigung besonders bei Pflasterungsarbeiten sehr groß ist. Soll ein Kabel durch ein Gewässer geführt werden, so ist die Kabelrolle auf einem Boot drehbar zu lagern und dann während der Überfahrt abzurollen. An den Ufern ist das Kabel, soweit das Gewässer nicht tiefer als 1,5 m ist, einzubaggern und dann in einem Graben wie oben zu verlegen.

c) **Die Kosten der Kabelverlegung** vor dem Kriege betrugen, Sandboden vorausgesetzt, ca. 1,00 bis 1,50 M. pro Meter. Die Kosten der Pflasterung beliefen sich ungefähr, wenn das aufgerissene Material verwendet wird, auf ca.:

a) Normales Steinpflaster . . . . ca. 2,00 M.
b) Klinkerpflaster ohne gemauerte Unterlage . „ 2,00 „
c)   „   mit gemauerter   „   . „ 4,00 „
d) Kopfstein, Granitpflaster . . . . „ 3,00 „
e)   „   mit Asphaltausguß . . . . . „ 6,00 „
f) Zementpflaster . . . . „ 7,00 „
g) Asphaltpflaster . . . . „ 5,50 „

Die Preise sind Annäherungswerte und ändern sich den örtlichen Verhältnissen entsprechend.

Die Reichspost pflegt ihre Kabelleitungen für Telephonämter in Röhren zu verlegen. Dieses System ist zwar bedeutend teurer, es hat aber den großen Vorzug, daß die Kabel jederzeit ausgewechselt bzw. ergänzt werden können. Die Röhrensysteme endigen in gemauerten Brunnen, von welchen die einzelnen Röhren leicht zugänglich sind. Die Verlegung in Röhren findet für Privatanlagen nur selten Anwendung. Näheres hierüber siehe ETZ., Jahrgang 1903, Heft 4—10, und 1905, Heft 14—15 und 40.

D. Kabelverbindungen.

Die Verbindung zweier Kabellängen darf nur durch gut geschultes Personal, welches mit allen Einzelheiten dieser Arbeit vertraut ist, ausgeführt werden. Man läßt derartige Arbeiten am besten durch Monteure der Kabelfabriken ausführen. Bei der Verlegung des Kabels ist darauf zu achten, daß die Enden desselben wasserdicht durch Verlöten des Bleimantels verschlossen sind. Die Stelle des Grabens, an welcher die Verbindung hergestellt werden soll, ist zu erweitern, so daß zwei Arbeiter be-

Abb. 194.

quem darin hantieren können. Vor und hinter der Lötstelle ist das Kabelende in einem Ring von ca. $^3/_4$ m Durchmesser zu verlegen. Über der Grube wird ein wasserdichtes Zelt aufgestellt (Abb. 194), damit die Lötstelle während der Arbeit nicht durch Feuchtigkeit und Staub verunreinigt werden kann. Die Reihenfolge der bei einem Erdkabel vorzunehmenden Arbeiten ist nachstehend aufgeführt.

E. Vorschriften über die Ausführung der Verbindung von Erdkabeln.

1. Die Arbeiten sind unter einem wasserdichten Zelt vorzunehmen. Größte Sauberkeit ist Grundbedingung. Die Werkzeuge und die Hände sind mit Naphtha vor Beginn und während der Arbeit zu säubern.

2. Umwickeln der Kabel mit 1 mm Bindedraht an der Stelle, bis zu welcher die Armatur entfernt werden soll.

3. Entfernen der Armatur.

4. Entfernen des Bleimantels bis auf 4—8 cm (entsprechend dem Durchmesser des Kabels) von der Armatur.

5. Entfernen der inneren Isolation und Freilegen der Adern.

6. Abschneiden der Adern auf passende Länge. Bei mehradrigen Kabeln sind die Adern verschieden lang zu schneiden, damit die Lötstellen nicht übereinander zu liegen kommen.

7. Abisolieren der Kupferseele auf ca. 8 cm.

8. Die zu verbindenden Adern werden gereinigt, übereinandergelegt, mit 0,5 mm Kupferdraht auf etwa 3 cm Länge fest umwickelt und mit Kolophoniumzinn verlötet. Lötsäure u. dgl. dürfen unter keinen Umständen verwendet werden.

9. Die überstehenden Enden sind abzuschneiden und die Lötstelle mit einer zweiten Lage Kupferdraht zu umwickeln, welche über beide Enden der Lötstelle ca. 8 mm fortgesetzt wird. Die Enden der zweiten Wicklung sind mit der Ader zu verlöten. NB. Die Mitte dieser zweiten Wicklung ist nicht zu verlöten.

10. Die Lötstelle ist sorgfältig mit Naphtha abzuwaschen und zu trocknen.

11. Leichtes Anwärmen der Lötstelle und Umwickeln mit einem Guttaperchastreifen von 1 cm Breite und 1 mm Stärke bis zur Isolation der Ader, Anwärmen des Guttaperchas bis zum Schmelzpunkt, Kneten und Abwaschen mit Naphtha.

12. Aufbringen einer zweiten Lage Guttapercha wie unter 11 bis ca. 2 cm über die Isolation der Ader.

13. Umwickeln der Lötstelle mit Gummiband.

14. Umwickeln der Lötstelle mit Nesselband.

15. Einbetten aller Lötstellen in imprägnierte Jute und Umwickeln mit zwei Lagen Gummiband und zwei Lagen Nesselband.

16. Dünne Kabel können nun mittels Bleiblech, welches um die Lötstelle herumgebogen und mit dem Bleimantel verlötet wird, verschlossen werden.

Anmerkung 1. Bei stärkeren Kabeln ist die Lötstelle durch Kabelmuffen (Abb. 187, S. 121) zu schützen. Die Kabelenden werden nach 1 bis 4 vorbereitet und durch die Öffnungen der Kabelmuffen geschoben und mittels der Überleger festgeklemmt. Die übrigen Arbeiten sind dann nach Vorschrift 5 bis 15 zu vollziehen. Hierauf werden die Asphaltkammern vergossen, der Deckel aufgeschraubt, das Innere mit Verguß masse ausgefüllt und der Verschlußstöpsel wieder eingeschraubt.

Anmerkung 2. Nach jeder fertiggestellten Kabellötung ist eine Isolations- und Widerstandsmessung am Ende des Kabels vorzunehmen, damit etwaige fehlerhaft ausgeführte Lötstellen sofort entdeckt werden können.

Es tritt häufig der Fall ein, daß die freie Leitung, z. B. bei Kreuzung einer Bahnstrecke, eines Gewässers, eines Tunnels und dergleichen, durch eine Kabelstrecke fortgesetzt werden muß. Die Freileitung endigt an einer Stange, die gegen den einseitigen Zug verankert wird. Als letzter Isolator findet ein Streckenblitzableiter Anwendung. Das Kabel wird an einem eisernen Schutzrohr an dem Mast in die Höhe geführt und endigt, wenn es sich um eine geringe Anzahl Leitungen handelt, in einem wasserdichten Kabelkasten (Abb. 195). Im Innern des Kabelkastens sind Verbindungsklemmen und Starkstromsicherungen untergebracht. Die Verbindung der Freileitung mit dem Kabel geschieht mittels Isolierglocke, wie auf S. 116 beschrieben. Der untere Teil des Kabelkastens wird vergossen, der Deckel ist durch Rundgummi wasserdicht abgedichtet. Bei einer größeren Anzahl von Freileitungen ist ein entsprechend größerer Kabelkasten zu verwenden. Man benutzt dann zweckmäßig Doppelstangen, die gegen den seitlichen Zug gestützt werden müssen.

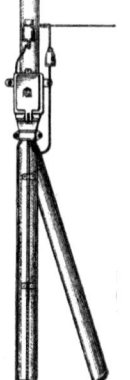

F. Kabelendverschlüsse.

Die Einführung der Erdkabel im Gebäude erfolgt, wie auf S. 123 beschrieben. Das Kabel endigt im Innern der Gebäude in einem Kabelverteilungskasten (Abb. 189) oder, wenn es direkt zu einem Apparat führt, in einem Kabelendverschluß. Die Ausführung des wasserdichten Abschlusses des Kabelendes darf nie versäumt werden. In das Kabel eindringende Feuchtigkeit kann die Isolation des Kabels auf viele Meter zerstören. In Abb. 197 ist ein fertig hergestellter Kabelendverschluß im Querschnitt dargestellt. Armierung, Bleimantel und Umhüllung werden in der dargestellten Weise entfernt, das Ende der Armierung mit Werg und Mennige umwickelt und dann in die enge Öffnung des Kabelendverschlusses, welche mit Linksgewinde versehen ist, hineingeschraubt. Hierauf ist der leere Raum mit Vergußmasse zu füllen und schließlich durch eine Hartgummiplatte, welche mit Löchern für die Durchführung der Kabeladern versehen ist, zu verschließen. Die Befestigung des Kabelendverschlusses mit dem Apparat geschieht durch eine Überwerfmutter.

Abb. 195.

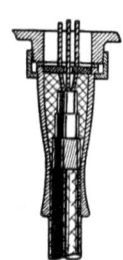

Abb. 196.

Abb. 197.

Für den Anschluß der Kabelendverschlüsse an Apparate sind Paßstücke (Abb. 194) je nach Bedarf zu verwenden.

G. Aufsuchen von Fehlern in Erdkabeln.

Fehler in Erdkabeln sind auf nachlässige Montage oder mechanische Beschädigungen bei Erdarbeiten zurückzuführen. Die letzteren werden beim Begehen der Strecke in der Regel sehr schnell gefunden. In den meisten Fällen ist das Kabel durch eine Steinpicke beschädigt. Das schadhafte Stück muß herausgeschnitten und durch ein zwischengesetztes neues Kabelstück mittels zweier Lötstellen ersetzt werden. Schwieriger ist das Aufsuchen des Fehlers, wenn derselbe erst nach längerer Zeit bemerkt wird. Wenn der Fehler durch Aufgraben der zuletzt bei Straßenarbeiten aufgerissenen Stellen des Kabelgrabens nicht gefunden wird, so muß er durch Messung mittels geeigneter Kabelmeßinstrumente von einem Kabelingenieur bestimmt werden. Näheres hierüber siehe Uppenhorn, Kalender für Elektrotechniker T. II. Von den Norddeutschen Kabelwerken Berlin-Tempelhof wird seit einiger Zeit ein in Abb. 198 dargestelltes Instrument zum Bestimmen von Kabelfehlern auf den Markt gebracht, welches den Vorzug besitzt, daß es von jedem Monteur für die Bestimmung des Fehlerortes benutzt werden kann. Besondere Vorkenntnisse und Rechnungen sind beim Gebrauch nicht erforderlich. Das Instrument zeigt die Entfernung des Fehlerortes direkt in Metern an. Bei intermittierenden Fehlern ist es aber häufig unmöglich, den Fehler durch Messung zu lokalisieren. Es bleibt dann nichts weiter übrig, als das Kabel in der Mitte zu zerschneiden, die beiden Hälften zu prüfen, die fehlerhafte Hälfte wieder zu zerschneiden usf., bis der Fehler auf eine kurze Strecke eingegrenzt ist, die aufgegraben werden kann. Es empfiehlt sich, das Zerschneiden an den Lötstellen vorzunehmen, da die Trennung hier leicht wieder durch eine Lötstelle hergestellt werden kann; auf der

Abb. 198.

geraden Strecke müssen an den Schnittpunkten zwei Lötstellen hergestellt werden. Bei langen Kabelstrecken sind daher Brunnen einzubauen, in denen Kabelkästen (Abb. 189, S. 122) angebracht werden, die leicht zu öffnen sind, so daß die Kabelenden jederzeit für Untersuchungen zugänglich sind.

H. Kabelplan und Kabelakten.

Für jedes verlegte Kabel ist ein Plan anzufertigen, in welchem der Verlauf des Kabelgrabens genau mit Angabe der Tiefe, der Lötstellen, Kabelbrunnen usw. eingetragen ist. Zu dem Kabelplan ist ein Aktenstück anzulegen, welches alle Daten des Kabels, Länge, Adernzahl, Querschnitt, Widerstand, Isolationswiderstand, Ortsbestimmung der Lötstellen (Entfernung von der Bordschwelle und der nächsten Grundstücksgrenze od. dgl.) usw. enthält. Nach der Verlegung ist sofort eine Isolationsmessung durch einen Sachverständigen vorzunehmen. Dieselbe ist in längeren Zeiträumen zu wiederholen; jede Messung wird in die Kabelakte eingetragen.

4. Innenleitungen.

A. Allgemeines.

Beim Bau der Innenleitungen von Fernmeldeanlagen wird häufig mit Rücksicht auf die entstehenden Anschaffungskosten leider nicht die nötige Sorgfalt auf die Wahl des Materials und die Ausführung der Arbeit verwendet, so daß Störungen in Fernmeldeanlagen an der Tagesordnung sind. Aus diesem Grunde trat eine aus Mitgliedern des Verbandes deutscher Elektrotechniker und des Verbandes der elektrotechnischen Installationsfirmen in Deutschland gebildete Kommission zusammen, welche Vorschriften und Normalien für die Errichtung von Fernmeldeanlagen ausarbeitet, wie sie in ähnlicher Weise für Starkstromanlagen bereits seit einer Reihe von Jahren bestehen. Diese Arbeiten sind im Interesse der Fernmeldetechnik sehr zu begrüßen. Es steht zu erwarten, daß die Behörden diese Vorschriften bald zu den ihrigen machen werden. Die bis jetzt von der Kommission veröffentlichten Vorschriften sind im 4. Kapitel unter G abgedruckt. Es sei an dieser Stelle noch besonders darauf hingewiesen.

B. Leitungsmaterialien für Inneninstallation.

Als Material für Innenleitungen kommt ausschließlich Kupferdraht zur Anwendung, welcher auf verschiedene Weise, dem

Verwendungszweck entsprechend, isoliert wird. Die normalen Drahtstärken sind in nachstehender Tabelle zusammengestellt:

Durchmesser mm	Querschnitt mm
0,8	0,5
0,9	0,63
1,0	0,75
1,128	1,00
1,382	1,50
1,783	2,50
2,258	4,00

Die Bezeichnung der Drähte erfolgt entsprechend dem angewendeten Isolierverfahren und Material. Die Daten der gebräuchlichsten Draht- und Kabelsorten sind in der Tabelle Seite 127 zusammengestellt.

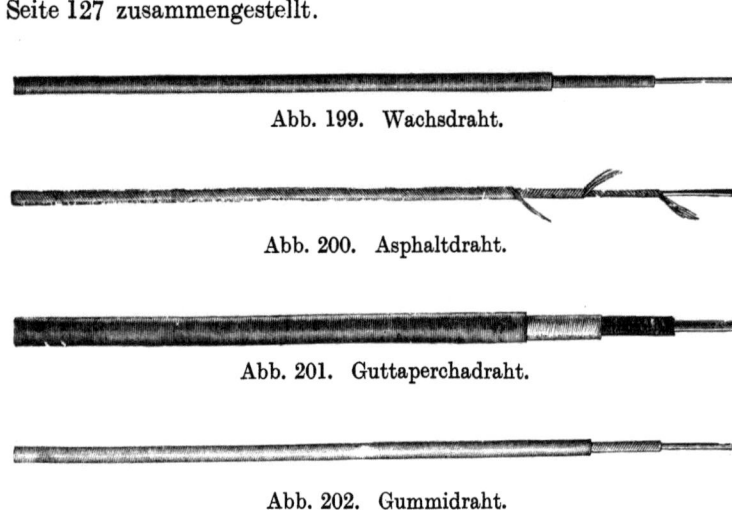

Abb. 199. Wachsdraht.

Abb. 200. Asphaltdraht.

Abb. 201. Guttaperchadraht.

Abb. 202. Gummidraht.

Abb. 203. Gummidrahtleitung.

Abb. 204. Gummiaderleitung.

Leitungsmaterialien für Inneninstallation.

Abb. 205. Rohrdraht.

Abb. 206. Gummikabel.

Abb. 207. Faserstoff-Bleikabel.

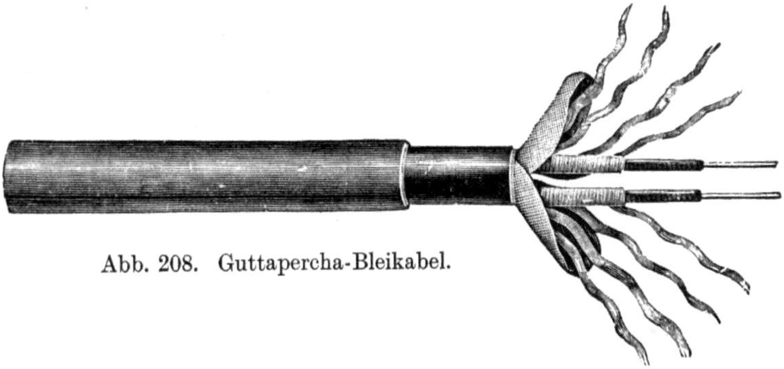

Abb. 208. Guttapercha-Bleikabel.

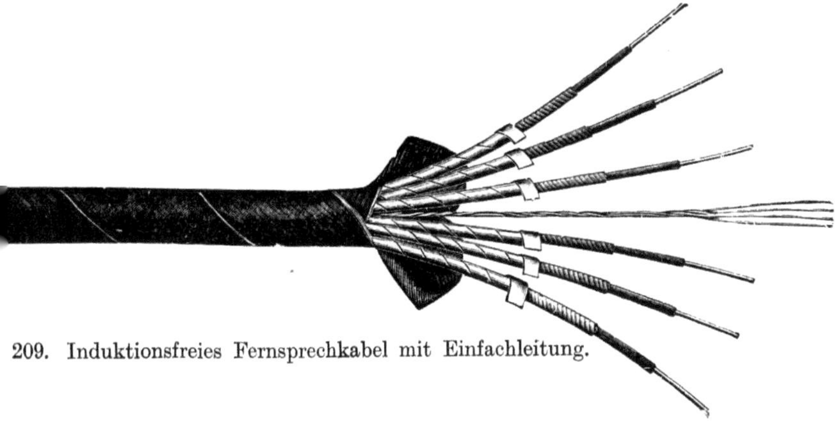

209. Induktionsfreies Fernsprechkabel mit Einfachleitung.

Benennung	Konstruktion	Außendurchmesser mm	Kupferdraht-Durchmesser mm	Querschnitt qmm	Widerstand 100 m ca. Ohm	Gewicht p. 100 m ca. kg	Länge p. kg ca. m	Zu verwenden für
1. Wachsdrähte Abb. 199	Mit Baumwolle doppelt in entgegengesetzter Richtung umsponnen und gewachst	1,5 1,7	0,8 0,9	0,5 0,63	3,50 2,76	0,59 0,72	170 140	Nur für trockene Räume (Innenräume)
2. Asphaltdrähte Abb. 200	Mit Baumwolle dreifach entgegengesetzt umsponnen, die beiden inneren Lagen asphaltiert, die äußere gewachst	2,6 3,0	0,8 0,9	0,5 0,63	3,50 2,76	1,00 1,25	100 80	Nur für trockene Räume (Innen- u. Außenwände)
3. Guttaperchadrähte Abb. 201	Guttaperchaüberzug, 2 Lagen Baumwolle gewachst	2 2,2 2,7	0,8 0,9 1,0	0,5 0,63 0,78	3,50 2,76 2,25	0,83 1,00 1,43	120 100 70	Nur für trockene Räume (Innen- u. Außenwände)
4. Gummidrähte Abb. 202	Kupfer verzinnt mit vulkanisiertem Gummi umpreßt, gewachst, umklöppelt, 1 Lage Baumwolle	2,0	0,8	0,5	3,50	0,73	145	Neubauten u. trockene Räume; besitzt vorzügl. dauerhafte Isolation
5. Gummibandleitungen Abb. 203	Kupferdraht verzinnt, 1 Lage Baumwolle, reines vulkanisiertes Paragummiband, Baumwollumspinnung, die Umklöpelung schwarz imprägniert	3,00 3,20 3,40 4,00 4,30	1,000 1,128 1,382 1,783 2,258	0,75 1,00 1,50 2,50 4,00	2,25 1,68 1,13 0,68 0,42	1,40 1,55 2,10 3,10 4,70	71 58 48 32 21	Trockene Räume für Batteriezuleitungen, Rückleitungen sowie für Sicherheits- und Signalanlagen
6. Gummiaderdrähte Abb. 204	Kupferdraht verzinnt, vulkanisierte, wasserdichte Gummiumpressung, 1 Lage Gummiband, Baumwollumklöppelung schwarz imprägniert	3,00 3,20 3,40 4,00 4,30	1,000 1,280 1,382 1,783 2,258	0,75 1,00 1,50 2,50 4,00	2,25 1,68 1,13 0,68 0,42	2,40 2,55 3,15 4,80 6,50	42 39 31 21 15	Feuchte Räume f. Batteriezuleitungen, Rückleitungen sowie für Sicherheits- und Signalanlagen

Leitungsmaterialien für Inneninstallation.

Typ	Beschreibung	Adern							Verwendung
7. Rohrdrähte 1 adrig Abb. 205	Kupferdraht, mit Gummiader umpreßt, mit Baumwolle umklöppelt, imprägniert und mit anschließendem Messingblech oder verbleitem Eisenblech umpreßt		5,00 / 5,50 / 6,20 / 6,50	1,128 / 1,382 / 1,783 / 2,258	1,00 / 1,50 / 2,50 / 4,00	1,68 / 1,13 / 0,68 / 0,42	8,50 / 9,00 / 11,50 / 13,50	12 / 11 / 9,5 / 7,5	Für Neubauten im Putz, Verwendung wie Nr. 5 und 6
8. Rohrdrähte 2 adrig			8,0 / 8,5 / 9,0 / 10,0	2×1,280 / 2×1,382 / 2×1,783 / 2×2,258	2×1,00 / 2×1,50 / 2×2,50 / 2×4,00	1,68:2 / 1,13:2 / 0,68:2 / 0,42:2	14,0 / 16,5 / 20,5 / 25,0	7 / 6 / 5 / 4	Für Neubauten im Putz, Verwendung wie Nr. 5 und 6
9. Gummikabel Abb. 206	Kupferdraht mit Gummiumpressung, mit Baumwollengarn doppelt umsponnen, mit Band umwickelt und geteert		2,8 / 3,7 / 4,5 / 4,5	0,9 / 1,0 / 1,0 / 2×0,9	0,63 / 0,78 / 0,78 / 2×0,63	2,76 / 2,25 / 2,25 / 0,63:2	1,54 / 2,00 / 2,30 / 2,60	65,0 / 50,0 / 43,5 / 39,0	Feuchte Räume und für Einführungen m. besonders starker Gummiisolation von 4 mm Durchm.
10. Faserstoffbleikabel Abb. 207	Kupferdraht mit Baumwolle doppelt umsponnen, imprägniert, mehradrige Kabel, verseilt, mit Nesselband umwickelt u. m. nahtlosem Bleimantel umpreßt. Diese Kabel werden auch mit doppeltem Bleimantel ausgeführt	1	5,4	0,9	0,63	2,76	9,5	10,50	Feuchte Räume, Keller und Außenseiten von Gebäuden
		2	6,0	2×0,9	2×0,63	2,76:2	16,5	6,05	
		3	6,5	3×0,9	3×0,63	2,76:3	18,5	5,40	
		4	7,0	4×0,9	4×0,63	2,76:4	21,0	4,75	
11. Guttaperchableikabel Abb. 208	Kupferdraht mit Guttapercha umpreßt, mit Baumwollengarn umsponnen, mehradrige Kabel, verseilt mit Nesselband umwickelt, imprägniert, mit nahtlosem Bleimantel umpreßt	1	5,5	1,0	0,78	2,25	14	70,0	Nasse Räume, kurze Erdleitungen m. Schutzvorrichtungen, nur mit doppeltem Bleimantel
		2	6×8	2×1	2×0,78	2,25:2	24	40,0	
		3	12	3×1	3×0,78	2,25:3	68	14,7	
		4	13	4×1	4×0,78	2,25:4	78	12,8	

12. Induktionsfreies Fernsprechkabel mit Einfachleitungen (Abb. 209).
Konstruktion: 0,8 mm Kupferdraht mit Gummihülle von 1,8 mm Durchmesser umpreßt, mit farbiger Baumwolle umwickelt, mit einer Lage Stanniol umgeben, die Adern sind gemeinsam mit einer Kupferlitze von 4 blanken Drähten 0,5 mm verseilt, doppelt mit weißem Band umwickelt und paraffiniert. Die Kabel werden mit 4, 7, 9, 12, 16, 20, 24, 30, 36 Adern vorrätig gehalten. Für trockene Innenräume.

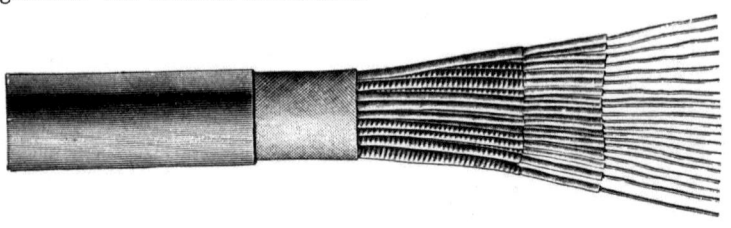

Abb. 210. Induktionsfreies Fernsprechkabel mit Bleimantel.

13. Induktionsfreies Fernsprechkabel für Einfachleitung mit Bleimantel (Abb. 210). Konstruktion und Adernzahl wie Nr. 13, wird mit einem oder zwei nahtlosen Bleimänteln ausgeführt. Für Neubauten, nasse Räume und Luftleitungen.

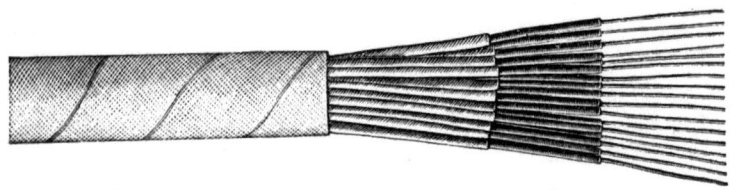

Abb. 211. Fernsprechkabel mit Doppeladern.

14. Fernsprechkabel mit Doppeladern (Abb. 211). Konstruktion 0,8 mm Kupferdraht mit 1,6 mm Gummi umpreßt, einzeln mit farbiger Baumwolle umsponnen, je zwei Adern zu einem Paar verseilt, alle Paare gemeinsam verseilt und gedreht, doppelt mit weißem Gummiband umwickelt und paraffiniert. Die Kabel werden für 2×2, 2×4, 2×6, 2×10, 2×14, 2×18, 2×24, 2×28, 2×36 Doppeladern vorrätig gehalten. Für Innenleitungen.

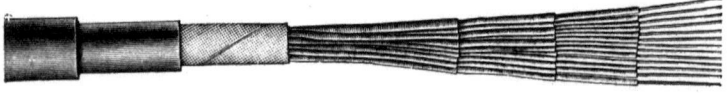

Abb. 212. Fernsprechkabel mit Doppeladern und Bleimantel.

15. Fernsprechkabel mit Doppeladern und Bleimantel (Abb. 212). Konstruktion und Adernzahl wie Nr. 14, die Adern werden imprägniert, gemeinsam mit Nesselband umwickelt und mit einem oder zwei Bleimänteln umpreßt. Für feuchte Räume, Neubauten und Luftleitungen.

Leitungsmaterialien für Inneninstallation.

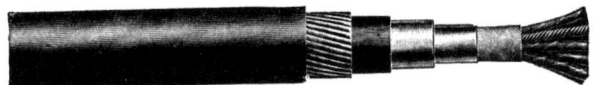

Abb. 213. Fernsprech-Erdkabel mit induktionsfreien Einfachleitungen.

16. Induktionsfreies Fernsprech-Erdkabel mit Einfachleitungen (Abb. 213). Konstruktion und Adernzahl wie Nr. 13, auf den Bleimantel eine Lage Jute imprägniert, 1 Lage verzinkte Eisendrähte, 1 Lage Jute imprägniert. Für unterirdische Verbindungen.

Abb. 214. Fernsprech-Erdkabel mit Doppelleitungen.

17. Doppeladriges Fernsprech-Erdkabel (Abb. 214). Konstruktion und Adernzahl wie Nr. 15 mit Eisendrahtarmierung wie Nr. 16. Für unterirdische Verbindungen.

18. Doppeladriges Fernsprech-Papierkabel mit Bleimantel und Eisendrahtarmierung (Abb. 215). Konstruktion wie Nr. 14, die Adern jedoch mittels einer Papierisolation versehen, derart, daß zwischen Adern und Isolation Luftschichten entstehen; die miteinander verseilten Adern werden mit Nesselband umwickelt und mit einem nahtlosen Bleimantel umpreßt. Armierung wie Nr. 16. Für lange unterirdische Leitungen.

19. Vielfach- oder Schrankanschlußkabel (Abb. 216), für die Verbindung des Leitungsverteilers mit der Telephonzentrale. Konstruktion: 22 oder 44

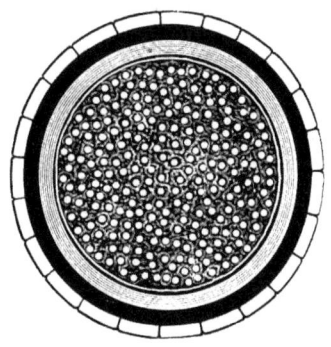

Abb. 215. Fernsprech-Papierkabel.

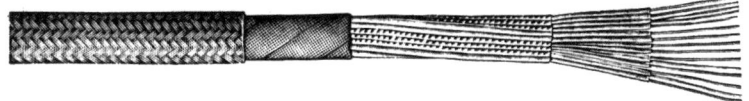

Abb. 216. Schrankenschlußkabel.

verzinnte Kupferadern à 0,6 mm, doppelt mit Seide und einfach mit farbiger Baumwolle umsponnen, je zwei Adern miteinander verdrillt, die Adernpaare gemeinsam verseilt, mit Gummiband umwickelt und das Ganze mit Baumwolle umklöppelt und imprägniert.

20. Fahrstuhlkabel (Abb. 217). Konstruktion: Kupfergespinst, doppelt mit Zwirn umflochten, mehrere Adern mit einer mit Zwirn umflochtenen

Hanfdrahtschnur verseilt, doppelt mit Baumwolle umklöppelt und imprägniert. Jede Ader besitzt einen farbigen Kennfaden. Wird für 4, 5, 6, 7, 8 10 Adern ausgeführt. Fahrstuhlkabel mit größerem Kupferquerschnitt erhalten flache Form (Abb. 218) und folgende Konstruktion: 32 Kupfer-

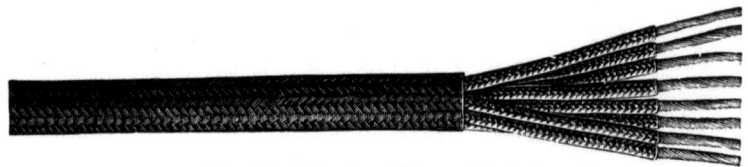

Abb. 217. Rundes Fahrstuhlkabel.

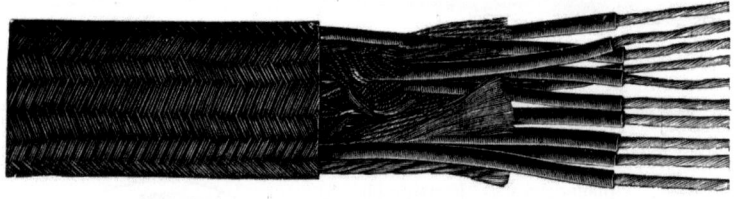

Abb. 218. Flaches Fahrstuhlkabel.

drähte à 0,2 und 1 qm Gesamtquerschnitt mit vulkanisiertem Gummi isoliert, flach nebeneinandergelegt, mit Nähgeflecht verbunden, gemeinsame Beflechtung mit Baumwolle, getränkt mit Ozokoritlack. Werden für 4, 6, 4 × 2 und 5 × 2 Adern ausgeführt.

C. Entstehen und Verhütung von Induktion (Mitsprechen) in Fernsprechkabeln.

Das Mitsprechen in Fernsprechanlagen ist, abgesehen von direkten Stromübergängen, die von schlechter Isolation herrühren, auf die Induktionswirkung zurückzuführen. Dieser Vorgang ist wie folgt zu erklären: In Abb. 219 seien a b—c d Telephonleitungen, welche über eine gewisse Strecke parallel nebeneinander herlaufen. An die Leitungen seien die Telephone 1, 2, 3, 4 angeschlossen, welche sämtlich mit einer gemeinsamen Rückleitung oder der Erde e in Verbindung stehen. Angenommen, zwischen den Apparaten 1 und 2 werde über die Leitung a b gesprochen. Es fließen also in Richtung und Stärke veränderliche Ströme über diese Leitung. Dieselben erzeugen um den Draht Kraftlinien, welche den sie erregenden Strömen entsprechend Richtung und Anzahl ändern (siehe Induktion S. 13). Sobald die Kraftlinien die in der Nähe befindliche Leitung c d schneiden.

erzeugen sie in derselben Ströme, deren Richtung und Stärke denjenigen in der Leitung ab ähnlich sind. Ihre Stärke ist um so größer, je geringer der Abstand der Leitungen ab und je länger die Strecke ist, während welcher die Leitungen parallel geführt sind. Die in cd erzeugten Ströme schließen sich über die Telephone 3 und 4 und die Rückleitung, so daß die zwischen 1 und 2 geführten Gespräche von 3 und 4 mitgehört

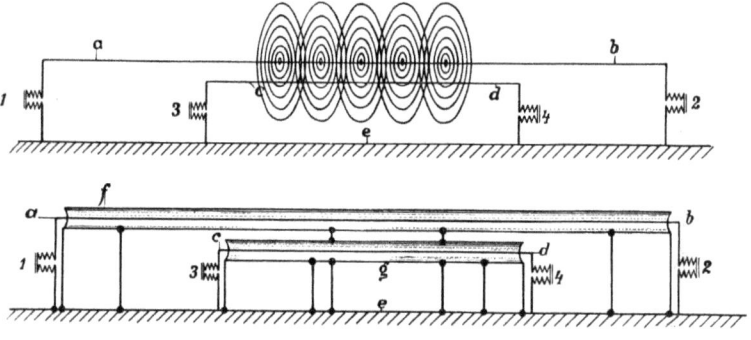

Abb. 219 und 220.

werden können. Um die Übertragung zu verhüten, verwendet man die in Abb. 220 im Prinzip dargestellte Anordnung. Die Leitungen ab und cd werden mit in sich geschlossenen Metallumhüllungen versehen, welche mit der Rückleitung e in gut leitender Verbindung stehen. Die von den Kraftlinien erzeugten Ströme werden nunmehr in der Metallhülle erzeugt und über die Rückleitung e kurz geschlossen. Die Metallumhüllung übt also eine Schirmwirkung aus, die um so vollkommener ist, je geringer der Widerstand der Hülle ist. Man verbindet daher die Metallhülle an möglichst vielen Punkten mit der Rückleitung. Die Drähte der in der Tabelle S. 128 aufgeführten induktionsfreien Fernsprechkabel besitzen eine Umwicklung von dünnem Stanniolband, welches in langer Spirale um die Drähte herumgeschlagen ist. Da die Drähte miteinander und mit der aus blankem Kupferdraht bestehenden Rückleitung verseilt sind, so stehen die Stanniolbelegungen und die Rückleitung miteinander in enger Berührung; hieraus ergibt sich ein sehr geringer Gasamtwiderstand. In ausgedehnten, mit induktionsfreiem Fernsprechkabel ausgeführten Anlagen muß die Rückleitung aber noch an möglichst vielen Punkten mit der Erde (Wasserleitung) in Verbindung gebracht werden, da der Widerstand der Rückleitung praktisch niemals $= 0$ gemacht werden kann. Man wird daher besonders in

138 Innenleitungen.

großen Anlagen mit langen Kabeln immer noch etwas Mitsprechen finden.

Es empfiehlt sich daher, in ausgedehnten Anlagen das nachstehend beschriebene System der Doppelleitung anzuwenden. Die gemeinsame Rückleitung fällt fort und je zwei Apparate werden durch zwei Leitungen, die dicht nebeneinander herlaufen, verbunden. In Abb. 221 ist diese Anordnung im Prinzip dar-

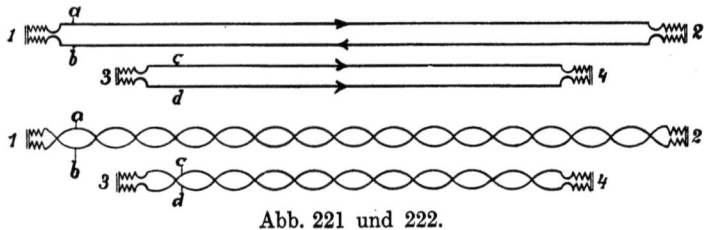

Abb. 221 und 222.

gestellt. Die Telephone 1, 2 sind durch die Leitungen a, b, die Telephone 3, 4 durch die Leitungen c, d miteinander verbunden. Ein während des Sprechens zwischen 1 und 2 verlaufender Strom habe in einem Augenblick die durch die Pfeile angedeutete Richtung, infolgedessen haben auch die von den Strömen erzeugten Kraftlinien bei gleicher Anzahl entgegengesetzte Richtung. Sie würden sich also vollständig aufheben, wenn beide Leitungen denselben Raum einnehmen würden. Dies ist aber praktisch unmöglich, da die Leitungen schon um die Stärke der Isolation voneinander getrennt sind. Ihre Wirkung wird durch diese Anordnung aber schon erheblich geschwächt. Die übrigbleibende Differenzwirkung wird in den parallel verlaufenden Leitungen c, d Ströme erzeugen, und zwar in beiden Leitungen zugleich. Die erzeugten Ströme besitzen daher in beiden Leitungen gleiche Richtung, sie heben sich auf und kommen nicht zur Wirkung. Da diese Leitungen praktisch ebenfalls nicht den gleichen Raum einnehmen, so würde auch hier noch eine Differenz übrigbleiben, welche in dem einen Draht einen stärkeren Strom erzeugt, wie in dem anderen, so daß die erzeugten Ströme sich nur zum Teil aufheben. Bei der außerordentlichen Empfindlichkeit des Telephons und des menschlichen Ohres würde diese Differenzwirkung zum Mithören Veranlassung geben. Um die Einwirkung dieser Ungleichmäßigkeit zu verhüten, verdrillt man die Leitungen miteinander (Abb. 222), so daß die Entfernung der einzelnen Adern voneinander beständig wechselt. Die gleiche Anordnung ist für Freileitung auf S. 211, Abb. 184 dargestellt. Durch diese

Maßnahmen wird das Mitsprechen in vollkommener Weise verhütet, selbst wenn Hunderte von Doppeladern in einem gemeinsamen Kabel vereinigt sind.

Für die Verbesserung der telephonischen Übertragung verwendet die Reichspost in neuerer Zeit die von Professor Pupin erfundenen Selbstinduktionsspulen, die in gewissen Abständen in die Leitung eingeschaltet werden und eine Verständigung auf bedeutend größere Entfernungen ermöglichen. Durch dieselben wird bei gleichem Leitungsquerschnitt eine um ca. 300 bis 400% bessere Übertragung erreicht. Da die in Frage kommenden Entfernungen bei Privatanlagen nicht vorhanden sind, so kommen die Pupinspulen bei diesen Anlagen nicht zur Anwendung. Näheres über Pupin-Leitungen siehe ETZ. 1919, H. 45, 1905, H. 18, 1906, H. 9, 1908, H. 31, 1909, H. 20, 1910, H. 1, 2, 17.

D. Isolier- und Befestigungsmaterial.

Für die Verlegung der Leitung in Innenräumen sind die Isolier- und Befestigungsmaterialien dem zu verlegenden Drahtmaterial und den Räumlichkeiten entsprechend zu wählen. Wir unterscheiden Isolier- und Befestigungsmaterial für Einzelleitungen für Kabel und Rohrleitungen. Alle Befestigungsmaterialien müssen gegen die Einwirkung der Feuchtigkeit geschützt sein. Eiserne Nägel, Haken und Krampen sind stark zu verzinnen. Überleger sind aus Messing oder verbleitem Eisen herzustellen. Eisen ohne wirksamen Rostschutz ist unter allen Umständen zu vermeiden. Das gebräuchliche Material ist in der nachstehenden Tabelle zusammengestellt:

Isolier- und Befestigungsmaterial.

Abbildung	Benennung	Normale Länge in engl. Zoll, mm und Gewicht pro Paket in Gramm					Verwendungszweck
		I	II	III	IV	V	
223	Verzinnte Nägel	$5/8''$ 16 275	$3/4''$ 20 550	$1''$ 25 800	$1 1/4''$ 32 1000	$1 1/2''$ 40 1500	Zum Aufhängen von leichten Apparaten, ausnahmsweise für einzelne Drähte auf Holzunterlage
224	Verzinnte Drahthaken	$5/8''$ 16 275	$3/4''$ 20 550	$1''$ 25 800	$1 1/4''$ 32 1000	$1 1/2''$ 40 1500	Für Befestigung von einzelnen Drähten oder dünnen Kabeln auf Holz oder trockenem Mauerwerk
225	Verzinnte Ösen	$5/8''$ 16 1000	$3/4''$ 20 1000	$1''$ 25 1000	$1 1/4''$ 32 2500	$1 1/2''$ 40 2500	Zur Befestigung von dünnen Kabeln auf Holz oder trockenem Mauerwerk

Innenleitungen.

Lichte Weite in mm Gewicht pro 100 Stück in Gramm.

226	Verzinkte Rohrhaken	5	7	9	1650	13,5	16	23	Zur Befestigung von Kabeln, Rohr- und Rohrdraht
		500	550	1200	1650	1859	2000	2400	
227	Überleger aus Messing oder verbleitem Eisen	5	7	9	11	13,5	16	23	
		120	130	140	200	215	400	900	

Länge in mm und Gewicht pro 100 Stück.

228	Stahldübel mit Innengewinde	35	50	65	—	—	Zur Befestigung von Überlegern
		560	850	1025	—	—	
229	Dübelschrauben blau angelassen	10	20	25	30	—	
		80	155	190	215	—	
230	Patentdübel	600	1000	—	—	Knopfdübel	Zur Befestigung von Apparaten und Druckknöpfen

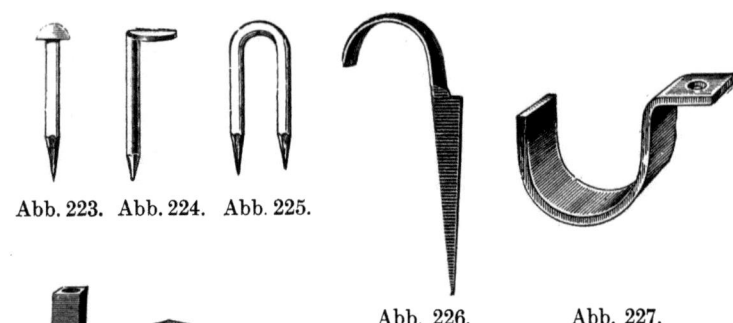

Abb. 223. Abb. 224. Abb. 225.

Abb. 226.   Abb. 227.

Abb. 228.

Abb. 229. 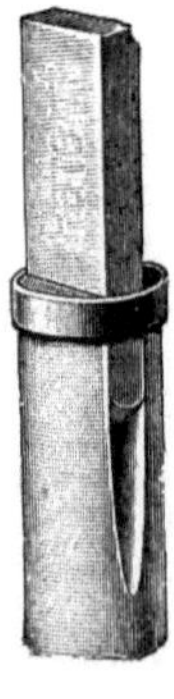 Abb. 230.

Guttaperchapapier zum Isolieren von Lötverbindungen.

Gummiertes Isolierband, 22 mm breit, schwarz oder weiß in Rollen.

Kabelband, klebend und nichtklebend, 40 mm breit.

Juteband imprägniert, 40 mm breit.

Guttaperchamischung zum Isolieren von Lötstellen.

Kolophoniumzinn von 2 mm Durchmesser.

Isolier- und Befestigungsmaterial.

Isolierrohr und Zubehörteile mit Messing-, verbleitem Eisen- oder Stahlmantel mit glatter oder gerillter Muffe in Längen von 3 m.

Material	Isolierrohr			Verbindungsmuffen, glatte			Verbindungsmuffen, gerillt	
	Messing	Verbl. Eisen	Stahlpanzer	Messing	Verbl. Eisen	Stahlpanzer	Messing	Verbl. Eisen
Lichte Weite mm	Gewicht je 100 m kg			Gewicht je 100 Stück			Gewicht je 100 Stück	
9	12,1	13,25	56,0	0,31	0,50	1,40	0,80	1,25
11	18,0	21,3	71,00	0,48	0,70	1,90	1,23	1,35
13,5	22,5	24,6	80,5	0,59	1,—	2,50	1,25	1,40
16	27	32,2	95,4	0,65	1,25	3,30	1,40	1,50
23	39,2	42,6	—	1,10	1,50	—	1,75	2,50

Ellbogen mit gerillten Muffen.

Lichte Weite mm	Radius ca. mm	Schenkellänge ca. mm	Gewicht Messing für 100 Stück	Gewicht Eisen für 100 Stück	Radius mm	Schenkellänge mm	Gewicht Messing für 100 Stück	Gewicht Eisen für 100 Stück
9	90	115	4,45	4,63	205	230	6,8	7,5
11	90	135	6,7	6,6	205	230	10,7	10,5
13,5	90	120	7,2	8,7	205	230	11,6	12,3
16	90	120	9,7	11,0	205	230	14,6	15,0
23	165	200	19,5	20,0	205	230	22,8	25,6

Winkelstück		T-Stücke		+-Stücke	
Messing	Verbl. Eisen	Messing	Verbl. Eisen	Messing	Verbl. Eisen
Gewicht je 100 Stück		Gewicht je 100 Stück		Gewicht je 100 Stück	
3,35	3,60	3,90	3,80	5,00	5,00
4,10	4i10	5,55	5,40	6,80	7,00
4,75	4,75	6,70	6,70	8,40	8,50
5,60	5,60	8,50	8,50	10,70	11,60
11,01	10,80	15,5	15,00	20,00	20,00

Abzweigdosen mit Metallschutz aus Messing oder verbleitem Eisen.

Durchmesser	Gewicht Gramm					
	Dose	Deckel	Dose	Deckel	Dose	Deckel
55/11	130	24	130	24	130	24
70/13,5	175	37	175	37	175	37
78/16	235	50	235	50	235	50
78/23	265	50	265	50	265	50

E. Werkzeuge für den Innenleitungsbau.

Abgesehen von den allgemein gebräuchlichen Werkzeugen: Hammer, Zange, Schraubenzieher, Bohrer usw., seien einige Spezialwerkzeuge, welche für den Leitungsbau besonders in Frage kommen, hervorgehoben:

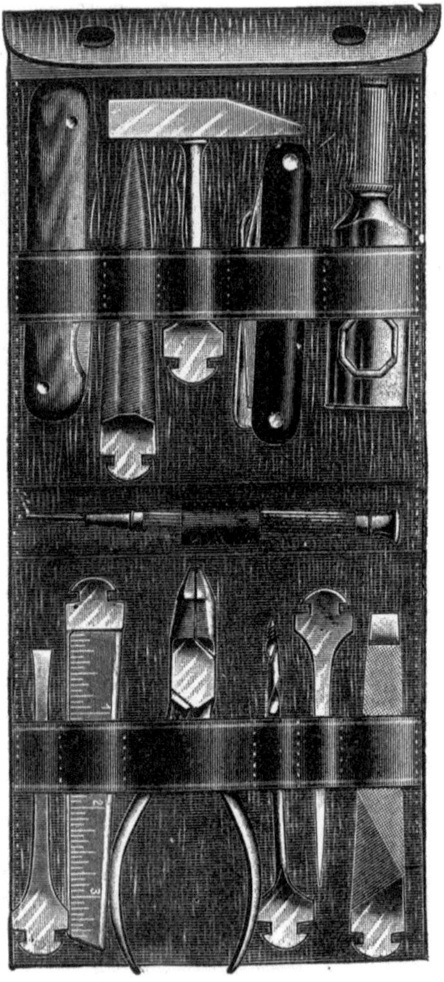

Für Reparaturen ist eine leichte Werkzeugtasche (Abb. 231), die die notwendigsten Werkzeuge enthält, wegen ihrer leichten Transportfähigkeit besonders geeignet. Ein praktisches Montagetaschenmesser ist in Abb. 130, S. 100 und ein sehr beliebter Universalschraubenzieher in Abb. 232 abgebildet. Zum Durchbohren der Wände dient der Schlagbohrer bekannter Konstruktion, für größere Löcher der Rohrbohrer (Abb. 233). Zum Durchbohren von Balken und Holzdecken kommen Spiralbohrer (Abb. 234) zur Anwendung. Abb. 235 zeigt eine Säge, welche zum Einschneiden von Fugen in Putz benutzt wird. Für längere Montagen erhält der Monteur einen kompletten Werkzeugkasten (Abb. 236), welcher alle erforderlichen Werkzeuge enthält. Die Druckzange (Abb. 237) dient zur Herstellung von Drahtverbindungen mittels Metallhülsen. In Abb. 237 ist eine Rohrzange dargestellt, welche zum Biegen von Isolierrohren benutzt wird.

Abb. 231.

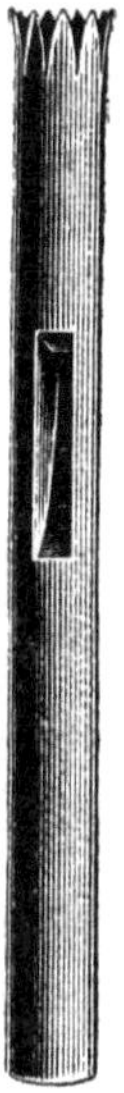

Werkzeuge für Innenleitungsbau.

Abb. 233.
Abb. 234.
Abb. 235. 
Abb. 238. 
Abb. 237.

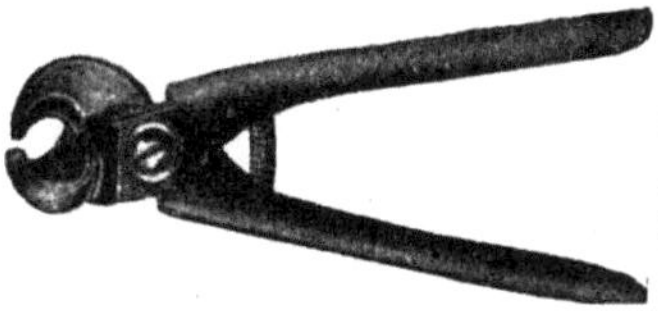

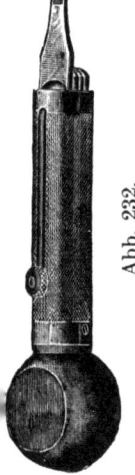

Abb. 232.

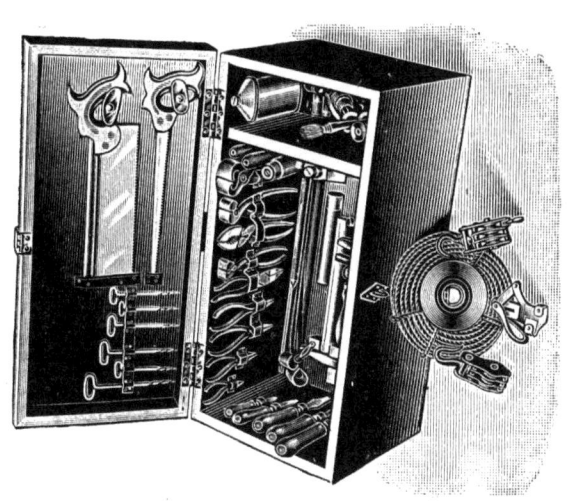

F. Herstellung von Drahtverbindungen für Innenleitungen.

Die Verbindungsstellen der Leitungen bilden eine häufige Störungsquelle der Inneninstallation, weil oft nicht die nötige Sorgfalt auf die Herstellung der Verbindungen verwendet wird. Zwei Punkte seien besonders hervorgehoben, welche die Grundlage für eine dauernd zuverlässige Verbindung bilden: erstens reine metallische Oberfläche der Drahtenden, zweitens gute und haltbare Isolation der Verbindungsstelle. Es sind folgende Verfahren für die Verbindungen von Leitungen gebräuchlich:

1. Die Würgelötstelle.

Man befreit die Drahtenden auf etwa 3 cm von der Isolation. Bei Wachsdrähten ist die Umspinnung abzuwickeln und dann abzuschneiden, bei Asphalt- und Guttaperchadrähten ist ein kräftiges Messer zu Hilfe zu nehmen und die Isolation durch Schaben zu entfernen. Das Abisolieren mittels Zangen, deren Schneiden mit Vertiefungen versehen sind, damit der Draht nicht verletzt werde, ist zu verwerfen, da derselbe in den meisten Fällen doch so stark gequetscht wird, daß er später leicht bricht. Die Drahtenden sind sorgfältig metallisch rein zu schaben und kreuzweis übereinandergelegt auf eine Länge von ca. 4 mm fest miteinander zu verdrehen. Die überstehenden Enden werden in je 4—5 Windungen fest mittels einer Flachzange um den Draht bis an die Isolation gewickelt. Abb. 239—241 zeigt den Gang der

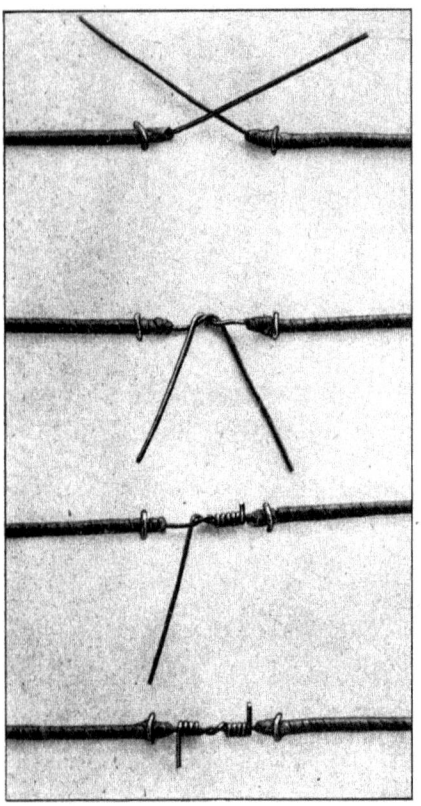

Abb. 239.

Herstellung von Drahtverbindungen für Innenleitungen.

einzelnen Operationen. Grundbedingung bei der Herstellung dieser Verbindung ist, daß die Drähte fest aufeinander gewunden sind. Vor der Fertigstellung dürfen die Drahtenden nur mit trockenen Fingern berührt werden, da sich infolge von Schweißabsonderung sehr bald eine Oxydschicht auf der Metalloberfläche bilden würde. Zur größeren Sicherheit ist die Verbindung mit Kolophoniumzinn zu verlöten. Lötwasser, Lötpaste oder ähnliche Mittel sind nicht zu verwenden, da immer Spuren von Säure zurückbleiben, die später

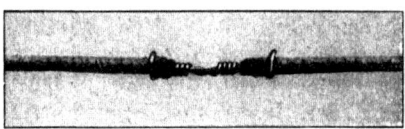

Abb. 240. Mittels Würgeverfahrens verbundene Drahtenden.

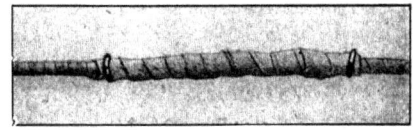

Abb. 241. Isolierte Würgelötstelle.

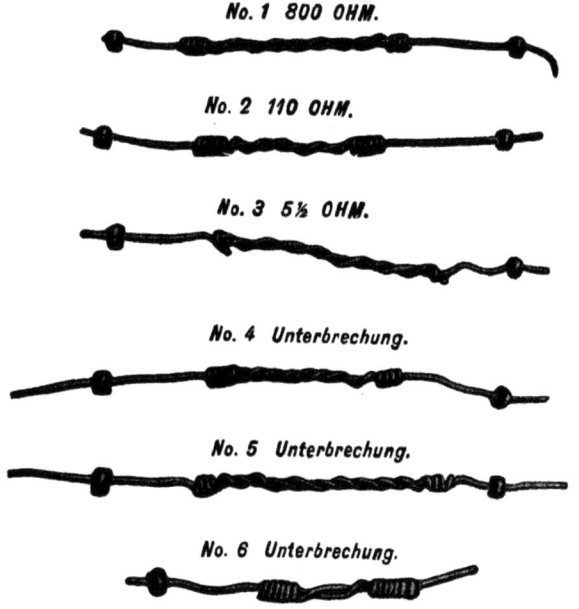

Abb. 242. Fehlerhaft ausgeführte Würgelötstellen.

zur Oxydation Anlaß geben. Nach der Lötung ist die Lötstelle in noch warmem Zustande mit Guttaperchapapier zu um-

Beckmann, Telephonanlagen. 3. Aufl.

wickeln. Die Guttapercha wird von außen angewärmt, so daß sie eine homogene plastische Masse bildet. Über die Guttapercha kommt eine Lage gut klebendes Isolierband, welches die Guttapercha gegen mechanische Einflüsse schützt. Soll die Lötstelle unter Putz verlegt werden, so ist an Stelle des Isolierbandes reines Paragummiband oder starkes Guttaperchapapier zu verwenden. Eine derartige Würgelötstelle kann für Leitungen, die wenig Strom führen, in trockenen Räumen auch ohne Lötung ausgeführt werden. Es ist dann aber auf besonders festes Zusammenwürgen zu achten. Für Leitungen, welche mehr als 1 Amp. Strom führen, und in allen Sicherheitsanlagen muß unbedingt die Lötung oder das weiter unten beschriebene Verfahren mit Verbindungshülsen vorgenommen werden. Abb. 239 zeigt einige aus gestörten Anlagen herausgenommene, nicht verlötete Würgelötstellen, wie sie nicht gemacht werden sollen. Dieselben zeigten Übergangswiderstände von $5^1/_2$ Ohm bis zur völligen Unterbrechung.

2. Das Druckverfahren für die Verbindung von Leitungsdrähten.

Dasselbe gleicht im Prinzip dem auf S. 144 beschriebenen Würgeverfahren zum Verbinden von Freileitungen. Die Drahtenden werden nur auf 15 mm von der Isolation befreit, blank geschabt und dann in entgegengesetzter Richtung in eine Metallhülse geschoben. Das Ganze wird mittels der Druckzange (Abb. 237 S. 143) in eine wellige Form gedrückt, so daß Draht und Hülse in innige Verbindung miteinander kommen. Diese Verbindung ist weniger von der Handfertigkeit des Monteurs abhängig, sie wird nicht verlötet. Die Isolation erfolgt, wie oben beschrieben. Sollen die Adern eines Kabels durch die eben beschriebenen Verfahren miteinander verbunden werden, so sind die Lötstellen so anzuordnen, daß sie nicht aufeinander zu liegen kommen. Diese Lötstellen werden nur mit Guttapercha isoliert. Die Umwicklung der einzelnen Lötstellen mit Isolierband fällt hier fort. Das Kabel wird bei Verlegung in trockenen Räumen nach Fertigstellung aller Lötstellen mit zwei Lagen Isolierband in entgegengesetzter Richtung umwickelt.

3. Das Klemmverfahren.

Die unter 1 und 2 beschriebenen Verbindungen besitzen den Nachteil, daß sie bei etwaigen Untersuchungen nicht ohne Zerschneiden des Drahtes gelöst werden können. Man verwendet daher für Abzweigungen und in größeren Anlagen überhaupt für alle Verbindungen Verbindungsklemmen (Abb. 243), die auf

Herstellung von Drahtverbindungen für Innenleitungen. 147

Klemmleisten (Abb. 244) montiert werden. Die Klemmleisten sind durch besondere Kästen (Abb. 245) gegen äußere Einflüsse geschützt. Auf die Innenseite des Deckels ist ein Blatt Papier

Abb. 243.

Abb. 244.

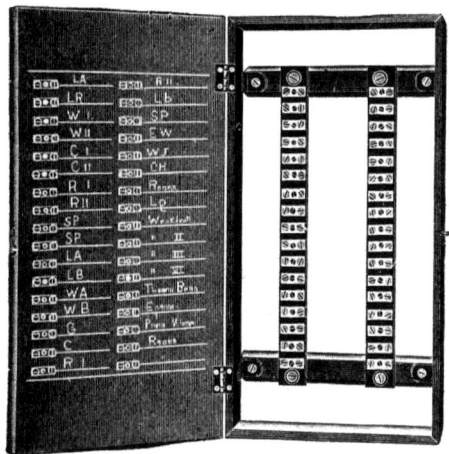

Abb. 245.

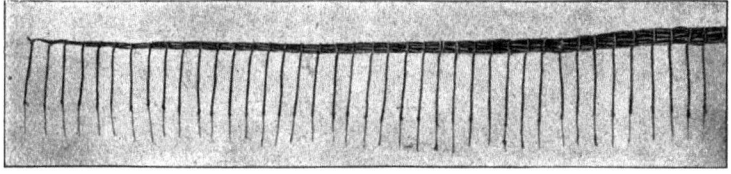

Abb. 246.

geklebt, auf welchem die Klemmen in ihrer Anordnung und Reihenfolge abgebildet sind. Die Bezeichnungen der Drähte werden neben den Abbildungen der Klemmen notiert. Die Kabelenden sind vor dem Einbau abzuisolieren, die einzelnen Adern auf passende Länge abzuschneiden und zu binden, wie Abb. 246 zeigt. In

Abb. 247 ist ein fertig montierter Klemmkasten in offenem Zustande dargestellt. An mäßig feuchten Wänden sind die Klemmkästen auf Porzellanrollen zu montieren, damit ein Abstand zwischen Wand und Klemmkästen gewahrt bleibt. In Neubauten werden die Klemmkästen in Verbindung mit Rohrmontage in die Wände eingelassen. Die Kästen werden dann aus Blech hergestellt.

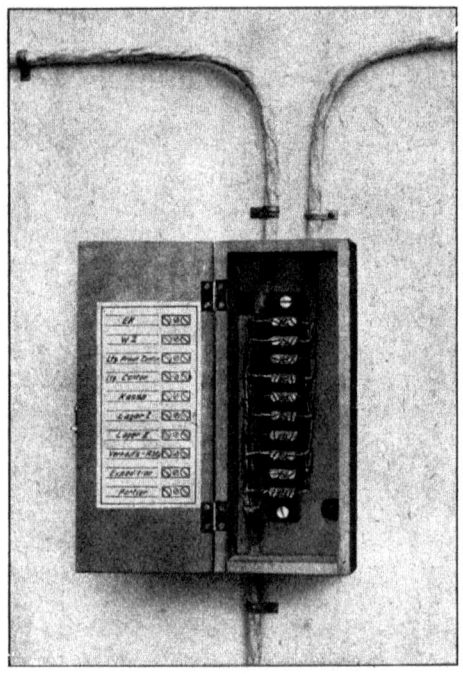

Abb. 247.

Die Deckel sind mit Öffnungen versehen, damit die Luft zirkulieren kann und das Innere des Klemmkastens trocken bleibt. Für nasse Wände und feuchte Räume sind nur die auf S. 122 beschriebenen wasserdichten Klemmkästen anzuwenden. Die in Abb. 245 und 247 dargestellten Klemmkästen sind im Handel fertig zu haben, und zwar mit je einer Klemmleiste für 8, 10, 14, 17, 24 Klemmen, mit 2 Klemmleisten für 20, 28, 34 Klemmen.

G. Das Verlegen der Leitungen in trockenen Räumen.

Vor Beginn der Montage ist der Weg für die Führung der Leitungen mit dem Auftraggeber zu besprechen. Die Leitungen sollen möglichst unauffällig, wenn möglich, verdeckt verlegt werden. Wo sie dem Auge sichtbar werden, müssen sie durch genau gerade, horizontale oder vertikale Linienführung einen gefälligen Eindruck machen. Bis zur Reichhöhe von ca. 2,5 m vom Boden

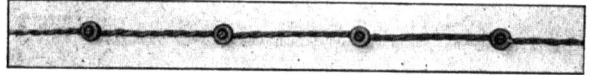

Abb. 248.

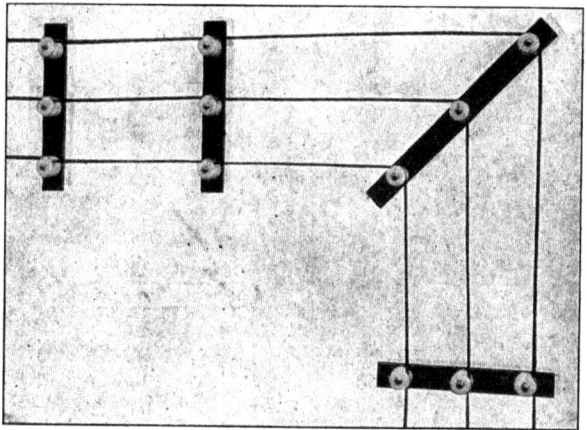

Abb. 249.

sollten die Leitungen immer verdeckt geführt werden, um sie gegen Beschädigungen zu schützen. Die Art der zu legenden Leitung ist bereits bei der Projektierung festgelegt. Einzelne Drähte werden mit Nägeln in Abständen von ca. 1 m befestigt, wobei der Draht um den Hals des Nagels herumzuwinden ist. Die Nägel dürfen nicht zu tief eingeschlagen werden, damit die Isolation des Drahtes nicht zerstört wird. Diese Art der Montage gibt wegen der starken Beanspruchung der Isolation an den Befestigungspunkten leicht zu Störungen Anlaß, sie sollte daher nur dort Anwendung finden, wo andere Methoden nicht zulässig sind. Eine bessere Isolation gewährleistet die von der Reichspost für Doppeldraht verwendete Führung auf kleinen Porzellanrollen (Abb. 248). Diese Befestigungsweise hat allerdings den Nachteil, daß die Leitungen, welche ca. 1 cm von der Wand ent-

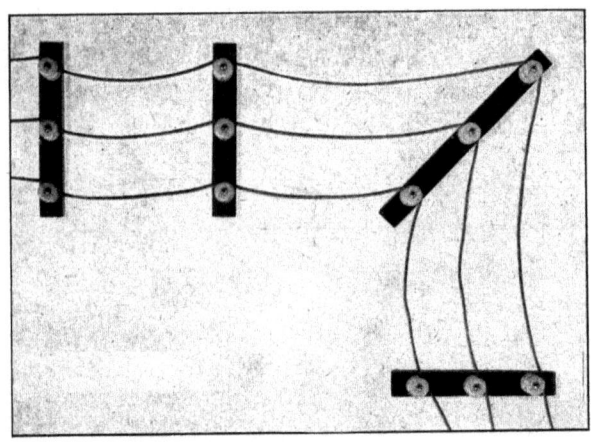

Abb. 250.

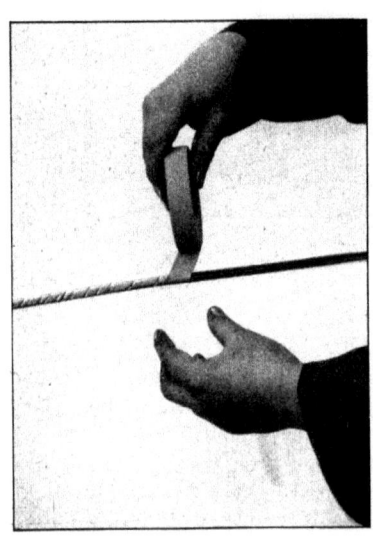

Abb. 251.

fernt sind, leicht beschädigt werden können. Diese Art der Montage wurde früher auch für die Befestigung von einzelnen dünnen Drähten benutzt (Abb. 249), sie ist jedoch für mehrere nebeneinander geführte Leitungen durchaus zu verwerfen. Eine in der Abb. 250 dargestellte derartige Installation, welche längere Zeit in Gebrauch war, zeigt deutlich, daß diese Art der Ausführung weder schön noch dauerhaft sein kann. Wenn die Anwendung von Kabeln, sei es wegen zu hoher Kosten, sei es wegen zu häufiger Abzweigungen, wie z. B. bei Tableauanlagen, nicht möglich ist, so muß der Monteur das Kabel selber herstellen. Das Wickeln der Kabel geschieht in folgender Weise: Die erforderlichen Lei-

Verlegen der Leitungen in trockenen Räumen. 151

Abb. 252.

tungen werden abgezählt, die Enden provisorisch zusammengedreht und in handlicher Höhe, z. B. an einem Türdrücker befestigt. Sodann faßt man die Leitungen mit der linken Hand

Abb. 253.

und wickelt das Isolierband mit der rechten Hand in Spiralwindungen um die Leitungen, sodaß die einzelnen Lagen ca. 5 mm übereinander greifen (Abb. 251). Hierbei ist die Bandrolle fest gegen die Leitungen zu drücken, so daß das Kabel ein festes, möglichst gleichmäßiges Gefüge darstellt. Dieses Verfahren erfordert einige Übung. Ein gewandter Monteur kann in einer Stunde etwa 80—100 m Kabel wickeln. In Abb. 252 ist ein mit dem Wickeln eines Kabels beschäftigter Monteur dargestellt, wobei ein Hilfsmonteur die Leitung straff hält. Etwaige abgezweigte Leitungen werden frei gelassen (Abb. 253) und später besonders gewickelt. Die Befestigung so hergestellter Kabel geschieht mittels Drahthaken, Ösen oder Rohrhaken. Dicke Kabel sind durch Überleger zu befestigen. In Neubauten pflegt man für die Verlegung der Kabel ca. 20 cm unterhalb der

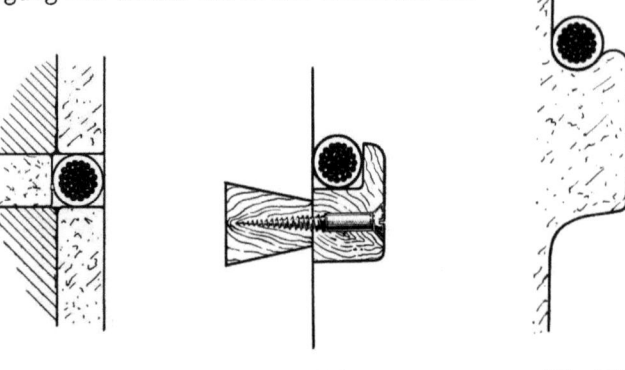

Abb. 254. Abb. 255. Abb. 256.

Decke im Putz mittels der Fugensäge (Abb. 235) Rinnen herzustellen. Man wählt zweckmäßig eine Horizontalfuge zwischen Mauersteinen, weil der Putz auf den Steinen nicht immer gleichmäßige Stärke besitzt. Die Rinne wird nach der Verlegung des Kabels mit Tapete überklebt (Abb. 254). In besseren Bauten werden starke Kabel auf Holzleisten (Abb. 255) oder auf im Putz hergestellten Konsolen (Abb. 256) verlegt, so daß sie dem Auge unsichtbar bleiben. Die senkrecht nach unten führenden Ableitungen sind gleichfalls in den Putz einzulassen. Wenn das Einlassen des Kabels nicht möglich ist, so muß die Verlegung möglichst sorgfältig ausgeführt werden. Abb. 257 zeigt eine musterhaft ausgeführte Installation eines offen verlegten Kabels und Einzelleitungen. Wenn viele starke Kabel an einer Stelle zusammenlaufen, so ist im Mauerwerk ein Kanal anzubringen, der durch Bretter oder Blech überdeckt wird. Ist das Einlassen in die Wand nicht zulässig, so sind die Kabel durch einen abnehmbaren Kasten zu verdecken. Abb. 258 zeigt eine musterhaft ausgeführte Kabelinstallation mit Klemmkasten und Kabelverteiler. Bei Deckendurchbrüchen sind die Kabel gleichfalls durch Rohre und Kästen zu schützen.

Das Verlegen der Leitungen in trockenen Räumen.

Abb. 257.

Abb. 258.

H. Die Rohrmontage.

Die vollkommenste Installationsmethode, welche heute in allen besseren Bauten Anwendung findet, ist die Verlegung der Leitungen in Isolationsrohren. Die Wahl des Rohrmaterials wird bei der Projektierung der Anlage bestimmt und richtet sich nach der Art der Räume, in denen das Rohr verlegt werden soll und den zur Verfügung stehenden Mitteln. Den besten Schutz für die Leitungen bietet das Stahlpanzerrohr. Die Weite des Rohres ist entsprechend dem Durchmesser des zu verlegenden Kabels zu wählen. Das Kabel wird erst nach Fertigstellung des Rohrsystems in dieses eingezogen, man wähle deshalb die lichte Weite des Rohres etwa 10 mm größer als den Kabeldurchmesser, damit das Kabel ohne Schwierigkeit eingezogen werden kann. Die Rohre werden in die Wand eingelassen und später mit der Tapete verklebt oder überputzt. Die einzelnen Rohrenden werden mittels Muffen miteinander verbunden. Die Rohrenden sind zu diesem Zweck mit dickflüssigem Opallack zu bestreichen. Für Krümmungen verwendet man normale Kurven. Nichtnormale Krümmungen werden in der Weise hergestellt, daß man mittels der Rohrzange (Abb. 238, S. 143) auf der einen Seite des Rohres Einknickungen in kurzen Abständen hervorbringt. Durch die Wahl des Abstandes der einzelnen Einknickungen kann jeder gewünschte Radius hergestellt werden. Die Befestigung der Röhre geschieht mittels des Rohrhakens (Abb. 226, S. 140) oder durch Überleger (Abb. 227, S. 140).

Abb. 259.

156   Innenleitungen.

An allen Abzweigungen, mindestens aber in Entfernungen von 15 bis 20 m, muß die Rohrleitung durch eine Abzweigdose (S. 135) oder einen Klemmkasten (S. 147) unterbrochen werden, um das

Abb. 260.

Einziehen der Leitungen zu ermöglichen. Das Verlegen der Rohre wird in Neubauten nach Fertigstellung des Rohbaues vorgenommen. Abb. 259 zeigt einen Teil eines verlegten Rohrsystems in einem Neubau. Die Leitungen werden erst nach Fertigstellung des Verputzes eingezogen. Vorher ist das Rohrsystem einer sorgfältigen Revision zu unterziehen, ob sich etwa in den Rohren Wasser angesammelt hat. Zu diesem Zweck wird ein ca. 1 cm breites und 1 mm starkes Stahlband, welches an seinen Enden mit je einer Kugel versehen ist, durch das Rohr geschoben; sodann wird an der Kugel ein dem inneren Durchmesser des Rohres entsprechender Pfropfen von Putzbaumwolle befestigt und durchgezogen. Zeigt sich Feuchtigkeit im Rohr, so ist die betreffende Stelle durch Anheizen von außen sorgfältig auszutrocknen. Die Leitung darf unter keinen Umständen in nasse Rohre gezogen werden; die Revision ist daher mit größter Sorgfalt auszuführen. Das Einziehen der Leitungen geschieht mittels des oben beschriebenen Stahlbandes. Bei nicht eingelassenen Rohrführungen ist auf korrekte gradlinige Führung und gleichen Abstand der einzelnen Rohre voneinander zu achten. In Abb. 266 ist eine musterhaft ausgeführte Rohrinstallation dargestellt.

J. Verlegung der Leitung in feuchten Räumen.

Die Feuchtigkeit ist der größte Feind aller elektrotechnischen Installationen. In feuchten Räumen sind daher ganz besondere Vorsichtsmaßregeln zu treffen, um den schädlichen Einflüssen der Feuchtigkeit zu begegenen. Als Leitungsmaterial darf nur Bleikabel oder blanker nach der Montage mit Mennige gestrichener Draht Anwendung finden. Das Kabel wird in der oben beschriebenen Weise verlegt und mittels Überleger befestigt. Ein Anstrich des Bleimantels mit Mennige nach der Montage ist empfehlenswert. In säuredampfhaltigen Räumen, z. B. Akkumulatorenräumen, darf nur blanker Draht auf Isolierrollen oder Isolatoren verlegt werden. Abb. 25 zeigt die Installation eines Akkumulatorenraumes. Der Draht wird nach der Verlegung mit einem säurebeständigen Anstrich versehen. Verbindungskästen sind möglichst außerhalb der feuchten Räume an trockenen Orten anzubringen. Läßt es sich nicht vermeiden, so sind wasserdichte Kabelkästen (S. 116) zu verwenden. Die Einführungtrichter der Kabelkästen werden, wenn die Kabel montiert sind, mit Vergußmasse ausgegossen, damit die Feuchtigkeit nicht in das Innere der Kästen eindringen kann.

K. Verbindungskästen und Kabelverteiler.

Die Verbindung der Leitungen miteinander geschieht mittels der auf S. 147 beschriebenen Klemmleisten und Klemmkästen. Bei eingelassenem Rohrsystem werden die Klemmkästen gleichfalls eingelassen. Es ist dann aber für Lüftung des Kastens zu sorgen, damit sich keine Feuchtigkeit im Innern des Kastens bilden kann. Die Deckel der einzelnen Kästen sind durch laufende

Abb. 261.

Verbindungskästen und Kabelverteiler.

Abb. 262.

160   Innenleitungen.

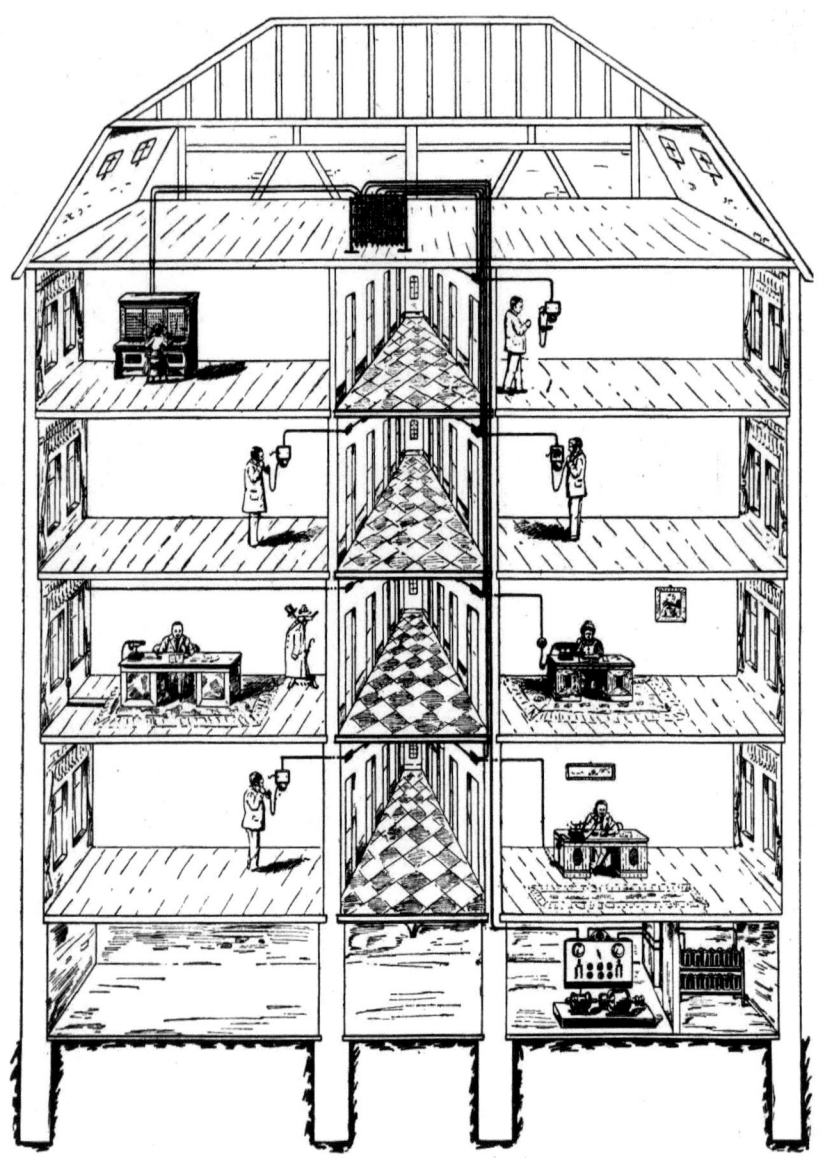

Abb. 263.

Verbindungskästen und Kabelverteiler. 161

Nummern zu kennzeichnen. Die Drahtenden werden bis an die Klemmen der Klemmkästen geführt und etwa 4 cm länger belassen. Die Kabelenden werden abgebunden (Abb. 246, S. 147), die Drahtenden ca. 1 cm abisoliert und unter die Klemmschrauben geschraubt. Die Schraube ist fest anzuziehen, man überzeuge sich durch Bewegen des Drahtendes, ob die Schraube den Draht sicher gefaßt hat. Die Isolation soll bis an die Schraube reichen, aber nicht mit untergeklemmt werden. Das früher beliebte Lockendrehen der Drahtenden ist überflüssig und stört nur die Übersicht. Die Bezeichnungen der Leitungen werden auf dem Klemmdeckel notiert. In ausgedehnten Anlagen führt man sämtliche Leitungen, bevor sie an die Zentralapparate angeschlossen werden, zu einem Kabelverteiler (Abb. 262), welcher praktisch auf dem Boden in der Mitte des betreffenden Gebäudes untergebracht wird. Hier endigen sämtliche Kabel an Klemmleisten. Von anderen Klemmleisten führen Schrankanschlußkabel durch ein besonderes Röhrensystem zu den Zentral-Apparaten (Telephonzentrale, Wächterkontrolle, Feuermelder usw.). Die Klemmen der Hauskabel werden mit denjenigen der Schrankkabel durch lose sogenannte Rangierleitungen verbunden. Die Einrichtung eines Kabelverteilers ist für die Kontrolle großer und komplizierter Anlagen von großer Bedeutung. Es erleichtert das Auffinden und Beseitigen von Fehlern außerordentlich. In Abb. 263 ist die Rohrmontage der Telephonanlage eines großen Geschäftshauses im Querschnitt dargestellt. Abb. 264 zeigt einen kleinen halbfertigen

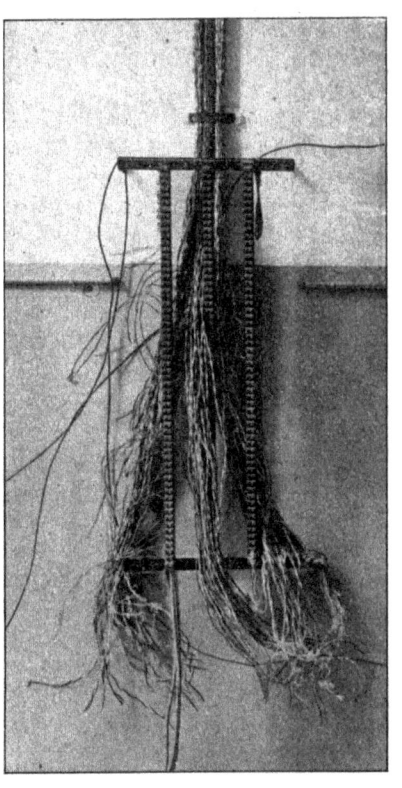

Abb. 264.

Beckmann, Telephonanlagen. 3. Aufl. 11

Verteiler für eine kleinere Telephonzentrale. Die Verteiler sind besonders praktisch für Telephonanlagen, weil z. B. bei Verlegungen von Bureaus leicht eine Umschaltung der Leitungen vorgenommen werden kann, derart, daß das betreffende Bureau sein Rufzeichen und Klinke im Schrank beibehält.

L. Prüfung des Leitungsnetzes.

Sind sämtliche Leitungen fertig verlegt und alle Klemmkästen angeschlossen, so ist vor dem Anschluß der Apparate eine sorgfältige Prüfung der Leitungen vorzunehmen. Dieselbe erstreckt sich auf zwei Punkte: 1. Messen der Isolation, 2. Prüfen der Schaltung.

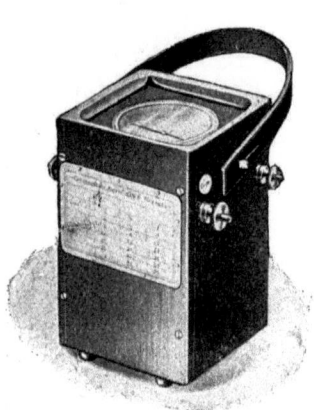

Abb. 265.　　　　　　　　Abb. 266.

Die Isolation wird mit den in Abb. 265 und 266 dargestellten Isolationsprüfern vorgenommen. Die Instrumente besitzen eine kleine eingebaute Trockenbatterie und ein hochempfindliches Galvanometer, dessen Nadel den gemessenen Isolationswiderstand direkt anzeigt. Bei dem Instrument (Abb. 266) können auch Gleichstromspannungen von 110 Volt und 220 Volt benutzt werden. Jedem Instrument ist eine genaue Gebrauchsanweisung beigegeben. Der Isolationswiderstand der Leitungen ist ein Faktor, welcher bisher bei vielen Fernmeldeanlagen vernachlässigt wurde. Ebenso wie die Leckstelle einer Wasserleitung Schaden anrichtet, kann auch eine Fernmeldeanlage durch Leckstellen, d. h. Neben-

oder Erdschlüsse schwer geschädigt werden. Die Isolationsprüfung sollte daher bei keiner Anlage unterlassen werden.

Es ist der Isolationswiderstand der Leitungen gegeneinander und gegen Erde zu prüfen. Bei der Prüfung der Isolation der Leitungen gegeneinander müssen die Enden aller Leitungen, die unter Ausschluß der Apparate nach der Schaltung nicht direkt miteinander verbunden sind, voneinander isoliert sein. Die Prüfung auf Erdschluß kann dadurch vereinfacht werden, daß man alle Leitungen miteinander provisorisch verbindet. Bei der Messung gegen Erde verwendet man am besten die Wasserleitung als Erdpol. Die Isolation der Leitungen gegeneinander soll mindestens 1 000 000 Ohm betragen. Der Isolationswiderstand der Leitungen gegen Erde richtet sich nach der Größe der Anlage, er darf aber keineswegs 50 000 Ohm unterschreiten.

Abb. 267.

Für die Prüfung der Schaltung ist der in Abb. 267 dargestellte Leitungsprüfer zu benutzen. Derselbe besteht aus einem Kasten, welcher einen Induktor und einen empfindlichen Wechselstromwecker enthält. Die Klemmen des Apparates werden mit je zwei Enden der Leitung verbunden, die Kurbel wird gedreht, der Wecker läutet oder läutet nicht, entsprechend der vorgeschriebenen Schaltung. An Stelle des Leitungsprüfers kann man auch einige Trockenelemente und einen Gleichstromwecker oder Schnarrer, welche praktisch in einem Kasten vereinigt sind, verwenden.

M. Anbringen der Apparate.

Für die Befestigung der Apparate (Ansetzen) sind schon während der Leitungsverlegung Dübel vorgesehen, welche mittels eines eingeschlagenen Nagels kenntlich gemacht wurden, damit sie wieder aufgefunden werden können, wenn sie mit Tapete überklebt wurden. Elektrische Wecker werden meist in der Nähe der Decke mittels zweier Drahthaken oder Nägel aufgehängt. Die Befestigung mittels zweier Schrauben ist jedoch vorzuziehen, weil der Wecker nicht so leicht abgerissen werden kann. Ferner wird durch diese Befestigungsweise eine bessere Resonanz erzielt. Alle übrigen Apparate sind durch Schrauben so zu befestigen, daß sie nicht bewegt werden können. Für die Aufhängung von Telephonapparaten verwendet man einen kräftigen Haken und eine Schraube. Die Rückwände der Apparate besitzen vier Holzvorsprünge (Abb. 268), damit ein Abstand des Apparates von der Wand gewahrt bleibt. Am unteren Ende der Rückwand ist bei kleineren Apparaten ein gekröpftes Aufhängeblech mit dreieckigem Loch angeschraubt, in welches der Haken hineingreift. Bei schweren Telephonstationen kommt eine mit einer Einkerbung versehene Eisenschiene zur Anwendung (Abb. 269). Am

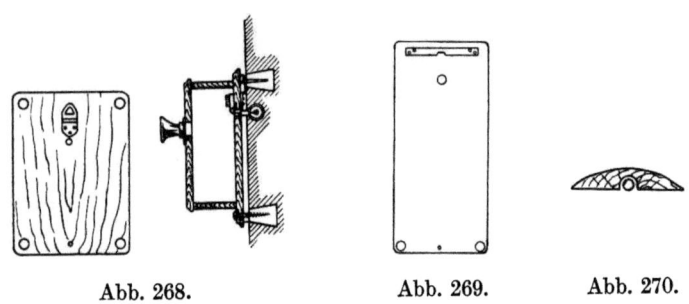

Abb. 268.   Abb. 269.   Abb. 270.

unteren Rande ist das Loch vorgesehen, durch welches eine Holzschraube mit halbrundem Kopf geführt und in einen in der Wand vorgesehenen Dübel geschraubt wird. Unterhalb des Aufhängers befindet sich eine Öffnung für die Einführung der Leitungen. Bei modernen Telephonapparaten befinden sich die Anschlußleitungen stehts im Innern des Gebäudes. Die Leitungen sind daher von außen nicht zugänglich und nicht so leicht Störungen ausgesetzt. Das Bestreben der modernen Fernmeldetechnik geht dahin, alle stromführenden Teile verdeckt anzuordnen, wie dies bei der Starkstromtechnik bereits seit Jahren durchgeführt wird. Tischapparate besitzen bewegliche Zuleitungsschnüre, welche in einer Anschlußrosette endigen. Die Rosette ist in größter Nähe des Tisches anzubringen, so daß die Schnüre den Fußboden nicht berühren. Ist die Entfernung des Tisches von der Wand zu groß, so muß die Rosette am Tisch befestigt werden. Die Leitung wird dann in einem Isolierrohr unter dem Fußboden, oder wenn dies nicht zulässig ist, über den Fußboden geführt. Das Rohr ist in diesem Falle durch ein Schutzbrett zu verdecken, dessen Querschnitt in Abb. 270 dargestellt ist.

Kleine Telephonzentralen (Wandschränke) werden in ähnlicher Weise wie Telephonstationen mit zwei Haken und Schrauben befestigt. Größere Zentralen (Standschränke) sind so aufzustellen, daß sie von hinten zugänglich bleiben. Ist der Raum, in dem die Zentrale Aufstellung findet, zu klein, so ist die Zentrale an einer Wand aufzustellen, welche durchbrochen und mit einer Tür versehen wird, so daß die Zentrale von dem Nebenraum aus zugänglich ist. Größere Zentralen stellt man am besten auf ein Podium, damit die Kabel leicht zugeführt werden können. Alle Lärm verursachenden Apparate, z. B. Polwechsler, Rufmaschinen, Lademaschinen und dergleichen sind in einem Nebenraum unterzubringen, damit die telephonische Verständigung nicht beeinträgtigt wird. Das hier Gesagte gilt allgemein auch für größere Zentralen von Spezialanlagen: Wächterkontrolle-, Feuermelder-, Sicherheits-, Wasserstandsfernmelder- usw. Anlagen.

N. Prüfung der fertigen Anlage.

Nach Fertigstellung der Anlage ist dieselbe in jeder Richtung sorgfältig auf gute und zuverlässige Funktion der Apparate durchzuprüfen. Insbesondere sind die Stromstärken nachzumessen und mit der von der liefernden Firma vorgeschriebenen normalen Stromstärke zu vergleichen. Ist die Stromstärke zu groß, so sind Widerstände vor den betreffenden Apparat zu schalten, wenn die Spannung der Betriebsbatterie nicht verringert werden kann. Im anderen Falle muß der Widerstand der Zuleitungen verringert werden, z. B. durch Parallelschalten von Reserveadern, oder die Spannung

Abb. 271.

der Stromquelle ist zu erhöhen. Für die Messung der Stromstärke verwende man ein tragbares Milliamperemeter (Abb. 271), welches mit dem zu messenden Stromkreis in Reihe zu schalten ist.

Dieses Instrument besitzt einen Meßbereich von 0—0,2 Amp. und 1 Ohm inneren Widerstand, es kann für Strommessungen und Spannungsmessungen Verwendung finden. Bei der Einschaltung ist darauf zu achten, daß die richtigen Pole an die Klemmen angeschlossen werden. Bevor eine endgültige Verbindung hergestellt wird, ist durch eine kurze Berührung mit der Anschlußklemme festzustellen, ob der Zeiger richtig und innerhalb des Meßbereiches ausschlägt. Die Schaltung für die einzelnen Messungen ist in den Abb. 272 bis 273 dargestellt.

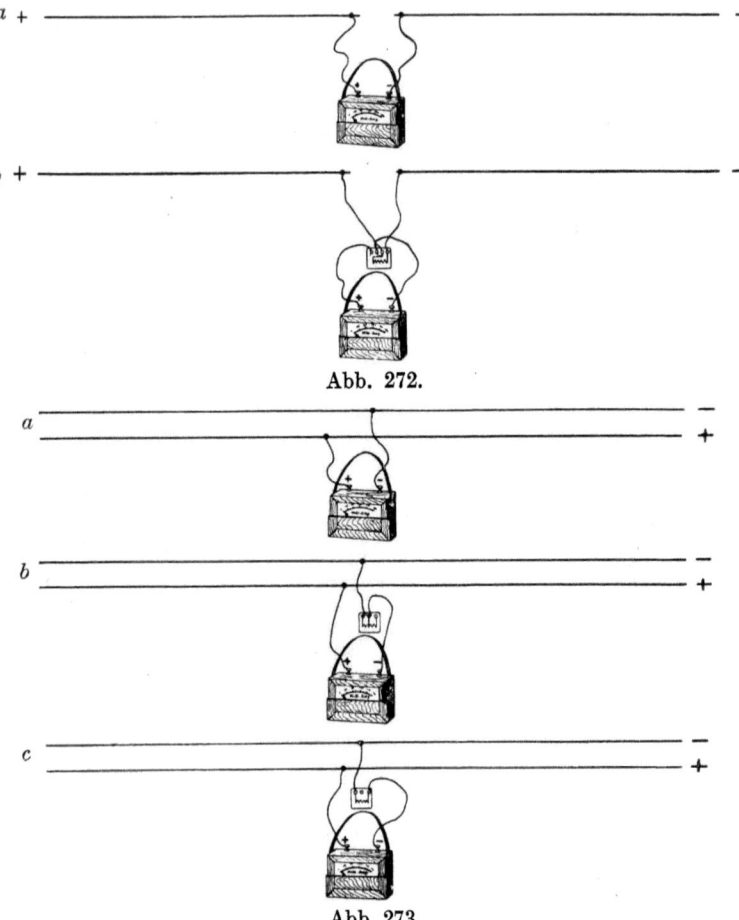

Abb. 272.

Abb. 273.

1. Strommessungen.

Abb. 272a. Das Instrument wird direkt in den Stromkreis geschaltet; Meßbereich von 0—0,2 Amp.

Abb. 272b. Messung für Stromstärken bis 2 Amp. Das Instrument ist in der gezeichneten Weise zum Zusatzwiderstand parallel zu schalten. Der zu messende Strom durchfließt den Zusatzwiderstand. Meßbereich von 0—2 Amp.

Prüfung der fertigen Anlage. 167

2. Spannungsmessung.

Abb. 273a. Das Instrument wird parallel zu dem zu messenden Stromkreis geschaltet. Meßbereich von 2 Volt.

Abb. 273b. Spannungsmessung bis 20 Volt; vor das Instrument ist ein Widerstand von 99 Ohm zu schalten.

Abb. 273c. Spannungsmessung bis zu 200 Volt. Vor das Instrument ist ein Widerstand von 999 Ohm zu schalten. Diese Instrumente werden auch mit eingebauten Widerständen geliefert. Die verschiedenen Meßbereiche können dann durch Einstellen eines Schalters beliebig eingeschaltet werden.

Die Nachprüfung der Stromstärke ist ein äußerst wichtiger Punkt, der leider noch häufig vernachlässigt wird. In jeder größeren Anlage ist von dem Meßresultat ein Protokoll aufzunehmen, welches auch die Angabe über die Spannung der Batterie enthält. Das Protokoll sowie die Angaben über die Klemmkästen und das Schaltungsschema werden in den Akten der Anlage aufbewahrt.

3. Isolations- und Widerstandsmessungen.

Es ist vorteilhaft, von Zeit zu Zeit alle Schwachstromanlagen einer genauen Prüfung zu unterziehen. Dies ist besonders in solchen Fällen nötig, wenn an einer Anlage Erweiterungen oder sonstige bauliche Veränderungen stattgefunden haben. In solchen Fällen ist stets damit zu rechnen, daß durch irgendwelche Zufälle die Isolation einer Leitung an irgendeiner Stelle beschädigt wurde, so daß sich Nebenschlüsse bilden können, welche ein einwandfreies Arbeiten der Anlage unmöglich machen und zum schnellen Erschöpfen der Betriebsbatterie Veranlassung geben. Auf gute Isolation der Leitungen ist besonders zu achten. Die Gesamtprüfung einer Anlage setzt sich zusammen aus der Prüfung der Betriebsbatterien, Prüfung der Apparate selbst, Prüfung der Leitungen auf Nebenschlüsse oder Isolationsfehler und auf die Leitfähigkeit. Zur Messung der Batterien auf ihre Spannung verwendet man meistens kleine Taschenvoltmeter in Uhrform. Zum Messen der Isolation werden Isolationsprüfer benutzt. Diese bestehen im wesentlichen aus einem Galvanometer von großer Empfindlichkeit, dessen Magnetnadel das zu messende Resultat anzeigt, und aus einer aus kleinen Trockenelementen bestehenden Prüfbatterie. Diese Teile sind in einem transportablen Holzkasten eingebaut. Die Messungen sind an Hand der jedem Isolationsprüfer beigefügten Vorschrift leicht auszuführen. Mit dem Isolationsprüfer können an spannungslosen Leitern Messungen von 10 000 bis 2 000 000 Ohm vorgenommen werden. Soll z. B.

der Isolationswiderstand der Leitungen einer Telephonanlage gegeneinander festgestellt werden, so sind die Leitungen von der Zentrale und den Apparaten abzutrennen und der Isolationsprüfer zwischen die Leitungen zu schalten. Bei Messungen gegen Erde wird der Isolationsprüfer parallel zur Leitung geschaltet und geerdet. Als Erdpol benutzt man vorteilhaft die Wasserleitung. Der Isolationswiderstand der Leitungen gegen Erde ist von dem Umfang der Anlage und den Witterungsverhältnissen abhängig, soll jedoch nicht unter 50 000 Ohm betragen. Die Messung der Leitungen untereinander soll als Mindestresultat 1 000 000 Ohm ergeben. Bei Leitungslängen von über 400 km und bei gutem Wetter beträgt der Isolationswiderstand einer gut ausgeführten Freileitung pro Kilometer zwischen 20 bis 22 Megohm, bei kürzeren Leitungen kann derselbe bis zum zirka Fünffachen dieses Wertes steigen. Bei Telephonleitungen ist die Sprechfähigkeit um so besser, je kleiner Widerstand und Kapazität sind. Isolationswiderstand und Kapazität sind vom Verhältnis des äußeren zum inneren Durchmesser der Isolationshülle abhängig.

5. Aufsuchen von Störungen in Fernmeldeanlagen.

A. Allgemeines.

Das Aufsuchen von Fehlern in Fernmeldeanlagen erfordert viel Erfahrung, Geschick und Kombinationsgabe. Man sollte daher niemals junge unerfahrene Leute mit derartigen Arbeiten betrauen. Ein erfahrener Monteur weiß oft schon nach wenigen Minuten die Ursache der Störung anzugeben.

Beim Aufnehmen der Störung ist systematisch wie folgt vorzugehen: Man stelle zuerst fest, ob die Störung in der Stromquelle in den Apparaten oder in den Leitungen zu suchen ist.

1. Störungen der Stromquelle.

Nassen Elementen ist in der Regel schon von außen anzusehen, ob sie noch betriebsfähig sind oder nicht. In zweifelhaften Fällen prüfe man wie auf S. 29 beschrieben mit dem Taschenvoltmeter. Die Klemmen und die Batterieleitungen sind sorgfältig zu untersuchen, ob alle Schrauben fest angezogen und die Drahtenden sicher untergeklemmt sind. Zeigen die Kohlen und Zinke den bekannten weißen Belag von Zinkschlamm, und ist die Flüssigkeit zum größten Teil ausgetrocknet, so müssen die Elemente gereinigt und erneuert werden. Wenn die alten Kohlenbeutel wieder verwendet werden, so überzeuge man sich mit dem

Allgemeines. 169

Taschenamperemeter, ob das Element genügend Kurzschlußstromstärke, d. h. ob die Kohle genügend kleinen inneren Widerstand besitzt, um noch längere Zeit betriebsfähig zu bleiben. Bei Elementen mit weniger wie 1 Volt Spannung und 1 Amp. Kurzschlußstromstärke sind die Kohlen zu erneuern. Voraussetzung ist, daß die Zinke erneuert oder neu amalgiert wurden. Trockenelemente sind mit dem Volt- und Amperemeter zu prüfen. Erfüllen sie die oben genannten Bedingungen nicht, so sind sie durch neue Elemente zu ersetzen. Die oben genannte Mindestspannung und Kurzschlußstromstärke haben selbstverständlich keine allgemeine Bedeutung. Sie sind Annäherungswerte, welche für kleinere Signalanlagen zutreffen dürften. Im allgemeinen ist der Strombedarf der Anlage für die Beurteilung der Elemente maßgebend. **Über jede Erneuerung der Batterie ist am Batteriespind ein Vermerk zu machen, mit Angabe der erneuerten Teile und des Datums der Revision.**

2. Störungen in den Apparaten.

Wenn das Versagen eines Apparates nicht durch Inaugenscheinnahme des geöffneten Apparates gefunden werden kann, so prüft man den Apparat mittels einer Reservebatterie oder ersetzt ihn durch einen vorher geprüften Reserveapparat. Ist die Störung auch dann noch nicht gehoben, so ist dieselbe im Leitungsnetz zu suchen.

3. Störungen in der Leitung.

Die in den Leitungen auftretenden Fehler sind:
a) Unterbrechungen, Drahtbrüche,
b) Verbindungen mit fremden Leitungen, Nebenschlüsse,
d) Störungen in beweglichen Schnüren.

a) Drahtbrüche in Freileitungen müssen durch Abgehen der Strecke aufgesucht werden. Man untersuche aber vorher sorgfältig, ob die Verbindung zwischen Freileitung und Innenleitung vollkommen intakt ist. Man nehme etwa 20 m Freileitungsdraht und das erforderliche Werkzeug (Zange, Verbindungsröhren, Flaschenzug, Steigeisen usw.) mit auf die Strecke, um den gefundenen Fehler gleich beseitigen zu können. Drahtbrüche kommen am häufigsten bei strenger Kälte und bei Sturmwetter vor. Sehr gefährlich für die Freileitungen ist der Rauhreif, der sich in manchen Gegenden bis zu 5 cm dick an die Drähte setzt und dieselben stark belastet. Wenn dieser Umstand eintritt, so sind, wenn der Rauhreif die Stärke von 1 cm überschreitet, Arbeiter auf die Strecke zu entsenden, welche den Reif mit langen Stangen von den Drähten entfernen.

Das Aufsuchen von Fehlern in Erdkabeln ist bereits auf S. 122 beschrieben.

Drahtbrüche bei Innenleitungen. Man untersuche zunächst die Anschlüsse der Klemmkästen und Klemmleisten. In fertig verlegten Kabeln kommen Drahtbrüche selten vor. Ist dies dennoch geschehen, z. B. durch eindringende Feuchtigkeit und dadurch folgende Oxydation, so muß das Kabel herausgenommen und durch ein neues ersetzt werden. Einzelne verlegte Leitungen oxydieren häufig an den Befestigungsstellen durch. Die Unterbrechungsstelle kann leicht mit Hilfe eines Klingelkastens und eines Hilfsdrahtes gefunden werden. Der Klingelkasten, welcher einige Trockenelemente und einen Wecker enthält, wird

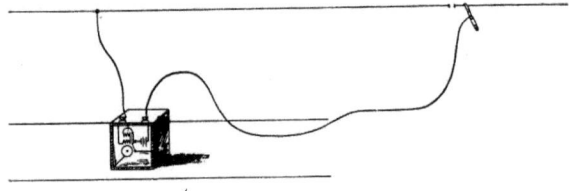

Abb. 274.

einerseits mit der zu untersuchenden Leitung und andererseits mit einem Federmesser verbunden. Mit dem Messer durchschneidet man vorsichtig die Isolation, bis das Messer die Kupferader berührt. Solange eine Stromschließung vorhanden ist, läutet der Wecker, hinter der Bruchstelle läutet der Wecker nicht mehr. Auf diese Weise kann eine unsichtbare Bruchstelle bald festgestellt werden. Selbstverständlich ist die Betriebsbatterie der Anlage während dieser Untersuchung auszuschalten, damit ein etwa von dieser Batterie über die Hilfsleitung und den Wecker fließender Strom nicht zu Trugschlüssen Anlaß gibt (Abb. 274). Wenn die unterbrochene Leitung zu einer Signalglocke führt, kann man die Untersuchung auch ohne den Klingelkasten mit Hilfe der betreffenden Signalglocke und der Betriebsbatterie mit dem Hilfsdraht vornehmen, indem man den für die Betätigung des Weckers bestimmten Kontakt kurzschließt. Der Hilfsdraht wird an die Weckerklemme, welche zu der gestörten Leitung führt, angeschlossen. Das Aufsuchen des Fehlers geschieht dann in der oben beschriebenen Weise mit Hilfe des Federmessers (Abb. 275).

b) Nebenschlüsse. Nebenschlüsse in Freileitungen werden häufig durch Sturmwind hervorgerufen, welcher nahe aneinander-

Allgemeines. 171

laufende Leitungen miteinander verschlingt. Die Störung äußert sich dadurch, daß die Leitung kurzgeschlossen ist, oder daß mehrere Apparate gleichzeitig Strom erhalten. Der Fehler muß durch Abgehen der Strecke gesucht werden.

Nebenschlüsse in Erdkabeln kommen fast nur dann vor, wenn eine gewaltsame Beschädigung des Erdkabels vorliegt, welche in der Regel schnell entdeckt wird. Näheres siehe S. 122. Bei Innenleitungen bilden sich Nebenschlüsse häufig infolge der

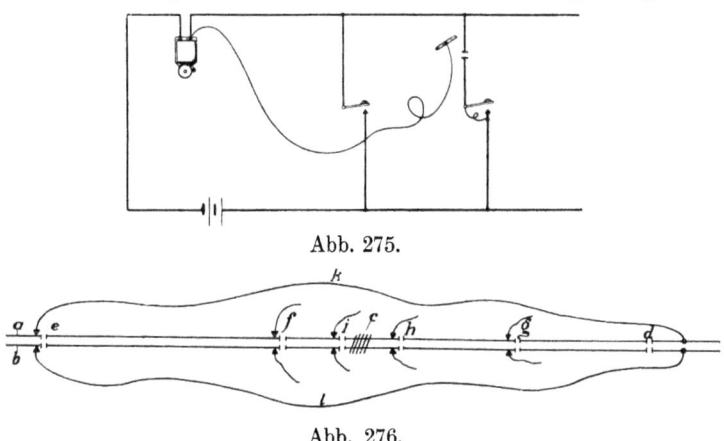

Abb. 275.

Abb. 276.

Einwirkung der Feuchtigkeit. Ist die fehlerhafte Stelle durch Absuchen der Leitung nicht zu finden, so sind einzelne Strecken der Leitung auszuschalten und durch Hilfsdrähte zu ersetzen. Man nehme zunächst eine längere Strecke, welche, sobald der Fehler eingegrenzt ist, in kleinere Stücke zerlegt wird, bis der Fehler gefunden ist. Angenommen, die beiden Leitungen a und b (Abb. 276) haben im Punkte c Nebenschluß. Man unterbricht die Leitungen an den Punkten d und e und verbindet die Leitungen hinter den Trennstellen mittels zweier Hilfsdrähte k und l. Die Störung zeigt sich nicht mehr. Man verbinde Punkt e wieder, trenne die Leitung in der Mitte der Strecke e d bei f und verbinde die Hilfsdrähte hinter f mit a und b. Die Störung zeigt sich nicht mehr. Nun verbinde man die Unterbrechungen bei f und trenne die Strecke d—f in der Mitte bei h und lege die Hilfsleitungen an. Hier zeigt sich die Störung wieder. Das Verfahren wird nun in der gleichen Weise fortgesetzt, indem immer die übrigbleibende Strecke halbiert wird und die Hilfsdrähte angelegt werden. Die Störung wird bald verschwinden, bald sich wieder zeigen, sie ist z. B. beim Punkte h noch vorhanden, während sie sich bei i nicht mehr zeigt. Der Fehler muß also zwischen h und i liegen. Ist er auf eine genügend kurze Strecke eingegrenzt, so wird das betreffende Stück der Leitung herausgeschnitten und durch ein neues ersetzt. Es muß selbstverständlich dem praktischen Ermessen des Monteurs überlassen bleiben, ob sich eine derartige Untersuchung lohnt, bzw. wie weit er die Untersuchung fortsetzen will. Oft wird es billiger sein, eine längere fehlerhafte Leitung durch eine neue zu ersetzen. Sind in der Anlage Klemmkästen vorgesehen, so erfolgt die Trennung der Leitungen an den Klemmen.

c) Erdschlüsse in Freileitungen werden häufig durch die Berührung der Leitungen mit Baumzweigen oder dergleichen hervorgerufen. Der Erdschluß zeigt sich dann besonders bei feuchtem Wetter. Aus diesem Grunde muß die Leitung regelmäßig im Sommer und Herbst untersucht und freigeschnitten werden. Ferner zeigen sich Erdschlüsse bei fehlerhafter Montage, wenn die Leitungen Dachrinnen, eiserne Geländer, Blitzableiter oder dergleichen berühren. Ein weiterer, häufig zu Erdschlüssen Anlaß gebender Punkt ist die Verbindungsstelle der Freileitung mit der Innenleitung, mit Stangenblitzableitern oder Erdkabeln. Auf die sorgfältigste Isolation dieser empfindlichen Stellen ist bereits oben hingewiesen worden. Erdschlüsse bei Innenleitungen treten auf, wenn die Leitungen mit Erddrähten oder mit feuchten Wänden in Berührung kommen. Wird der Fehler durch Absuchen der Leitung nicht gefunden, so kann er auch nach der unter b beschriebenen Methode eingegrenzt werden.

d) Störungen in beweglichen Schnüren können mittels eines Hörtelephons und eines Elementes festgestellt werden. Um die Leitfähigkeit zu prüfen, schaltet man zwei Adern mit dem Telephon und einem Element hintereinander. Das Schließen und Unterbrechen des Stromkreises muß sich im Telephon durch kräftiges Knacken bemerkbar machen. Bei der Untersuchung auf Nebenschluß bleiben die Enden der Adern frei, bewegt man die Schnur, so ist ein Fehler derselben durch Rauschen im Telephon festzustellen.

B. Erläuterung häufig vorkommender Störungen.[1]

1. Störungen in Klingelanlagen.

a) Kurzschluß, ein Wecker läutet dauernd.

Die Ursache der Störung ist in einer fehlerhaften Verbindung der Kontaktleitung mit einem Batteriepol zu suchen. Häufig

---

[1] Entnommen aus dem von der Akt.-Ges. Mix u. Genest herausgegebenen M.- u. G.-Kalender.

Erläuterung häufig vorkommender Störungen. 173

ist ein Druckknopf steckengeblieben infolge Anquellens des Holzes. Wenn in der Anlage ein Tableau vorhanden ist, so zeigt die abgefallene Tableauklappe, die sich nicht zurückstellen läßt, an, in welcher Leitung der Schluß zu suchen ist. Wenn man sich überzeugt hat, daß die zugehörigen Druckknöpfe in Ordnung sind, so ist der Schluß wahrscheinlich auf eine mechanische Beschädigung der Leitung (z. B. Eindringen eines Nagels und dergleichen) oder auf in das Mauerwerk eingedrungene Feuchtigkeit zurückzuführen. Diese Störungsursachen können leicht durch eingehende Besichtigung der Leitung gefunden werden. Ist dies nicht möglich, so bleibt nichts weiter übrig, als die Leitung zwischen Druckknopf und Tableau zunächst zu zerschneiden. Läutet der Wecker dann nicht mehr, so ist der Fehler zwischen der Schnittstelle und dem Knopf zu suchen; läutet der Wecker dagegen weiter, so liegt der Fehler zwischen der Schnittstelle und Tableau. Diese Strecke ist dann abermals in der Mitte aufzutrennen und das Verfahren so lange fortzusetzen, bis der Fehler genügend lokalisiert ist. In den meisten Fällen wird man, wenn die fehlerhafte Stelle nicht zugänglich ist, gezwungen sein, dieselbe auszuschalten und sie durch einen neu zu verlegenden Draht zu überbrücken.

b) **Unterbrechung, der Wecker läutet nicht.**

Die Ursache dieser Störungen kann auch in der Batterie zu suchen sein. Die Batterie ist daher zweckmäßig genau zu untersuchen und die Elemente durch ein Taschenvoltmeter oder mittels eines provisorisch eingeschalteten Weckers zu prüfen. Ist die Batterie in Ordnung, so muß die Unterbrechung in dem Leitungsnetz aufgesucht werden. In Tableaunetzen zeigt die nicht fallende Tableauklappe an, welche Kontaktleitung unterbrochen ist. Fallen sämtliche Klappen nicht, so ist eine der Batterieleitungen gestört. Durch provisorische Verbindung der Batterieklemmen des Tableauweckers mit der Batterie ist leicht festzustellen, welche Batterieleitung unterbrochen ist. Das Aufsuchen des Fehlers geschieht zunächst durch die Inaugenscheinnahme der Leitung; sehr häufig ist die Unterbrechung auf einen mechanischen Einfluß, z. B. Abreißen der Drähte infolge irgendeiner baulichen Veränderung oder dergleichen oder durch Oxydation infolge eingedrungener Feuchtigkeit zurückzuführen. Wenn der Fehler z. B. in der zu den Kontakten führenden Batterieleitung nicht gefunden wird, so befestige man einen provisorischen Draht mit dem zugehörigen Batteriepol und mit dem anderen Ende an ein Montagemesser, sodann ist irgendein Druckknopf dauernd einzuschalten. Mit dem Messer tastet man nun die Batterieleitung ab, indem man von Zeit zu Zeit die Isolation vorsichtig durchschneidet, so daß die Schneide des Messers die Metallader berührt. Sobald die Fehlerstelle durch den Hilfsdraht überbrückt ist, läutet der Wecker, und zwar über den provisorisch hergestellten Schluß im Druckknopf. Wenn der Fehler in der einen Batterieleitung nicht gefunden wird, so ist der Draht an den andern Pol zu legen und das Verfahren fortzusezen. Wenn der fehlerhafte Draht gefunden ist, so kann der Fehler durch Verlegung der Anschlußstellen des Hilfsdrahtes nach und nach lokalisiert werden. Sind in der Anlage mehrere Wecker vorhanden und sämtliche Wecker funktionieren nicht, so ist entweder eine Unterbrechung der gemeinschaftlichen Batterieleitung oder eine Störung der Batterie die Ursache.

2. Störungen in Telephonanlagen.

a) Mitsprechen.

In größeren Anlagen, vorzugsweise in älteren Linienwähleranlagen hört man häufig Gespräche, die in der Leitung geführt werden, mit denen der eigene Apparat nicht in direkter Verbindung steht. Die Übertragung ist verhältnismäßig leise, die Stimmen klingen näselnd, können aber gut verstanden werden. Wenn zu der Anlage kein induktionsfreies Kabel verwendet wurde, dann ist die Ursache ohne weiteres in dieser fehlerhaften Anordnung zu suchen. Eine Abhilfe ist nur durch Verlegung von induktionsfreiem Kabel möglich. Wenn diese Bedingung erfüllt ist und ein deutliches Mitsprechen trotzdem stattfindet, so kann die Ursache entweder in einem Feuchtigkeitsschluß liegen, es muß dann die betreffende Stelle aufgesucht und sorgfältig ausgetrocknet werden. Es ist aber auch möglich, daß die gemeinschaftliche Rückleitung zu hohen Widerstand besitzt. Es empfiehlt sich daher, besonders in größeren Anlagen, die gemeinschaftliche Erdleitung so oft wie tunlich mit der Wasserleitung in Verbindung zu bringen. In Zentralanlagen ist die sorgfältige Ausführung gemeinschaftlicher Rückleitungen von besonderer Wichtigkeit. Der Widerstand der Rückleitung muß möglichst klein gehalten sein. Ist dies nicht der Fall, wenn z. B., wie es häufig geschehen ist, die Gasleitung als Rückleitung benutzt wird, so kann es vorkommen, daß die Rufströme sich über die Fallklappen und Wecker der Stationen verzweigen und mehrere oder alle Fallklappen des Schrankes zum Ansprechen bringen. Es ist daher zu empfehlen, als Rückleitung entweder eine Leitung von größerem Querschnitt oder noch besser die Wasserleitung zu benutzen. Wenn in der Nähe der Telephonanlage Starkstromleitungen oder elektrische Straßenbahnen, insbesondere Wechselstromleitungen vorhanden sind, so macht sich häufig ein summendes Geräusch bemerkbar. Dasselbe ist auf Zweigströme zurückzuführen, die über die Erdleitung in das Telephonnetz gelangen. Die einzige Möglichkeit einer Abhilfe ist dann nur die isolierte Rückleitung bzw. Doppelleitung. Wenn trotzdem sich noch Geräusche zeigen, wie dies mitunter in der Nähe von Wechselstromleitungen der Fall ist, dann ist die Ursache darauf zurückzuführen, daß die Leitungen zu nahe an das stromführende Wechselstromnetz herangeführt sind. Die Übertragung erfolgt dann durch Induktion. Bei Doppelleitung schadet diese Übertragung in der Regel nicht, wenn die Leitungen gut verdrillt sind, da dann die induzierten Ströme sich gegenseitig in ihrer Wirkung aufheben. Bei Einfachleitung bleibt jedoch nichts weiter übrig, als die Leitung entweder weiter ab zu verlegen oder durch verdrillte Doppelleitung zu ersetzen.

b) **Eine Station kann anrufen und hören, wird aber nicht verstanden.**

In diesem Fall ist entweder die Mikrophonbatterie verbraucht oder der Mikrophonstromkreis unterbrochen.

c) **Eine Station kann sprechen und hören, kann aber nicht angerufen werden.**

Dann ist der Weckerstromkreis des Apparates unterbrochen, der Fehler kann im Hakenumschalterkontakt oder in der Zuleitung zum Wecker, bei einer Zentralanlage in der Klinke der Zentrale gesucht werden.

d) **Eine Station wird verstanden, kann aber nicht hören.**

Die Ursache liegt entweder in einer Unterbrechung der Hörschnur oder im mangelhaften Kontakt des Hakenumschalters. Durch eine fehlerhafte Schnur des Hörers wird auch sehr oft eine schlechte Verständigung herbeigeführt. Es ist dies leicht dadurch festzustellen, daß man die Schnur bewegt, es macht sich dann im Hörer ein leises Rauschen bemerkbar. Ist dies der Fall, so muß die Schnur entweder gekürzt oder erneuert werden. Die Fehler treten vorzugsweise an der Eingangsstelle der Schnur in den Hörer auf.

e) **Die zu der Station gehörige Fallklappe der Zentrale fällt nicht.**

Die Ursache ist entweder das Festsitzen des Klappenankers oder Fehler im Induktor bzw. in den Umschalterkontakten desselben.

f) **Eine Station versagt gänzlich.**

Dies ist entweder auf Unterbrechung oder auf Schluß in der Leitung zurückzuführen. Bei einer Induktorstation läßt der Induktor sich leicht drehen, wenn in der Leitung eine Unterbrechung vorhanden ist, bei Kurzschluß dreht er sich schwer, so daß auf diese Weise die Ursache bereits festgestellt werden kann. Die Fehler selbst sind wie unter Klingelanlagen beschrieben aufzusuchen.

g) **Mitläuten des Weckers.**

In Linienwähleranlagen kommt es häufig vor, daß der Wecker läutet, wenn eine andere Station angerufen wird. In der Regel ist dies darauf zurückzuführen, daß, wie z. B. bei den früher gebräuchlichen Stöpsellinienwähleranlagen, ein Stöpsel versehentlich steckenblieb und dadurch eine Verbindung in der nicht gewünschten Station hergestellt wurde. Bei den Druckknopflinienwähler-Anlagen mit automatischer Auslösung darf dieser Fehler normalerweise nicht vorkommen, er ist dann stets auf eine mangelhafte Funktion eines Linienwählers zurückzuführen, bei dem ein Knopf steckengeblieben ist. Wenn das Mitläuten trotzdem bemerkt wird, so ist ein Schluß zwischen den betreffenden beiden Leitungen vorhanden, der herausgesucht werden muß.

3. Störungen in Türöffner-Anlagen.

Türöffneranlagen benötigen eine besonders sorgfältige Installation der Leitung und setzen ein zuverlässiges Funktionieren der betr. Tür voraus. Die Türen sind daher von Zeit zu Zeit zu untersuchen, ob dieselben sich nicht geworfen haben bzw. sich klemmen. Ferner ist auf sorgfältiges Einstellen der Aufwerffeder zu achten. Zwecks Prüfung der Tür ist es zweckmäßig, die Aufwerffeder abzunehmen, die Tür muß sich dann ohne jeden Widerstand öffnen und schließen lassen. Bei Unterbrechungen und Kurzschluß in den Leitungen verfährt man wie oben angegeben. Da die Leitungen der Türöffner insbesondere bei Gartentüren den Witterungseinflüssen sehr ausgesetzt sind, so ist bei der Installation auf sorgfältige Isolation der Leitung Rücksicht zu nehmen. Das Kabel ist durch Rohre zu schützen und besonders die Verbindungsstelle zwischen Kabel und Öffner evtl. durch einen Lacküberzug gut zu isolieren. Ebenso ist auch die Verbindungsstelle zwischen Kabel und Innenleitung, die sich in der Regel im Keller befindet, sorgfältig gegen die Einflüsse der Feuchtigkeit zu isolieren. Als Druckknöpfe sollen nicht zu kleine Konstruktionen verwendet werden, da für den Öffner ein verhältnismäßig starker Strom nötig. Man achte auf kräftige Reibung des Kontaktes.

4. Störungen in Wasserstandsfernmelde-Anlagen.

Die hauptsächlichen Ursachen der Störungen in diesen Anlagen sind auf nicht genügende Isolation des Kontaktwerkes zurückzuführen. Dieses Werk, das stets in der Nähe des Wasserbehälters aufgestellt wird, muß vollkommen wasserdicht abgeschlossen sein. Alle stromführenden Teile sind sorgfältig zu isolieren, evtl. nach der Montage durch einen Lacküberzug zu schützen. Da für den Betrieb der Wasserstandsfernmelder eine verhältnismäßig hohe Spannung notwendig ist, so bilden sich leicht schwache Ströme über die Anschlußstellen zur Erde, wenn sich auf den Anschlußklemmen, wie es in der Nähe der Wasserreservoire immer der Fall ist, Feuchtigkeit niederschlägt. Die Ströme zersetzen das Wasser auf den Metallteilen in Wasserstoff und Sauerstoff, und eine starke Oxydation ist die Folge. Bei diesen Anlagen sollten daher alle blanken Metallteile entweder in ein wasserdichtes Gehäuse eingeschlossen oder durch einen Lacküberzug geschützt sein. Für ein gutes Funktionieren des Kontaktwerkes ist ferner notwendig, daß die Achse des Kontaktwerkes aus einem nicht oxydierbaren Metall hergestellt wird, weil dieselbe sonst leicht festrostet. Für den Schwimmer ist stets eine Führung vorzusehen. Es empfiehlt sich, auch das Gegengewicht durch ein Rohr zu schützen, damit dasselbe nicht durch irgendwelche Zufälligkeiten an der Bewegung gehindert wird und hängenbleiben kann.

5. Störungen in Freileitungen.

Die in Freileitungen auftretenden Fehler sind beim Abgehen der Strecke verhältnismäßig leicht zu finden. Eine sehr häufig vorkommende Störung ist das Verschlingen der Drähte, welche besonders nach einem Sturm auftritt. Die Ursache ist fehlerhafte Montage, d. h., wenn die Leitungen mit zu großem und ungleichmäßigem Durchhang ausgeführt sind. Drahtbrüche treten vorzugsweise im Winter auf, die Ursache kann gleichfalls auf fehlerhafte Montage zurückzuführen sein, wenn die Leitungen zu straff gespannt sind. Näheres hierüber siehe Seite 102.

In manchen Gegenden bildet sich bei plötzlichem Temperaturwechsel sogenannter Rauhreif, der eine solche Stärke erreichen kann, daß die Belastung der Leitungen die Festigkeit des Drahtes übersteigt und die Leitungen zerreißen. In solchen Fällen bleibt nichts weiter übrig, als den sich bildenden Rauhreif mittels Stangen von den Leitungen abzuklopfen, da andernfalls großer Schaden entstehen kann.

6. Störungen durch Blitzschläge.

Leitungsanlagen im Innern der Häuser werden verhältnismäßig selten durch Blitzschläge beschädigt. Sehr häufig dagegen kommen Störungen vor, wenn die Apparate mit Freileitungen in Verbindung stehen. Sobald Gewitterneigung vorhanden ist, laden sich die Leitungen mit Elektrizität. Ist die Spannung hoch genug gestiegen, so finden kleine Entladungen über die bei Freileitungen stets vorzusehenden Blitzableiter statt. Am besten wirken die Luftleerblitzableiter, welche Spannungen von etwa 300 Volt bereits schadlos zur Erde leiten. Bei höheren Spannungen und wenn die Leitungen durch direkte Blitzschläge getroffen werden, kommen in der Regel starke Beschädigungen der Apparate und der Leitungen vor. Die Benutzung von Telephonanlagen bei Gewitter ist daher mit Lebensgefahr verbunden. In Gegenden mit häufigen starken Gewittern empfiehlt es sich, einen Stöpselumschalter vorzusehen, durch den die Leitung während des Gewitters direkt mit der Erde verbunden werden kann. Diese Anordnung hat allerdings den Nachteil, daß die Anlage außer Betrieb gesetzt bleibt, wenn die Entfernung des Stöpsels vergessen wird.

C. Revision.

Die vorstehenden Ausführungen sollen einen Anhalt geben, wie beim Aufsuchen von Fehlern in Fernmeldeanlagen zu verfahren ist. Genaue, bis ins einzelne gehende Vorschriften können bei der Vielseitigkeit der auftretenden Möglichkeiten nicht gegeben werden. Es muß der Erfahrung und dem Geschick des Monteurs überlassen bleiben, wie er eine Störung am schnellsten auffindet und beseitigt. Es sei an dieser Stelle auf die Wichtigkeit des Schaltungsschemas der Anlage hingewiesen. Das Aufsuchen von Störungen kann nur an Hand von Schaltungen in rationeller Weise vorgenommen werden.

Für größere Anlagen empfiehlt sich der Abschluß eines Revisionsvertrages mit einer leistungsfähigen Installationsfirma, welche die Anlage in bestimmten Zeitabschnitten regelmäßig durch ihre Monteure prüfen und instandsetzen läßt.

Drittes Kapitel.

Die gebräuchlichsten Apparate und Schaltungen der Fernmeldetechnik.

Eine eingehende Beschreibung der gebräuchlichsten Apparate und Schaltungen würde den Rahmen des vorliegenden Werkes überschreiten. Es seien deshalb nur die wichtigsten Apparate und · Schaltungen aufgeführt. Für eingehendes Studium der Apparate, ihrer Innenschaltungen und ihrer Wirkungsweise sei auf die „Anleitung zum Bau elektrischer Haustelegraphen-, Telephon-, Kontroll- und Blitzableiter-Anlagen", herausgegeben von der Aktiengesellschaft Mix und Genest, Berlin-Schöneberg, hingewiesen.

Wir teilen die Schaltungen der Fernmeldeanlagen in folgende drei Hauptgebiete:
    I. Telephonanlagen,
   II. Telegraphenanlagen,
  III. Kontroll- und Sicherheitsanlagen.

1. Telephonanlagen.

A. Haustelephonie.

Für die Haus- und Wohnungstelephonie werden Mikrotelephone einfachster Konstruktion verwendet, welche direkt mit etwa vorhandenen Klingelleitungen betrieben werden können. Diese Apparate tragen einen in der Regel auf die Silbe „phon" endigenden Namen. Es sei hier besonders auf die Emgephone hingewiesen, welche sich durch solide Ausführung, vorzügliche Sprachübertragung, Auseinandernehmbarkeit und billigen Preis auszeichnen.

180 Telephonanlagen.

Abb. 277. Emgephon für Wohnungstelephonie.

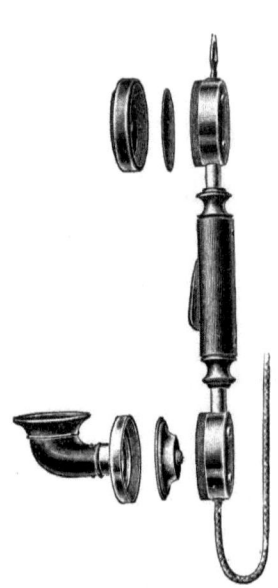

Abb. 278. Emgephon, auseinandergenommen.

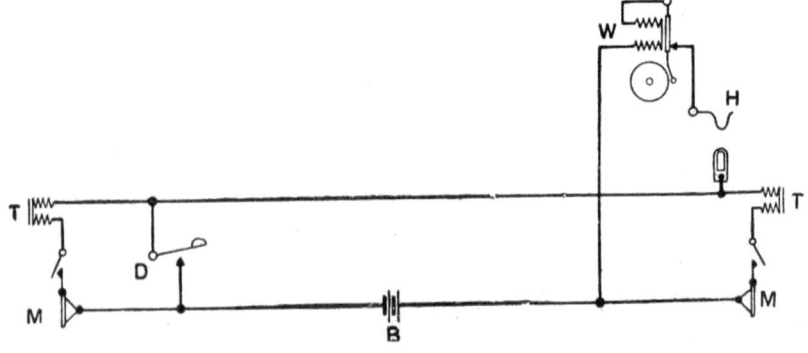

Abb. 279. Prinzipschaltung einer Haustelephonanlage mit Verwendung der Klingelleitung.

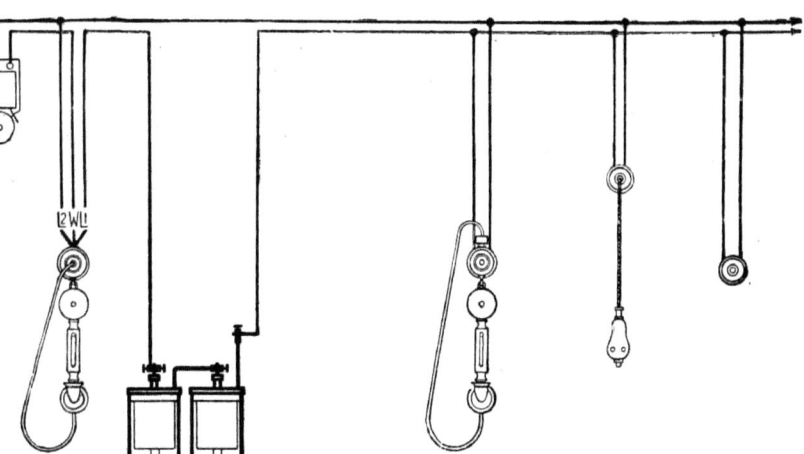

Abb. 280. Haustelephonanlage mit Verwendung der Klingelleitung.

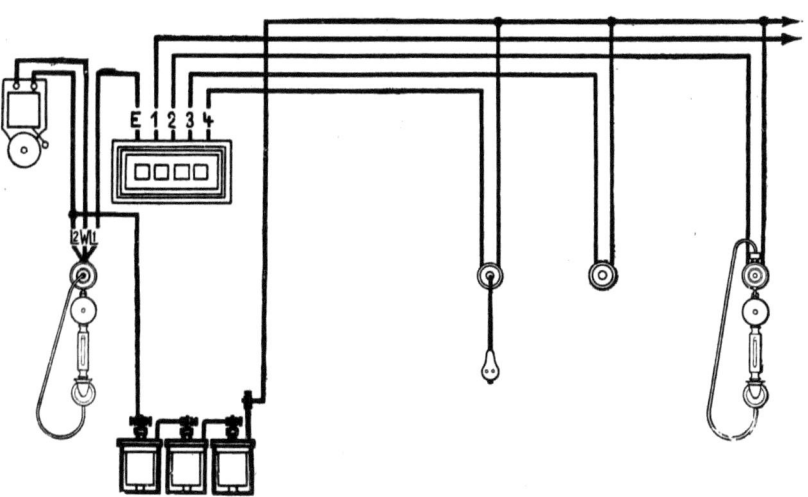

Abb. 281. Haustelephonanlage mit Verwendung der Leitungen einer Tableauanlage.

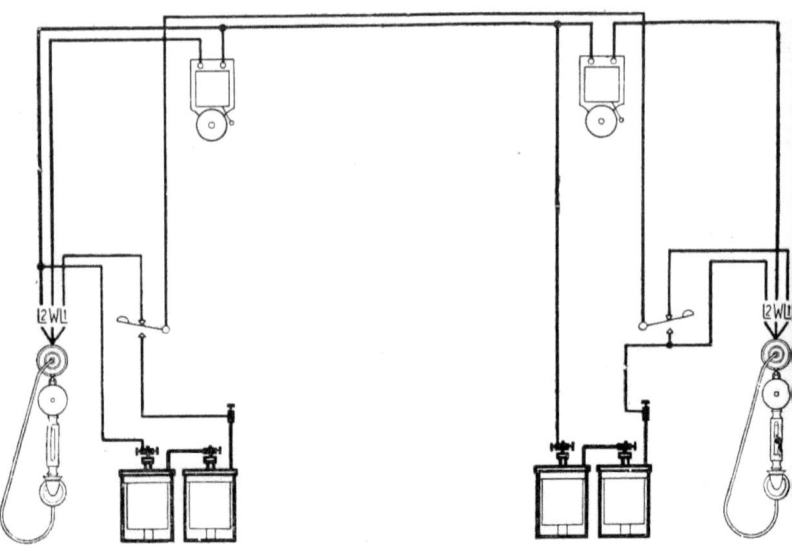

Abb. 282. Haustelephonanlage für Korrespondenzverkehr mit zwei getrennten Batterien und zwei Leitungen, z. B. für die Verbindung zweier getrennt gelegener Gebäude mittels Freileitung. (An Stelle der zweiten Leitung kann auch die Wasserleitung benutzt werden.)

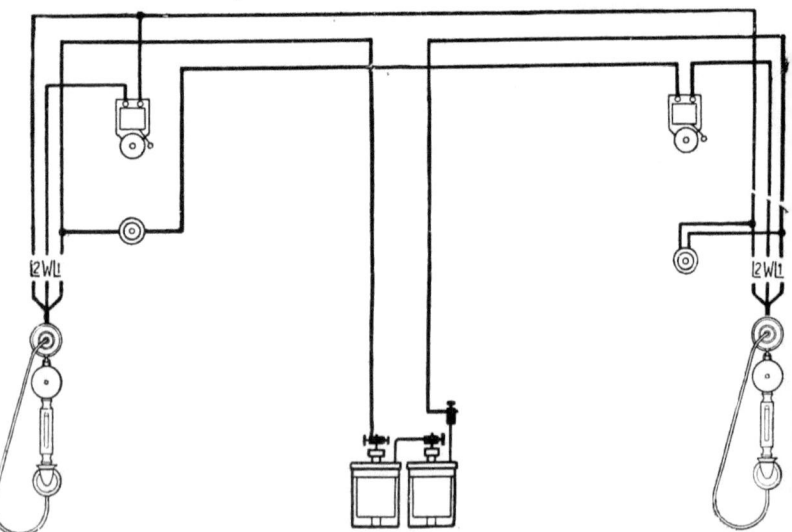

Abb. 283. Haustelephonanlage für Korrespondenzverkehr mit gemeinsamer Batterie und drei Leitungen, für die Verbindung von Räumen in einem Gebäude.

Haustelephonie. 183

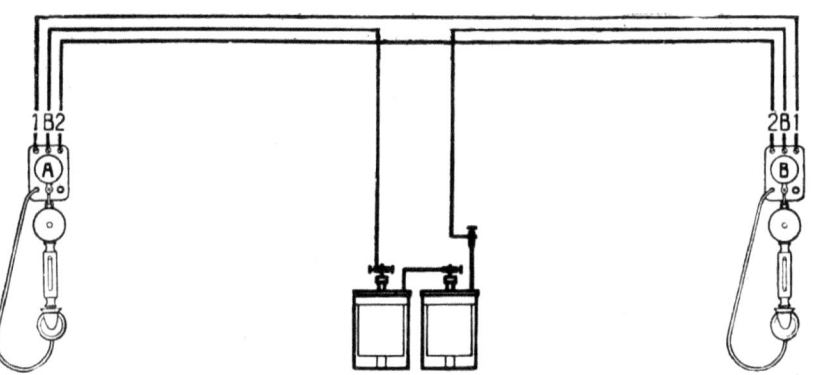

Abb. 284. Haustelephonanlage für Korrespondenzverkehr mit Emgephon-Korrespondenzstationen. Zu beachten: Eine A-Station kann nur mit einer B-Station verbunden werden.

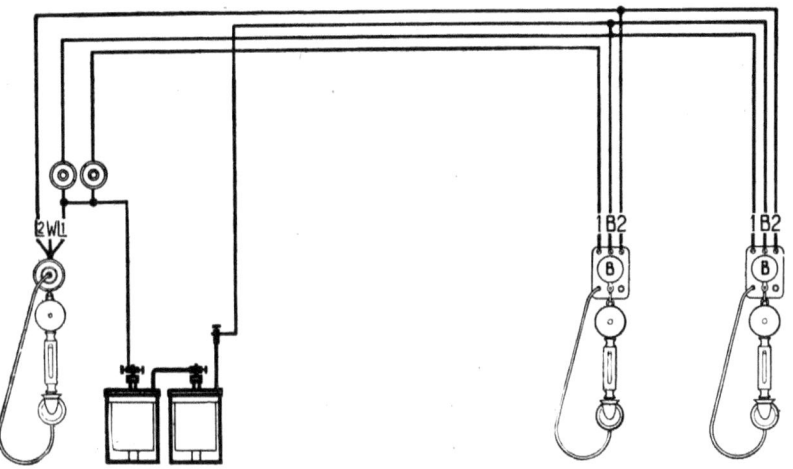

Abb. 285. Haustelephonanlage für Korrespondenzverkehr nach zwei oder mehr Richtungen. (Einseitiger Linienwählerverkehr.) An Stelle der dargestellten Apparate können auch Tischstationen (Abb. 286) verwendet werden.

Abb. 286. Emgephon-Tischstation für Haustelephonie.

B. Hoteltelephonie.

Telephonanlagen für Hotels finden in neuerer Zeit immer mehr Verbreitung. Das Telephon im Hotel erleichtert den Verkehr

Abb. 287. Hotel-Telephonstation.

zwischen Gast- und Bedienungsmaterial in hohem Maße, so daß in großen Hotelbetrieben an Personal gespart werden kann. Die Anlagen werden entweder mit den in der Haustelephonie gebräuchlichen Emgephonapparaten, welche mittels des Stöpsels nach Belieben eingeschaltet werden können, oder mit festen Apparaten (Abb. 287) ausgeführt.

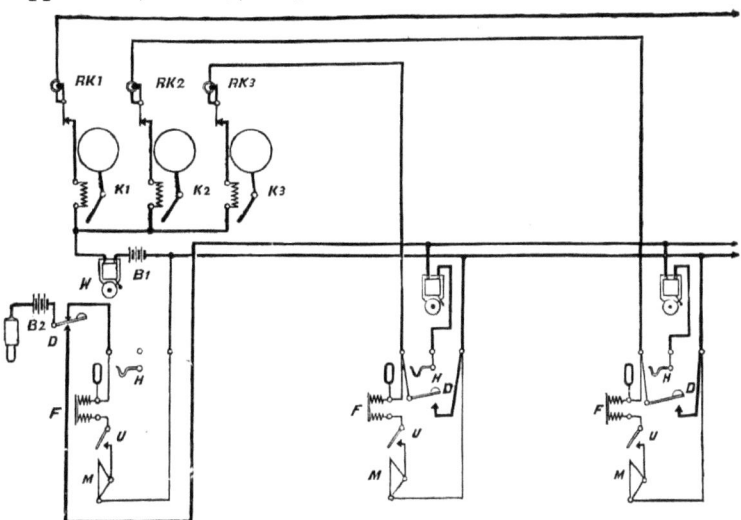

Abb. 288. Prinzipschaltung einer Hoteltelephonanlage mit vorgeschaltetem Linienwähler.

Im ersteren Falle erhält der Gast das Telephon auf Wunsch, wofür evtl. ein Aufschlag auf die Zimmermiete berechnet wird. Die festen Stationen (Abb. 287) besitzen ein elegantes Gehäuse aus poliertem Nußbaumholz, auf welchem Mikrophon und Druckknopf so angebracht sind, daß auf der unteren Hälfte der Vorderplatte Raum für die Anbringung eines Schildes mit Aufschriften übrigbleibt. Die in Abb. 288 dargestellte Prinzipschaltung entspricht einer normalen Tableauanlage. Die von den Zimmern kommenden Leitungen führen zunächst über die Klinke eines Linienwählers und dann zur Klappe. Durch Einstecken des Stöpsels wird die Klappe abgeschaltet und die Zimmerleitung direkt mit dem Telephonapparat verbunden.

C. Geschäftstelephonie.

Die Bedeutung des Telephons für den Geschäftsbetrieb braucht nicht besonders hervorgehoben zu werden. Die durch eine Telephonanlage erreichten Ersparnisse an Zeit und Arbeitskraft sind so groß, daß die für die Telephonanlage aufgewendeten Kosten

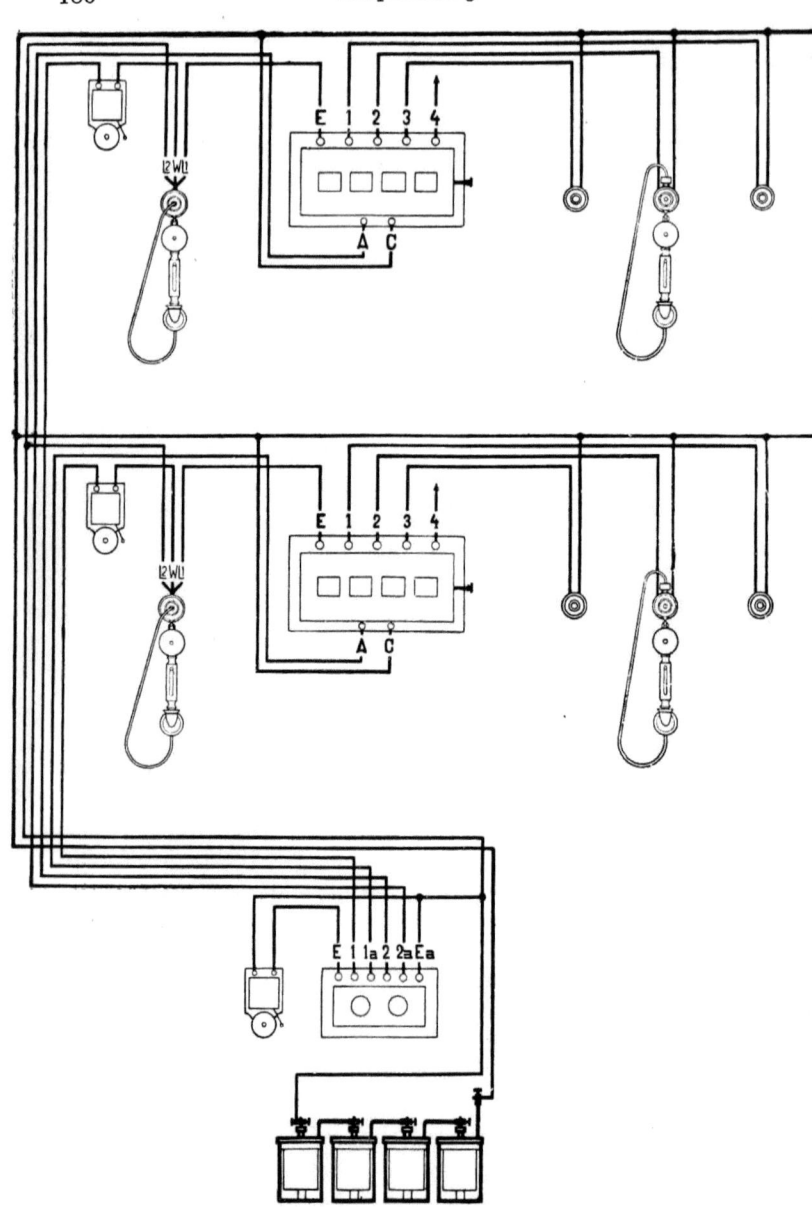

Abb. 289. Einfache Hoteltelephonanlage mit Emgephonapparaten.

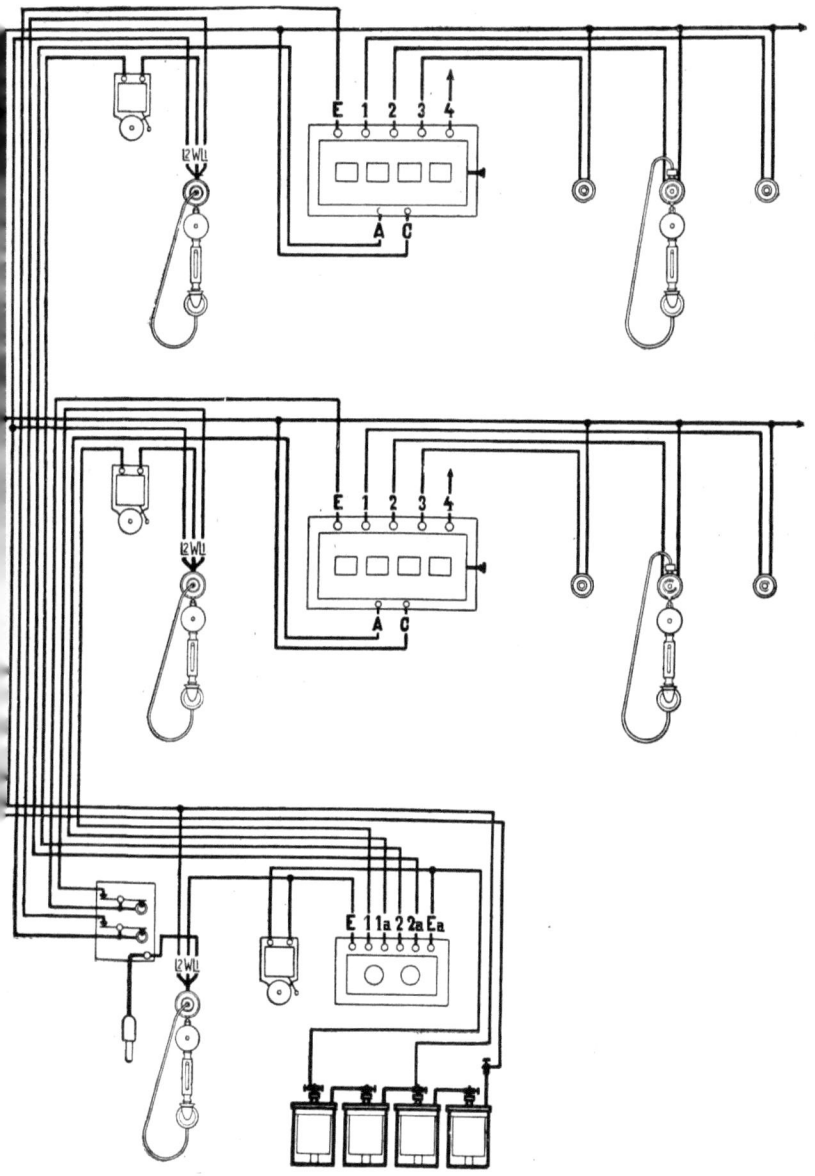

Abb. 290. Hoteltelephonanlage mit vorgeschaltetem Linienwähler am Kontrolltableau. Durch den Linienwähler kann die Kontrolle direkt mit dem rufenden Gast in telephonischen Verkehr treten, wenn derselbe von der Etage aus nicht bedient wird.

in kurzer Zeit amortisiert werden. Die Apparate sind der Vielseitigkeit der Bedürfnisse des geschäftlichen Verkehrs angepaßt. Wir unterscheiden demnach:

1. Reine Privattelephonanlagen für den internen Verkehr der Bureaus und Werkstätten.
2. Posttelephonanlagen für den äußeren Verkehr über die Postämter (Janustelephonie).
3. Lautsprech- und Lauschanlagen für besondere Zwecke des inneren Verkehrs.

Abb. 291. Wandstation für Geschäftstelephonie.

Abb. 292. Tischstation für Geschäftstelephonie.

1. Reine Privattelephonanlagen.

Die im Kapitel Haustelephonie abgebildeten Apparate sind die häufigeren Beanspruchung und der rauheren Behandlung in Bureau und Werkstatt nicht in genügendem Maße gewachsen. Man verwendet daher stabiler ausgeführte Apparate (Abb. 291 und 292). Die Schaltungen sind den Bedürfnissen und dem Umfang der Anlage angepaßt. Wir unterscheiden:

a) Telephonanlagen für direkten Verkehr.
b) Linienwähleranlagen für direkten wahlweisen Verkehr.
c) Zentralumschalteranlagen für größere Geschäfte.
d) Gemischte Zentral- und Linienwähleranlagen.

a) Telephonanlagen für direkten Verkehr.

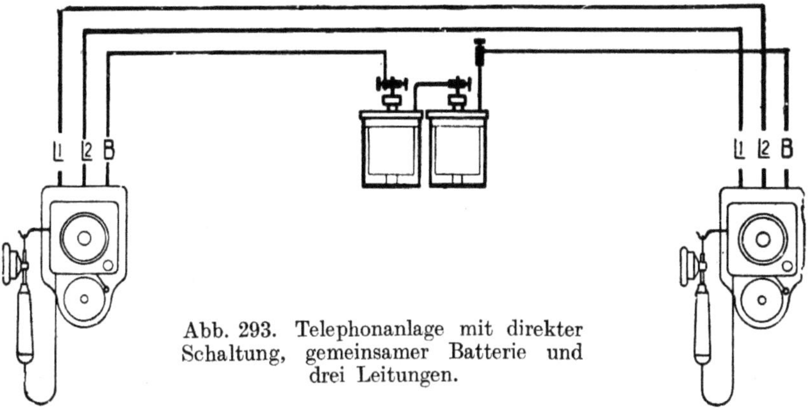

Abb. 293. Telephonanlage mit direkter Schaltung, gemeinsamer Batterie und drei Leitungen.

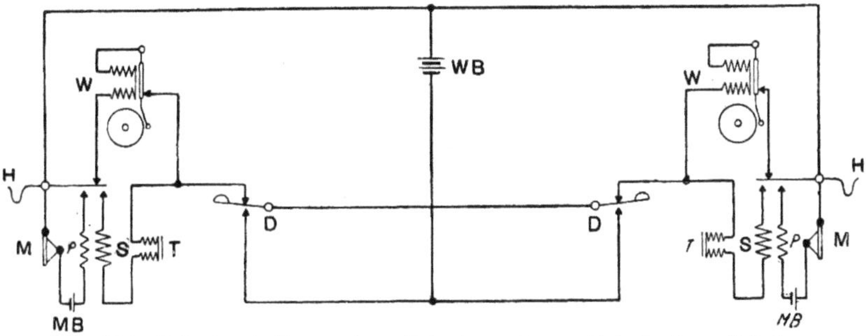

Abb. 294. Prinzipschaltung einer Telephonanlage mit indirekter Schaltung und gemeinsamer Rufbatterie.

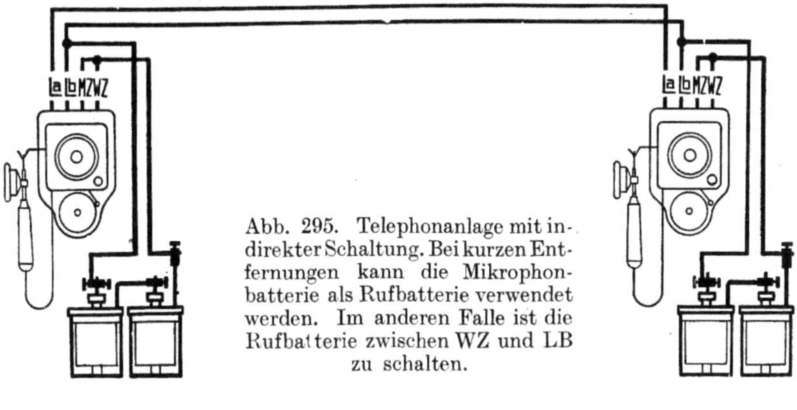

Abb. 295. Telephonanlage mit indirekter Schaltung. Bei kurzen Entfernungen kann die Mikrophonbatterie als Rufbatterie verwendet werden. Im anderen Falle ist die Rufbatterie zwischen WZ und LB zu schalten.

190   Telephonanlagen.

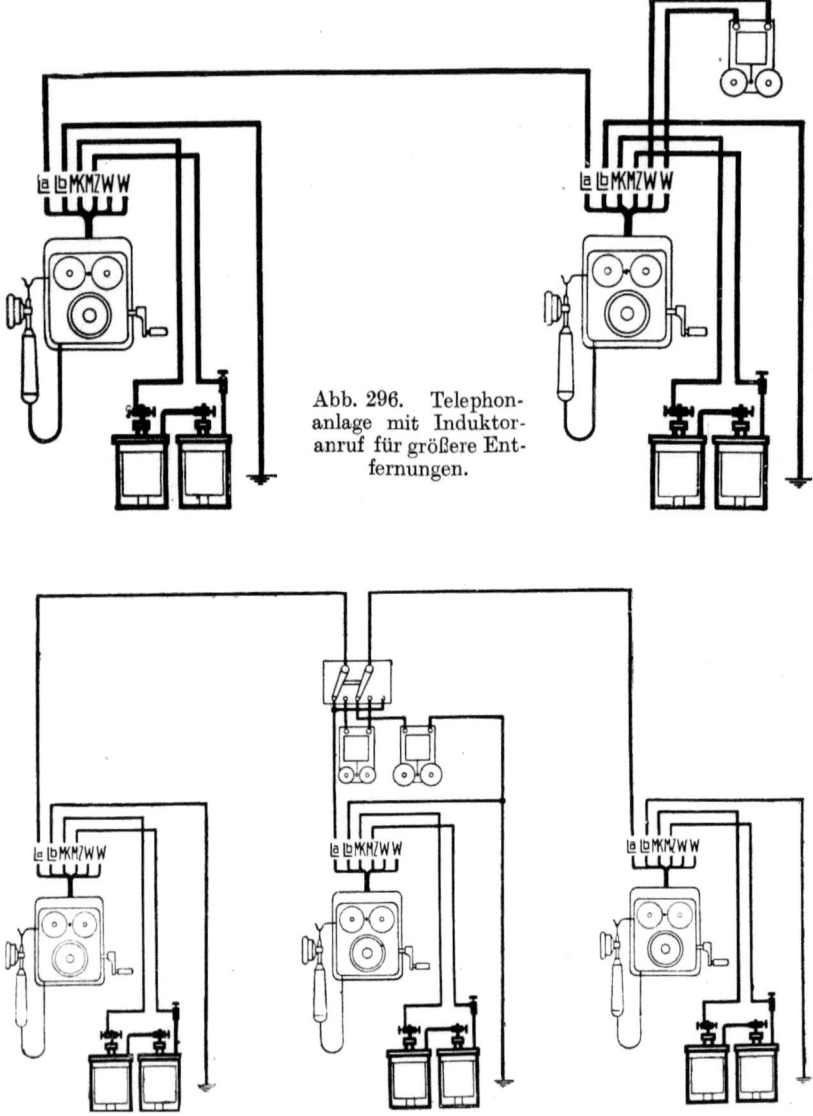

Abb. 296. Telephonanlage mit Induktoranruf für größere Entfernungen.

Abb. 297. Telephonanlage mit Induktoranruf und Wechselschaltung. Die in der Mitte befindliche Station kann durch Umlegen des Wechselschalters nach rechts und links sprechen und bei Einstellung des Schalters in die mittlere Stellung die beiden Seitenstationen miteinander verbinden.

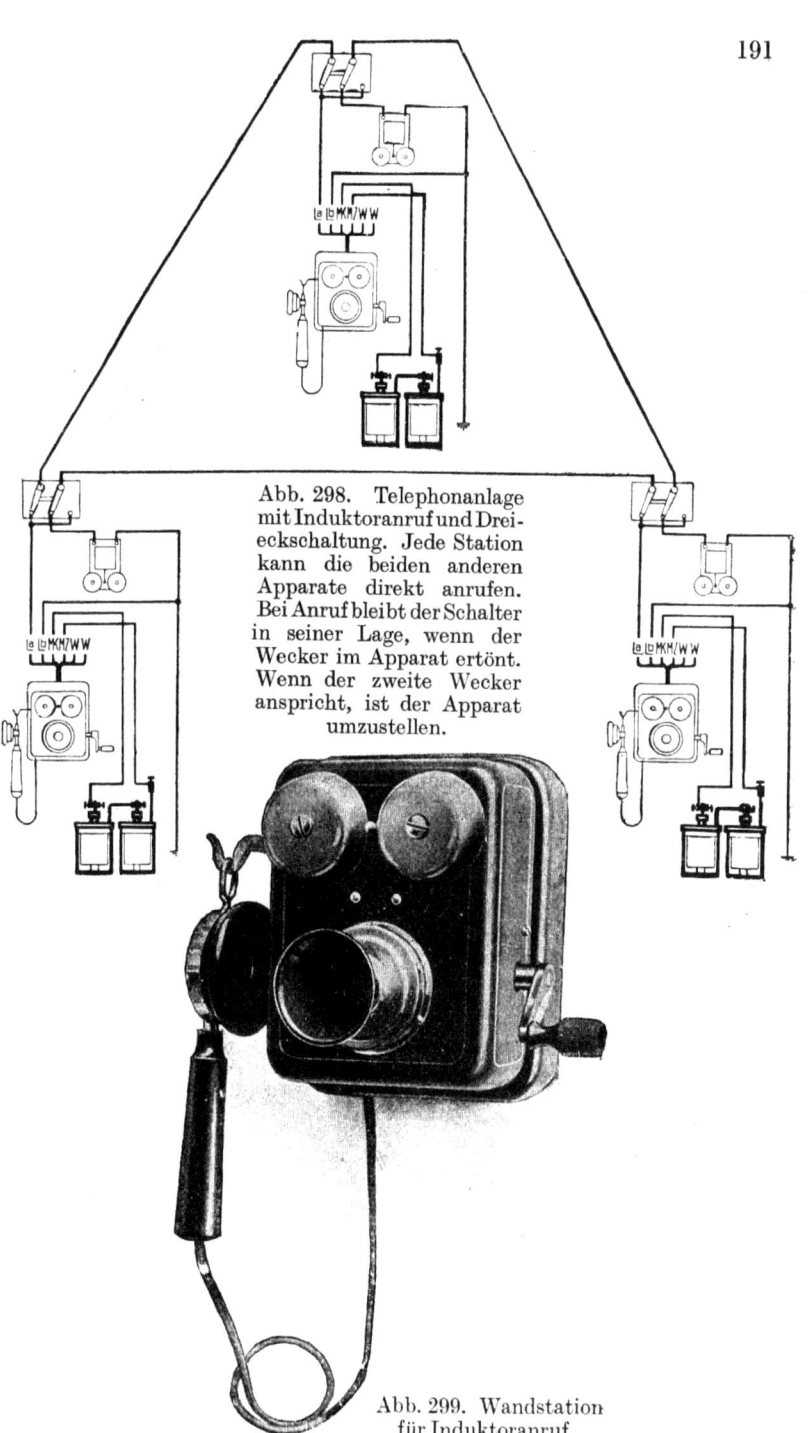

Abb. 298. Telephonanlage mit Induktoranruf und Dreieckschaltung. Jede Station kann die beiden anderen Apparate direkt anrufen. Bei Anruf bleibt der Schalter in seiner Lage, wenn der Wecker im Apparat ertönt. Wenn der zweite Wecker anspricht, ist der Apparat umzustellen.

Abb. 299. Wandstation für Induktoranruf.

Abb. 300. Tischstation für Induktoranruf.

b) Linienwähleranlagen.

Sobald in einer Telephonanlage mehr wie drei Apparate miteinander verkehren sollen, sind bei allen Apparaten besondere

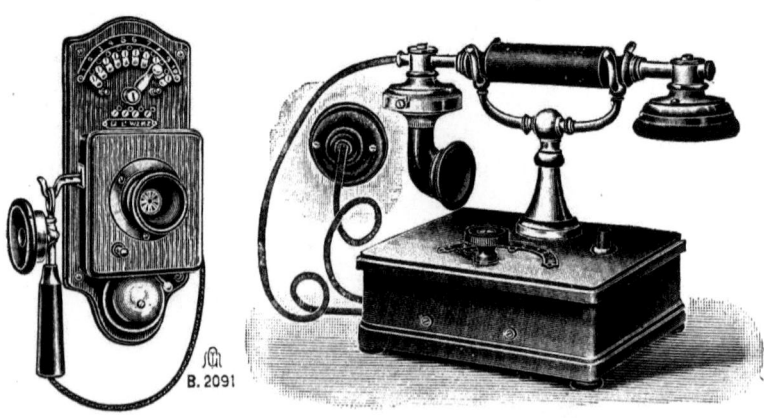

Abb. 301. Wandstation mit Kurbellinienwähler.

Abb. 302. Tischstation mit Kurbellinienwähler.

Schaltvorrichtungen anzubringen, die Linienwähler genannt werden. Abb. 303 zeigt die Prinzipschaltung einer Linienwähleranlage. Sämtliche Apparate sind miteinander durch ein Kabel

Geschäftstelephonie. 193

zu verbinden, welches so viel Adern enthält als Apparate vorhanden sind, zuzüglich einer gemeinsamen Rückleitung (E) und der gemeinsamen Rufbatterieleitung (WZ). Die in Abb. 304 dargestellten

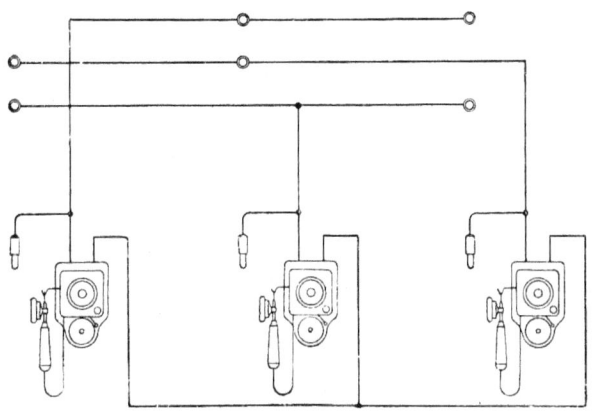

Abb. 303. Prinzipschaltung einer Linienwähleranlage.

Stöpsellinienwähler werden in neuerer Zeit nur noch wenig verwendet. Gebräuchlich sind Kurbellinienwähler (Abb. 301 und Abb. 302) für kleinere Anlagen und automatische Druckknopflinienwähler für bessere Anlagen.

Die Rufknöpfe der Apparate mit Kurbellinienwähler werden beim Niederdrücken gesperrt. Hierdurch wird eine Verbindung zwischen dem eigenen Apparat und der Kurbel hergestellt. Beim Anhängen des Hörers wird die Verbindung wieder getrennt. Die Kurbel kann daher an beliebiger Stelle stehenbleiben, ohne daß ein Mitläuten des eigenen Weckers zu befürchten wäre, wenn zufällig die eingeschaltete Leitung von anderer Seite angerufen wird.

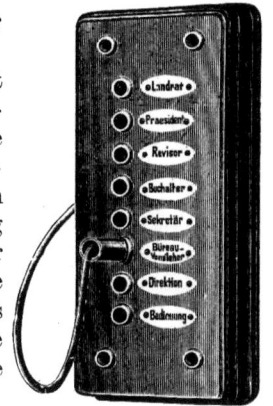

Abb. 304. Stöpsellinienwähler.

Automatische Druckknopflinienwähler.

Der Druckknopflinienwähler mit selbsttätiger Auslösung der Schaltknöpfe hat in den letzten Jahren wegen seiner bequemen

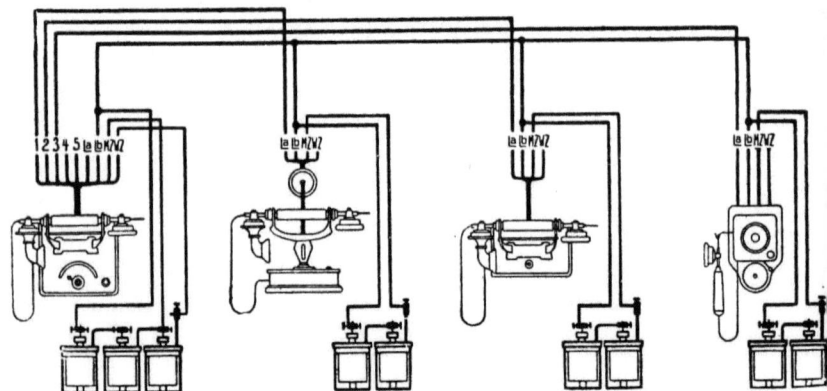

Abb. 305. Linienwähleranlage mit einseitigem Verkehr. Anruf der Hauptstelle von den Seitenstellen aus nicht möglich. Wird ein Rückruf der Seitenstellen gewünscht, so erhalten dieselben Sperrknöpfe mit besonderer Schaltung, an welche die La-Leitung des Hauptapparates anzuschließen ist.

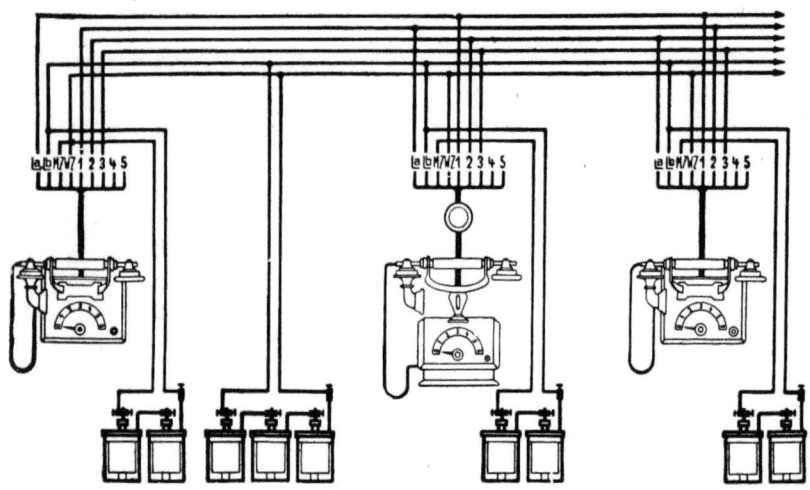

Abb. 306. Linienwähleranlage mit Kurbellinienwähler für direkten gegenseitigen Verkehr.

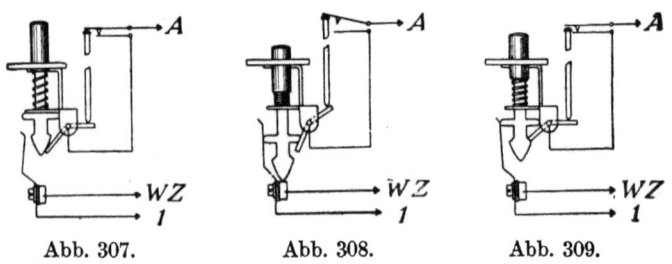

Abb. 307.   Abb. 308.   Abb. 309.

Handhabung große Verbreitung erlangt. Die neueste Ausführung der Aktiengesellschaft Mix & Genest ist in den Abb. 307 bis 309 im Prinzip dargestellt. Die Verbindungen werden durch Druckknöpfe hergestellt, die drei Stellungen einnehmen können: 1. Die Ruhestellung (Abb. 307); die Linienwählerleistung ist ausgeschaltet. 2. Die Rufstellung (Abb. 308); der Knopf ist vollständig eingedrückt und berührt die WZ-Schiene. Der Rufstrom fließt über die eingeschaltete Linienwählerleitung 1, der eigene Apparat A ist ausgeschaltet. 3. Die Sprechstellung (Abb. 309). Der

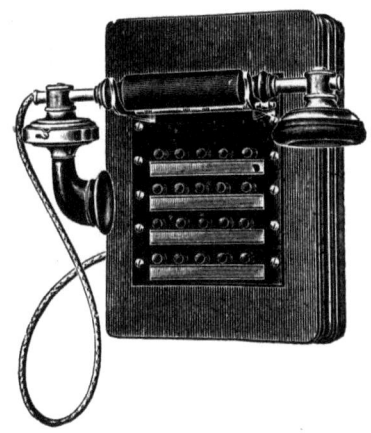

Abb. 310. Automatischer Druckknopflinienwähler.

Knopf wird in seiner Mittellage durch die Sperrschiene festgehalten, die Linienwählerleitung ist mit dem Apparat A verbunden.

Dieser Linienwähler besitzt bekannten ähnlichen Konstruktionen gegenüber den Vorzug, daß sämtliche Teile auf Metallschienen montiert sind. Seine Betriebssicherheit und Haltbarkeit ist daher unbegrenzt, während ähnliche Konstruktionen, die auf Holz montiert sind, bekanntlich häufig unter dem unvermeidlichen Verziehen des Holzes zu leiden haben. In Abb. 310 ist dieser Linienwähler dargestellt. Abb. 311 zeigt eine einzelne Schiene. Die Apparate werden für Einfach- und Doppelleitung ausgeführt. Bei Verwendung in Anlagen, welche außer dem Linienwählersystem noch eine Zentrale enthalten, werden die Linienwähler mit besonderen Klinken ausgerüstet. Außer den Zentralklinken kommen noch andere Ausführungen zur Anwendung. Dieselben sind in den Abb. 313 bis 319 dargestellt.

c) Zentralanlagen.

Telephonanlagen mit Zentralbetrieb setzen die Bedienung der Zentrale durch eine Person voraus. Sie sind in der Ausführung billiger wie Linienwähleranlagen, weil sie weniger Leitungs-

Abb. 311. Druckknopfschiene für automatische Linienwähler.

material und einfachere Apparate erfordern. Wir unterscheiden entsprechend den zur Verwendung kommenden Betriebsarten:
1. Anlagen mit OB-Betrieb und Batterieanruf;
2. Anlagen mit OB-Betrieb und Induktoranruf;
3. Anlagen mit OB-Betrieb, Induktoranruf und automatischer Schlußzeichengebung;
4. Anlagen mit ZB-Betrieb, Glühlampenanruf und automatischer Schlußzeichengebung.

Näheres über die Ruf- und Schaltorgane der Zentralumschalter siehe S. 72.

d) Gemischte Zentral- und Linienwähleranlagen.

Wenn einzelne Stationen in Zentralanlagen auch in einer Zeit miteinander verkehren sollen, wenn die Zentrale nicht besetzt ist, so werden diese Apparate durch ein Linienwählernetz direkt miteinander verbunden. Die Linienwähler erhalten eine Zentralklinke und einen besonderen Wecker für den Anruf von der Zentrale. Derselbe wird bei Betätigung der Klinke abgeschaltet. Abb. 334 zeigt die Schaltung einer derartigen Anlage im Prinzip.

Geschäftstelephonie.

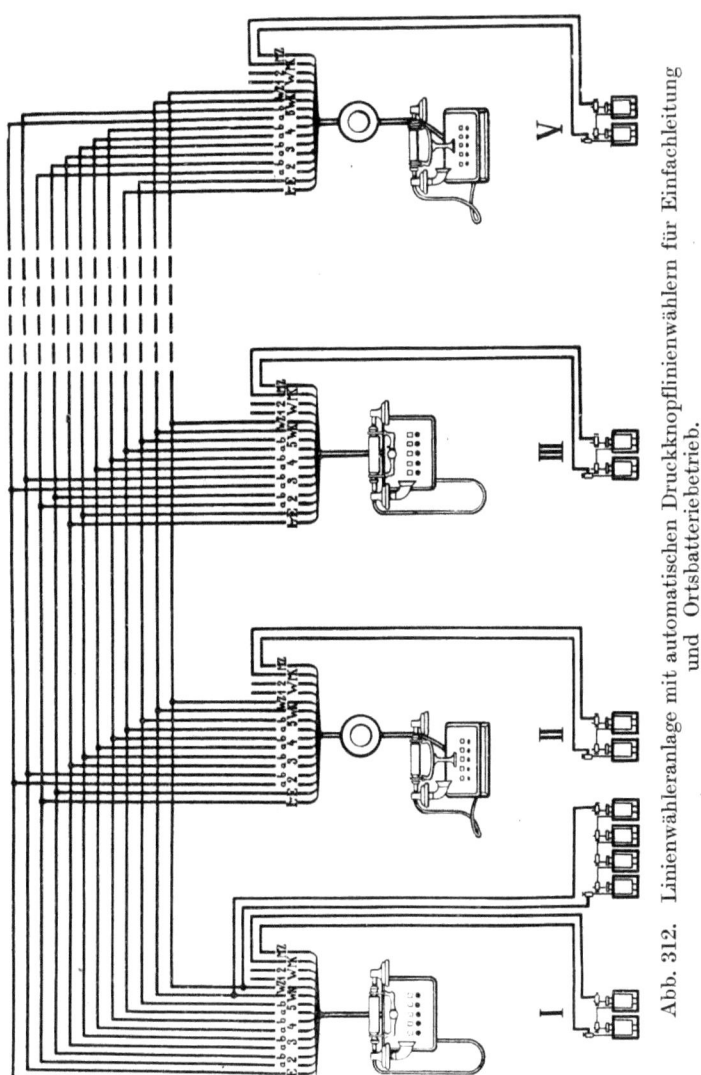

Abb. 312. Linienwähleranlage mit automatischen Druckknopflinienwählern für Einfachleitung und Ortsbatteriebetrieb.

Klinkenschaltungen.

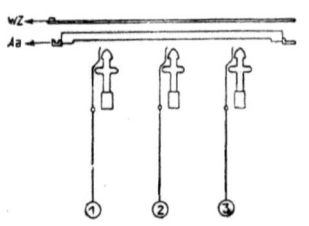

Abb. 313. Linienwähler für Einfachleitung.

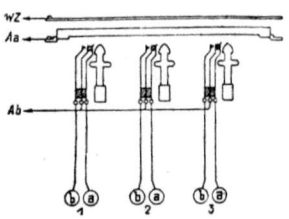

Abb. 314. Linienwähler für Doppelleitung.

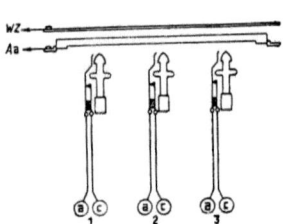

Abb. 315. Vorschalteklinken für Einfachleitung.

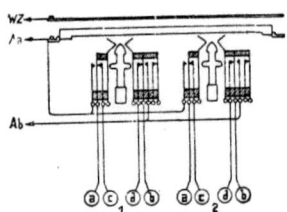

Abb. 316. Vorschalteklinken für Doppelleitung.

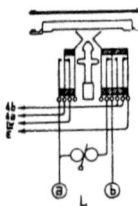

Abb. 317. Zentralklinke für Induktoranruf (L führt zur Zentrale).

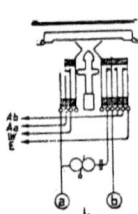

Abb. 318. Zentralklinke für Induktoranruf mit automatischer Schlußzeichengebung. Kondensator im Weckstromkreis.

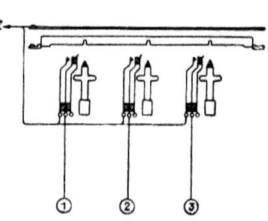

Abb. 319. Anrufknöpfe.

Geschäftstelephonie.

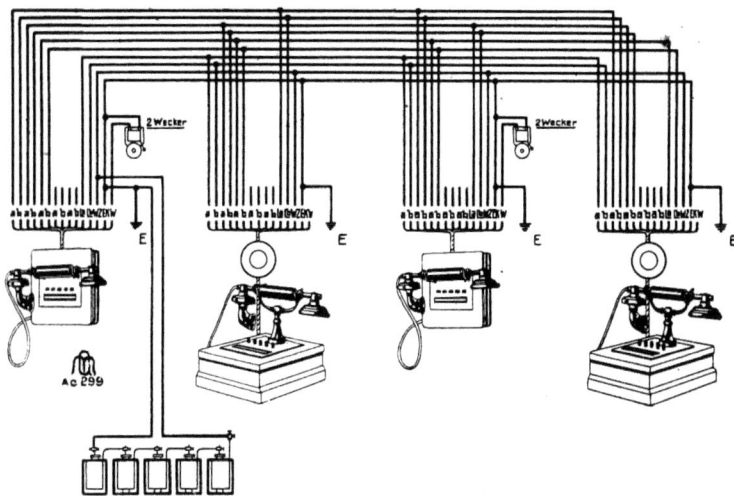

Abb. 320. Linienwähleranlage mit automatischen Druckknopflinienwählern, Einfachleitung und Zentralbatteriebetrieb. Der Zentralbatteriebetrieb für Linienwähleranlagen besitzt gegenüber dem Ortsbatteriebetrieb den Vorzug größerer Billigkeit, einfacherer Montage und geringerer Unterhaltungskosten. Um Mitsprechen zu vermeiden, ist als Leitung induktionsfreies Kabel zu verwenden.

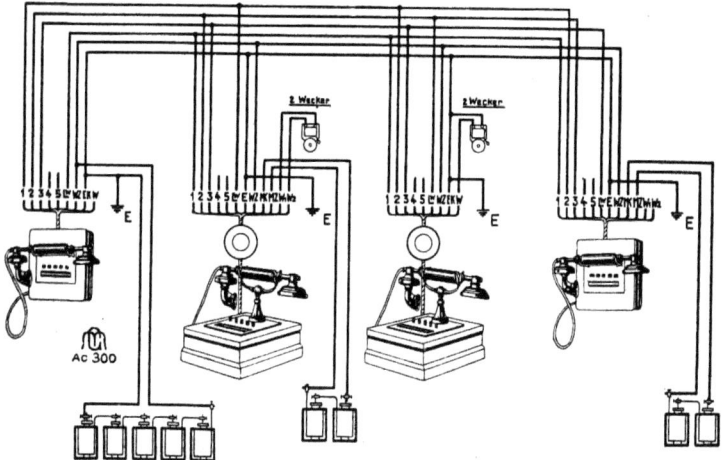

Abb. 321. Linienwähleranlage mit ZB-Betrieb als Erweiterung einer vorhandenen Anlage mit OB-Betrieb.

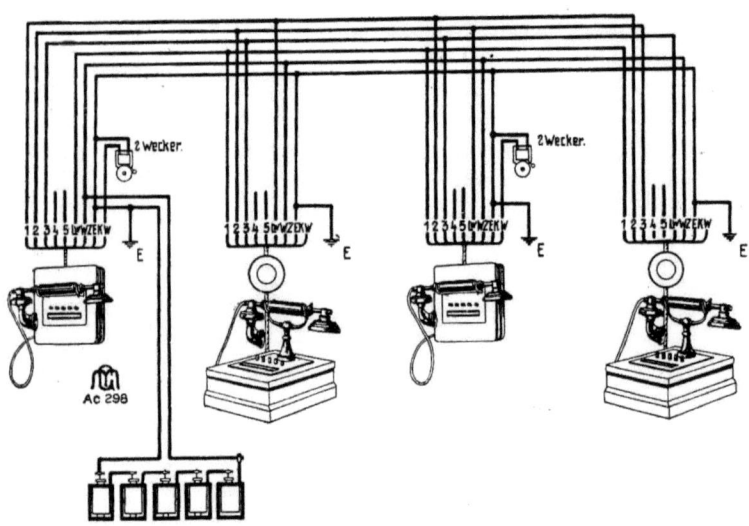

Abb. 322. Linienwähleranlage mit ZB-Betrieb für Doppelleitung. In größeren Anlagen mit verhältnismäßig langen Leitungen ist Kabel mit verdrillten Doppeladern zu empfehlen.

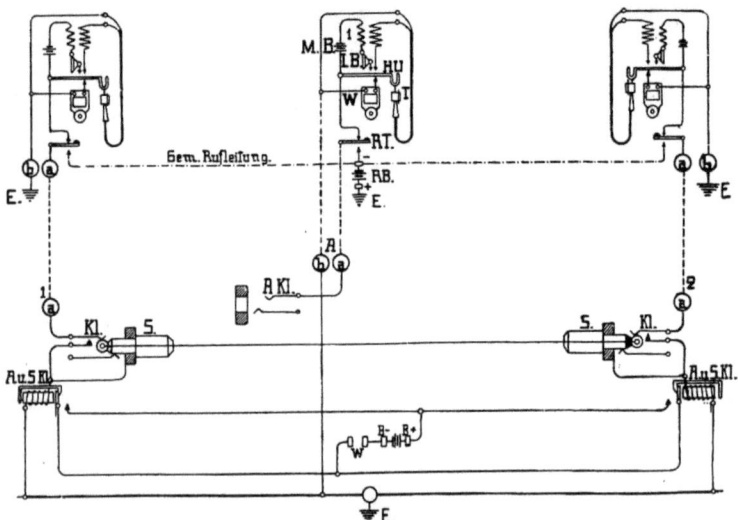

Abb. 323. Zentralanlage mit Batterieanruf und Einfachleitung. A u. S Kl-Anruf- und Schlußklappe, S = Stöpsel, AKl = Abfrageklinke, RB = Rufbatterie, E = Erde bzw. gemeinsame Rückleitung, RT = Ruftaste, W = Wecker, B — B + = Weckerbatterie, MB = Mikrophonbatterie.

Geschäftstelephonie.

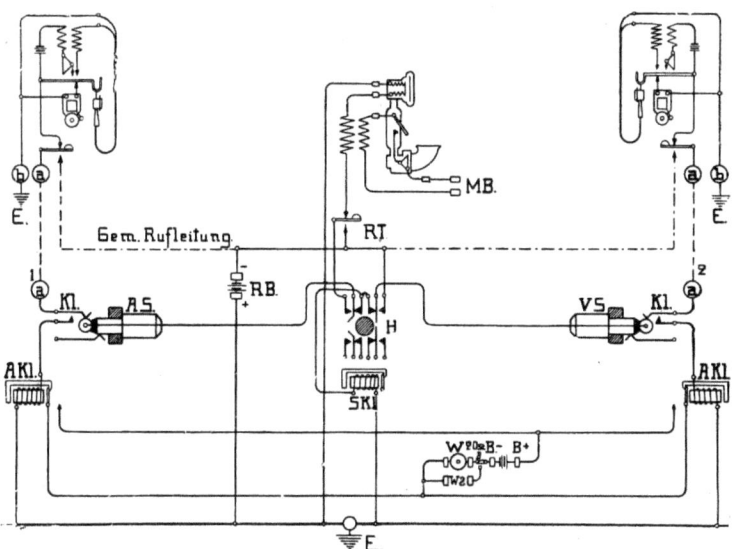

Abb. 324. Zentralanlage mit Batterieanruf und Einfachleitung wie Abb. 233, aber mit Schlußklappe.

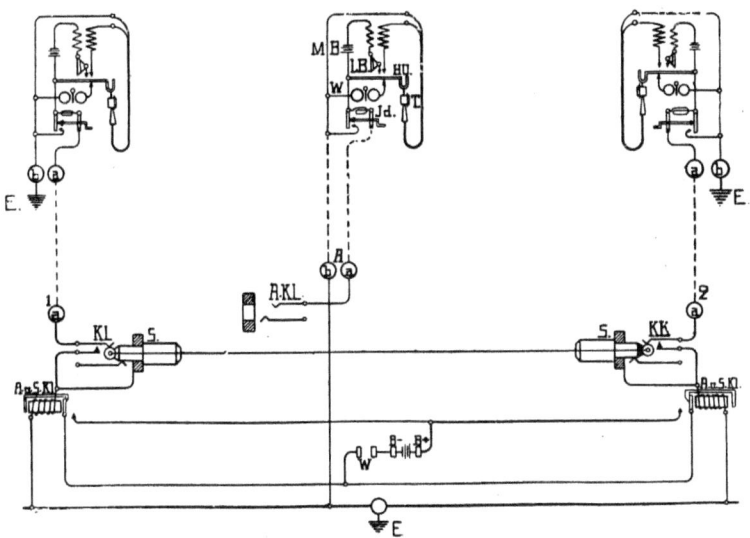

Abb. 325. Zentralanlage mit Induktoranruf und Einfachleitung.

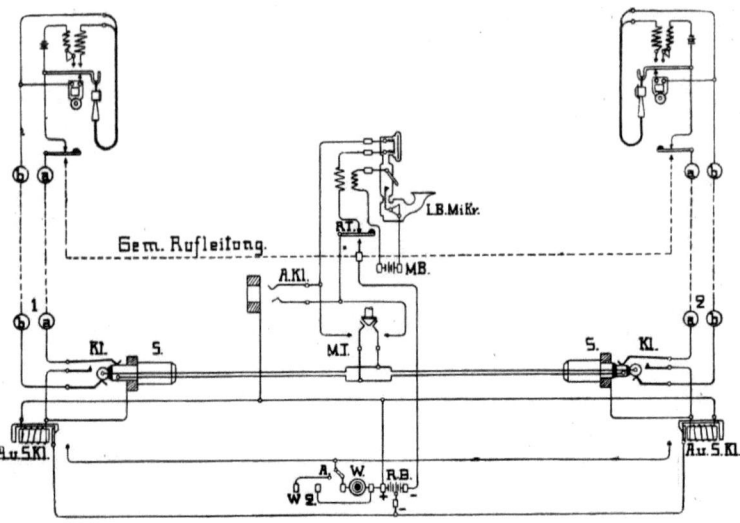

Abb. 326. Zentralanlage mit Batterieanruf und Doppelleitung. Kl = Klinke, S = Stöpsel, MT = Mithörtaste.

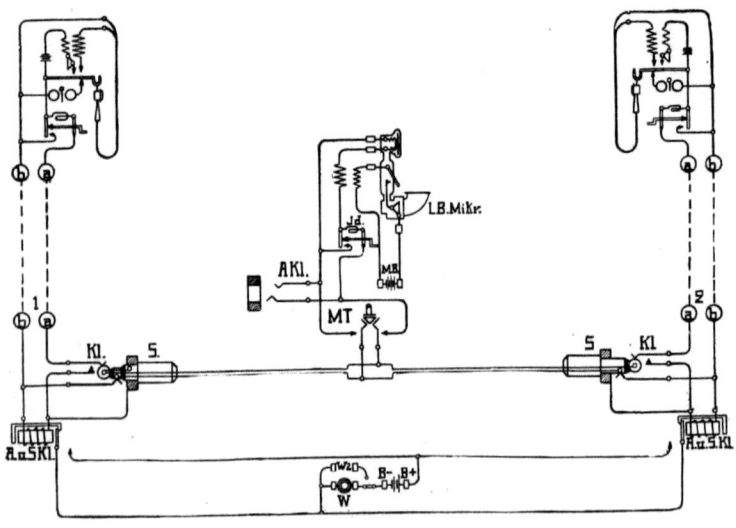

Abb. 327. Zentralanlage mit Induktoranruf und Doppelleitung.

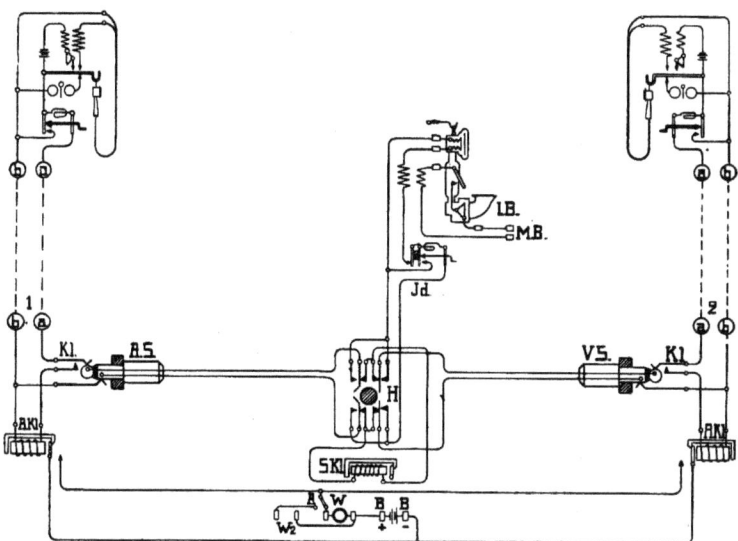

Abb. 328. Zentralanlage mit Induktoranruf und Doppelleitung. Die Zentrale enthält Hörschlüssel H und Schlußklappe S Kl für jedes Stöpselpaar. AS = Abfragestöpsel, VS = Verbindungsstöpsel.

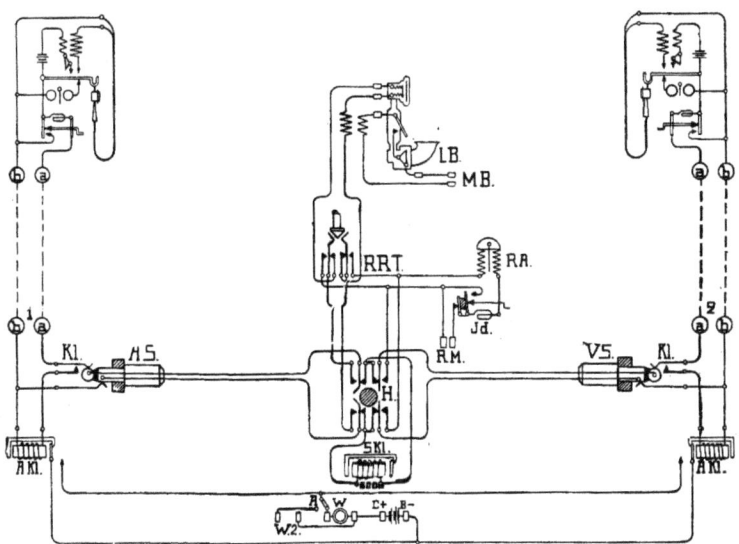

Abb. 329. Zentralanlage mit Induktoranruf und Doppelleitung für größere Anlagen mit Standschrank; derselbe enthält Hörschlüssel, Schlußklappe zum Stöpselpaar und eine gemeinsame Rückruftaste.

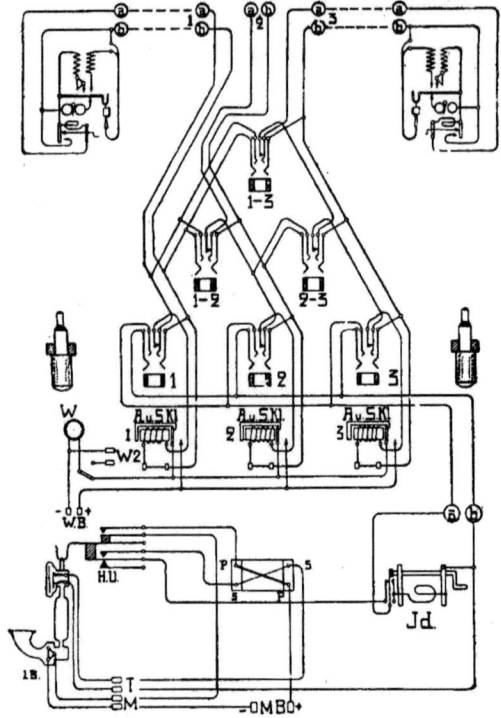

Abb. 330. Zentralanlage mit Induktoranruf und schnurlosem Pyramidenschrank für Anlagen mit 5 bis 15 Anschlüssen.

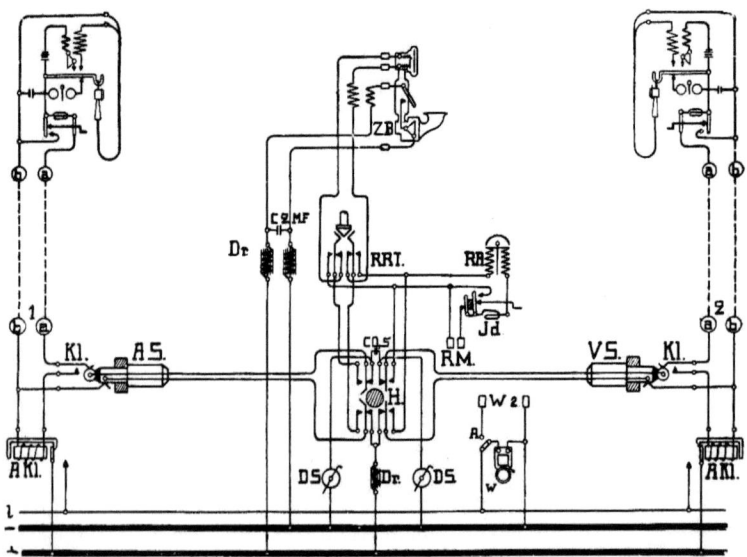

Abb. 331. Zentralanlage mit Induktoranruf, Doppelleitung und selbsttätiger Schlußzeichengebung. DS = Drosselschauzeichen, Dr = Drosselspule, CO = Kondensator, H = Hörschlüssel, AS = Abfrageschlüssel, VS = Verbindungsschlüssel.

Geschäftstelephonie.

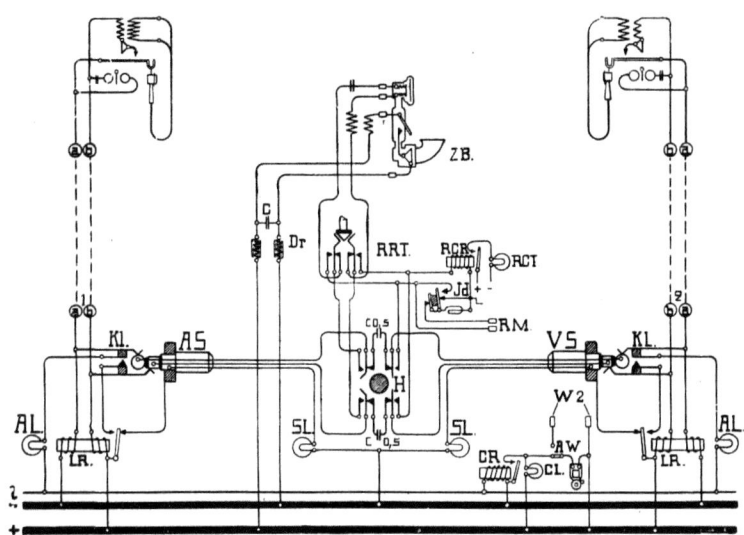

Abb. 332. Zentralanlage mit Zentralmikrophonbatteriebetrieb, Doppelleitung, selbsttätiger Schlußzeichengebung und Glühlampensignalisierung.
AL = Anruflampe, SL = Schlußzeichenlampe, LR = Linienrelais, CR = Kontrollrelais.

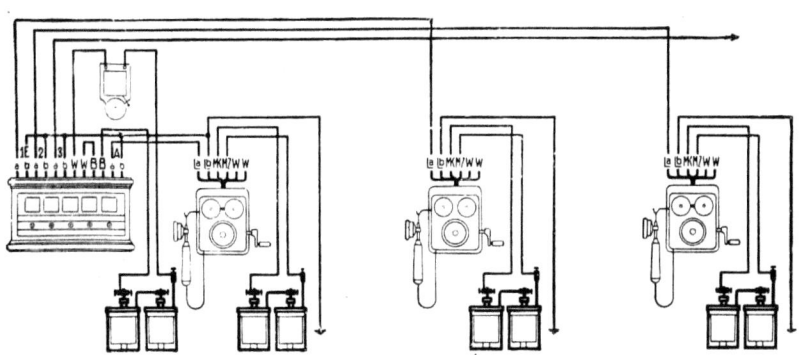

Abb. 333. Außenschaltung einer Zentralanlage mit Induktoranruf und Einfachleitung.

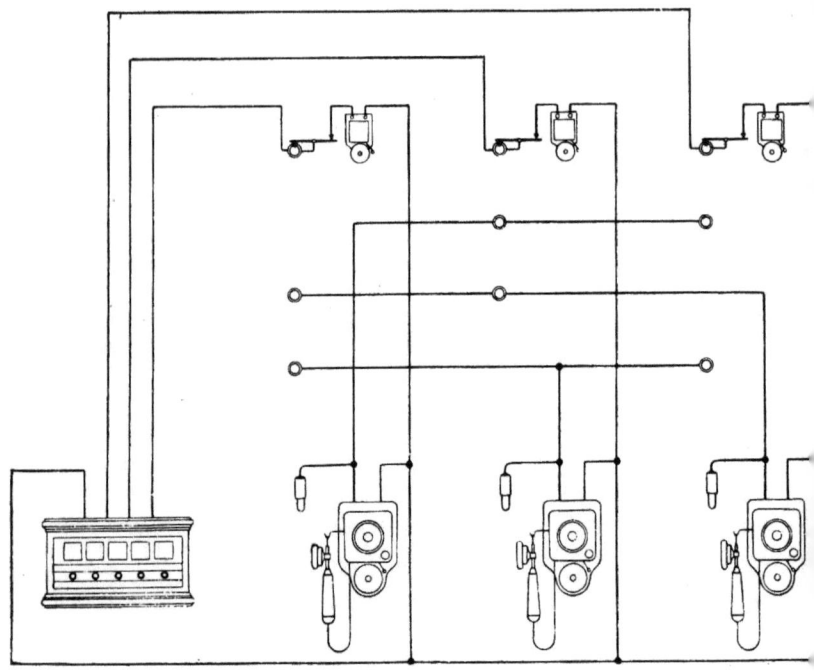

Abb. 334. Gemischte Zentral und Linienwähleranlage.

2. Posttelephonanlagen.

Die Schaltungen der öffentlichen Reichstelephonanlagen entsprechen in ihren Prinzipien den auf S. 200 bis S. 205 angeführten Schemas. Die Reichspost verwendet vorzugsweise drei verschiedene Schaltungen, welche bei der Entwicklung der Telephonie entstanden sind:

I. Ämter mit Induktoranruf und Schlußklappen.
II. Ämter mit Induktoranruf und automatischer Schlußzeichengebung.
III. Ämter mit Zentralmikrophonbatteriebetrieb, selbsttätigem Anruf und selbsttätiger Schlußzeichengebung.

Abb. 335 zeigt die Verbindung zweier Teilnehmer über ein Amt II. Teilnehmer 1 hat abgehängt und befindet sich in Sprechstellung, Teilnehmerapparat 2 befindet sich noch in Ruhestellung. Durch die Verfügung des Reichspostamtes vom 7. Juli 1900 ist die Verbindung von 5 Nebenstellen an eine Amtsleitung gestattet. Unter der Voraussetzung, daß die verwendeten Apparate und

Schaltungen den amtlichen Vorschriften entsprechen, dürfen diese sogenannten Nebenstellenanlagen von Privatfirmen ausgeführt werden. Die Zahl der Nebenstellen darf 5 pro Amtsleitung nicht überschreiten. Sind z. B. 2 Amtsleitungen vorhanden, so sind 10, bei 3 Amtsleitungen 15 usw. Nebenstellen in einer Anlage zulässig. Sind außer den Nebenstellen noch Privatapparate vorhanden, so müssen die Einrichtungen so getroffen werden, daß Verbindungen zwischen den Privatapparaten und

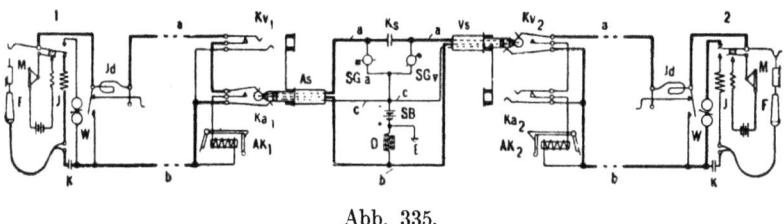

Abb. 335.

den Amtsleitungen nicht möglich sind. Wir unterscheiden demnach:
a) Reine Postnebenstellenanlagen.
b) Gemischte Postnebenstellen- und Privatanlagen (Janusnebenstellenanlagen). Diese zerfallen in:
1. Janusreihenschaltung,
2. Janusparallelschaltung,
3. Januszentralanlagen.

a) Reine Postnebenstellenanlagen.

Für kleinere Anlagen dieser Art kommen schnurlose Klappenschränke (Abb. 336) zur Anwendung. Der Schrank ist für 1 Amtsleitung und 2 Nebenstellen eingerichtet. Die Verbindung des Mikrotelephons mit einer der drei Leitungen geschieht durch Eindrücken eines der in der oberen Schiene angeordneten Druckknopfschalters. Für die Verbindung der Nebenstellenleitungen mit dem Amt und miteinader sind zwei auf gemeinsamer Grundplatte angeordnete Hebelschalter vorgesehen, welche sich gegenseitig sperren, so daß jeweilig immer nur ein Hebel umgelegt werden kann. Der Anruf geschieht durch Drehen der Induktorkurbel. Beim Anhängen des Mikrotelephons wird der eingedrückte Knopf selbsttätig ausgelöst. Diese Schränke sind für den Anschluß an Ämter mit Induktoranruf bestimmt. Eine ähnliche Ausführung

208   Telephonanlagen.

Abb. 336. Schnurloser Wandschrank. Modell 05 der Reichspostverwaltung.

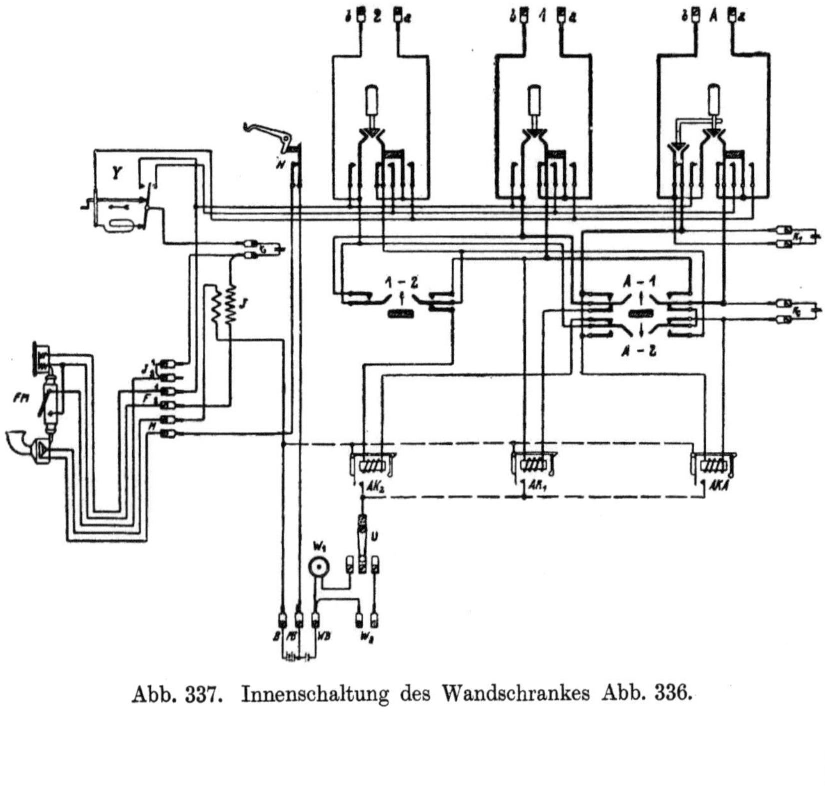

Abb. 337. Innenschaltung des Wandschrankes Abb. 336.

findet Anwendung für Ämter mit ZB-Betrieb. Sie unterscheiden sich von dem Schrank (Abb. 336) lediglich durch die Anordnung eines selbsttätig wirksamen Schauzeichens oberhalb der beiden Hebelumschalter. Für größere Nebenstellenanlagen kommen Wand- und Standschränke zur Anwendung. Abb. 338 zeigt eine moderne Type der Reichspostverwaltung. Der Schrank kann für 40 Anschlüsse ausgeführt werden, davon werden bis zu 7 Leitungen als Amtsanschlüsse geschaltet. Als Anruforgane dienen sogenannte Zungenrückstellklappen. Der Schrank ist mit selbsttätiger doppelseitiger Schlußzeichengebung eingerichtet, er enthält 6—10 Stöpselpaare, Rufstromanzeiger und kann mit Schauzeichen für vorgeschaltete Nebenstellen ausgerüstet werden.

b) **Gemischte Postnebenstellen- und Privatanlagen.**
„Janus"-Nebenstellenanlagen.

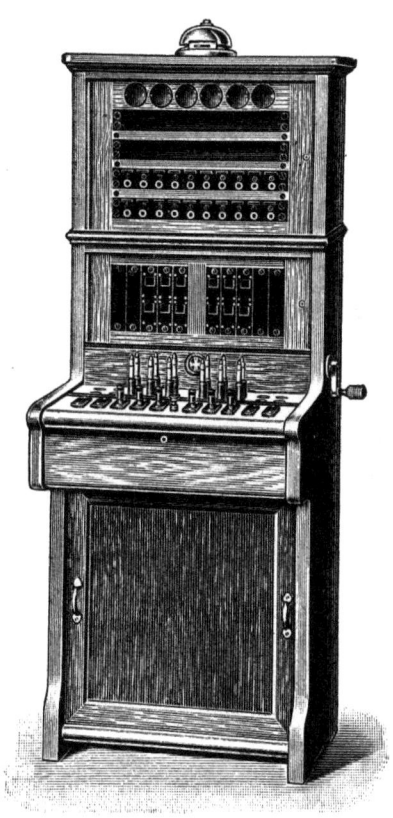

Abb. 338. Standschrank für reine Postnebenstellenanlagen.

Die amtliche Vorschrift, nach welcher die Einrichtungen der Nebenstellenanlagen derart getroffen sein müssen, daß Verbindungen der Privatapparate mit den Postleitungen nicht möglich sind, wird am besten durch die von der Aktiengesellschaft Mix & Genest eingeführte und von dieser Firma so benannte Janusschaltung erreicht. Diese Schaltung beruht auf dem Prinzip, daß alle Verbindungen der Nebenstellen mit den Amtsleitungen lediglich durch verdeckte Schalter hergestellt werden.

1. Die Janusreihenschaltung.[1]

Die Janusreihenanlagen haben ihre Bezeichnung daher, daß eine bestimmte Anzahl von Nebenstellenapparaten derart mit einer Amtsleitung in Verbindung stehen, daß jeder Nebenstelleninhaber das Amt direkt anrufen kann. Hierbei ist es notwendig, daß den übrigen Nebenstellen für die Dauer des Gespräches der Verkehr mit dem Amt unmöglich gemacht wird. Zu diesem

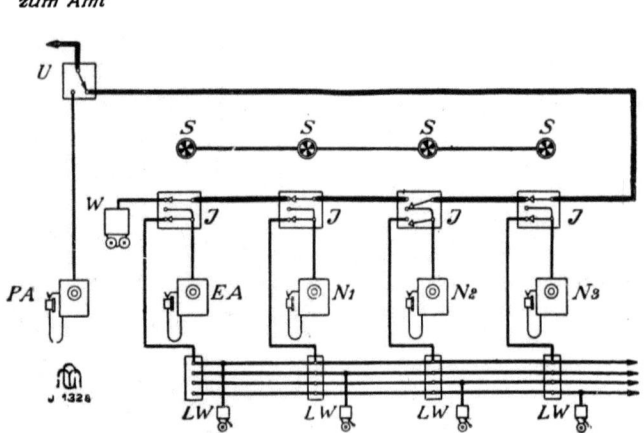

Abb. 339. Janusreihenschaltung, prinzipielle Darstellung.

Zweck wurde bei der Janusreihenschaltung die Amtsleitung zunächst zum letzten Teilnehmer geführt und von diesem zurück zur Hauptstelle (Abb. 339).

Schaltet sich ein Teilnehmer durch Umlegen des Janusschalters ein, so trennt er die hinter ihm liegenden Nebenstellen ab. Man führt daher bei diesen Anlagen die Amtsleitung zunächst zum Chef, dann zum nächst höheren Beamten usf. Der Chef kann in dringenden Fällen ein Postgespräch seines Beamten unterbrechen und selbst weiter führen. Der Apparat des Chefs erhält gewöhnlich eine Mithörtaste, welche ihm die parallele Einschaltung seines Apparates in die Leitung ermöglicht. Damit man an jeder Nebenstelle beobachten kann, ob die Leitung frei oder besetzt ist, erhalten alle Nebenstellen Schauzeichen, deren Schaltung in Abb. 340 dargestellt ist. Die Schauzeichen stehen während der Dauer des Gespräches unter Ruhestrom.

---

[1] Von Ing. Funccius.

Geschäftstelephonie.

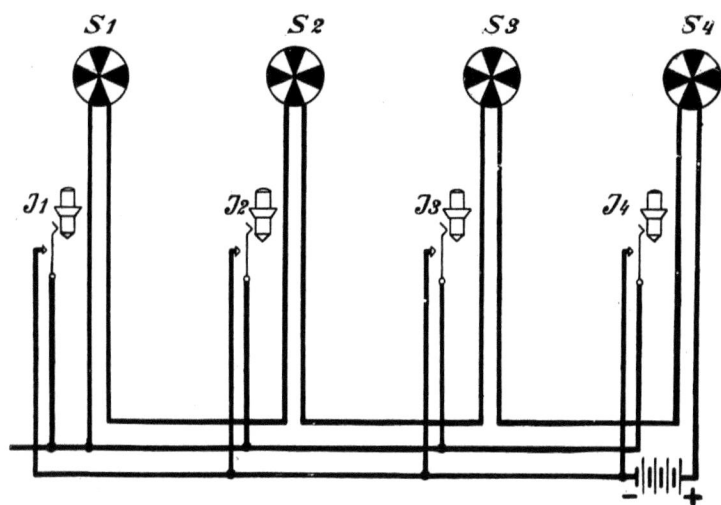

Abb. 340. Schaltung der Schauzeichen für Janusreihenschaltung.

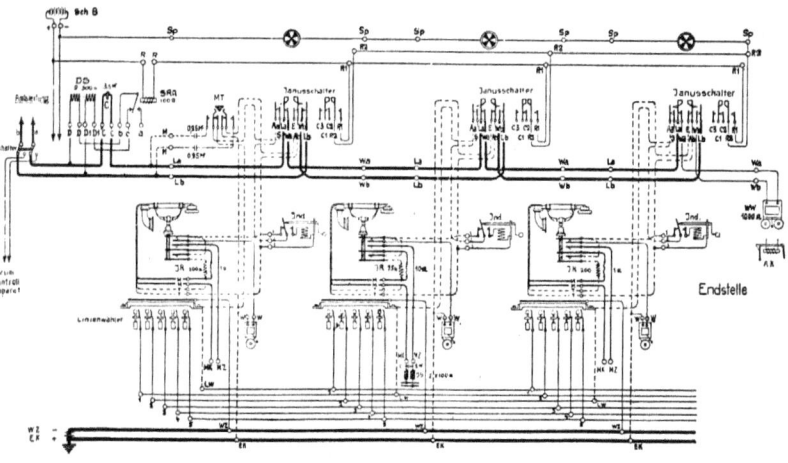

Abb. 341. Innenschaltung einer Janusreihenanlage mit Induktoranruf und automatischen Linienwählern für Einfachleitung für den Anschluß an ein beliebiges Amt.

Nachstehend ist die Reihenschaltung nach Abb. 341 erläutert. Sie ist bestimmt für den Anschluß an Ämter mit Kontrollbatterie, mit automatischen Schlußzeichen oder mit zentraler Batterie (ZB-Ämter).

Anruf vom Amt. Der Rufwechselstrom vom Amt tritt in die a-Leitung zum Va-Schalter ein und fließt über Kondensator 3,5 Mf, Leitung La, Federn La und Wa der Janusschalter aller Stationen, Wecker WW 1000 Ohm, Federn Wb und Lb der Janusschalter, über b-Leitung zum Amt zurück. Der Wechselstromwecker WW läutet, worauf der Bedienende den Hörer abnimmt, den Janusschalter niederdrückt und abfragt. Im niedergedrückten Zustand des Janusschalters gibt die La- mit der Aa-Feder, die Lb- mit der Ab-Feder Kontakt, während die Federn S, Wa, E, Wb freibleiben. Von dem rechten kleineren Teil des Janusschalters, welcher mit dem linken größeren mechanisch gekuppelt ist, geben die Federn R1 und R2 Kontakt.

Weg des Sprechstromes vom und zum Amt. a-Klemme des Va-Schalters, Kondensator 3,5 Mf, Federn La, Wa der ersten, der zweiten und der folgenden Stationen bis zur Endstelle, wo der Janusschalter gedrückt ist, Feder La, Feder Aa, Klemme 2, Federsatz und Klemme 1 des Induktors, umgeschalteter Federsatz des Haken- oder Gabelumschalters, sekundäre Wickelung der Induktionsrolle, Telephon, Feder Ab, Lb, Leitung Lb zum Amt. Die Federn R1 und R2 schalten den Schauzeichenstromkreis und das Schlußzeichenrealis SRA der Amtsleitung ein, wodurch sämtliche Nebenstellen das Besetztzeichen und das Amt das Anruf- resp. Schlußzeichen erhalten.

Der anrufende Amtsteilnehmer verlangt eine Nebenstelle. Nachdem der Bedienende erfahren, welche Nebenstelle gewünscht wird, betätigt er den entsprechenden Linienwählerknopf. Letzterer ist mit dem Janusschalter mechanisch verbunden und stellt denselben in die Rückfragestellung, d. h. jeder Linienwählerknopf löst den Hauptteil des Janusschalters aus, wobei der fünffedrige Schalterteil umgeschaltet bleibt. Die verlangte Nebenstelle wird nun von dem Bedienenden benachrichtigt, den eigenen Janusschalter der in Frage kommenden Amtsleitungen zu betätigen. Die Verständigung erfolgt, wie erwähnt, mittels Linienwähler über den in Ruhe befindlichen achtfedrigen Teil des Janusschalters. Der Janusschalter der Nebenstelle trennt im gedrückten Zustand die Amtsleitung in Richtung des WW-Weckers ab. Zugleich bleiben sämtliche Schauzeichen unter Strom. Letzterer fließt wie erwähnt über ein mit SRA bezeichnetes Schlußzeichenrelais und verhindert hierdurch die Schlußzeichengabe zum Amt während der Übergabe des Gesprächs von der Endstelle zur Nebenstelle. Der Morsekontakt des SRA-Relais ist an die Klemmen a, b, c geführt, welche für die verschiedenen Ämter wie folgt verbunden werden:

Anschluß an ein Amt mit Kontrollbatterien. Die Leitung von Klemme D1 wird nicht an c, sondern an a geführt. Zwischen D und b ist der Kurzschluß zu entfernen und eine Kontrollbatterie von 2—3 Volt zu schalten. Die Induktoren der Stationen werden für den Anruf zum Amt verwendet.

Anschluß an ein Amt mit automatischen Schlußzeichen. Wie in der Schaltung 342 angedeutet, wird die Leitung von Klemme D1 mit c verbunden. Die Klemmen D und b werden kurzgeschlossen. Die Induktoren in den Stationen bleiben für den Anruf zum Amt.

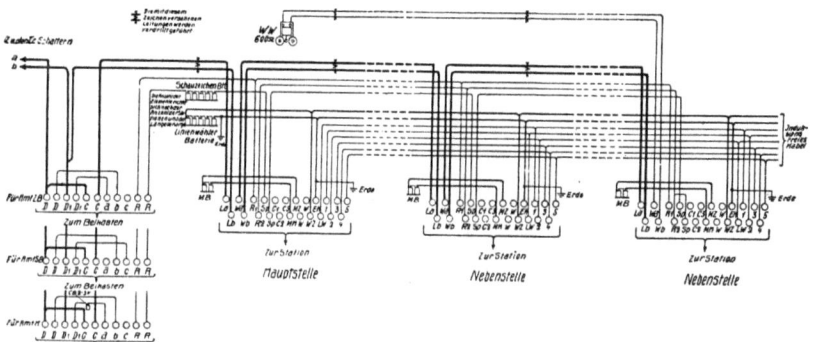

Abb. 342. Außenschaltung einer Janusreihenanlage mit automatischen Linienwählern und Batterieanruf für den Anschluß an ein beliebiges Amt.

Anschluß an ein ZbB-Amt. Die Leitung der Klemme D1 wird mit Klemme a verbunden, die Klemmen D und b werden kurzgeschlossen. Die Induktoren in den Stationen fallen fort, die dazugehörenden Klemmen 1 und 2 sind zu verbinden. Die Klemme 3 bleibt frei.

Anschluß an ein ZB-Amt mit Induktoranruf. Die Schlußzeichengabe bleibt wie unter „ZB-Amt", jedoch müssen die Induktoren für den Anruf zum Amt in den Stationen beibehalten werden.

Nach Beendigung des Gespräches der Nebenstelle mit dem Amtsteilnehmer hängt erstere den Hörer ein und stellt dadurch den Janusschalter in die Ruhelage. Die Amtsleitung ist nun wieder bis zum WW-Wecker durchgeschaltet und für ein folgendes Gespräch frei.

Eine Nebenstelle oder Endstelle wünscht das Amt. Der Inhaber der Neben- oder Endstelle drückt den Janusschalter nieder und betätigt bei Ämtern mit Induktoranruf den Induktor.

Die Federn Aa und Ab, welche an das Sprechsystem der Station angeschlossen sind, werden vom Linienwähler getrennt (Feder S und E) und mit den Federn La und Lb der Amtsleitung verbunden. Die Besetztschauzeichen aller Stationen und das Schlußzeichenrelais SRA erhalten Strom, wodurch an allen Sprechstellen die Amtsleitung als nicht benutzbar kenntlich gemacht und zum Amt die notwendige Gesprächsüberwachung gegeben wird. Nach Einhängen des Nebenstellenhörers wird der Janusschalter in die Ruhelage gestellt, sämtliche Schauzeichen sowie das Schlußzeichenrelais SRA werden stromlos. Das Amt erhält mittels des abgefallenen Ankers von Relais SRA das Schlußzeichen und trennt die Verbindung.

Abb. 342a. Janusreihenstation für ZB-Betrieb mit 2 Amtsleitungen und 10 Nebenstellen, in Blechgehäuse.

Auf Wunsch einzelner Nebenstelleninhaber können die betreffenden Stationen mit Mithörtasten MT ausgerüstet werden, um ein bestehendes Amtsgespräch mithören zu können. Die Kondensatoren 0,25 MF werden der Mithörtaste vorgeschaltet, da sonst eine merkliche Schwächung des Amtsgespräches eintreten würde. Die Haus- resp. Linienwählerleitungen sind beim Betätigen der Taste doppelseitig abgetrennt und somit unerlaubte Verbindungen unausführbar.

Steht eine Batterie mit einer höheren Spannung zur Verfügung, so können die einzelnen Mikrophonbatterien in Wegfall kommen. Die MK- und MZ-Klemmen werden dann mit einem Kondensator überbrückt und über Drosselspulen zur gemeinsamen Batterie geführt.

Statt des Amtsanrufweckers kann sinngemäß auch eine Anrufklappe, wie in der Zeichnung angedeutet, eingeschaltet werden.

2. Januszentralschaltung.

Das Prinzip der Janusschaltung findet auch für Zentralanlagen Anwendung. Dasselbe ist in Abb. 343 in einfacher und übersichtlicher Weise dargestellt. Die Leitungen des Amtes, der Nebenstellen und der Privatstellen führen zu den Anruforganen des Schrankes (Fallklappen, Rückstellklappen, Glühlampen). Alle Nebenstellen- und Privatleitungen endigen in Klinken, die in bekannter Weise für die Verbindungen mittels Stöpsels und Schnüre benutzt werden. Die Nebenstellenleitungen sind vorher über fest eingebaute Janusschalter geführt, durch welche sie von den Klinken abgetrennt und mit den Amtsleitungen verbunden werden können. Die Amtsleitung endigt lediglich in einem Januskopf, sie ist also mittels eines Stöpsels nicht erreichbar. Die Nebenstellenapparate sind normale Stationen, welche den Postvorschriften entsprechen müssen. Soll eine Nebenstelle auch noch über Linienwähler mit anderen Privatstellen verkehren, so muß der Linienwähler in

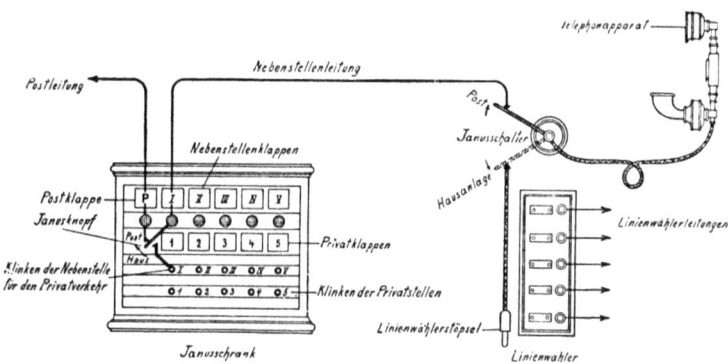

Abb. 343. Prinzipielle Darstellung der Januszentralschaltung kombiniert mit einem Linienwählersystem.

ähnlicher Weise wie bei der Reihenschaltung mit einem Janusschalter versehen sein. In Abb. 344 ist die Innenschaltung eines Janusschrankes mit einer Amtsleitung für die Verbindung mit einem ZB-Amt dargestellt.

Diese Schaltung zeigt auch die Anordnung einer Rückfrageeinrichtung, welche zuerst von der Aktiengesellschaft Mix & Genest ausgeführt wurde. Die Rückfrageeinrichtung ermöglicht die kontrollsichere Verbindung einer mit dem Amt verbundenen Nebenstelle, ohne daß das Amtsgespräch getrennt werden kann.

In Abb. 345 ist die Innenschaltung eines Janusglühlampenschrankes dargestellt, bei dem die kontrollsichere Verbindung der Amtsleitung mit den Nebenstellen durch Druckknöpfe erfolgt. Abb. 345a zeigt eine in neuerer Zeit vom Reichspostministerium zugelassene Schaltung, bei der die Amtsleitungen an Stöpseln endigen, während die Nebenstellenleitungen an Klinken geführt sind. Unzulässige Verbindungen werden hier durch die Innen-

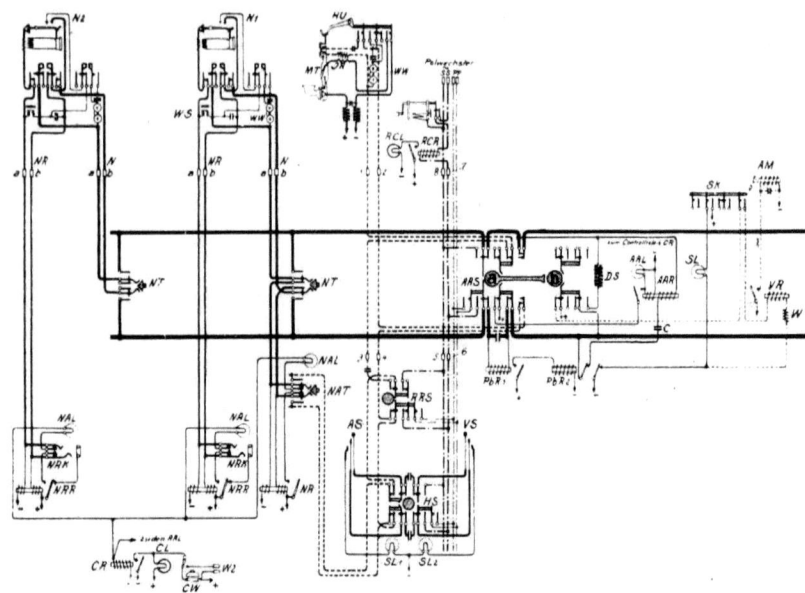

Abb. 344. Innenschaltung eines Janusglühlampenschrankes mit Druckknopfschaltern für die Amtsverbindungen. Geeignet für den Anschluß an ZB- und automatische Ämter.

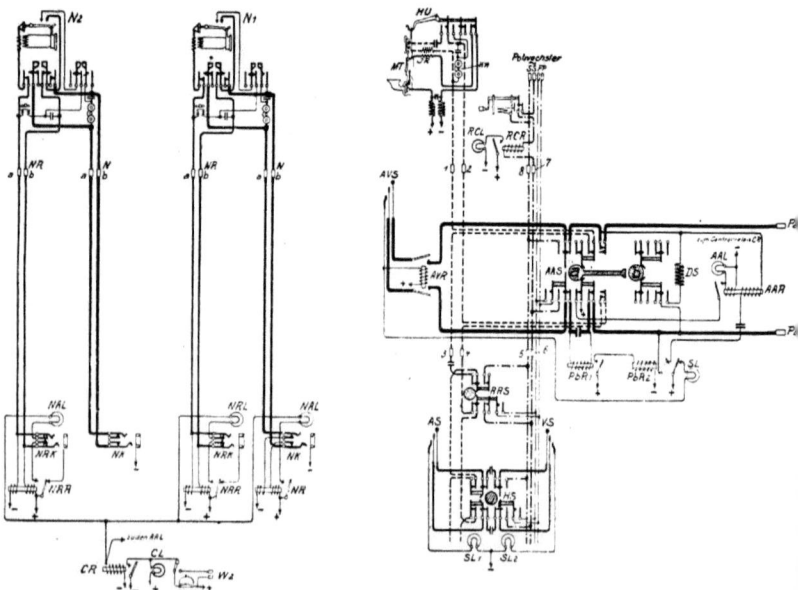

Abb. 345a. Innenschaltung eines Janusglühlampenschrankes mit im Stöpsel endigender Amtsleitung. Geeignet für ZB- oder automatische Ämter.

stellung, wie weiter unten beschrieben, unmöglich gemacht. Die Stromläufe der Schaltung, Abb. 344, sind wie folgt beschrieben.

Anruf vom Amt. Der Rufwechselstrom tritt in die Pa-Leitung ein, fließt dann über den Ruhekontakt des a-Schalters über das Amtsanrufrelais AAR, über den Kondensator C, Ruhekontakt des PbR2-Relais zur Pb-Leitung und zum Postamt zurück. Das Amtsanrufrelais betätigt seinen Anker, worauf die Haltewickelung sowie die Amtsanruflampe AAL eingeschaltet werden. (Pluspol, Ruhekontakt des a-Schalters, Anker, Wickelung des AAR-Relais sowie AAL zum Kontrollrelais CR und Minuspol.)

Abfrage eines Amtsanrufes. Die Bedienungsperson nimmt den Sprechapparat MT zur Hand und legt den kombinierten Amtsabfrageschalter AAS nach rechts um. Hierdurch wird das Amtsanrufrelais sowie der Haltestrom für dasselbe abgeschaltet und die Amtsleitung über Klemmen 1 und 2 nach dem Abfrageapparat gelegt. Der Wechselstromwecker WW liegt parallel zur Leitung und wird hier über das Amt gehalten. Nach Beendigung des Gespräches stellt die Bedienungsperson den kombinierten Schalter in die Ruhelage zurück.

Eine Nebenstelle wird verlangt. Hat die Bedienungsperson den Amtsanruf entgegengenommen und wird eine Nebenstelle verlangt, so drückt die Bedienungsperson die zugehörige Nebenstellentaste NT ein und legt den a-Schalter nach links um und ruft die Nebenstelle vermittels des Induktors oder Polwechslers an. Der b-Schalter bleibt jedoch rechts umgelegt, um eine Unterdrückung des Schlußzeichens herbeizuführen. Der Amtsstrom fließt in diesem Fall über: Pa-Leitung, Ruhekontakt des a-Schalters, zur Pb-Leitung und zum Amt zurück. Der Anruf bei der Nebenstelle kommt auf den Wechselstromwecker WW an. Die Bedienungsperson schaltet sich durch Drücken des Janusschalters auf die Amtsleitung. Der Amtsstrom fließt jetzt auch über den vorgenannten Wechselstromwecker, so daß das PbR1-Relais und indirekt auch das PbR2-Relais stromführend werden. Durch das PbR2-Relais wird die Anrufwickelung des AAR-Relais abgeschaltet und ebenso die Schlußlampe. Durch Erlöschen der Schlußlampe wird die Bedienungsperson aufgefordert, den b-Teil des AAS-Schalters in die Ruhelage zu bringen.

Schlußzeichengabe von der Nebenstelle nach dem Postamt. Sobald die Nebenstelle das Amtsgespräch beendet hat, legt sie den Sprechapparat auf die Gabel und bringt dadurch den Janusschalter automatisch in die Ruhelage, hierdurch wird der Kondensator wieder in den Weckstromkreis eingeschaltet.

Dieser Kondensator verriegelt den Gleichstrom des Amtes, wodurch das Schlußzeichen direkt zum Postamt gegeben wird. Die beiden Relais PbR1 und PbR2 werden stromlos, die Anrufwickelung des Amtsanruferelais ist wieder eingeschaltet und die Schlußlampe SL leuchtet auf. Die Bedienungsperson löst die hergestellte Verbindung, indem sie die Taste NT mechanisch auslöst, worauf auch der SK-Kontakt in die Ruhelage zurückspringt und die Schlußlampe erlischt.

Elektrische Auslösung. Für die elektrische Auslösung der Nebenstellentasten NT ist ein Auslösemagnet AM erforderlich; er wird stromführend, sobald nach Beendigung eines Amtsgespräches das Verzögerungsrelais VR nach ca. 3 Sekunden seinen Anker angezogen hat. Eine mechanische Auslösung durch die Bedienungsperson erübrigt sich dann.

Eine Nebenstelle wünscht das Postamt. Wünscht Nebenstelle N 2 das Amt, so muß sie erst den Schrank über die Haus- resp. Rückfrageleitung anrufen, worauf die Bedienungsperson, nachdem sie abgefragt hat, die Verbindung mit dem Amt durch Drücken der NT-Taste herstellt. Um ein Abfragen durch die Bedienungsperson zu vermeiden, ist es vorteilhaft, die Nebenstellen mit doppeltem Anruf auszurüsten wie Nebenstelle N 1. Wünscht diese Stelle das Amt, so betätigt sie den Janusschalter, die NAL-Lampe leuchtet auf zum Zeichen, daß das Amt gewünscht wird. Die Bedienungsperson hat jetzt nur den zugehörigen Druckknopf NT herniederzudrücken. Die Nebenstellenabfragetaste NAT dient nur dazu, um der Nebenstelle Nachricht zu geben, falls alle Amtsleitungen besetzt sind.

Verbindung der Teilnehmer untereinander. An einen Janusschrank können auch beliebig viele Privatstellen angeschlossen werden. Der Anschluß derselben erfolgt in der gleichen Weise wie die Nebenstellen-Rückfrageleitung NR. Bei einem Hausanruf leuchtet die zugehörige Anruflampe auf, die Bedienungsperson stellt, nachdem sie durch den AS-Stöpsel abgefragt hat, die gewünschte Verbindung durch den VS-Stöpsel her. Jedes Schnurpaar besitzt doppelseitige Schlußlampen, so daß die Bedienungsperson über den Stand eines Gespräches jederzeit unterrichtet ist.

Janusschrank zum Anschluß an ein vollautomatisches Amt. In diesem Falle müssen der Bedienungsapparat des Schrankes sowie jede Nebenstelle noch je einen Nummernschalter (Wählscheibe) erhalten, damit sie in der Lage sind, den gewünschten Amtsteilnehmer selbst wählen zu können.

Geschäftstelephonie.

In der Schaltung Abb. 345 a endigt die Amtsleitung auf einem Stöpsel. Die Bedienung dieses Schrankes ist im Prinzip die gleicher, wie bei dem Janusdruckknopfschrank, jedoch erfolgt die Verbindung der Nebenstellen mit dem Postamt nicht durch Nebenstellentasten NT, sondern durch Amtsverbindungsstöpsel AVS. Die Nebenstellenleitungen enden nicht auf Druckknöpfe, sondern auf Klinken, so daß der Schrank zweierlei Klinken besitzt und zwar solche für den Amts- und andern Privatverkehr. Die Nebenstellenklinken haben den Körper an dem Minuspol liegen, so daß das AVR-Relais stromführend wird, sobald der AVS-Stöpsel in einer Nebenstellen-

Abb. 346. Janusschiene mit elektrischer Auslösung.

klinke sich befindet. Durch das AVR-Relais wird die Amtsleitung zum AVS-Stöpsel durchgeschaltet. Eine unerlaubte Verbindung der Privatstellen mit dem Amt ist nicht möglich, da beim Einführen des AVS-Stöpsels in eine Privatklinke das AVR-Relais stromlos bleibt.

Die konstruktive Ausbildung der Janusschränke hat in den letzten Jahren verschiedene Wandlungen durchgemacht. Das Bestreben geht dahin, die Handhabungen der Telephonistin möglichst zu beschränken, um die für die Herstellung der Verbindung erforderliche Zeit auf das kleinste Maß abzukürzen. Ein bedeutender Fortschritt auf diesem Gebiet wurde durch die zuerst von der Aktiengesellschaft Mix & Genest eingeführte selbsttätige Trennung der Amtsverbindungen herbeigeführt. Die Janusköpfe (Abb. 346) werden zu diesem Zweck durch eine gemeinsame Schiene gesperrt. Ein kräftiger Magnet bewegt diese Schiene in ihrer Längsrichtung, sobald der Hörer der eingeschalteten Nebenstelle angehängt wird.

Außenliegende Nebenstellen. Nebenstellen, welche nicht auf demselben Grundstück liegen, dürfen nach den amtlichen

Vorschriften gleichfalls an Janusschränke angeschlossen werden. Ein Verkehr der außenliegenden Nebenstellen mit Privatstellen ist gestattet. Die Leitungen sind durch die Post herzustellen.

Außenliegende Privatstellen. Die Leitungen für außenliegende Privatstellen können auch durch die Reichspost hergestellt werden. Sie werden vom Besteller entweder durch Kauf oder mieteweise übernommen. Diese Apparate dürfen nur mit Privatstellen verbunden werden. Ist ein Verkehr mit privaten Nebenstellen erwünscht, so ist bei den letzteren ein besonderer Privatapparat aufzustellen.

Näheres über die amtlichen Bestimmungen betreffend Nebenstellenanlagen siehe viertes Kapitel.

Abb. 347. Janusschrank mit in Stöpseln endigenden Amtsleitungen.

3. Vollautomatische Zentralen.

Die Herstellung von Verbindungen in größeren Telephonanlagen ist beim Zentralbetrieb von der Tätigkeit einer Beamtin abhängig. Abgesehen von den durch die Besoldung aufzubringenden Kosten besitzt dieser Betrieb verschiedene Übelstände. Die Bedienung der Zentrale kann nur in seltenen Fällen außer der Geschäftszeit aufrechterhalten werden. Die Schnelligkeit der Herstellung und Trennung der Verbindungen ist in erster Linie von der Aufmerksamkeit und Fertigkeit der Beamtin abhängig; falsch verstandene Angaben führen zu falschen Verbindungen usw. All diese Übelstände besitzt eine vollautomatische Schalteinrichtung nicht. Die Verbindungen werden mit größter Präzision und Schnelligkeit hergestellt und im ersten Augenblick beim Aufhängen des Hörers getrennt. Den ersten Schritt zum vollautomatischen System bildet der Linienwähler, und zwar ist das Prinzip des Kurbellinienwählers bei allen automatischen Systemen angewendet. Linienwähleranlagen können aber nur für kurze Entfernungen bis ca. 300 m und im Maximum für etwa 40 Stationen ausgeführt werden. Für größere Entfernungen und für mehr Stationen werden die Linienwähleranlagen wegen des aufzuwendenden Leitungsmaterials unwirtschaftlich.

Das einfachste automatische System besteht aus räumlich nahe beieinanderliegenden Kurbellinienwählern, deren Kurbeln durch Schaltmagnete betätigt werden. Abb. 348 zeigt die prinzipielle Anordnung dieses Systems. Um die Übersicht zu erleichtern, sind die Batterien, Umschalterelais und sonstigen Hilfseinrichtungen fortgelassen. In der Zentrale ist für jeden Anschluß

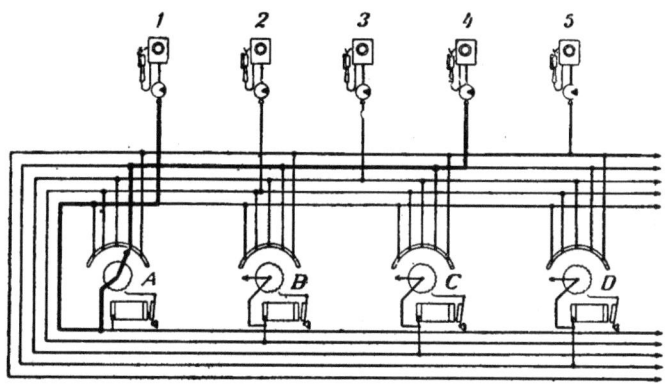

Abb. 348.

ein Wähler A, B, C, D ... vorgesehen, deren Kurbeln durch Elektromagnete gedreht werden. Die Stationen besitzen Kontaktvorrichtungen, mittels welcher der Teilnehmer eine beliebige Anzahl von Stromschließungen entsprechend der Nummer des gewünschten Teilnehmers hervorbringen kann. Gibt z. B. die Station 1 4 Stromstöße, so betätigt sie ihren Wähler A und stellt seine Kurbel auf die zur Station 4 führende Leitung. Nach Anhängen des Hörers der Station 1 fällt die Kurbel des Wählers A in die Ruhestellung zurück, und die Verbindung ist getrennt. Dieses einfachste Prinzip hat nur für Anlagen kleinsten Umfanges Anwendung gefunden. Für größere Anlagen sind eine Reihe von Einrichtungen notwendig, welche in erster Linie eine Verringerung der Zahl der Wähler, ferner den völligen Geheimverkehr und die selbsttätige Angabe des Besetztseins bewirken. Verschiedene Systeme, welche diese Bedingungen erfüllen, haben praktische Anwendung gefunden. Die Beschreibung dieser Systeme würde den Rahmen des vorliegenden Werkes überschreiten, es sei daher nur das von der Aktiengesellschaft Mix & Genest ausgeführte vollautomatische System kurz dargestellt.

Abb. 349 zeigt eine Telephonstation mit Wählscheibeschalter. Die letztere besitzt 10, mit den Ziffern 0—9 bezeichnete Öffnungen. Beim Wählen steckt man den Finger in die Öffnung der gewünschten Ziffer, dreht die Scheibe bis zu dem Anschlag und läßt sie dann ablaufen, wobei das Werk eine entsprechende Anzahl von Stern-

Abb. 349.

schließungen und Unterbrechungen bewirkt. In Abb. 350 ist ein von der Aktiengesellschaft Mix & Genest ausgeführter Wähler dargestellt. Diese Konstruktion wurde ursprünglich von dem Amerikaner Strowger zuerst angewendet und hat sich in den größten automatischen Fernsprechanlagen auf das Beste bewährt. Der abgebildete Mix-Wähler stellt eine Ausbildung dieses Wählers dar mit erheblichen Verbesserungen gegenüber früheren Konstruktionen. Diese beziehen sich vor allem auf eine organische Zusammenfassung und übersichtliche Anordnung der zahlreichen Konstruktionsteile, wodurch sich die Zusammensetzung und Justierung der Apparate ganz wesentlich vereinfacht. Es ist ferner auf allseitige leichte Zugänglichkeit sämtlicher Teile auch im Betriebe besonderer Wert gelegt. Der Wähler steht dank seiner eigenartigen Befestigungsweise vollständig frei und offen in dem Wählergestell, wodurch seine leichte Zugänglichkeit ermöglicht wird.

Abb. 350.

Die zum Wähler führenden Leitungen sind an einzelne kreisförmig übereinander angeordneten Kontaktsätze geführt. Im Mittelpunkt dieser Kreise befindet sich eine Achse, die durch Magnete schrittweise gehoben und gedreht werden kann. Durch einen dritten Magneten, der sich gleichfalls auf der Rückseite des Gestelles befindet, erfolgt die Auslösung und Rückstellung der Achse.

An der Achse sind Kontakthebel angeordnet, die beim Betrieb über die Kontaktsätze hinwegstreifen und auf diesem Wege die gewünschte Verbindung herstellen.

Wenn z. B. die Nummer 56 gewählt werden soll, so steigt die Achse zunächst 5 Schritte nach aufwärts und wird dann auf Nummer 6 gedreht. Beim Abstellen erfolgt zunächst Rückdrehung und dann Senken der Achse.

In Abb. 351 ist die Gruppenverbindung einer automatischen Zentrale für 1000 Teilnehmer wiedergegeben. Sämtliche Teilnehmerleitungen werden in Gruppen zu je 100 unterteilt. Von den einzelnen Leitungen führen Abzweigungen zu den Kontakten der Anrufsucher und zu Kontakten der Leitungswähler, die sämtlich mit den Wählern Abb. 350 ausgerüstet sind. Die Verbindung zwischen Anrufsuchern und Leitungswählern vermitteln besondere Gruppenwähler gleicher Konstruktion. Die Zahl der Gruppenwähler richtet sich nach der zu erwartenden Verkehrsdichte. Zwischen Anrufsucher und Gruppenwähler sind die Kontakthebel miteinander verbunden, während die Kontakthebel der Leitungswähler mit den Leitungen der Gruppenwähler in Verbindung stehen. Der Vorgang einer Verbindung in einem solchen Amt gestaltet sich nun folgendermaßen:

Angenommen, der Teilnehmer Nr. 256 will mit dem Teilnehmer Nr. 986 verbunden werden. Er hebt seinen Hörer ab und im nächsten Augenblick läuft ein nicht besetzter Anrufsucher der Gruppe, an welche seine Leitung angeschlossen ist, auf den Kontakt 256. Der Teilnehmer betätigt nunmehr zunächst die Ziffer 9, worauf ein nicht besetzter Gruppenwähler eine Leitung des zum 9. Hundert führenden Kabels einschaltet. Der Teilnehmer schaltet weiter Nr. 8 und 6, wodurch der Leitungswähler im 9. Hundert die Ziffer 86 seines Kontaktsatzes einschaltet, an die der gewünschte Teilnehmer angeschlossen ist. Der Anruf des Teilnehmers erfolgt, nachdem die Verbindung hergestellt ist, automatisch und zwar in Absätzen von mehreren Sekunden Unterbrechung. Der rufende Teilnehmer hört dieses Rufzeichen in seinem Hörer als Kontrolle dafür, daß seine Verbindung richtig hergestellt ist. Ist der gerufene Teilnehmer bereits anderweitig besetzt oder kann die Verbindung nicht hergestellt werden, weil alle Anrufsucher besetzt sind, so ertönt im Hörer des rufenden Teilnehmers ein dauerndes Summen. Er muß dann den Hörer anhängen und nach einiger Zeit wieder von neuem anrufen. Nach beendigtem Gespräche legen beide Teilnehmer den Hörer auf, worauf sämtliche Hörer wieder automatisch in die Ruhelage zurückfallen. Eine Beschreibung sämtlicher für den Anruf und Besetzt-

Geschäftstelephonie. 225

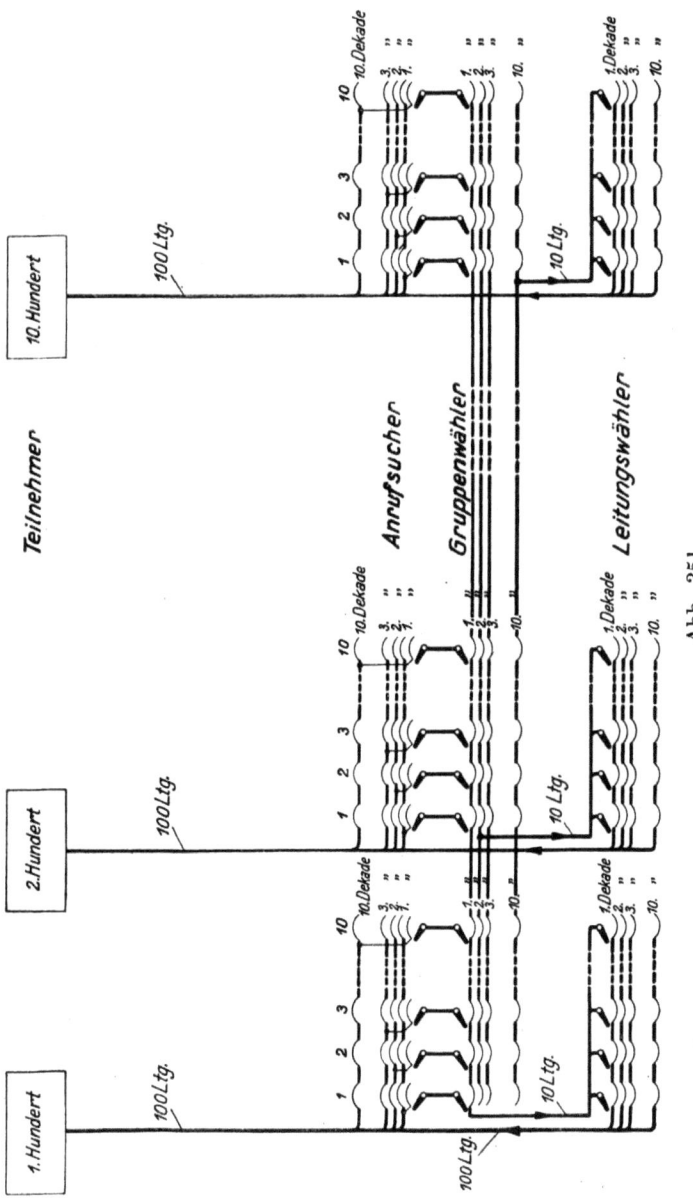

Abb. 351.

Beckmann, Telephonanlagen. 3. Aufl.

zeichen usw. erforderlichen Schaltungen würde den Rahmen des vorliegenden Werkes übersteigen. Es sei auf die Fachliteratur über Automatie verwiesen.

Um die ziemlich komplizierten Schaltvorgänge zu bewirken, finden vorzugsweise zwei Arten von Relais Anwendung, von denen die eine Art in verzögerter Ankerbewegung ausgeführt ist, so daß die Anker derselben bei kurzen Stromunterbrechungen nicht abfallen. Ein großer Vorzug dieses Systems ist sein verhältnismäßig einfacher Bau. Die großen Vorzüge des vollautomatischen Systems, seine stete Betriebsbereitschaft und die durch kein Handamt erreichbare Schnelligkeit in der Herstellung der Verbindungen sichern der Automatie für die Zukunft die größte Verbreitung..— Abb. 352 zeigt einen Teil einer automatischen Zentrale für 500 Leitungen.

4. Lautsprech- und Lauschtelephonanlagen.

Durch Anwendung besonders konstruierter Mikrophone und Telophone kann die Lautwirkung der telephonischen Übertragung so weit gesteigert werden, daß die Sprache in einer Entfernung von mehreren Metern noch deutlich vernommen werden kann. Diese Lautsprech-Mikrophone und -Telephone sind durch den der Aktiengesellschaft Mix & Genest geschützten Namen „Stentor" gekennzeichnet. Praktische Anwendung finden diese Apparate in erster Linie für Bureauzwecke, da sie den telephonischen Verkehr erheblich beschleunigen und vereinfachen; denn infolge ihrer Lautwirkung braucht der angerufene Teilnehmer den Hörer nicht ans Ohr zu legen. Umgekehrt wird die Eigenschaft hochempfindlicher Mikrophone, leise Geräusche aus größerer Entfernung aufzunehmen und zu übertragen, dazu benutzt, um das Zurhandnehmen eines Mikrophons überflüssig zu machen. Die Kombination eines Stentortelephons und eines Lauschmikrophons ergibt den sogenannten Freisprecher, bei dem weder Mikrophon noch Telephon zur Hand genommen zu werden braucht. Wir unterscheiden dementsprechend:

1. einfache Lautsprechanlagen,
2. einfache Lauschanlagen,
3. kombinierte Lautsprech- und Lauschanlagen.

Die letzteren Anlagen werden auch zum Sprechen nach mehreren Richtungen ausgeführt, und zwar als:

a) Anlagen mit freisprechender Zentralstelle,
b) Anlagen mit freisprechenden Seitenstationen.

Es sei ausdrücklich darauf hingewiesen, daß diese Anlagen stets ein System für sich bilden und normalerweise mit gewöhnlichen Telephonanlagen nicht kombiniert werden können.

Abb. 352.

228 Telephonanlagen.

Lautsprech- und Lauschanlagen.

Die gebräuchlichsten Schaltungen sind in den nachstehenden Abb. 353 bis 356 dargestellt. (Näheres über Lautsprech- und Lauschanlagen siehe Anleitung der Aktiengesellschaft Mix & Genest.)

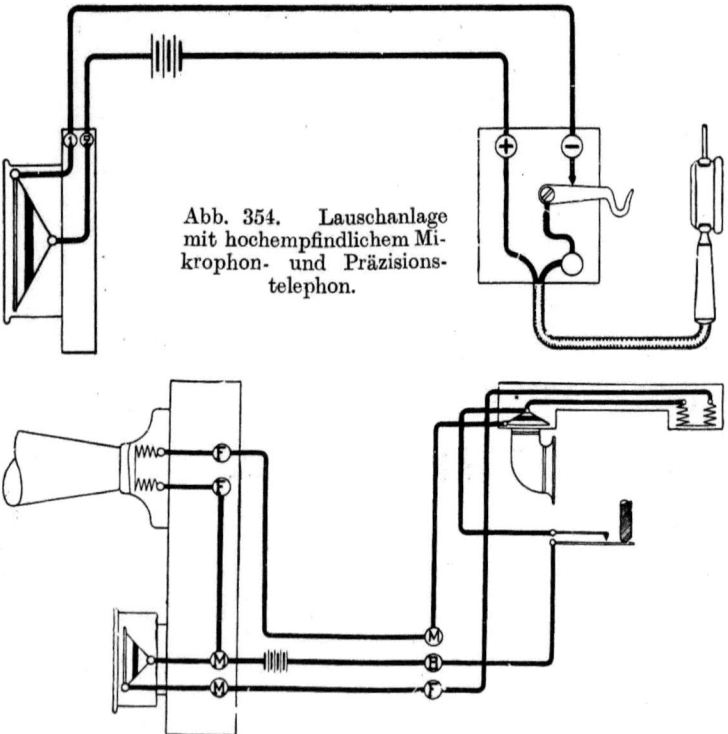

Abb. 354. Lauschanlage mit hochempfindlichem Mikrophon- und Präzisionstelephon.

Abb. 355. Kombinierte Lautsprech- und Lauschanlage mit Freisprecher und Mikrotelephon.

Geschäftstelephonie.

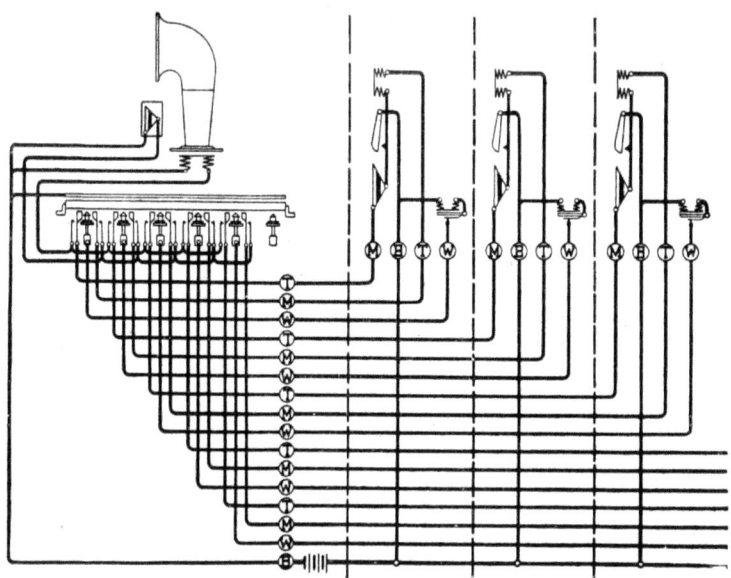

Abb. 356. Lautsprech- und Lauschanlage mit freisprechender Zentralstelle.

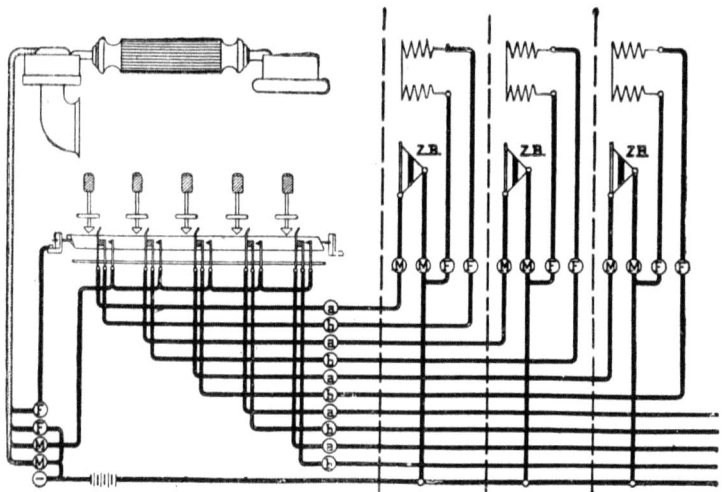

Abb. 357. Lautsprech- und Lauschanlage mit freisprechenden Seitenstationen.

D. Eisenbahntelephonie.

Für den telephonischen Verkehr der Bahnstationen untereinander kommen besonders solid ausgeführte Induktorstationen zur Anwendung, welche mit sehr kräftigen Induktoren ausgerüstet

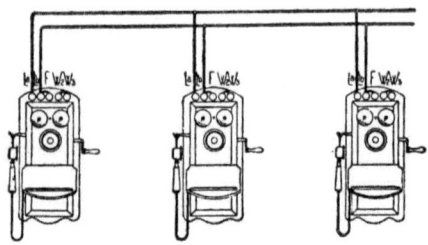

Abb. 358. Eisenbahnstationen in Parallelschaltung.

sind. Diese Apparate werden parallel geschaltet zwischen der Leitung und Erde. In neuerer Zeit verwendet man jedoch fast nur Doppelleitung, um die Störungen durch Fremdströme zu

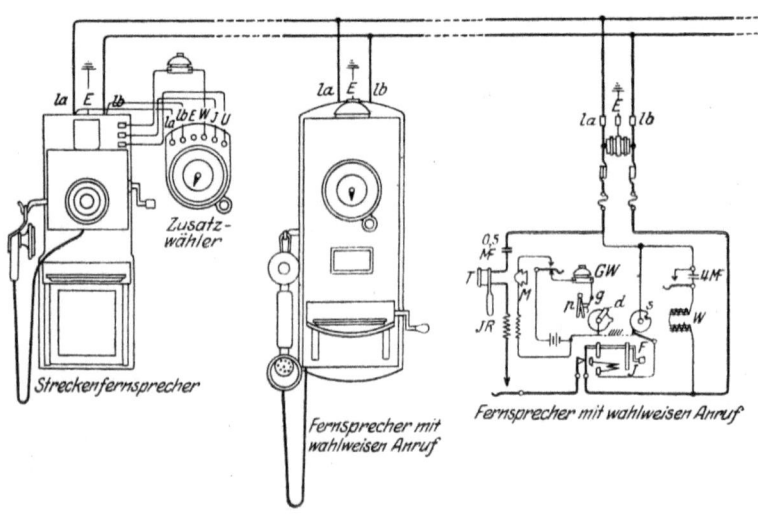

Abb. 359. Schaltung für Stationswähler.

vermeiden. Beim Drehen einer Induktorkurbel läuten sämtliche Stationen zugleich. Um eine Station aufzurufen, müssen verabredete Signale gegeben werden. Dies erfordert die unausgesetzte Aufmerksamkeit sämtlicher Stationen.

Die Aktiengesellschaft Mix & Genest hat deshalb eine neue Type eingeführt, welche durch den Namen Stationswähler gekennzeichnet ist. Die Apparate besitzen dieselben Teile wie die gewöhnlichen Eisenbahnstationen, sie unterscheiden sich lediglich durch eine oberhalb des Mikrophons angebrachte Wähluhr, deren Zifferblatt in so viel Teile geteilt ist, als Stationen vorhanden sind. Soll eine Station aufgerufen werden, so ist ein am Wählerwerk befindlicher Hebel auf die Nummer der betreffenden Station einzustellen und dann die Induktorkurbel zu drehen. Hierdurch werden die Zeiger sämtlicher Wählerwerke in Umdrehung versetzt, bis der Zeiger des rufenden Werkes die eingestellte Nummer erreicht hat. In diesem Augenblick stehen sämtliche Zeiger still und der Wecker der gerufenen Station ertönt, bis der Hörer vom Haken genommen ist. Nach beendetem Gespräch ist die Kurbel so lange zu drehen, bis der Zeiger die Nullstellung erreicht hat. Damit dies nicht versäumt wird, ertönt bei der gerufenen Stelle nach Anhängen des Hörers der Wecker so lange, bis der Zeiger in die Nullstellung zurückgedreht ist. Bei der Nullstellung werden die Zeiger sämtlicher Apparate gleichgestellt. Der Zeiger des Wählerwerkes dient gleichzeitig als Kontrolle. Zeigt er auf irgendeine Nummer, so ist die Leitung besetzt, zeigt er auf das rote Ruhefeld, so ist die Leitung frei. Diese Apparate werden mit Doppelleitung ohne Endverbindung betrieben, sie sind daher gegen den Einfluß von Fremdströmen geschützt und besitzen hohe Betriebssicherheit. In besonderen Fällen werden diese Apparate auch mit selbsttätiger Rückstellung eingerichtet. Die hierzu erforderliche Vorrichtung ist in einer Anlage nur einmal vorhanden, sie wirkt, sobald der Hörer angehängt ist. Die Apparate werden auch als Tischstationen ausgeführt. Das Wählerwerk ist dann in einem besonderen Gehäuse untergebracht. Die Betätigung erfolgt durch Druckknöpfe wie bei einer Linienwählerstation.

E. Telephonanlagen für feuchte Räume.

Die normalen Telephonapparate in Holzgehäusen eignen sich nicht für die Anbringung in nassen Räumen. Man verwendet daher für diesen Zweck die für den Grubenbetrieb ausgebildeten gas- und wasserdichten Apparate in Eisengehäuse. Abb. 363 zeigt eine derartige von der Aktiengesellschaft Mix & Genest konstruierte Station. Der Apparat besteht aus drei schräg aufeinander passenden Teilen. Das mittlere Stück wird an der Wand befestigt und dient gleichzeitig als wasserdichter Kabelendverschluß. Der untere Teil ist als Batteriekasten ausgebildet, während in dem oberen Teil sämtliche für den Anruf und den Sprechverkehr dienenden Apparate untergebracht sind. Die Dreiteilung hat den Vorzug, daß die Station bei Reparaturen leicht auseinandergenommen werden kann, ohne daß die Kabelver-

Abb. 360.

bindung gelöst zu werden braucht. Infolge ihres gas- und wasserdichten Abschlusses kann die Station auch in Räumen angebracht werden, in denen explosible Gase auftreten, z. B. in den Werkräumen der Gasanstalten. Die Apparate werden sowohl für Induktor- als auch für Batterieanruf ausgeführt.

2. Signalanlagen.

A. Haus- und Geschäftstelegraphie.

1. Signal- und Alarmanlagen.

Näheres über Haustelegraphenanlagen siehe Anleitung der Aktiengesellschaft Mix & Genest.

Haus- und Geschäftstelegraphie. 233

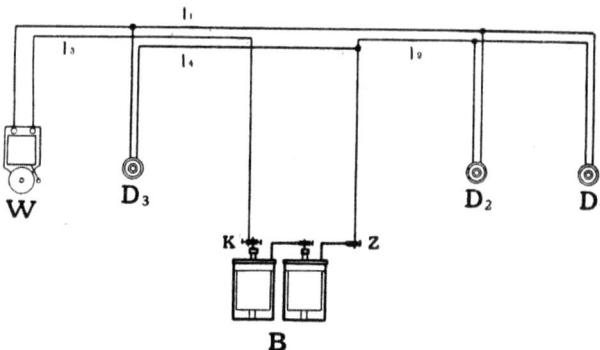

Abb. 361. Einfache Haustelegraphenanlage. Wenn mehrere Wecker gleichzeitig betrieben werden sollen, so sind dieselben parallel zu schalten.

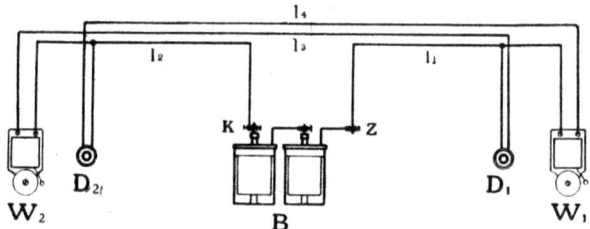

Abb. 362. Korrespondenzsignalanlage mit drei Leitungen und gemeinsamer Batterie.

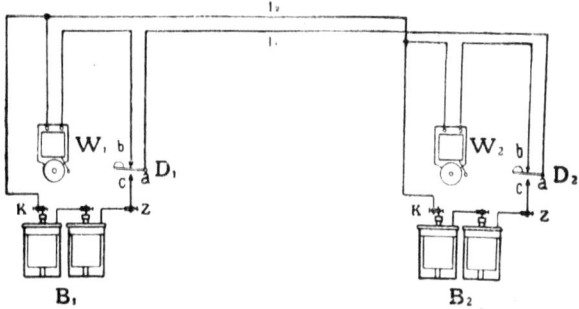

Abb. 363. Korrespondenzsignalanlage mit zwei Leitungen und getrennten Batterien.

234 Signalanlagen.

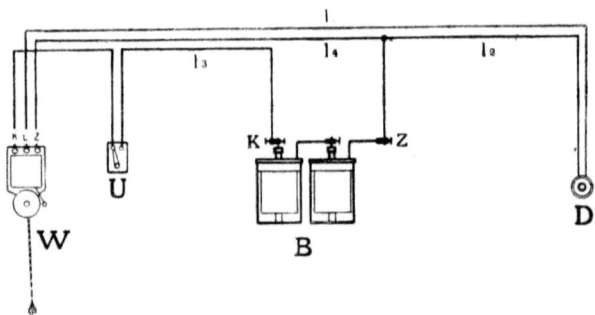

Abb. 364. Signalanlage mit Fortschellwecker. Das Fortläuten kann durch den Schalter U abgestellt werden.

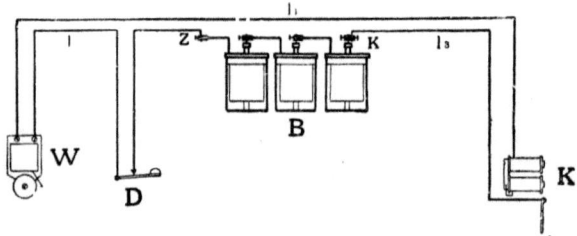

Abb. 365. Wecksystem. Einschaltung des Weckers durch Anheben der Klappe K, Abstellung durch Stromunterbrechung mittels des Knopfes D, wobei die Klappe K zurückfällt.

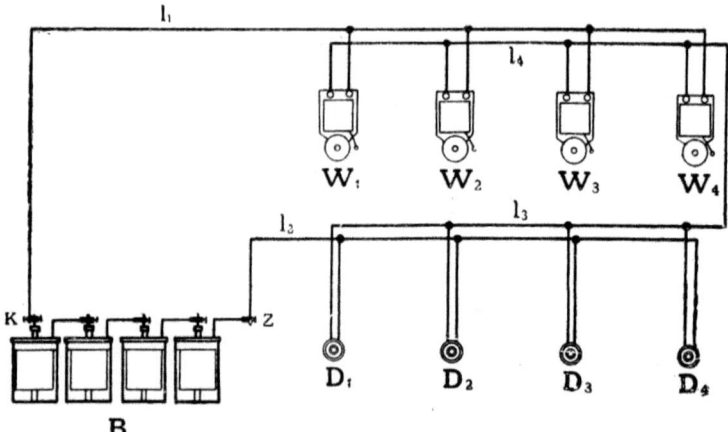

Abb. 366. Alarmanlage mit parallel geschalteten Weckern. Berechnung der Batterie und Leistung siehe S. 26 und 33.

Haus- und Geschäftstelegraphie.

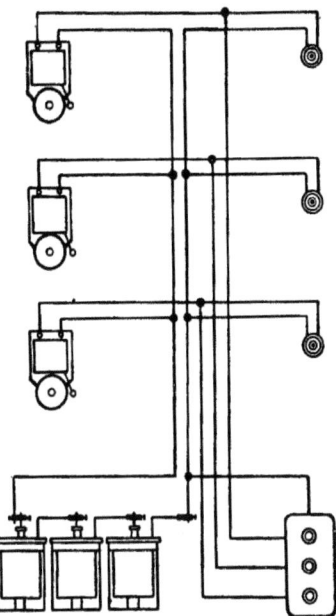

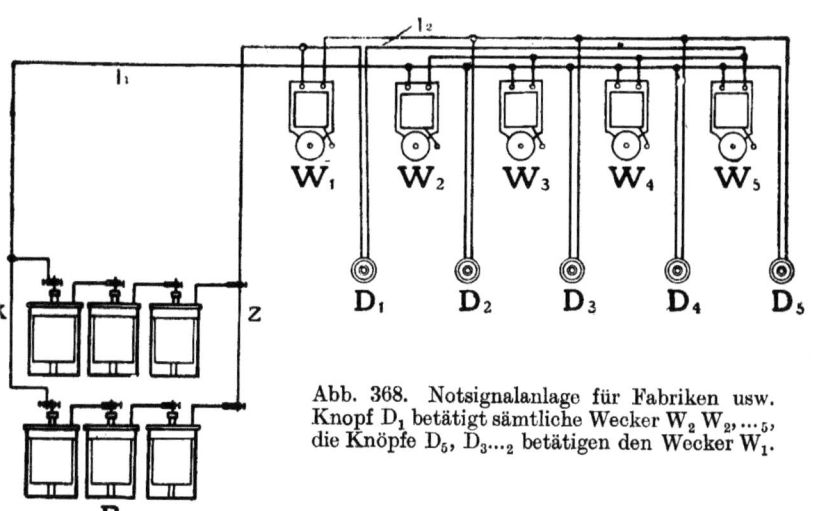

Abb. 368. Notsignalanlage für Fabriken usw. Knopf D_1 betätigt sämtliche Wecker $W_2 W_2, \ldots _5$, die Knöpfe D_5, $D_3\ldots_2$ betätigen den Wecker W_1.

236   Signalanlagen.

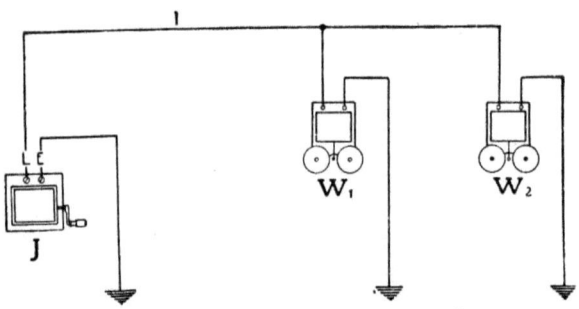

Abb. 369. Alarmanlage mit Induktor und Wechselstromwecker.

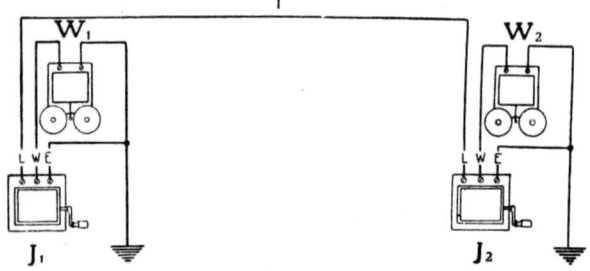

Abb. 370. Alarmanlage mit Induktor und Wechselstromweckern für Korrespondenzsignal. Die Induktoren sind mit selbsttätigem Kurzschlußkontakt ausgerüstet.

2. Tableauanlagen.

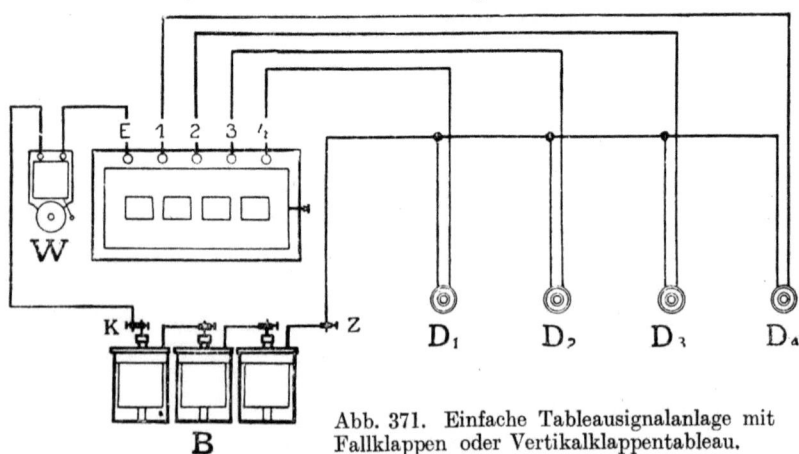

Abb. 371. Einfache Tableausignalanlage mit Fallklappen oder Vertikalklappentableau.

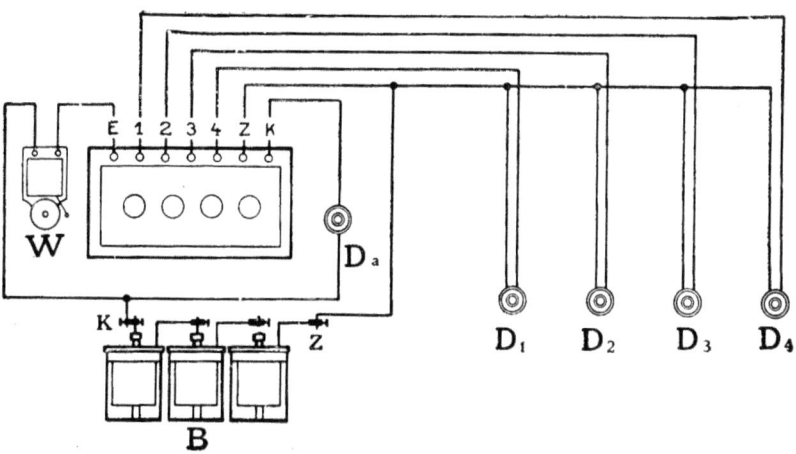

Abb. 372. Tableausignalanlage mit elektrischer Abstellung. (Polarisierte oder Kippklappen.)

B. Hoteltelegraphie.

1. Tableauanlagen.

In Hotels muß das Signal in der Regel an mehreren Punkten erscheinen und von einer Stelle aus abgestellt werden. Man verwendet daher für derartige Anlagen vorzugsweise Tableaus mit elektrischer Abstellung. Kippklappentableaus sind für diese Zwecke besonders geeignet.

Die Schaltung der KMD-Tableaus (S. 55), welche angibt, ob ein-, zwei- oder dreimal gedrückt wurde, entspricht vollkommen derjenigen der Fallklappentableaus. Diese Tableaus können daher ohne weiteres als Ersatz in bestehende Tableauanlagen mit Fallklappen eingebaut werden.

2. Lichtsignalanlagen.

Die vollkommenste Ausbildung erhielt die Hoteltelegraphie durch das von der Aktiengesellschaft Mix & Genest vor einigen Jahren eingeführte Lichtsignalsystem. Die mit den gewöhnlichen Tableauanlagen verbundenen Wecker wirken störend für die Gäste, ferner verliert das Hotelpersonal Zeit, wenn es sich bei einem Signal zunächst zum Tableau begeben muß, um nachzusehen, von welchem Zimmer gerufen wurde. Bei dem Lichtsignalsystem geschieht die Signalisierung vollkommen ge-

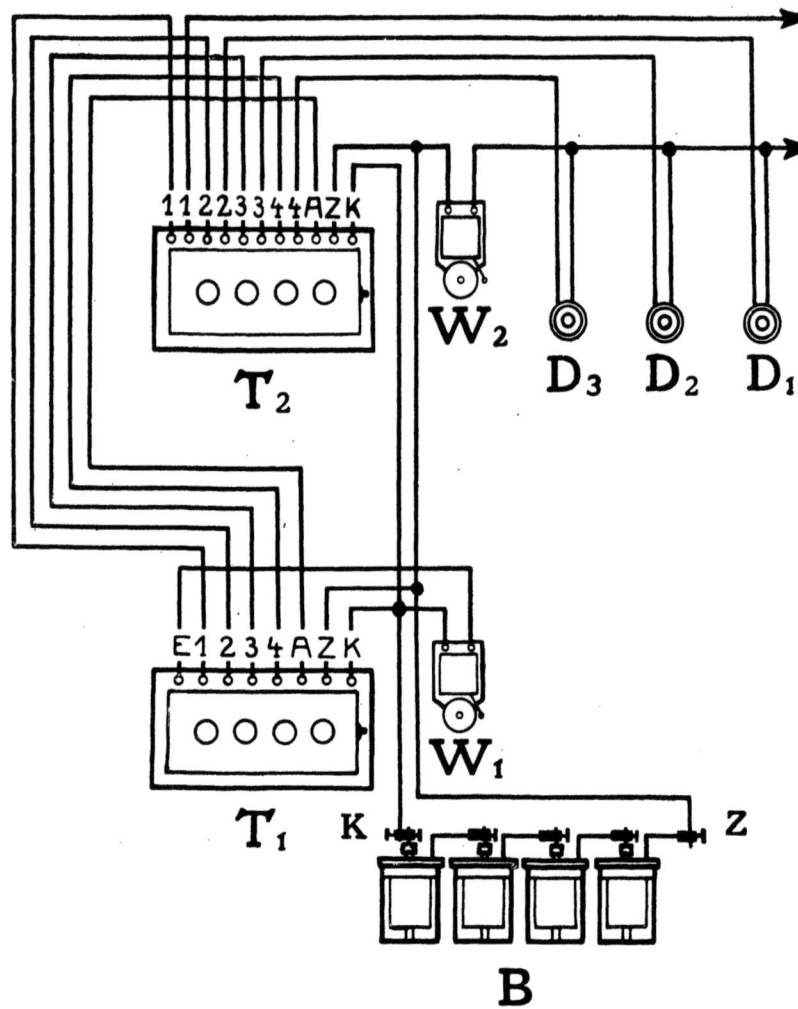

Abb. 373. Einfache Hoteltableauanlage mit Kontrolltableau und elektrischer Abstellung.

räuschlos. Über jeder Zimmertür sind Lampen angebracht, die durch ihre Farbe erkennen lassen, ob Kellner, Mädchen oder Diener gewünscht wird, gleichzeitig gibt ein Glühlampentableau im Kellneroffice die Nummer des rufenden Zimmers wieder. Für die Betätigung der Lampen sind in den Zimmern drei Druck-

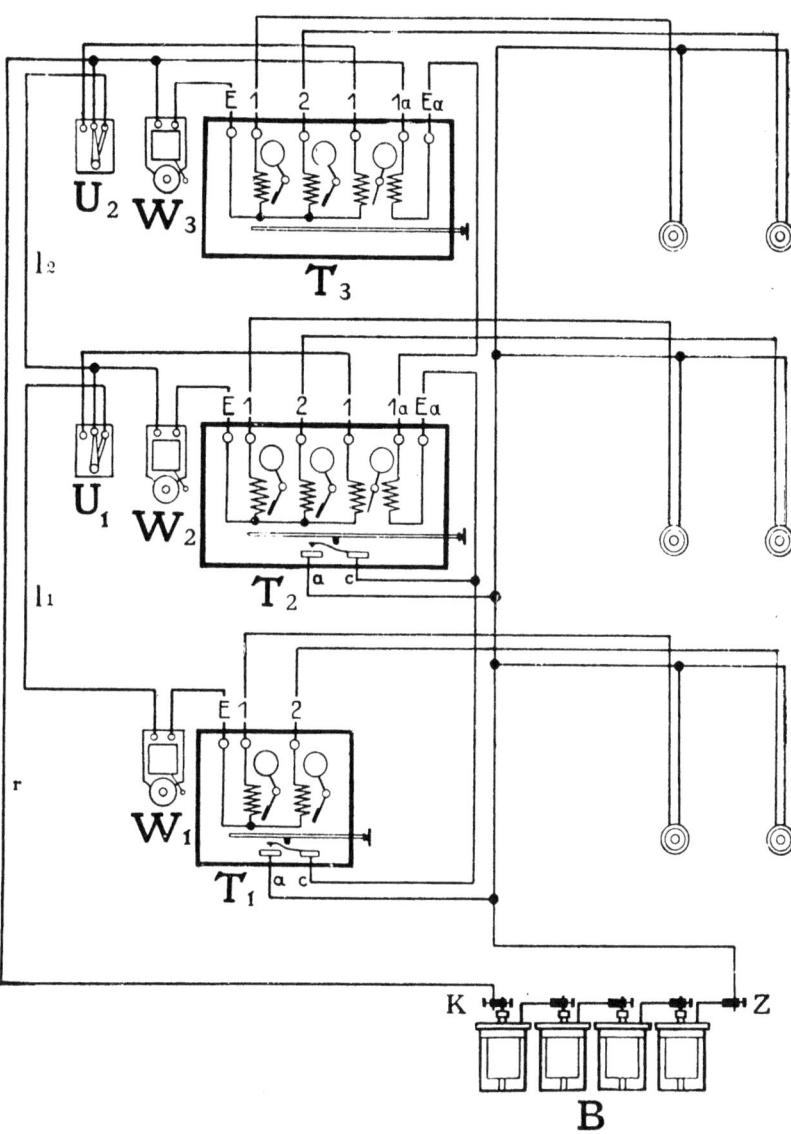

Abb. 374. Hoteltableauanlage mit Fallklappentableaus und Etagenkontrolltableau und Nachtsignal.

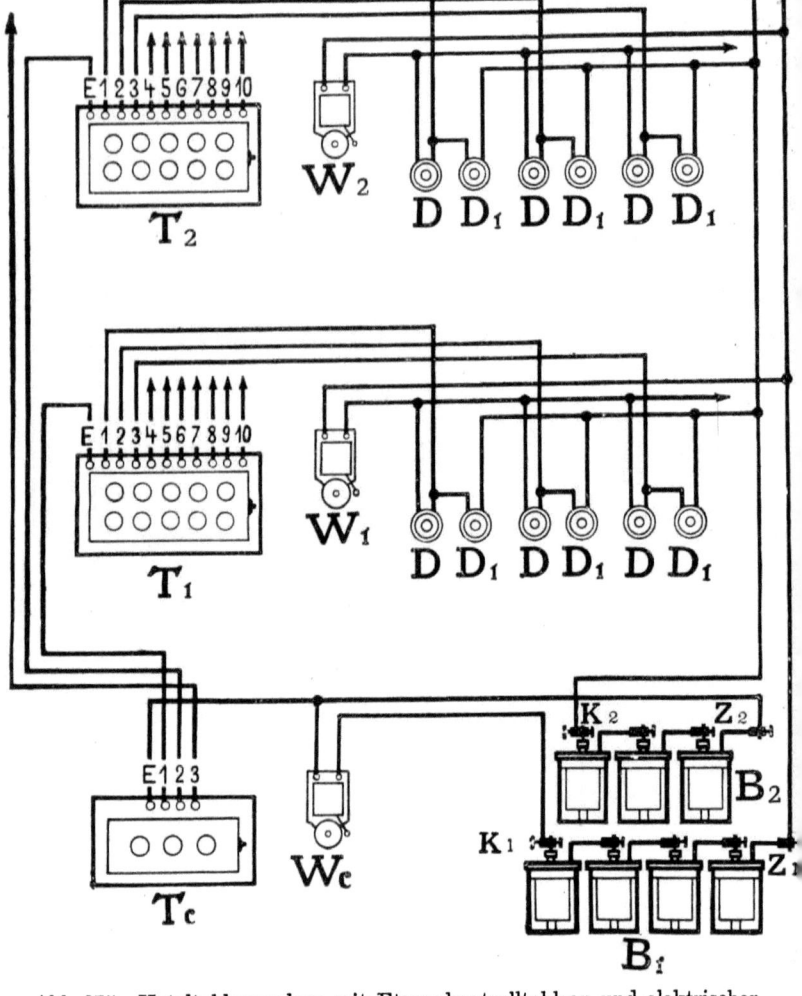

Abb. 375. Hoteltableauanlage mit Etagenkontrolltableau und elektrischer Abstellung von den Zimmertüren aus.

knöpfe mit entsprechenden Aufschriften vorgesehen. Diese Anlagen werden auch in einfacherer Weise mit einer Zimmerlampe ausgeführt. Dann zeigen drei, an den Korridordecken angebrachte, verschiedenartige Lampen, die gleichzeitig mitleuchten, das gewünschte Personal an. In Abb. 379 ist der Kabelplan einer

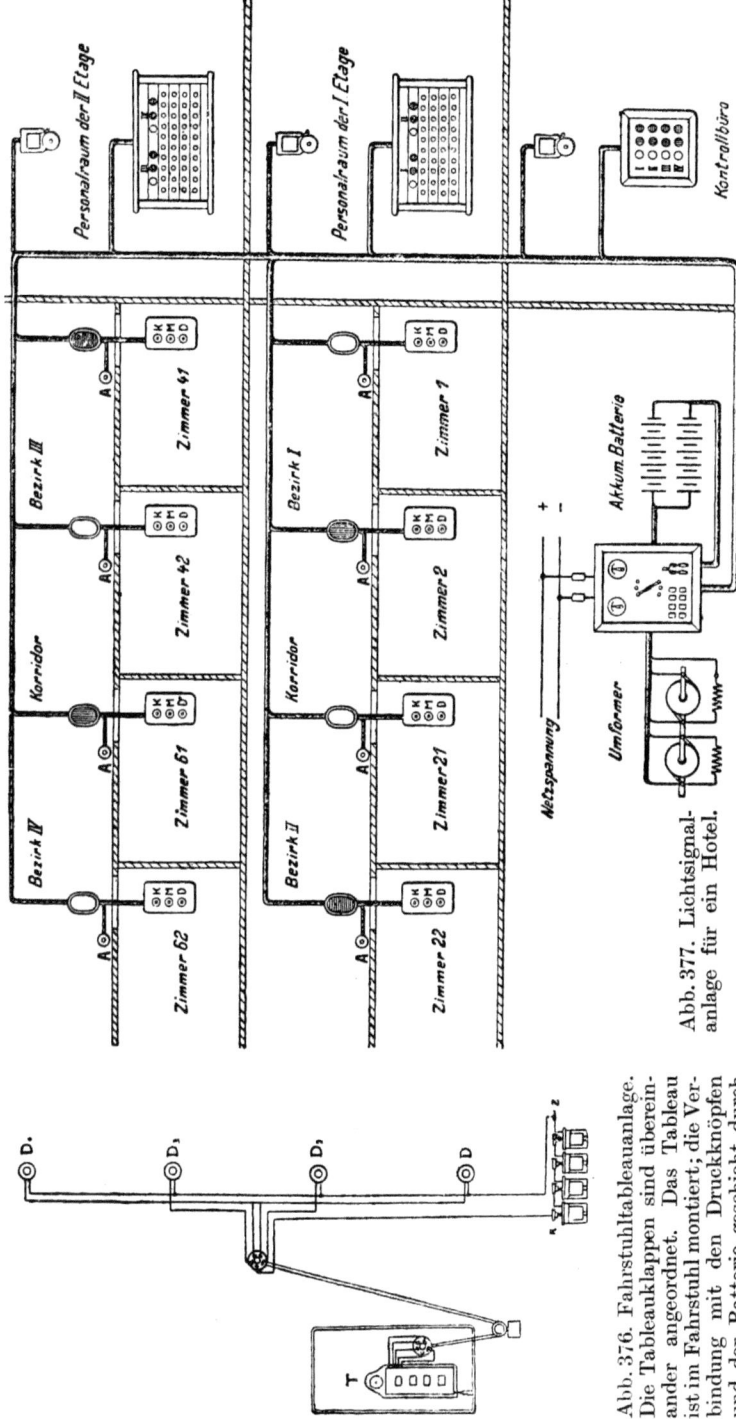

Abb. 376. Fahrstuhltableauanlage. Die Tableauklappen sind übereinander angeordnet. Das Tableau ist im Fahrstuhl montiert; die Verbindung mit den Druckknöpfen und der Batterie geschieht durch ein bewegliches Kabel (S. 130).

Abb. 377. Lichtsignalanlage für ein Hotel.

Lichtsignalanlage für ein Hotel dargestellt. Wegen des großen Strombedarfs der Glühlampen müssen für derartige Anlagen Akkumulatoren verwendet werden. Die Anlagen werden sowohl mit Gleich- als auch mit Wechselstrom betrieben. Die Schaltungen sind den speziellen Wünschen der Hotelverwaltung anzupassen, die Leitungen müssen dem Strombedarf entsprechend genau berechnet werden. Auf alle Einzelheiten hier einzugehen, würde zu weit führen, es empfiehlt sich, derartige Projekte von einer Spezialfirma ausarbeiten zu lassen.

C. Eisenbahntelegraphie.

Die Installierung von Morsetelegraphenapparaten kommt in der Privatpraxis nur selten vor. Es seien deshalb nur die bei

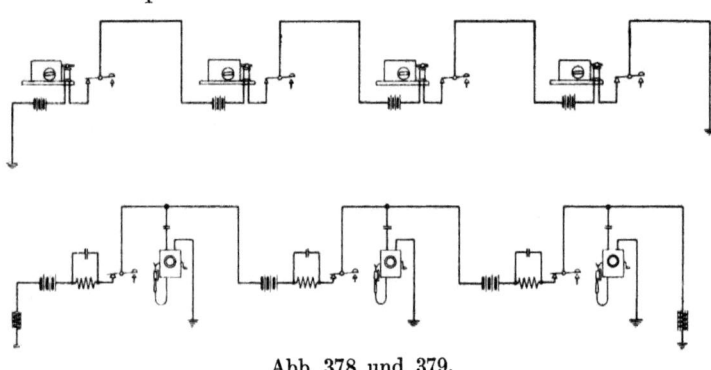

Abb. 378 und 379.

privaten Kleinbahnen zur Anwendung kommenden Schaltungen dargestellt. Abb. 378 zeigt eine Telegraphenanlage mit Morsebetrieb. Die Anlage wird mit Ruhestrom betrieben. Die Batterie ist auf der Strecke derart verteilt, daß bei jeder Station eine gleiche Anzahl Ruhestromelemente Aufstellung finden. Diese Teilung der Batterie ist notwendig, um die unvermeidlichen Ableitungen über die Isolatoren und fehlerhafte Isolation auszugleichen. Man kann die Morseleitung auch gleichzeitig zum Telephonieren benutzen. Abb. 379 zeigt eine derartige Schaltung in prinzipieller Anordnung. Die Telephonapparate werden über Kondensatoren von der Leitung parallel abgezweigt. Um die Schwächung der Ruf- und Sprechströme durch die Spulen der Morseapparate möglichst zu verringern, werden dieselben mittels Kondensatoren überbrückt. Die Enden der Morseleitung werden zu dem gleichen Zweck mit Drosselspulen ausgerüstet.

3. Kontroll- und Sicherungsanlagen.

A. Feuermeldeanlagen.

1. Allgemeines.

Zum Unterschied von gewöhnlichen Signalanlagen welche sich durch den täglichen Gebrauch selbst kontrollieren, müssen die Feuermeldeanlagen mit Einrichtungen versehen sein, durch welche die Betriebsfertigkeit automatisch kontrolliert wird.

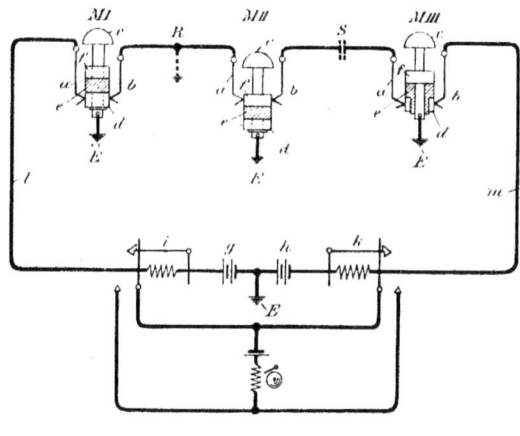

Abb 380.

Eine weitere Bedingung ist, daß die Anlagen auch bei gestörter Leitung funktionieren müssen. Zu diesem Zweck werden die Außenleitungen praktisch als Ringsysteme ausgeführt. Die Apparate sind so eingerichtet, daß die Signalgebung sowohl über die Ringleitung allein als auch über je einen Strahl der Ringleitung und über Erde erfolgen kann. In Abb. 380 ist das Prinzip der sogenannten Sicherheitsverbundschaltung dargestellt. Als Signalapparate sind Druckknöpfe angenommen, durch deren Betätigung die Leitung zunächst unterbrochen, dann wieder verbunden, mit Erde verbunden und wieder von dieser getrennt wird. An Stelle der Druckknöpfe können auch Laufwerke vorgesehen werden, welche die Stromunterbrechungen mittels eines Typenrades selbsttätig hervorrufen. Die Zentrale enthält zwei Fallklappen mit doppelter Auslösung, d. h. die Klappen fallen nur dann, wenn der Strom unterbrochen und wieder geschlossen würde, wie es bei einer Feuermeldung der Fall ist. Im Falle einer Störung fallen die Klappen etwas vor, sie betätigen aber den Feueralarm nicht. Wird ein Melder während einer Störung betätigt, so fällt nur eine Klappe. Nach diesem Prinzip sind auch die großen Systeme für Städte mit freiwilliger oder Berufsfeuerwehr ausgebildet.

Näheres hierüber ETZ. 1912, H. 46.

2. Feuermeldeanlagen mit vom Feuer betätigten automatischen Meldern.

Die selbsttätig wirksamen Feuermelder beruhen auf dem Prinzip, daß eine aus zwei Metallen mit verschiedenen Wärme-

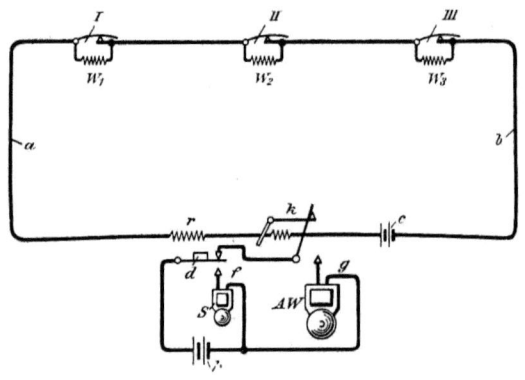

Abb. 381.

koeffizienten bestehende Feder unter dem Einfluß der Wärme eine Bewegung ausführt, wobei ein vom Ruhestrom durchflossener Kontakt getrennt wird. Auch bei diesem System finden Sicherheitsschaltungn Anwendung. Abb. 381 zeigt das Prinzip derselben. Die Melder werden in den zu schützenden Räumen verteilt und durch eine Ringleitung miteinander und mit der Zentrale verbunden. Parallel zu dem Kontakt jedes Melders ist ein Widerstand vorgesehen. Die Zentrale enthält für jeden Meldebezirk eine Fallklappe k und ein Relais r. Die Empfindlichkeit der Klappe k ist so bemessen, daß sie bereits bei einer Schwächung des Stromes abfällt, während das Relais r seinen Anker d noch nicht fallen läßt. Öffnet ein Melder seinen Kontakt, so wird der bis dahin kurz geschlossene Widerstand in die Leitung geschaltet, die Stromstärke sinkt, die Klappe k fällt und betätigt den Alarmwecker AW. Bei einer Stromunterbrechung fällt außer der Klappe k auch der Relaisanker d ab. Die Leitung zum Wecker AW wird unterbrochen und der Störungswecker S läutet. Die Feuerversicherungsgesellschaften pflegen auf Gebäude, welche durch derartige Anlagen geschützt sind, einen Prämiennachlaß zu gewähren. Siehe auch von Bestimmungen über die Ausführung Feuermeldeanlagen.

B. Feueralarmanlagen.

In Feuermeldeanlagen für Städte mit freiwilliger Feuerwehr geschieht die Alarmierung der letzteren durch Wechselstrom-

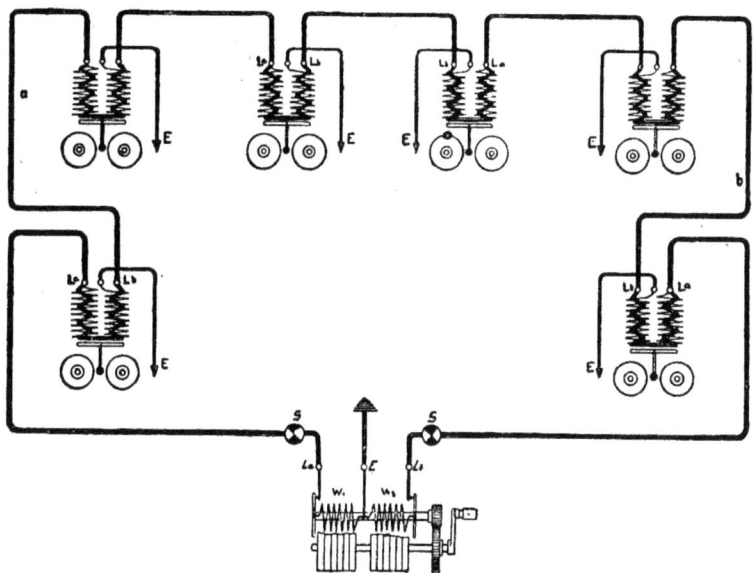

Abb. 382. Sicherheitsverbundschaltung für Feueralarmanlagen.

wecker, die in den Wohnungen der Feuerwehrleute angebracht werden. Auch diese Weckanlagen müssen mit einer Sicherheitsschaltung ausgeführt werden, welche den Alarm auch dann noch ermöglicht, wenn die Leitung gestört ist. In Abb. 382 ist das Prinzip der Sicherheitsverbundschaltung für Feueralarmanlagen dargestellt. Die Wecker besitzen zwei Wicklungen. Die niederohmige primäre ist mit der Leitung in Reihe geschaltet. Die hochohmige Sekundärwicklung ist von der Leitung abgezweigt und mit dem anderen Pol zur Erde geführt. In der Zentrale findet ein Doppelinduktor Aufstellung. Im normalen Betriebe fließt der Strom über die primären Windungen. In Störungsfällen werden die Wecker über die Sekundärwindungen und über Erde betätigt. In der Regel werden auch die Meldeapparate nach Schaltung (Abb. 380, S. 243) auf der gleichen Leitung betrieben. In diesem Falle sind vor die Erdverbindungen der Verbundwecker Kondensatoren zu schalten, welche das Abfließen des Ruhestromes zur Erde verhüten. In der Zentrale wird die Erde erst bei Betätigung des Induktors angeschlossen.

C. Wächterkontrollanlagen.

Die modernen Wächterkontrollanlagen erfüllen zwei Bedingungen: Erstens kontrollieren sie, ob und wann der Wächter

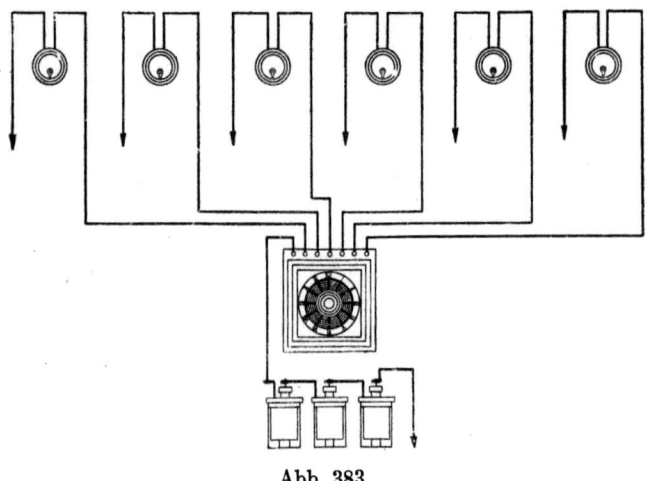

Abb. 383.

alle ihm vorgeschriebenen Kontrollpunkte berührt hat, durch Registrierung auf einem Papierblatt; zweitens betätigen sie eine Alarmglocke, sobald der Wächter seinen Rundgang nicht rechtzeitig beendet hat. Die letztere Bedingung ist von größter Wichtigkeit, weil dem Wächter rechtzeitig Hilfe gebracht werden kann, wenn ihm auf seinem Rundgange ein Unfall zugestoßen ist. Wir unterscheiden zwei Schaltungen: 1. Das Zentralsystem (Abb. 383), von jedem Kontrollpunkt führt eine Leitung zum Registrierapparat; 2. das Reihensystem (Abb. 384), Sämtliche Kontrollapparate sind mit von außen sichtbaren Anzeigeklappen versehen. Die Apparate werden bezirksweise hintereinandergeschaltet und mit dem Zentralapparat verbunden. Nur wenn

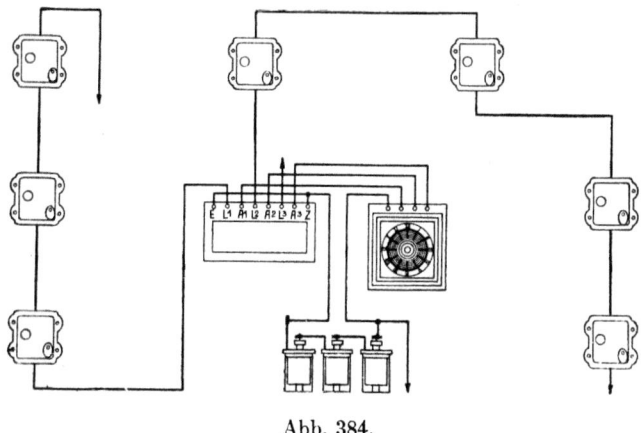

Abb. 384.

der Wächter sämtliche Kontrollapparate aufgezogen hat, wird der Zentralapparat betätigt. Bei dieser Gelegenheit fallen die von dem Wächter hochgestellten Klappen herunter und zeigen dadurch an, daß die Anlage funktioniert hat.

D. Sicherungsanlagen gegen Einbruch.

Diebessicherungsanlagen müssen stets mit Ruhestrom betrieben werden, damit dieselben nicht durch Zerschneiden der Leitung außer Betrieb gesetzt werden können. Das Kurzschließen

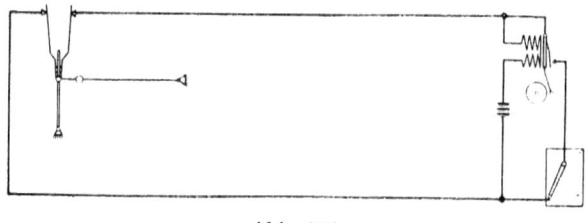

Abb. 385.

der Kontakte würde eine einfache derartige Anlage allerdings auch wirkungslos machen. Dies setzt aber doch schon einige Kenntnisse der Schaltung der örtlichen Verhältnisse und der Leitungsführung voraus und wird, wie die Erfahrung lehrt, von den Einbrechern nicht gerne versucht, während das Durchschneiden der Drähte häufiger versucht worden ist und schon oft zur Abfassung des Diebes geführt hat. Abb. 385 zeigt die Schaltung einer einfachen Diebessicherunganlage mit Fadenkontakt. Der Kontakt besitzt zwei Federn, welche so eingestellt sind, daß sie zwei Kontakte miteinander verbinden. Es ist gleichgültig, ob der Faden angespannt oder zerschnitten wird, eine Unterbrechung des Stromes kommt immer zustande. Der Strom fließt über die Windungen des Weckers und hält den Anker desselben angezogen. Sobald der Strom unterbrochen wird, fließt derselbe über den Unterbrecherkontakt und der Wecker läutet so lange, bis der Strom mittels Ausschalter unterbrochen wird.

Eine sehr vollkommene Diebessicherung ist neuerdings von der Aktiengesellschaft Mix & Genest auf den Markt gebracht worden. Diese mit dem Namen ,,Atlas" bezeichnete Sicherung beruht auf einem Dreileiterprinzip, in dem die elektromotorischen Kräfte der Batterie einander das Gleichgewicht halten. Sobald an irgendeiner Stelle der Zustand der Leitungen, sei es durch Kurzschließen, Unterbrechen, Umschalten oder dgl., gestört wird, so ertönt unter allen Umständen der Alarm. Erhöht wird die Empfindlichkeit durch die Anordnung einer auf den Kontaktspitzen gelagerten Silberkugel, welche die Eigentümlichkeit besitzt, daß sie den Strom schon bei äußerst feinen Schwingungen der Unterlage unterbricht, wenn z. B. ein Werkzeug an die Wand eines Geldschrankes gesetzt wird. Bei groben Erschütterungen von Gebäuden, durch Vorbeifahren von Wagen, Eisenbahnzügen oder dgl., wird der Kontakt nicht betätigt. Diese Eigenschaften machen den Apparat außerordentlich geeignet für die Sicherung von Kassenschränken und dgl. Die Empfindlichkeit der Schaltung macht es selbst einem Fachmann praktisch unmöglich, die Alarmvorrichtung durch Vornehmen irgendwelcher Manipulationen außer Tätigkeit zu setzen. Abb. 386 zeigt die Schaltung einer Atlas-Sicherungsanlage. Es können beliebig viele Kontaktapparate mit einem Alarmapparat verbunden werden. Die alarmierende Kontaktstelle kann durch ein Fallklappentableau gekennzeichnet werden.

E. Wasserstandsfernmelder.

1. Voll- und Leerkontakte.

Bei der Montage von Wasserstandsfernmeldern ist besonders auf gute Isolation der Leitungen und der Apparate achtzugeben, da dieselben andauernd den Einflüssen der Feuchtigkeit ausgesetzt

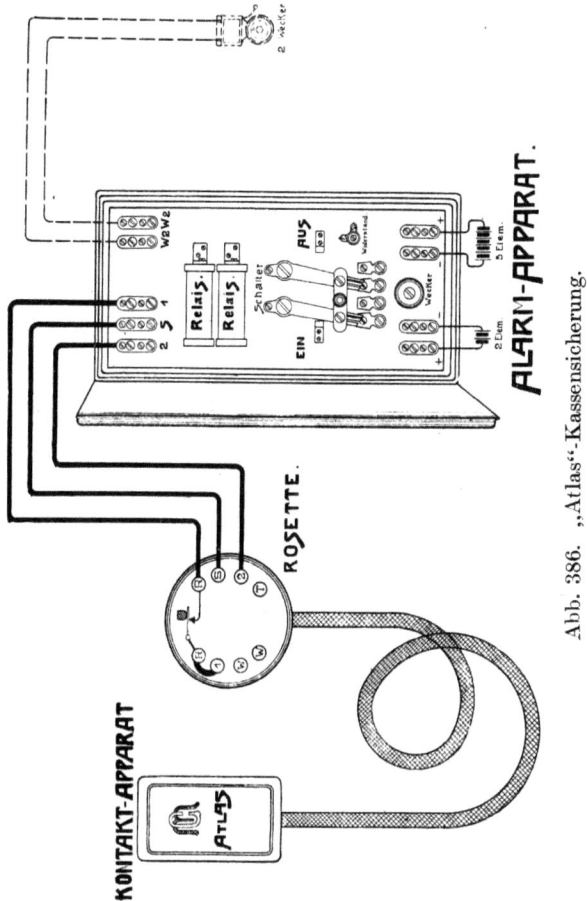

Abb. 386. „Atlas"-Kassensicherung.

sind. Die Kontaktapparate sind in wasserdichten gußeisernen Kästen untergebracht. Die Einführung der Leitungen, zu welchen möglichst Bleikabel zu verwenden ist, erfolgt durch Kabelverschraubungen. Wird der Kontaktapparat an eine freie Leitung angeschlossen, so ist auf besonders sorgfältige Isolation der Übergangsstelle achtzugeben. Als Blitzschutz sind möglichst Stangenblitzableiter zu verwenden, welche gegen Feuchtigkeit genügend geschützt sind. Die gebräuchlichsten Schaltungen für Voll- und Leerkontakte sind nachstehend dargestellt.

2. Kontakt- und Zeigerwerk.

Wenn der Stand des Wassers dauernd angezeigt werden soll, so sind Kontakt- und Zeigerwerk anzuwenden. Bezüglich der Montage der Apparate und Leitungen gilt das bereits oben Gesagte. Besondere Sorgfalt ist auf die Führung des Seiles zu verwenden (Abb. 391). Das abrollende Seil muß mit dem aufrollenden eine gerade Linie bilden, damit die Achse des Kontaktwerkes von seitlichem Druck völlig entlastet bleibt. Diese Anordnung sichert einen zuverlässigen Betrieb des Werkes. Die Kontaktwerke sind für eine Niveaudifferenz des Wasserspiegels von 8 m eingerichtet. Ist die Differenz größer, so ist die Schwimmerbewegung durch Vorschaltung einer Rolle und eines zweiten Gegengewichtes zu verdoppeln (Abb. 392). Die gebräuchlichsten Schaltungen für Wasserstandsfernmelder sind vorstehend dargestellt.

Weiteres über Wasserstandsfernmelder siehe Anleitung der Aktiengesellschaft Mix & Genest.

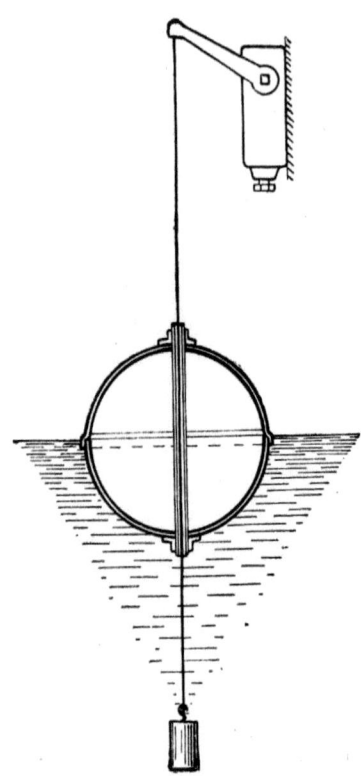

Abb. 387. Montageanordnung eines Leerkontaktes. Das Seil ist durch den Schwimmer geführt, welcher sich beim tiefsten Wasserstande auf das Seilgewicht legt und dadurch den Kontakthebel betätigt.

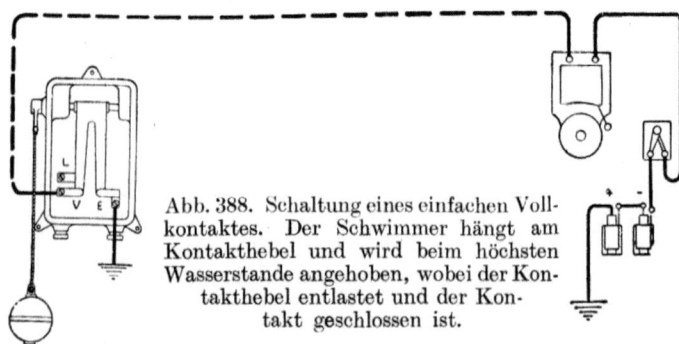

Abb. 388. Schaltung eines einfachen Vollkontaktes. Der Schwimmer hängt am Kontakthebel und wird beim höchsten Wasserstande angehoben, wobei der Kontakthebel entlastet und der Kontakt geschlossen ist.

Wasserstandsfernmelder.

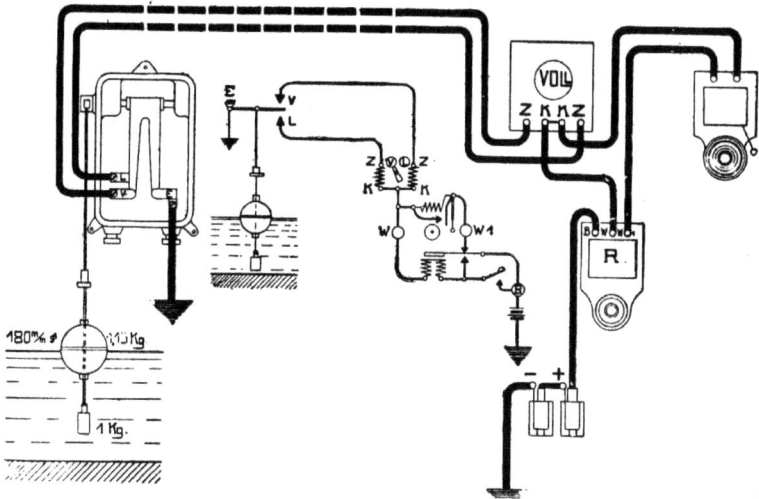

Abb. 389. Voll- und Leerkontakt mit Doppelleitung, Tableau- und Sicherheitsschaltung. Bei Alarm wird durch Druck auf den Knopf das Relais R ein- und der Alarmwecker ausgeschaltet.

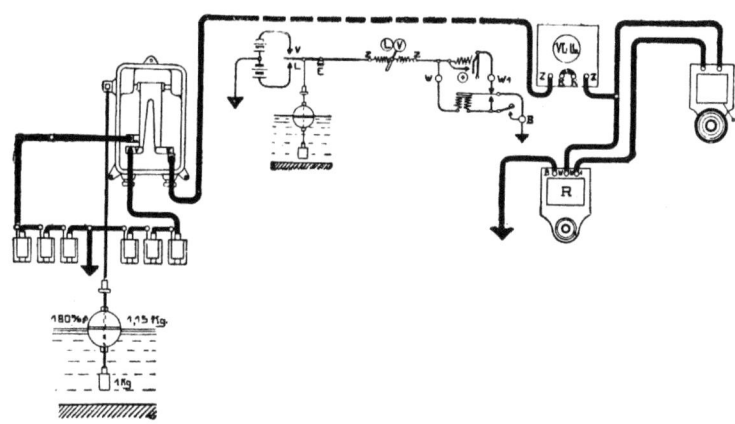

Abb. 390. Voll- und Leerkontakt mit Einfachleitung, Tableau- und Sicherheitsschaltung. Die Batterie ist beim Kontaktapparat aufzustellen.

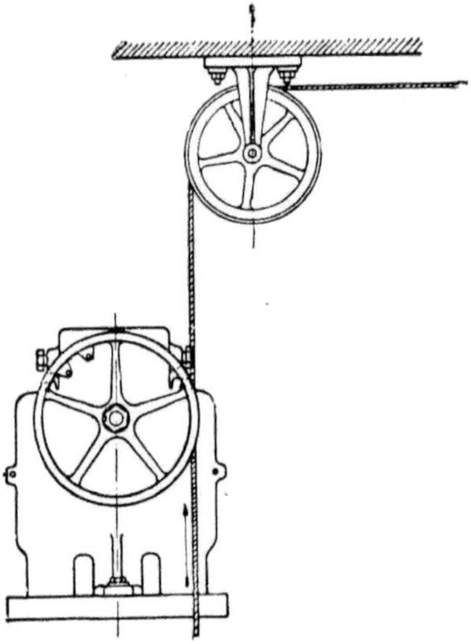

Abb. 391. Seilführung des Kontaktwerkes.

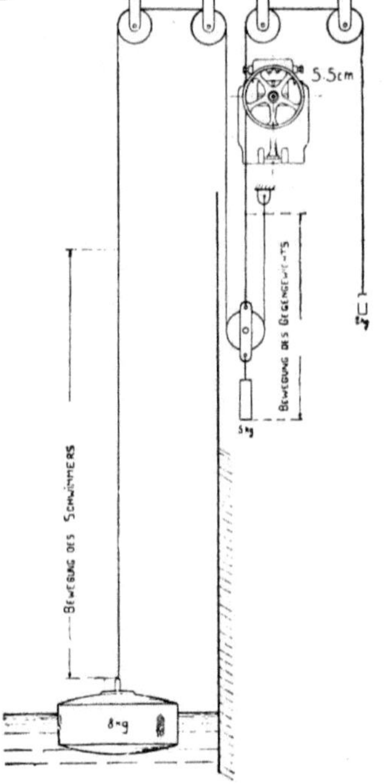

Abb. 392. Schwimmerführung für Niveaudifferenzen über 8 m.

Abb. 393. Prinzipschaltung einer Wasserstandsfernmeldeanlage mit Doppelleitung.

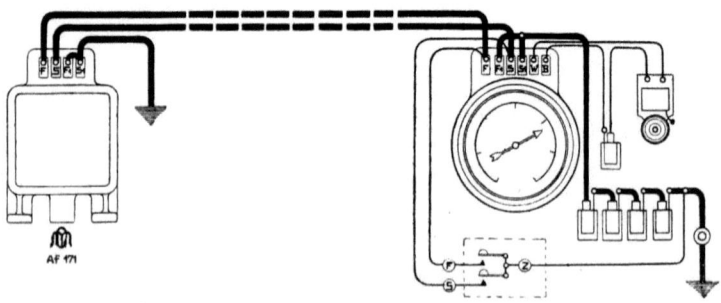

Abb. 394. Außenschaltung einer Wasserstandsfernmeldeanlage mit Doppelleitung und Voll- und Leeralarm. Mehrere Zeigerwerke werden hintereinander geschaltet.

Wasserstandsfernmelder. 253

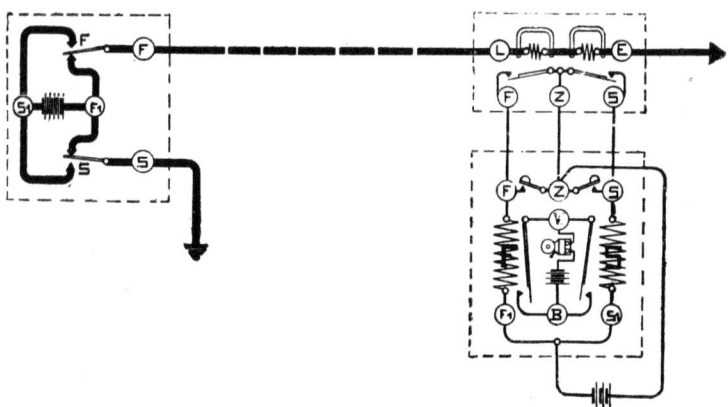

Abb. 395. Prinzipschaltung einer Wasserstandsfernmeldeanlage mit Einfachleitung.

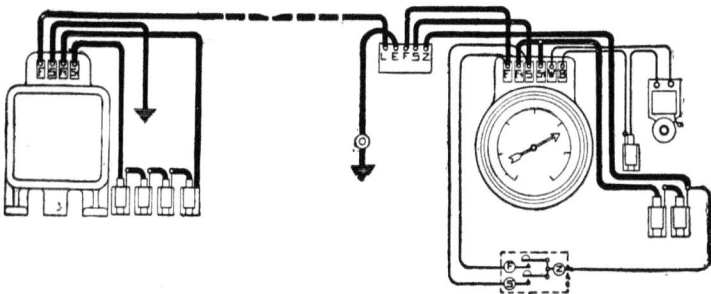

Abb. 396. Außenschaltung einer Wasserstandsfernmeldung mit Einfachleitung.

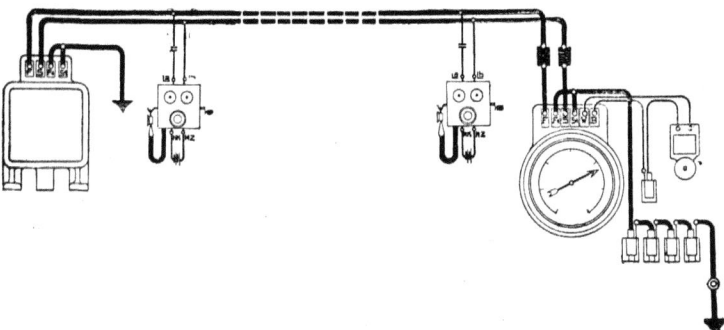

Abb. 397. Außenschaltung einer Wasserstandsfernmeldeanlage mit Doppelleitung und gleichzeitigem Telephonbetrieb mittels Telephonapparat mit Induktoranruf.

F. Elektrische Zentraluhranlagen.

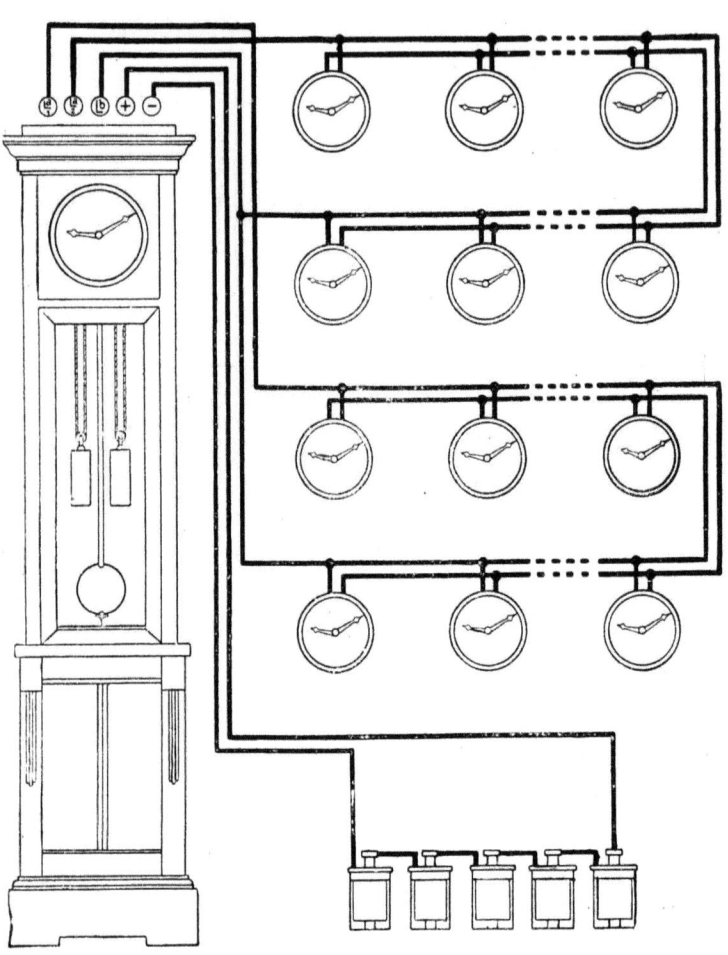

Abb. 398. Elektrische Zentraluhrenanlage mit drei Stromkreisen. Die Nebenuhren werden in Gegenschaltung angeschlossen, damit der Leitungswiderstand für alle Nebenuhren gleich groß wird.

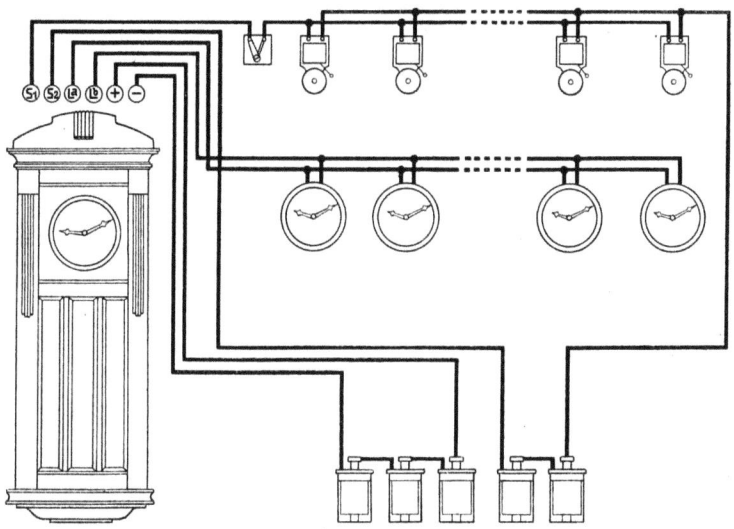

Abb. 399. Elektrische Zentraluhrenanlage mit selbsttätiger Alarmeinrichtung für Schulen, Fabriken u. dgl.

G. Elektrische Türöffner.

Wir unterscheiden zwei Typen von elektrischen Türöffnern: Türöffner für Einsteckschlösser (Abb. 402) und Öffner für Kastenschlösser (Abb. 400). Die Montageanordnung der Öffner für Einsteckschlösser ist in Abb. 401 für Holztüren und in Abb. 402 für Gittertüren dargestellt. Der Öffner für Kastenschlösser, der sogenannte Kettenöffner, wird auf der Tür in der Höhe des

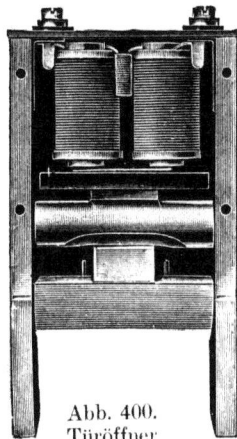

Abb. 400. Türöffner für Einsteckschlösser.

Ab. 401. Türöffner für Kastenschlösser.

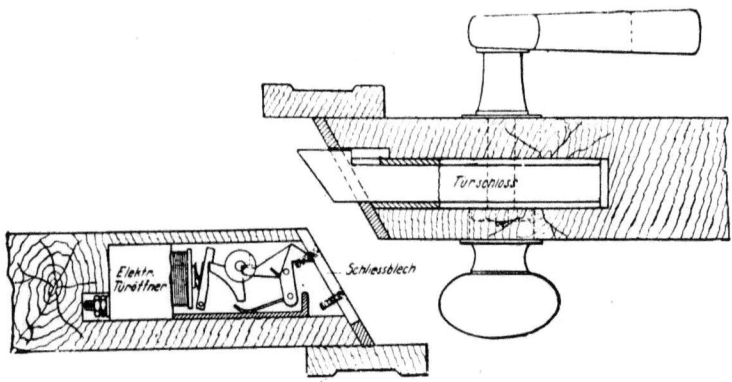

Abb. 402. Montageanordnung des Türöffners für Holztüren.

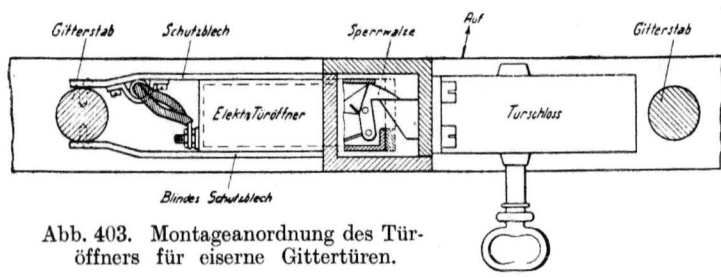

Abb. 403. Montageanordnung des Türöffners für eiserne Gittertüren.

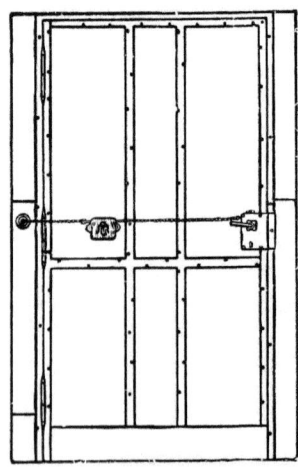

Abb. 404. Montageanordnung des Türöffners für Kastenschlösser.

Schlosses montiert und einerseits mit der Türfüllung, andererseits mit dem Schloß mittels einer Kette verbunden (siehe Abb. 404). Die Türen sind mit einer Aufwerffeder zu versehen, damit die Tür sich nach Freigabe der Schließfalle von selber öffnet.

Die Türöffner können auch als Türsperrung verwendet werden. Abb. 404 zeigt eine der Aktiengesellschaft Mix & Genest patentierte derartige Schaltung. An der Außenseite der Tür wird eine Kippklappe angebracht, welche anzeigt, ob die Tür geöffnet werden kann, oder ob dieselbe gesperrt ist. Die Verbindung zwischen Türdrücker und Schloß ist zu lösen. Das Öffnen geschieht durch einen neben der Tür befindlichen Kontakt, welcher auch mechanisch mit dem Türdrücker verbunden werden kann. Der Kontakt bewirkt aber nur dann ein Öffnen der Tür, wenn der Stromweg durch die Ein-

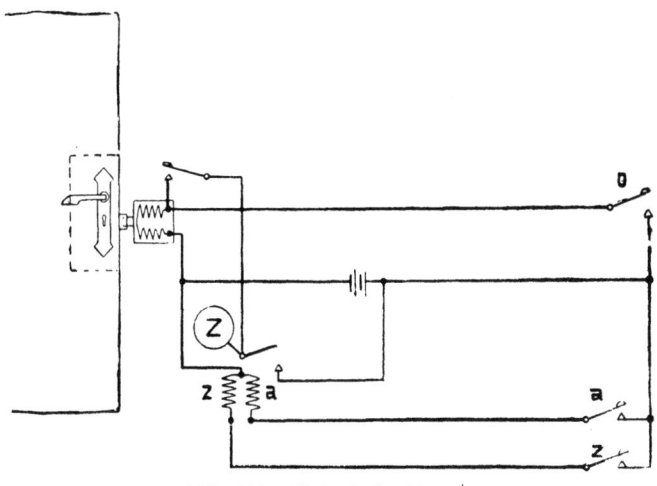

Abb. 405. Elektrische Türsperrung.

stellung der Klappe Z vorbereitet ist. Die Betätigung der Klappe geschieht durch die Kontakte a (auf) und z (zu).

H. Blitzableiteranlagen.

1. Allgemeines.

Die Notwendigkeit und Zweckmäßigkeit des Schutzes von Gebäuden gegen die Blitzgefahr ist heute allgemein anerkannt. Durch die Statistik über Blitzschläge ist einwandfrei nachgewiesen, welche Unsummen von Nationalvermögen alljährlich verloren gehen, so daß eigentlich jedes Gebäude mit einem Blitzableiter versehen sein sollte. Die früher verwendeten Systeme von Blitzableitern sind in neuerer Zeit besonders durch die Arbeiten von Findeisen wesentlich vereinfacht worden. Es ist nachgewiesen, daß die Entladung eines Blitzschlages in ihrem Wesen der Entladung eines Kondensators entspricht. Der Blitz ist demnach ein Wechselstrom von sehr hoher Frequenz und sehr kurzer Dauer. Der Blitz ist daher den Gesetzen dieser Art Wechselströme unterworfen. Hieraus ergibt sich unter anderem für die Leitung die Folgerung, daß dieselbe keine scharfen Winkel besitzen darf, denn die in der Krümmung entstehende Selbstinduktion setzt dem Durchgang des Blitzes einen so hohen Widerstand entgegen, daß oft die Ablenkung des Blitzes auf Teile des zu schützenden Gebäudes die Folge gewesen ist.

Jedes Gebäude besitzt gewisse Gefahrpunkte, sogenannte Einschlagstellen, welche vom Blitz bevorzugt werden. Dieselben sind im allgemeinen die hervorragenden Punkte des Gebäudes: der First, Schornstein, Türme, Giebel, die Dachkanten usw. Einfluß auf die Einschlagstellen haben auch im Innern der Gebäude befindliche große Eisenmassen (Wasserreservoir), eiserne Treppen, Träger, feuchte Giebelwände usw.

Der Zweck der Blitzableiter ist, dem Blitz einen möglichst widerstandsfreien Weg zur Erde zu bieten. Bei der Projektierung der Blitzableiteranlage sind daher in erster Linie die Einschlagstellen zu berücksichtigen. Sie müssen vom Leitungsnetz umschlossen bzw. direkt an dasselbe angeschlossen werden.

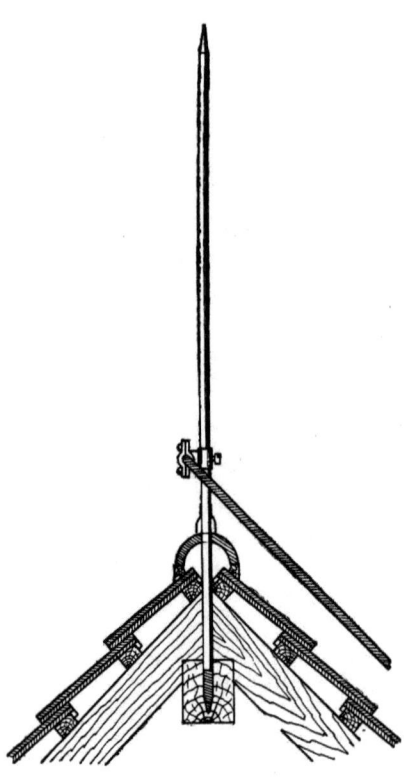

Abb. 406. Auffangstange auf einem Ziegeldach.

2. Die Auffangvorrichtungen.

Die Erfahrung hat gelehrt, daß die frühere Theorie des Schutzkreises der Auffangstangen unrichtig ist. Der Blitz sucht in erster Linie die oben genannten Einschlagstellen, wie Schornsteine, Firste, Fahnenstangen, Bekränzungen usw. auf. Hieraus ergibt sich die Regel, daß

1. alle oben bezeichneten Gebäudeteile,
2. alle größeren Metallmassen, Rohrleitungen, eiserne Gebäude usw. innerhalb oder außerhalb des Gebäudes an die Blitzableiteranlage anzuschließen sind. Als Fangvorrichtungen kommen allgemein eiserne Stangen, welche oben zugespitzt sind, zur Anwendung. Die früher gebräuchlichen Kupferspitzen mit Vergoldung oder Platinhülsen sind zu verwerfen, da sie die Sicherheit der Anlage absolut nicht erhöhen.

Die Auffangvorrichtungen bestehen aus einfachen eisernen, an ihrem oberen Ende zugespitzten verzinkten Stangen von 1 bis 2 m Länge, welche auf den vorspringenden Punkten der Gebäude in der in Abb. 406 dargestellten Weise befestigt werden. Die Durchführung durch die Dachbekleidung ist mittels angelöteter Blechtrichter, wie Seite 98 beschrieben, gegen das Eindringen von Regenwasser zu schützen.

Auf flachen Dächern werden die Stangen durch Böcke befestigt. An Schornsteinen sind die Auffangstangen seitlich durch Rohrschellen mit Steinschrauben anzubringen. Für Fabrikschornsteine erhalten die Stangen entsprechend dem Durchmesser des Schornsteins eine Länge von 3—4 m. Eiserne Schornsteine, eiserne Fahnenstangen, metallene Turmbekrönungen erhalten keine besonderen Auffangvorrichtungen, sie werden an ihrem unteren Ende sorgfältig mit der Ableitung verbunden.

3. Die Ableitungen.

Als Material für die Ableitungen ist Kupfer wegen seiner guten Leitfähigkeit am besten geeignet. Man verwendet aber vielfach eiserne Ableitungen wegen der geringeren Kosten. Die Größe des Querschnittes ist der Länge der Leitungen entsprechend zu bemessen. Bei niedrigen Gebäuden genügt ein Kupferquerschnitt von ca. 25 qmm. Bei Verwendung von Eisen ist nach Findeisen der Querschnitt etwa doppelt so groß zu nehmen wie Kupfer. Das Material wird in Draht- oder Seilform verwendet. Eisen ist wegen seiner hohen Oxydationsfähigkeit nur mit einem feuerverzinkten Überzug anzuwenden.

Die gebräuchlichen Leitungsmaterialien sind in nachfolgender Tabelle zusammengestellt:

Nr.	Anzahl der Adern	Durchmesser der Einzelader	Gesamt-durchmesser	Gesamt-querschnitt	Gewicht pro m
1. Kupferleitung.					
1	1	6	6	28	250
2	1	8	8	50	450
3	9	2	8	28	250
4	12	2	10	38	360

Nr.	Anzahl der Adern	Durchmesser der Einzelader	Gesamt-durchmesser	Gesamt-querschnitt	Gewicht pro m
		2. Eisenleitung.			
5	1	8	8	50	395
6	7	3,3	10	60	480
7	12	3,3	13,5	100	825
8	7	4,5	13,5	110	94

4. Die Befestigung der Ableitungen.

Die Verlegung der Ableitungen geschieht in der Weise, daß dieselben einen Abstand von etwa 10 cm vom Dach bzw. von der Wand besitzen. Die horizontalen Leitungen werden in Ab-

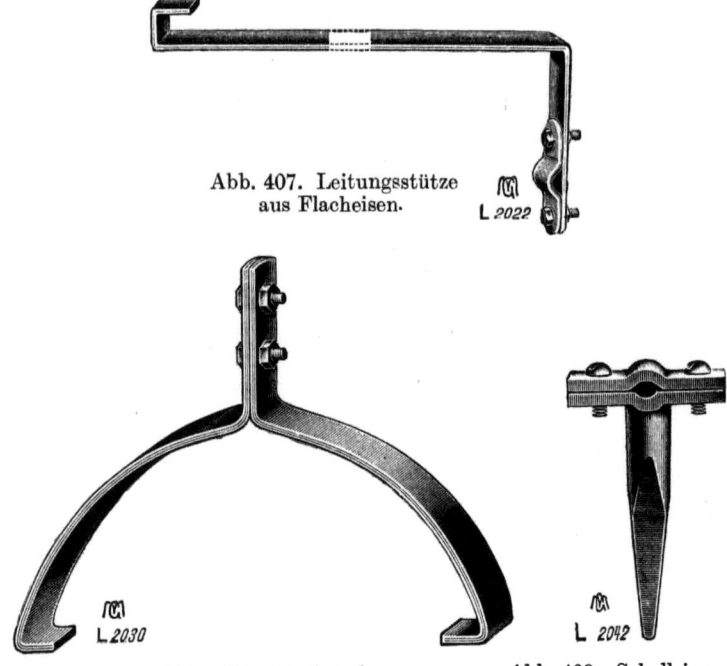

Abb. 407. Leitungsstütze aus Flacheisen.

Abb. 408. Firstbügel.   Abb. 409. Schelleisen.

ständen von ca. 1¹/₁ m, die vertikalen Leitungen in Entfernungen von ca. 2 cm gestützt. Als Befestigungsmaterialien für die Leitung unterscheiden wir:

1. Leitungsstützen aus verzinktem Flacheisen (Abb. 407), welche in dieser und ähnlicher Form vor dem Eindecken des Daches verwendet werden.

Blitzableiteranlagen. 261

2. Firstbügel (Abb. 408) für die Firstleitungen von Ziegeldächern.

3. Schelleisen (Abb. 409) mit gerader Spitze oder Steinschraube für Mauerwerk oder mit Holzschraube für Holzwand.

5. Die Verbindung der Ableitungen.

Der Anschluß der Leitungen an die Auffangvorrichtungen und die Verbindung der Leitungen untereinander muß mit größter Sorgfalt geschehen, damit ein gutleitender Kontakt zwischen den Metallflächen stattfindet. Die Verbindung mit Auffangestangen geschieht mittels Fangstangenschellen (Abb. 410), welche auch

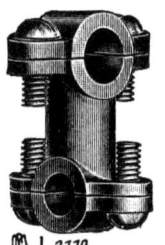

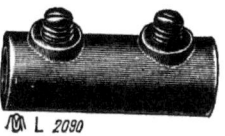

| Abb. 410. | Abb. 411. | Abb. 412. |
| Fangstangenschelle. | Anschlußplatte. | Verbindungsmuffe. |

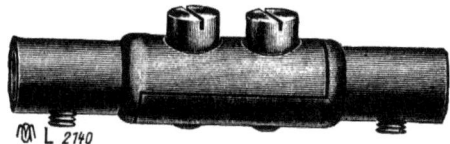

Abb. 413. Kreuzstück.   Abb. 414. Ausschaltevorrichtung.

für den gleichzeitigen Anschluß zweier Leitungen ausgeführt werden. Eiserne Träger und dgl. werden durch Anschlußplatten (Abb. 411) verbunden. Die Leitung wird mit der Platte verlötet und diese unter Zwischenlegung einer Walzbleiplatte mittels einer Schraube mit dem Metallteil verbunden. Die Verbindung zweier Leitungen miteinander geschieht durch Muffen (Abb. 412). — Zwei sich kreuzende Leitungen werden durch Kreuzstücke (Abb. 413) in Verbindung gebracht. Etwa 2 bis $2^1/_2$ m über der

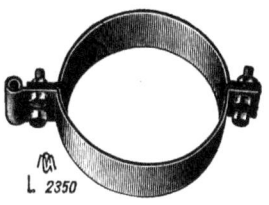

Abb. 415. Rohrschelle.

Erde sind die Leitungen durch ein Rohr von $^3/_4$" bis 1" Durchmesser gegen Beschädigungen zu schützen. Zwecks Vornahme der jährlich zu wiederholenden Prüfung der Blitzableiter müssen die zu den Erdplatten führenden Leitungen abgetrennt werden. Zu diesem Zweck werden oberhalb der Schutzrohre Ausschaltvorrichtungen (Abb. 414) angebracht.

Für den Anschluß von Rohrleitungen kommen Rohrschellen (Abb. 415) zur Anwendung. Um einen innigen Kontakt zwischen Rohr und Schelle zu erreichen, ist ein Stück Walzblei zwischenzulegen, welches an den Rändern verstemmt wird. Dachtraufen werden durch aufgelötete Kupferblechplatten angeschlossen. Die Abfallrohre sind gleichfalls durch Rohrschellen zu verbinden.

6. Die Erdleitungen.

Die Erdleitungen müssen einen möglichst niedrigen Erdausbreitungswiderstand haben. Man verwendet Erdplatten aus

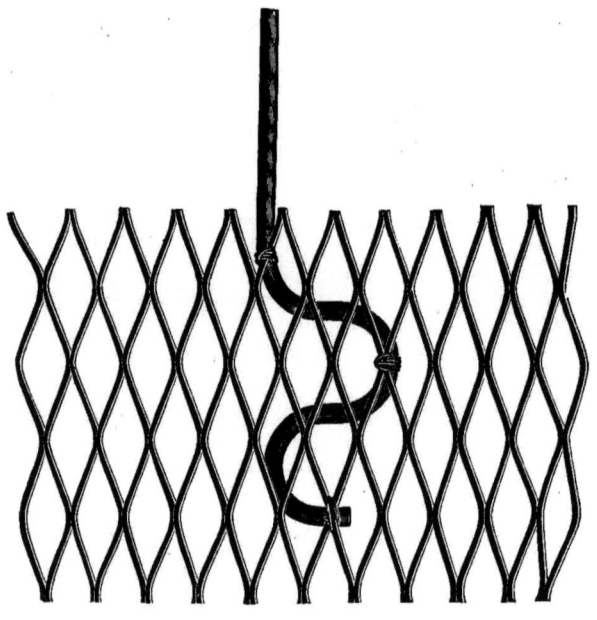

Abb. 416. Netz-Erdplatte.

Kupfer oder Eisen. Um die elektrolytische Wirkung im feuchten Erdreich zu vermeiden, müssen Zuleitung und Erdplatte aus dem gleichen Material hergestellt werden. Den geringsten Ausbreitungswiderstand bei gleichem Aufwand an Material ergeben die Netzplatten (Abb. 416). Die Erdplatten sind möglichst im Grundwasser zu verlegen. Ist dasselbe nicht zu erreichen, so

Blitzableiteranlagen.

ist die Platte an einer möglichst feuchten Stelle, z. B. unter einem Regenabfallrohr, einem fließenden Wasser oder dergleichen in etwa 2 m Tiefe zu verlegen. Ist Wasserleitung vorhanden, so muß diese unter allen Umständen mittels einer Rohrschelle angeschlossen werden.

7. Die Gesamtanordnung.

Bei der Projektierung einer Blitzableiteranlage sind die im 4. Kapitel S. 294 abgedruckten Leitsätze des Verbandes deutscher Elektrotechniker über den Schutz der Gebäude gegen Blitz zu beachten. Näheres über Pojektierung von Blitzableiteranlagen siehe Findeisen, „Ratschläge über den Blitzschutz der Gebäude", Verlag von Julius Springer; „Anleitung zum Bau von Schwachstromanlagen", Aktiengesellschaft Mix & Genest, ETZ. 1913, H. 23, Professor Dipl.-Ing. S. Ruppel, „Gebäudeblitzschutz, vereinfachte Blitzableiter von Ruppel".

8. Die Prüfung von Blitzableiteranlagen.

Eine sichere Gewähr für den Schutz gegen Blitzschlag bietet eine Blitzableiteranlage nur dann, wenn sie in allen Teilen den Vorschriften entsprechend zweckmäßig ausgeführt ist und in brauchbarem Zustand erhalten wird. Da die Teile der Blitzableiter jahraus, jahrein den Einflüssen der Witterung ausgesetzt sind, so ist eine regelmäßige Revision der Anlage unbedingt erforderlich. Die Prüfung findet alljährlich im Frühjahr vor Beginn der Gewitterperiode statt. Außer einer eingehenden Besichtigung der Leitungen, der Auffangvorrichtungen und der Verbindungsstellen ist die Prüfung des Erdausbreitungswiderstandes von größter Wichtigkeit. Man verwendet für die Prüfung des Erdwiderstandes besonders diesem Zweck angepaßte Meßbrücken, welche wegen der Polarisation der Platten im feuchten Erdreich mit Wechselstrom betrieben werden. In Abb. 417 ist eine besonders praktische Meßbrücke der Aktiengesellschaft Mix & Genest dargestellt, mittels welcher das Meßresultat direkt abgelesen werden kann, während bei Meßbrücken älterer Bauart das Resultat nach den Messungen durch Rechnung festgestellt werden mußte.

Abb. 417.
Blitzableitermeßbrücke.

Den Meßbrücken ist stets eine genaue Gebrauchsanweisung beigegeben.

Viertes Kapitel.

Gesetzliche Verordnungen und Normalien.

1. Auszug aus dem Gesetz über das Telegraphenwesen des Deutschen Reiches vom 6. April 1902.

§ 1. Das Recht, Telegraphenanlagen für die Vermittlung von Nachrichten zu errichten und zu betreiben, steht ausschließlich dem Reiche zu. Unter Telegraphenanlagen sind die Fernsprechanlagen mit einbegriffen.

§ 2. Die Ausübung des im § 1 bezeichneten Rechts kann für einzelne Strecken oder Bezirke an Privatunternehmer und muß an Gemeinden für den Verkehr innerhalb des Gemeindebezirks verliehen werden, wenn die nachsuchende Gemeinde die genügende Sicherheit für einen ordnungsmäßigen Betrieb hat, noch sich zur Errichtung und zum Betriebe einer solchen bereit erklärt.

Ausführungsbestimmungen.

Zu § 2.

I. Die Verleihung des Rechts zur Errichtung und zum Betriebe von Telegraphenanlagen an Privatunternehmer und Gemeinden sowie die Festsetzungen der Bedingungen für derartige Verleihungen ist dem Reichspostamt vorbehalten, soweit nicht nach § 3 des Gesetzes und nach den nachstehenden Bestimmungen Ausnahmen stattfinden.

II. Die Oberpostdirektionen sind ermächtigt, die Verleihung des Rechts zur Errichtung und zum Betriebe von Telegraphenanlagen zwischen Grundstücken, die verschiedenen Besitzern gehören oder verschiedenen Betrieben dienen, selbständig auszusprechen, wenn die Anlage nicht mehr als zwei Telegraphen- oder Fernsprechbetriebsstellen umfaßt, diese in einem Orte oder im Bestellbezirk derselben Postanstalt liegen und nicht mehr als 25 km in der Luftlinie voneinander entfernt sind.

Die Verleihung findet unter nachfolgenden Bedingungen statt:
1. Die Genehmigung erfolgt unter Vorbehalt des Widerrufs und unter der Bedingung, daß die Anlage für Rechnung des Inhabers hergestellt wird und in dessen Eigentum verbleibt.
2. Die Antragsteller verpflichten sich, die Leitung nur zur Beförderung ihrer eigenen Mitteilungen zu benutzen und die Übermittlung anderer Nachrichten durch diese Leitung weder gegen Bezahlung noch unentgeltlich zuzulassen. Zur Prüfung des Inne-

haltens dieser Verpflichtung ist den Aufsichtsbeamten der Oberpostdirektionen der Zutritt zu den Räumen gestattet, in denen die Apparate betrieben werden.

3. Die Antragsteller verpflichten sich, die Leitung auf ihre Kosten zu verlegen, sobald die Reichstelegraphenverwaltung dies aus Anlaß der Anforderungen des Reichstelegraphenbetriebs für erforderlich erachtet.

Der Abschließung eines Vertrages bedarf es bei solchen Verleihungen nicht; es genügt vielmehr die Annahme der vorbezeichneten Bedingungen im Wege des Schriftwechsels.

Die Verleihung wird versagt, wenn zu besorgen ist, daß durch Herstellung der Privatanlage der planmäßige Ausbau der Reichslinien beeinträchtigt würde.

§ 3. Ohne Genehmigung des Reiches können errichtet und betrieben werden:

1. Telegraphenanlagen, welche ausschließlich dem inneren Dienste von Landes- und Kommunalbehörden, Deichkorporationen, Siel- und Entwässerungsverbänden gewidmet sind;
2. Telegraphenanlagen, welche von Transportanstalten auf ihren Linien ausschließlich zu Zwecken ihres Betriebs oder für die Vermittlung von Nachrichten innerhalb der bisherigen Grenzen benutzt werden;
3. Telegraphenanlagen
   a) innerhalb der Grenzen eines Grundstückes;
   b) zwischen mehreren einem Besitzer gehörigen oder zu einem Betriebe vereinigten Grundstücken, deren keines von dem andern über 25 Kilometer in der Luftlinie entfernt ist, wenn diese Anlagen ausschließlich für den der Benutzung der Grundstücke entsprechenden unentgeltlichen Verkehr bestimmt sind.

§ 4. Durch die Landeszentralbehörde wird, vorbehaltlich der Reichsaufsicht, die Kontrolle darüber geführt, daß die Errichtung und der Betrieb der im § 3 bezeichneten Telegraphenanlagen sich innerhalb der gesetzlichen Grenzen halten.

§ 6. Sind an einem Orte Telegraphenlinien für den Ortsverkehr, sei es von der Reichstelegraphenverwaltung, sei es von der Gemeindeverwaltung oder von einem anderen Unternehmer, zur Benutzung gegen Entgelt errichtet, so kann jeder Eigentümer eines Grundstücks gegen Erfüllung der von jenem zu erlassenden und öffentlich bekannt zu machenden Bedingungen den Anschluß an das Lokalnetz verlangen.

Die Benutzung solcher Privatstellen durch Unbefugte gegen Entgelt ist unzulässig.

§ 12. Elektrische Anlagen sind, wenn eine Störung des Betriebs der einen Leitung durch die andere eingetreten oder zu befürchten ist, auf Kosten desjenigen Teiles, welcher durch eine spätere Anlage oder durch eine später eintretende Änderung seiner bestehenden Anlage diese Störung oder die Gefahr derselben veranlaßt, nach Möglichkeit so auszuführen, daß sie sich nicht störend beeinflussen.

§ 13. Die auf Grund der vorstehenden Bestimmung entstehenden Streitigkeiten gehören vor die ordentlichen Gerichte.

§ 15. Die Bestimmungen dieses Gesetzes gelten für Bayern und Württemberg mit der Maßgabe, daß für ihre Gebiete die für das Reich festgestellten Rechte dieser Bundesstaaten zustehen.

Ministerielle Verfügungen über den Schutz der Schwachstromleitungen gegen Starkstrom vom 13. Februar 1901.

1. Für die mit elektrischen Starkströmen zu betreibenden Anlagen müssen die Hin- und Rückleitungen durch besondere Leitungen gebildet werden. Die Erde darf als Rückleitung nicht benutzt oder mitbenutzt werden. Auch dürfen in Dreileiteranlagen die blank in die Erde verlegten oder mit der Erde verbundenen Mittelleiter Verbindungen mit den Gas- oder Wasserleitungsnetzen nicht enthalten, wenn die vorhandenen Reichstelegraphen- oder Fernsprechleitungen mit diesen Netzen verbunden sind.

2. Die Hin-und Rückleitungen müssen in so geringem, überall gleichem Abstande voneinander verlaufen, als die Rücksicht auf die Sicherheit des Betriebes zuläßt.

3. An den oberirdischen Kreuzungsstellen der Starkstromleitungen mit den Reichstelegraphen- und Fernsprechleitungen müssen entweder die Starkstromleitungen auf eine ausreichende Länge — mindestens in dem in Betracht kommenden Stützpunktzwischenraum — aus isoliertem Drahte hergestellt werden, oder es müssen bei Verwendung blanken Drahtes Schutzvorrichtungen (geerdete Schutznetze usw.) angebracht werden, durch welche eine Berührung der beiderseitigen Drähte verhindert oder unschädlich gemacht wird. Die Verwendung isolierten Drahtes für die Starkstromleitungen ist jedoch nur dann als ausreichender Schutz zu betrachten, wenn die normale Betriebsspannung 1000 Volt nicht übersteigt. Der Abstand der Konstruktionsteile der Starkstromanlage von den Schwachstromleitungen darf in vertikaler Richtung nicht weniger als 1,25 m betragen.

Die Kreuzungen haben tunlichst im rechten Winkel zu erfolgen.

4. An denjenigen Stellen, an welchen die Starkstromleitungen neben Schwachstromdrähte voneinander weniger als 10 m beträgt, sind Vorkehrungen zu treffen, durch welche eine Berührung der Stark- und Schwachstromleitungen verlaufen und der Abstand der Stark- und Schwachstromleitungen sicher verhütet wird. Beträgt die Betriebsspannung in der Starkstromanlage nicht mehr als 1000 Volt, so kann als Schutzmittel isolierter Draht verwendet werden. Von dieser Bedingung kann abgesehen werden, wenn die örtlichen Verhältnisse eine Berührung der Stark- und Schwachstromleitungen auch beim Umbruch von Stangen oder beim Herabfallen von Drähten ausschließen.

5. Die isolierende Hülle des nach Punkt 3 und 4 zu benutzenden isolierten Drahtes darf nicht durchgeschlagen werden, wenn sie einer Spannung ausgesetzt wird, welche das Doppelte der Betriebsspannung beträgt.

6. Die unterirdischen Starkstromleitungen müssen tunlichst entfernt von den Reichstelegraphen- und Fernsprechkabeln, womöglich auf der anderen Straßenseite, verlegt werden. Werden die Reichstelegraphen- oder Fernsprechkabel von Starkstromkabeln gekreuzt oder verlaufen die Kabel in einem seitlichen Abstande von weniger als 50 cm nebeneinander, so müssen die Starkstromkabel auf der den Schwachstromkabeln zugewendeten Seite mit Zementhalbmuffen von wenigstens 6 cm Wandstärke versehen und innerhalb dieser in Wärme schlecht leitendes Material (Lehm oder dgl.) eingebettet werden. Die Muffen müssen 50 cm zu beiden Seiten der gekreuzten Schwachstromkabel bzw. bei seitlichen Annäherungen ebenso weit über den Anfangs- und Endpunkt der gefährdeten Strecke hinausragen.

Außerdem müssen an denjenigen Stellen, an welchen die Starkstromkabel letztere kreuzen, oder in einem seitlichen Abstande von weniger als 50 cm neben ihnen verlegt werden sollen, die Schwachstromkabel zur Sicherung gegen mechanische Angriffe mit zweiteiligen eisernen Rohren oder Muffen bekleidet werden, die über die Kreuzungs- und Näherungsstelle nach jeder Seite hin etwa 1 m hinausragen.

Von diesen Schutzvorrichtungen kann Abstand genommen werden, wenn die Starkstromkabel oder die Schwachstromkabel sich in gemauerten oder in Zement- usw. Kanälen von mindestens 6 cm Wandstärke befinden.

7. Zum weiteren Schutze der Reichstelegraphen- und Fernsprechanlagen, insbesondere zur tunlichsten Verhütung von Brandschäden für den Fall des Übertritts stärkerer Ströme aus den Starkstromleitungen in die Schwachstromleitungen werden in letztere Schmelzsicherungen eingeschaltet. Die Einschaltung wird von der Reichstelegraphenverwaltung bewirkt werden.

8. Sind infolge des parallelen Verlaufs der beiderseitigen Anlagen oder aus anderen Ursachen Störungen der Telegraphen- oder Fernsprechleitungen durch Induktion oder Stromübergang zu befürchten oder treten solche Störungen auf, so sind im Benehmen mit der Reichstelegraphenverwaltung geeignete Maßnahmen zur Beseitigung der störenden Einflüsse zu treffen.

9. Falls die vorgesehenen Schutzmaßregeln nicht ausreichen, um Unzuträglichkeiten oder Störungen für den Telegraphen- oder Fernsprechbetrieb fernzuhalten, sind im Einvernehmen mit der zuständigen Oberpostdirektion weitere Maßnahmen zu treffen, bis die Beseitigung der Unzuträglichkeiten oder der störenden Einflüsse erfolgt ist.

10. Falls Fehler in der Starkstromanlage zu Störungen des Telegraphen- oder Fernsprechbetriebes Anlaß geben, muß der Betrieb der Starkstromanlage in solchem Umfange und so lange eingestellt werden, wie dies zur Beseitigung der Fehler erforderlich ist.

11. Spätere wesentliche Veränderungen oder Erweiterungen der Starkstromanlage sollen im Einvernehmen der Kaiserlichen Oberpostdirektion ausgeführt werden. Die Unternehmer verpflichten sich, der genannten Behörde von derartigen Plänen rechtzeitig vorher Kenntnis zu geben.

Die überaus häufige falsche Auslegung der vorstehenden Bestimmungen haben die Minister veranlaßt, die folgenden Erläuterungen 1904 herauszugeben. Sie haben so allgemeines Interesse, daß sie hier dem Erlaß folgen:

„Durch unseren Erlaß vom 13. Februar 1901 haben wir eine Zusammenstellung derjenigen Schutzmaßregeln mitgeteilt, welche die Telegraphenverwaltung zum Schutze ihrer Anlagen bei dem Bau und Betrieb elektrischer Starkstromanlagen — die nicht dem Betriebe von Eisenbahnen dienen — für erforderlich erachtet. Dieser Erlaß ist dahin mißverstanden worden, als ob er die Polizeibehörden habe verpflichten wollen, die Unternehmer von Starkstromanlagen, die mit Telegraphen- und Fernsprechanlagen konkurrieren, zur „Anerkennung" der in der „Zusammenstellung" enthaltenen Forderungen der Telegraphenverwaltung **anzuhalten oder ihnen entsprechende polizeiliche Auflagen zu machen.** Demgegenüber weisen wir darauf hin, daß nach dem Wortlaute des Erlasses die „Zusammenstellung" der Schutzmaßregeln den **Polizeibehörden nur „zur Kenntnis"** hat mitgeteilt werden sollen, daß dieselbe ausgesprochenermaßen nur als Anrecht für privatrechtliche „Vereinbarungen" zwischen dem Unternehmer der Starkstromanlage und der Telegraphenverwaltung gedacht ist, und daß die Herbeiführung privatrechtlicher Vereinbarungen und die Sicherung privatrechtlicher Ansprüche nicht zu den Aufgaben der Polizeibehörden gehört. Das Interesse, welches die Polizeiverwaltung an dem Schutze von Telegraphen- und Fernsprechanlagen gegenüber elektrischen Starkstromanlagen haben kann, erledigt sich jedoch nicht durch das Vorhandensein oder das voraussichtliche Zustandekommen einer diesen Schutz bezweckenden privatrechtlichen „Vereinbarung" zwischen dem Unternehmer der Starkstromanlage und der Telegraphenverwaltung. Denn soweit die Polizeibehörden für diesen Schutz zuständig sind, haben sie ihn von Amts wegen zu gewährleisten. Nach der Reichsgesetzgebung beschränkt sich der polizeiliche Schutz der Telegraphen- und Fernsprechanlagen gegenüber anderen elektrischen Anlagen aber auf den allgemeinen Schutz für Leben und Eigentum, also auf den Schutz für den Bestand (die Substanz) der Telegraphen- und Fernsprechanlagen und auf den Schutz für die Sicherheit (Leben und Gesundheit) des Bedienungspersonals, während der behördliche Schutz des Telegraphen- und Fernsprechbetriebes gegen „störende Beeinflussungen" durch andere elektrische Anlagen den Gerichten vorbehalten ist. Wir beziehen uns dafür und bezüglich des Begriffes der „störenden Beeinflussungen" auf unseren, die elektrischen Kleinbahnen betreffenden Erlaß vom 9. Febr. d. J.[1])

Wir bestimmen deshalb, daß die Polizeibehörden bei der Herstellung von Starkstromanlagen, durch deren Bau oder Betrieb der Bestand vorhandener Telegraphen- oder Fernsprechanlagen oder die Sicherheit des Bedienungspersonals gefährdet werden könnten, vom Amts wegen von dem Unternehmer der Anlage die Vorlegung der zur polizeilichen Prüfung des Vorhabens erforderlichen Unterlagen (Plan, Erläuterungsbericht u. dgl.)

---

[1]) Siehe ETZ. 1904, H. 10, S. 192.

zu verlangen, über diese die Telegraphenverwaltung zu hören und die zum Schutze der Telegraphen- und Fernsprechanlagen erforderlichen Vorkehrungen durch polizeiliche Verfügung förmlich festzusetzen haben. Dies gilt namentlich von Starkstromanlagen, die öffentliche Wege benutzen oder kreuzen sollen, die bereits von Telegraphen- oder Fernsprechanlagen benutzt oder gekreuzt werden. Die Erörterungen der Polizeibehörden mit der Telegraphenverwaltung und die dem Unternehmer der Starkstromanlage im Hinblick auf die Telegraphenanlagen zu machenden polizeilichen Auflagen haben sich grundsätzlich auf diejenigen Vorkehrungen zu beschränken, die den Bestand (die Substanz) der Telegraphen- oder Fernsprechanlagen sowie Leben und Gesundheit des Bedienungspersonals zu schützen bestimmt sind. Welche Vorkehrungen hierfür im allgemeinen in Frage kommen, ergibt sich aus unserem obenerwähnten Erlaß vom 9. Februar d. J., insonderheit aus Ziffer 1, 4, 5, 6, 7 und 8 der „Allgemeinen Anforderungen" daselbst[1]). Ein polizeiliches Interesse, dem Unternehmer der Starkstromanlage die Benutzung oder Mitbenutzung der Erde zur Rückleitung grundsätzlich zu verbieten, liegt nicht vor. Ein solches Verbot kann nur in Frage kommen, wenn und soweit von dieser Installationsform im Einzelfalle tatsächlich Gefahren für Leben und Gesundheit und Eigentum zu besorgen sein sollten (vgl. auch Ziffer 2 der Bemerkungen und Ziffer 3 der Anlage des Erlasses vom 9. Februar d. J.). Die dem Unternehmer zu machenden Auflagen haben sich nicht auf ihren Betrieb (Erhaltung der Schutzvorkehrungen, spätere Veränderungen und Erweiterungen der Anlage, Aufgrabungen und dgl.) zu erstrecken.

Wenngleich die Telegraphenverwaltung über die dem Unternehmer der Starkstromanlage zu machenden polizeilichen Auflagen zu hören ist, steht ihr ein Mitbestimmungsrecht bezüglich dieser Auflagen nicht zu, da über den Inhalt polizeilicher Verfügungen maßgebend nur die Polizeibehörde befinden kann. Im Hinblick auf die Bedeutung der Telegraphen- und Fernsprechanlagen und die besondere Sachkenntnis und Erfahrung der Telegraphenverwaltung ist ihr jedoch Gelegenheit zur Rückäußerung zu geben, falls oder soweit die Polizeibehörde den Anträgen der Telegraphenverwaltung nicht glaubt stattgeben zu können. Ingleichen sind die Forderungen der Telegraphenverwaltung vor der endgültigen Beschlußfassung der Polizeibehörde stets dem Unternehmer der Starkstromanlage zur Erklärung mitzuteilen. Zur Beschleunigung des Verfahrens empfiehlt sich, diese Erörterungen evtl. in kontradiktorischer Verhandlung mit den beiden Teilen zu erledigen. Die dem Unternehmer zu machenden Auflagen sind stets ohne jede Beziehung zu etwaigen zwischen ihm und der Telegraphenverwaltung getroffenen oder zu treffenden privatrechtlichen „Vereinbarungen" festzusetzen, vollständig in die polizeiliche Verfügung aufzunehmen und als solche zu kennzeichnen, die der Unternehmer der Polizeibehörde

---

[1]) Der Erlaß, betreffend den Schutz der Telephon- und Fernsprechanlagen gegenüber elektrischen Kleinbahnen, ist zu finden ETZ. 1904, S. 192. Die dort angezogenen Ziffern 1, 4, 5, 6, 7, 8, welche für Starkstromanlagen im allgemeinen in Betracht kommen, sind auf Seite 259 wiedergegeben.

gegenüber zu erfüllen hat. Demgemäß sind alle Auflagen zu unterlassen, die den Unternehmer beim Bau und Betriebe der Anlage in irgendeine Form von der Telegraphenverwaltung, insonderheit auch von deren Einvernehmen oder Zustimmung, abhängig machen könnten. Das schließt nicht aus, ihm in einzelnen Beziehungen, beispielsweise bezüglich geplanter Aufgrabungen oder Veränderungen oder Erweiterungen der Anlage u. dgl., eine vorgängige Anzeige an die Telegraphenverwaltung zur Pflicht zu machen. Die Bestimmungen unter Ziffer 9 und 10 der Anlage des Erlasses vom 9. Februar d. J. sind nach Bedarf entsprechend zu verwerten. Von der polizeilichen Verfügung an den Unternehmer der Starkstromanlage, durch welche ihm besondere Auflagen zum Schutze der Telegraphenanlagen gemacht oder von der Telegraphenverwaltung verlangte Auflagen abgelehnt werden, ist stets eine Abschrift der Telegraphenverwaltung mitzuteilen.

Es ist selbstverständlich, daß bei der polizeilichen Prüfung geplanter Starkstromanlagen nicht bloß der Schutz der Telegraphen- und Fernsprechleitungen, sondern aller elektrischen Leitungen und aller Interessen wahrzunehmen ist, die durch die Anlage gefährdet werden könnten. Durch diesen Erlaß finden unsere Erlasse vom 16. März 1886 und vom 21. Juni 1898 ihre Erledigung.

1. Falls die Stromführung durch eine oberirdische blanke Leitung erfolgt, muß diese, die „Arbeitsleitung", an allen Stellen wo sie vorhandene oberirdische Telegraphen- oder Fernsprechlinien kreuzt, mit Schutzvorrichtungen versehen sein, durch welche eine Berührung der beiderseitigen Leitungen verhindert oder unschädlich gemacht wird. Solche Vorrichtungen können u. a. bestehen in geerdeten Schutzdrähten oder Fangnetzen, aufgesattelten Holzleisten u. dgl.

4. An oberirdischen Kreuzungen der beiderseitigen Anlagen muß der Abstand der untersten Telegraphen- oder Fernsprechleitung von den höchstgelegenen stromführenden Teilen der Bahnanlage mindestens 1 m betragen. Die Masten zur Aufhängung der oberirdischen Leitungen müssen von vorhandenen Telegraphen- oder Fernsprechleitungen mindestens 1,25 m entfernt bleiben.

5. Wo die Arbeits- oder Speiseleitungen der Bahn streckenweise in einem Abstand von weniger als 10 m neben den Telegraphen- oder Fernsprechleitungen verlaufen und die örtlichen Verhältnisse eine Berührung der beiderseitigen Leitungen auch beim Umstürzen der Träger oder beim Herabfallen der Drähte nicht ausschließen, müssen die Gestänge der Bahnanlage, nötigenfalls auch die der Telengraphenanlage, durch kürzere als die sonst üblichen Abstände, durch entsprechend stärkere Stangen und Masten und durch sonstige Verstärkungsmittel (Streben, Anker u. dgl.) gegen Umsturz besonders gesichert sein; auch müssen die Drähte an den Isolatoren so befestigt sein, daß eine Lösung aus ihren Drahtlagern ausgeschlossen ist.

6. Unterirdische Speiseleitungen müssen unterirdischen Telegraphen- oder Fernsprechkabeln tunlich fernbleiben. Bei Kreuzungen und bei seitlichen Abständen der Kabel von weniger als 0,50 m müssen die Bahnkabel auf der den Telegraphenkabeln zugekehrten Seite mit Zementhmuffen von wenigstens 0,06 m Wandstärke versehen und innerhalb dieser in Wärme schlecht leitendes Material (Lehm o. dgl.) eingebettet sein.

Diese Muffen müssen 0,50 m zu beiden Seiten der gekreuzten Telegraphenkabel, bei seitlichen Annäherungen ebenso weit über den Anfangs- und Endpunkt der gefährdeten Strecke hinausragen. Liegt bei Kreuzungen und bei seitlichen Abständen der Kabel von weniger als 0,50 m das Bahnkabel tiefer als das Telegraphenkabel, so muß letzteres zur Sicherung gegen mechanische Angriffe mit zweiteiligen eisernen Rohren bekleidet sein, die über die Kreuzungs und Näherungsstelle nach jeder Seite 1 m hinausragen. Solcher Schutzvorrichtungen bedarf es nicht, wenn die Bahn- oder die Telegraphenkabel sich in gemauerten oder in Zement- o. dgl. Kanälen von wenigstens 0,06 m Wandstärke befinden.

7. Von beabsichtigten Aufgrabungen in Straßen mit unterirdischen Telegraphen- oder Fernsprechkabeln ist der zuständigen Oberpostdirektion oder den zuständigen Post- oder Telegraphenämtern beizeiten vor dem Beginn der Arbeiten schriftlich Nachricht zu geben. Falls durch solche Arbeiten der Telegraphen- oder Fernsprechbetrieb gestört werden könnte, sind die Arbeiten auf Antrag der Telegraphenverwaltung zu Zeiten auszuführen, in denen der Telegraphen- bzw. Fernsprechbetrieb ruht.

8. Fehler — d. h. ein **schadhafter Zustand** — in der Starkstromanlage der Bahn, durch welche der Bestand der Telegraphen- und Fernsprechanlagen oder die Sicherheit des Bedienungspersonals gefährdet werden könnte, sind ohne Verzug zu beseitigen; außerdem ist der elektrische Betrieb der Bahn im Wirkungsbereich der Fehler bis zu deren Beseitigung einzustellen.

2. Auszug aus dem Telegraphenwege-Gesetz vom 18. Dezember 1899.

§ 1. Die Telegraphenverwaltung ist befugt, die Verkehrswege für ihre zu öffentlichen Zwecken dienenden Telegraphenlinien zu benutzen, soweit nicht dadurch der Gemeingebrauch der Verkehrswege dauernd beschränkt wird. Als Verkehrswege im Sinne des Gesetzes gelten, mit Einschluß des Luftraumes und des Erdkörpers, die öffentlichen Wege, Plätze, Brücken und die öffentlichen Gewässer nebst deren dem öffentlichen Gebrauch dienenden Ufern.

Unter Telegraphenlinien sind die Fernsprechlinien mitbegriffen.

Zu § 1. Zu den „zu öffentlichen Zwecken dienenden Telegraphenlinien" gehören die Linien, die zum allgemeinen Gebrauch vorhanden sind oder die zum unmittelbaren Nutzen des Publikums dienen. Hierzu sind auch die Haupt- und Nebenanschlüsse an die Fernsprechnetze oder Umschaltestellen sowie die Nebentelegraphenlinien zu berechnen. Die besonderen Telegraphenanlagen, die keinen Anschluß an das öffentliche Telegraphen- oder Fernsprechnetz besitzen, fallen nur dann unter den § 1 wenn sie unmittelbar dem Publikum dienen (z. B. Feuerwehrtelegraphen, Telegraphen der Deichverbände usw.). Besondere Telegraphenlinien, die nicht unter den § 1 fallen, werden von der Reichstelegraphenverwaltung nur ausgeführt, wenn der Antragsteller die Genehmigung des Wegeunterhaltungspflichtigen und der Grundeigentümer auf Benutzung des öffentlichen Weges und der betreffenden Privatgrundstücke zur Herstellung der Linie beibringt.

§ 2. Bei der Benutzung der Verkehrswege ist eine Erschwerung ihrer Unterhaltung und eine vorübergehende Beschränkung ihres Gemeingebrauchs nach Möglichkeit zu vermeiden.

§ 4. Die Baumpflanzungen auf und an den Verkehrswegen sind nach Möglichkeit zu schonen, auf das Wachstum der Bäume ist tunlichst Rücksicht zu nehmen. Ausästungen können nur insoweit verlangt werden, als sie zur Herstellung der Telegraphenlinien oder zur Verhütung von Betriebsstörungen erforderlich sind; sie sind auf das unbedingt notwendige Maß zu beschränken.

Die Telegraphenverwaltung hat dem Besitzer der Baumpflanzungen eine angemessene Frist zu setzen, innerhalb welcher er die Ausästungen selbst vornehmen kann. Sind die Ausästungen innerhalb der Frist nicht oder nicht genügend vorgenommen, so bewirkt die Telegraphenverwaltung die Ausästungen. Dazu ist sie auch berechtigt, wenn es sich um die dringliche Verhütung oder Beseitigung einer Störung handelt.

Die Telegraphenverwaltung ersetzt den an den Baumpflanzungen verursachten Schaden und die Kosten der auf ihr Verlangen vorgenommenen Ausästungen.

Zu § 4. Die Ausästungen sind in dem Maße zu bewirken, daß die Baumpflanzungen mindestens 60 cm nach allen Richtungen von den Leitungen entfernt sind. Ausästungen über die Entfernung von 1 m im Umkreise können nicht verlangt werden.

§ 5. Die Telegraphenlinien sind so auszuführen, daß sie vorhandene besondere Anlagen (der Wegehaltung dienende Einrichtungen, Kanalisations-, Wasser-, Gasleitungen, Schienenbahnen, elektrische Anlagen u. dgl.) nicht störend beeinflussen. Die aus der Herstellung erforderlichen Schutzvorkehrungen erwachsenden Kosten hat die Telegraphenverwaltung zu tragen.

3. Auszug aus dem Amtsblatt Nr. 30 v. J. 1921 des Reichs-Postministeriums.

Nr. 63. Zusammenstellung der durch die Fernsprechordnung getroffenen wichtigen Änderungen gegenüber den jetzigen Bestimmungen.

Die Fernsprechordnung enthält gegenüber den jetzt geltenden Vorschriften der AB. zur FGO. folgende wichtigeren Änderungen:

Zu § 3. In Ortsnetzen mit mehr als 1000 Hauptanschlüssen findet ununterbrochener Dienst statt; die jetzige Bestimmung, daß die in der Nachtzeit für Orts- und Ferngespräche aufkommenden Gebühren auf die von den Beteiligten zu gewährleistende Mindesteinnahme anzurechnen sind, fällt weg. In Ortsnetzen mit 1000 und weniger Hauptanschlüssen haben die Beteiligten künftig die Gesamtkosten des Nachtdienstes oder des verlängerten Dienstes zu erstatten.

Zu § 5. **Die Bestimmung, daß nicht mehr als fünf Nebenanschlüsse mit demselben Hauptanschluß verbunden werden dürfen, ist weggefallen.**

Mit Wechselschalter (Umschalter Va) angeschlossene zweite Apparate sind Zusatzeinrichtungen; für die Leitung wird daher keine Gebühr erhoben, wenn sich die zweite Sprechstelle auf demselben Grundstück befindet (zu vgl. § 8 FO.).

Nichtreichseigene Nebenanschlüsse sind künftig auch auf einem anderen Grundstück als dem der Hauptstelle zulässig. Auf Antrag stellt die Telegraphenverwaltung die Leitung für die Verbindung der Nebenstelle mit der Hauptstelle zur Verfügung.

Bei reichseigenen Anschlußleitungen (Hauptanschlüssen, Nebenanschlüssen, Nebenanschlüssen und Querverbindungen nach anderen Grundstücken), die auf eine nicht reichseigene Umschalteeinrichtung bei der Teilnehmerstelle geschaltet werden, wird nicht die Gebühr für ein Anschlußorgan, sondern die Gebühr für einen Wechselschalter nach § 8, Ziffer II, Abs. 1, Ziffer 1 FO. erhoben. Diese Gebühr wird auch für diejenigen Wechselschalter erhoben, die für Rechnung der Teilnehmer beschafft und in deren Eigentum übergegangen sind (§ 8, III FO).

Die Gebühr für einen Nebenanschluß mit gewöhnlichem Apparat setzt sich zusammen aus der Gebühr für die Nebenstelle, für die Nebenanschlußleitung und für das durch die Nebenanschlußleitung belegte Anschlußorgan der Vermittlungseinrichtung bei der Hauptstelle.

Als Ausnahme-Nebenstelle gilt eine Nebenstelle, die im Anschlußbereich eines anderen Ortsnetzes als die Hauptstelle liegt, bei der also die Nebenstellenleitung von einem Anschlußbereich in einen anderen übergeht. Ausnahme-Nebenanschlüsse und Nebenanschlüsse zu Ausnahme-Hauptanschlüssen sind künftig nur noch für den Inhaber des Hauptanschlusses zulässig.

Zu § 6. Querverbindungen sind zwischen Hauptstellen im Anschlußbereich desselben Ortsnetzes allgemein zulässig, auch wenn sich bei den Hauptstellen nichtreichseigene Nebenstellenanlagen befinden.

Zu § 8. Für die reichseigenen Sprechstellen vorhandenen Zusatzeinrichtungen, die für Rechnung der Teilnehmer beschafft und in deren Eigentum übergegangen sind, werden künftig die gleichen Gebühren wie für reichseigene Zusatzeinrichtungen erhoben.

Zu § 11. Es ist künftig zulässig, daß sich Personen, Firmen usw. in der Absicht zusammentun, Fernsprecheinrichtungen gemeinsam zu benutzen. Personen usw., die mit Genehmigung des Teilnehmers dessen Fernsprecheinrichtungen mitbenutzen, dürfen nach § 14, II, Abs. 2 unter gewissen noch festzusetzenden Bedingungen in das Fernsprechbuch eingetragen werden.

Zu § 17. Die Zahl der von einem Teilnehmeranschluß aus zulässigen Ferngesprächsanmeldungen unterliegt keiner Beschränkung, kann aber für bestimmte Ortsnetze eingeführt werden.

Gespräche können künftig schon am Mittag des Vortags gegen eine besondere Gebühr von 50 Pf. unter Angabe einer bestimmten Anmeldezeit bestellt werden (Vortagsanmeldungen). In bestimmten Ortsnetzen können die Vortagsanmeldungen auch schriftlich und für einen längeren Zeitraum im voraus bestellt werden. Bei größeren Vermittlungstellen kann angeordnet werden, daß für Auskünfte, die sich auf vorliegende oder auf erledigte Gesprächsanmeldungen beziehen, eine Gebühr von 75 Pf. erhoben wird.

Die Bestimmungen über die Gültigkeitsdauer von Ferngesprächanmeldungen sind geändert worden. Für die Streichung einer Gesprächsanmeldung auf besonderes Verlangen des Aufgebers wird eine Gebühr von 75 Pf. erhoben.

Zu § 20. Für Ortsgespräche zur Nachtzeit werden künftig die gleichen Gebühren erhoben wie für Ortsgespräche am Tage.

Monatsgespräche müssen künftig vom Teilnehmer mit achttägiger Frist schriftlich gekündigt werden.

Zu § 25. Für ein Ferngespräch auf Entfernungen von mehr als 15 km, das nicht zustandekommt, weil der Anruf des Amtes am Ursprungs- und am Bestimmungsort oder an einem von ihnen nicht beantwortet wird, obwohl die Anschlüsse betriebsfähig sind, wird $^1/_5$ der Gebühr für ein Dreiminutengespräch der bestellten Gattung erhoben.

Für Anträge auf Erstattung von Fernsprechgebühren und für erfolgreiche Nachforschungen sind Gebühren festgesetzt.

4. Auszug aus den Ausführungsbestimmungen zum Fernsprechgebührengesetz und zur Fernsprechordnung.

Gültig vom 1. Oktober 1921.

Zu § 4.

(Zu 1) 1. Bei Nebenstellenanlagen gilt als Hauptstelle die Abfragestelle, bei der in der Hauptverkehrszeit die in den Amtsleitungen eingehenden Anrufe beantwortet und die Verbindungen mit den Nebenstellen hergestellt werden. Die für die übrige Zeit in Tätigkeit tretenden Abfragestellen gelten als Nebenstellen.

5. Für jeden Sprechapparat gewöhnlicher Art, der neben dem ohne besondere Gebühr für jeden Arbeitsplatz der Hauptstelle zu liefernden Sprechapparat bereitgestellt wird, sind bei reichseigenen Einrichtungen die Gebühren für Zusatzeinrichtungen (FO. § 8, II) zu erheben; bei nichtreichseigenen Einrichtungen sind weitere Abfrageapparate gebührenfrei[1]).

(Zu II.) Bei der besonderen Prüfung, ob Hauptanschlüsse als überlastet anzusehen sind, ist folgendermaßen zu verfahren.

1. Vorprüfung.

a) Teilnehmer, die nur einen Anschluß haben. Auf Grund der Zählungen der abgehenden Gespräche werden diejenigen Anschlüsse ermittelt, von denen aus mehr als 8000 Ortsgespräche jährlich geführt werden. Bei diesen ist zu prüfen, ob nach Beruf oder Geschäft des Teilnehmers oder nach dem Umfang seines Fernverkehrs angenommen werden muß, daß der ankommende Verkehr ebenso stark oder stärker als der abgehende ist und der Anschluß infolgedessen überlastet ist. In solchen Fällen hat sich das Verkehrsamt, dem die Vermittlungsstelle untersteht, zunächst mit dem Teilnehmer in Verbindung zu setzen und ihm die Anmeldung eines weiteren Anschlusses nahezulegen. Erst wenn bei diesen Verhandlungen keine Einigung erzielt

---

[1]) Jeder § mit * gilt für Bayern und Württemberg nicht.

wird, sind die Fälle, in denen der Anschluß bei Anruf besetzt befunden wird, zu ermitteln. Bei Anschlüssen, die meist in abgehender Richtung benützt werden, z. B. bei Anschlüssen in Gasthäusern, Warenhäusern, die von den Inhabern den Besuchern zur Verfügung gestellt werden, oder bei Anschlüssen, wo der abgehende und der ankommende Verkehr zeitlich wesentlich voneinander verschieden sind, ist die besondere Prüfung nach Ziffer 2 erst vorzunehmen, wenn sich im Betrieb Schwierigkeiten bei der Herstellung von Verbindungen mit diesen Anschlüssen ergeben. Die Vermittlungsbeamten sind anzuweisen, derartige Schwierigkeiten zu melden. Anschlüsse, die in ankommender Richtung besonders stark benutzt werden, z. B. Anschlüsse von Auskunftsstellen, Kartenverkaufsstellen, Theaterkassen, sind auf Grund der amtlichen Fernsprechbücher oder sonstiger Behelfe herauszusuchen und besonders zu beobachten.

b) Teilnehmer mit mehreren Anschlüssen. Anschlüsse eines Teilnehmers, die nicht in Folgenummern oder in einer Sammelnummer zusammengefaßt sind, gelten als Einzelanschlüsse. Bei Anschlüssen mit Folgenummern oder mit einer Sammelnummer wird auf Grund der Zählung der abgehenden Gespräche die Durchschnittszahl der auf einen Anschluß entfallenden Ortsgespräche ermittelt. Ergibt sich hierbei eine jährliche Gesprächsziffer von mehr als 12 000, so ist nach Buchstabe a zu verfahren. Bevor jedoch dem Teilnehmer die Anmeldung eines weiteren Anschlusses nahegelegt wird, haben die Vermittlungsstellen nach Möglichkeit darauf hinzuwirken, daß etwa noch vorhandene Einzelanschlüsse mit Zustimmung des Teilnehmers zusammengelegt werden. Für die Umschaltung und für die damit verbundene Änderung der Anschlußnummern sind dem Teilnehmer keine Kosten anzurechnen.

2. Die besondere Prüfung.

Die Zählung der Besetztfälle ist ohne Vorwissen der Teilnehmer an sechs aufeinander folgenden Werktagen vorzunehmen. Es ist nicht erforderlich, daß die Zählung stets vom Montag bis zum Sonnabend einer Woche ausgeführt wird, sie kann auch zum Beispiel am Mittwoch beginnen und am Dienstag enden, wenn außer dem Sonntag kein Feiertag dazwischenliegt. Die Klinken der zu prüfenden Anschlüsse sind im Teilnehmervielfachfeld der Orts-, Vorschalte- und Fernschränke in geeigneter Weise, etwa durch Umrandung mit leicht zu entfernender Farbe zu kennzeichnen. Bei Vermittlungsstellen ohne Vielfachfeld sind die Abfrageklinken zu kennzeichnen. An jedem Platze, an dem Verbindungen mit dem zu untersuchenden Anschluß hergestellt werden können, sind kleine Merkzettel auszulegen, auf denen die Besetztfälle zu verzeichnen sind. Bei Anschlüssen mit Folgenummern oder mit einer Sammelnummer wird ein Besetztfall nur dann angerechnet, wenn alle Anschlüsse gleichzeitig besetzt sind. Ergibt sich bei der Teilung der während der 6 Werktage gezählten Besetztfälle durch 6 eine größere Zahl als 7, so ist nach FGebG. und 7 zu verfahren.

Teilnehmer, deren Anschlüsse in solche für abgehenden und ankommenden Verkehr getrennt sind, können statt der Anmeldung eines Anschlusses verlangen, daß zunächst eine andere Verteilung der Anschlüsse für abgehenden und ankommenden Verkehr vorgenommen wird.

Die vorstehenden Vorschriften finden auch auf Anschlüsse Anwendung, die nur für den Fernverkehr bestimmt sind.

Zu § 5.

(Zu I.) 1. Die Anmeldungen auf Herstellung von Nebenanschlüssen und die Übergabe-Bescheinigungen müssen von dem Inhaber des Hauptanschlusses unterschrieben werden. Die schriftliche Genehmigung des Grundstückseigentümers zur Einführung der Leitungen in das anzuschließende Grundstück und zur Einrichtung der Sprechstellen in den Gebäuden (FO. § 12, I und II) ist auch beizubringen, wenn Nebenanschlüsse durch Dritte hergestellt werden sollen.

2. Unter einer Nebenstellenanlage ist eine Einrichtung zu verstehen, die aus einer beim Teilnehmer befindlichen, mit dem öffentlichen Netze verbundenen Vermittlungsstelle und aus einer oder mehreren daran angeschlossenen Sprechstellen (Nebenstellen) besteht. Zu den Nebenstellenanlagen zählen auch die Reihenanlagen; bei diesen gilt die Hauptstelle als Vermittlungsstelle. Bei Nebenstellenanlagen für Selbstanschlußbetrieb gilt als Vermittlungsstelle die Wählereinrichtung beim Teilnehmer einschließlich der Zusatzeinrichtung für den durch Hand zu vermittelnden Verkehr. Im Gegensatz zur Nebenstellenanlage ist der Mehrfachanschlußapparat lediglich die Vereinigung mehrerer Sprechstellen, die je nach der Anschlußweise als Haupt- oder Nebenstellen gelten. Als Vermittlungsstelle ist er in keiner Weise anzusehen.

3. Mehrfachanschlußapparate, die in eine zu einer Nebenstellenanlage führende Hauptanschlußleitung eingeschaltet werden können, werden nur zugelassen, wenn an die Nebenstellenanlage außerdem noch mindestens ein unmittelbarer Hauptanschluß herangeführt ist. Diese Beschränkung gilt für Reihenapparate nicht. Das abschaltbare Leitungsstück zwischen Mehrfachanschlußapparat und Vermittlungseinrichtung der Nebenstellenanlage gehört zur Hauptanschlußleitung und unterliegt keiner besonderen Gebühr. Für die übrigen an den Mehrfachanschlußapparat herangeführten Leitungen werden die bestimmungsmäßigen Gebühren (FO § 5; III A Ziffer 2) erhoben. Auch bei vorgeschalteten Reihenapparaten endigt die Hauptanschlußleitung bei der Vermittlungseinrichtung der Nebenstellenanlage. Für das zur Verbindung der Reihenapparate mit der Vermittlungseinrichtung dienende Leitungskabel sind die Gebühren nach FO § 5, III A Ziffer 4c zu erheben.

4. In Reihenanlagen mit mehreren Amtsleitungen soll in der Regel jede Reihenstelle mit jeder Amtsleitung verbunden werden können. Zu diesem Zwecke sind entweder Reihenapparate für die vorhandene Zahl von Amtsleitungen zu verwenden, oder es sind sämtliche Leitungen über einen Klappenschrank zu führen, an dem die in den Reihenapparaten selbst nicht möglichen Verbindungen hergestellt werden. Beantragt ein Teilnehmer, daß in einer Reihenanlage mehrere Amtsleitungen zum Teil über gemeinsame, zum Teil über getrennte Apparate geführt werden, ohne daß sämtliche Amtsleitungen an einem Klappenschrank zusammengefaßt sind, so ist er darauf aufmerksam zu machen, daß bei einer solchen Schaltung Folge-

nummern oder eine Sammelnummer nur für die Hauptanschlüsse zur Verfügung gestellt werden können, über die sämtliche Reihenstellen erreichbar sind, und daß die getrennt geführten Anschlüsse auf Verlangen des Teilnehmers oder der Telegraphenverwaltung im Falle der Überlastung (FGebG. § 7 und FO. § 4, II) nur mit hohen Kosten zusammengelegt werden können. Wird der Antrag trotzdem aufrecht gehalten, so kann ihm ausnahmsweise stattgegeben werden. In diesem Falle müssen die Nebenstellen, die nicht über sämtliche Hauptanschlüsse erreicht werden können, ins amtliche Fernsprechbuch eingetragen werden, es sei denn, daß sie überhaupt nicht angerufen werden sollen. Die Eintragung muß so abgefaßt sein, daß deutlich zu ersehen ist, welche Nebenstellen über die Einzelnen Amtsleitungen erreicht werden können. Wird dabei die dem Teilnehmer zustehende Zeilenzahl überschritten, so ist für die überschießenden Zeilen die bestimmungsmäßige Gebühr zu entrichten.

5. In OB-Netzen können weitere Nebenstellen zu Nebenstellen zugelassen werden, wenn der Teilnehmer ein besonderes Bedürfnis nachweist und dem Bedürfnis ohne erhebliche Aufwendungen anders nicht genügt werden kann; die Schaltung muß jedoch so sein, daß bei Verbindungen mit der Hauptstelle nicht mehr als eine zwischenliegende Nebenstelle mitwirken kann. In ZB- und SA-Netzen muß wegen der Schwierigkeiten technischer Art die Anschaltung weiterer Nebenstellen an Nebenstellen im allgemeinen unterbleiben. Ausnahmen unterliegen der Genehmigung der R.P.M., in Württemberg der O.P.D., Stuttgart.

(Zu II, Abs. 1). Die Amtsleitungen und die reichseigenen Nebenanschlußleitungen sind an die nichtreichseigenen Einrichtungen in der Regel mit Wechselschaltern so anzuschalten, daß mit einem Postprüfapparat jederzeit leicht festgestellt werden kann, ob ein Fehler in der Amtsleitung oder in der nichtreichseigenen Anlage liegt. Der Postprüfapparat nebst dem Postprüfschalter muß mit der nichtreichseigenen Hauptstelle, in Reihenanlagen mit der der Einführung räumlich am nächsten gelegenen Reihenstelle, im gleichen Raume untergebracht werden. An den Postprüfapparat dürfen Zusatzeinrichtungen nicht angeschlossen werden. Bei größeren nichtreichseigenen Nebenstellenanlagen können auf Antrag Postprüfschränke aufgestellt werden.

2. An reichseigene Nebenanschlüsse dürfen reichseigene Zusatzapparate (Ersatzapparate) nicht angeschaltet werden. Werden für nichtreichseigene Nebenstellen reichseigene Leitungen bereitgestellt, so enden diese bei den Nebenstellen an reichseigenen Sicherungen. Prüfschalter brauchen bei den Nebenstellen nicht angebracht zu werden. Die vorhandenen Wechselschalter können in den Anlagen bleiben, Gebühren dafür sind bis auf weiteres dem Teilnehmer nicht in Rechnung zu stellen; die reichseigenen Leitungen enden in solchen Fällen am Wechselschalter.

3. Die nichtreichseigenen Nebenstellen dürfen so geschaltet sein, daß Hausanschlüsse auf dem Grundstück der Hauptstelle (innenliegende Hausanschlüsse) und auch Hausanschlüsse außerhalb des Grundstücks der Hauptstelle (außenliegende Hausanschlüsse) mit den reichseigenen und nichtreichseigenen — Nebenstellen und mit den Abfragestellen für den Amtsverkehr verbunden werden können. Ausgeschlossen von dem Verkehr

bleiben Hausanschlüsse außerhalb des Anschlußbereiches des Ortsnetzes und Hausstellen, bei denen die Leitungen unmittelbar oder über andere Leitungen mit Anschlüssen verbunden werden können, die zum Amtsverkehr zugelassen sind. Für den allgemein zugelassenen Verkehr der außenliegenden Hausstellen mit den nicht reichseigenen Nebenstellenanlagen der Reichseisenbahnen gelten diese Einschränkungen nicht. Die Schaltungen der Hausanschlüsse müssen so eingerichtet sein, daß an die Amtsleitungen, innen- und außenliegende Hausstellen weder mittelbar, etwa über Nebenanschlüsse (Anl. 2 L IV) oder Abfragestellen, noch unmittelbar angeschaltet werden können. Für den Verkehr der Hausstellen mit den Nebenstellenanlagen werden außer den Zuschlägen für reichseigene Sprechstellen (FO. § 5, III A, Ziffer 6) und außer etwaigen auf Grund des § 2 des Telegraphengesetzes vom 6. April 1892 festgesetzten Gebühren weitere Gebühren nicht erhoben. Die Vermittlungsämter haben zu überwachen, daß die Herstellung unzulässiger Verbindungen, namentlich wenn offene Klinken vorhanden sind, durch die örtlichen Verhältnisse oder durch technische Maßnahmen verhindert wird. Die Änderung vorhandener Anlagen, die der Vorschrift nicht entsprechen, ist zu verlangen, sobald die technischen Einrichtungen erneuert oder umgebaut werden, oder wenn sich sonst eine geeignete Gelegenheit bietet. Als Anhalt für die Prüfung der Zulässigkeit von Verbindungsmöglichkeiten dient die Darstellung nach Anl. 2, die die hauptsächlich vorkommenden Fälle berücksichtigt. Allen Berichten an das R.P.M. über Nebenstellenanlagen ist eine Darstellung nach dem Muster dieser Anlage beizufügen.

(Zu II, Abs. 2.) 1. Die nichtreichseigenen Sprech- und Höreinrichtungen dürfen den von der Telegraphenverwaltung verwendeten nicht nachstehen. Damit die Sicherheit und Zuverlässigkeit des Betriebes im reichseigenen Fernsprechnetz nicht beeinträchtigt wird, ist auf die Verwendung guter Apparate, Stromquellen usw. hinzuwirken. **Die ausführenden Werke haben die vom Verband deutscher Elektrotechniker aufgestellten Leitsätze für die Einrichtung elektrischer Fernmeldeanlagen und die Normen für isolierte Leitungen in Fernmeldeanlagen usw. zu beachten.**

2. Der über Amtsleitungen abzuwickelnde Verkehr darf nicht durch Übersprechen aus der Privatanlage gestört werden. Als Störungsursachen kommen u. a. in Betracht: Verwendung von Einzelleitungskabeln mit unverdrillten Adern, ungenügende Isolierung der nicht reichseigenen Leitungen, ungenügende gegenseitige Isolierung von Schaltungsteilen, die auf gemeinsamen Grundplatten angebracht sind, fehlendes elektrisches Gleichgewicht bei Brückenanordnungen in den Amtsleitungen. Werden die Störungsursachen in den nichtreichseigenen Umschalteinrichtungen festgestellt, so ist die Beseitigung der Mängel von den Teilnehmern zu fordern; ihnen muß auch die Ermittlung der Einzelursachen überlassen bleiben. Die Prüfung ist auf alle Teile der Anlagen auszudehnen, die für den Verkehr mit dem Amte in Betracht kommen. Sollen für die Nebenstellen Schaltungen angewendet werden, die eine Änderung der technischen Einrichtung der Vermittlungsstelle erfordern, so ist die Genehmigung des R.P.M. notwendig

Auszug aus den Ausführungsbestimmungen zur Fernsprechordnung. 279

3. Als Weckstrom zum Amte und darüber hinaus muß Wechselstrom von nicht wesentlich mehr oder weniger als 25 Perioden in der Sekunde und bei Polwechslern und Kurbelinduktoren von nicht weniger als 30 und nicht mehr als 40 Volt Spannung benutzt werden. Zum Anruf der Nebenstellen durch die Hauptstelle ist Wechselstrom von geringerer oder höherer Spannung zulässig; die Spannung darf aber 60 Volt nicht übersteigen, und die Schaltung muß so eingerichtet sein, daß der Strom in keinem Falle zum Amte gelangen kann. Nichtreichseigene Handinduktoren müssen bei drei Kurbelumdrehungen in der Sekunde Wechselstrom der angegebenen Spannung und Periodenzahl liefern.

4. Die Antriebs- und die Rufspannung müssen auf den Rufstromerzeugern angegeben sein, und zwar bei Polwechslern mit Umformer auf dem Umformer, sonst auf dem Polwechsler selbst. Für die Herstellung, ob sich die Rufspannung innerhalb der vorgeschriebenen Grenzen hält, ist ausschließlich der mit dem Wechselstrom-Spannungsmesser der Telegraphenverwaltung gefundene Wert maßgebend. Überschreitungen der Grenzwerte um höchstens 2 Volt bleiben unbeanstandet. Die Messungen sind unmittelbar an den Rufstromerzeugern bei unbelastetem Rufstromkreis vorzunehmen.

5. Der Starkstromkreis von Rufstromerzeugern ist nach den „Vorschriften des Verbandes deutscher Elektrotechniker für die Einrichtung elektrischer Starkstromanlagen" (Verbandsvorschriften §§ 14 und 20) zu sichern und darf nur über einen doppelpoligen Umschalter mit dem Rufstromerzeuger verbunden werden; für den Rufstromkreis müssen Sicherungen zu 2 Ampere verwendet werden.

6. Für die Zulassung von Rufstromumformern und Polwechslern in nichtreichseigenen Nebenstellenanlagen ist das R.P.M. zuständig; die Vermittlungsstellen können indes Polwechsler, die an Sammlerbatterien von nicht mehr als 60 Volt angeschlossen sind, selbstständig zulassen. Gleichzeitig mit dem Bericht an das R.P.M. sind an das T.R.A. (Abteilung Apparatbau) genaue Einrichtungs- und Schaltungszeichnungen des Umformertyps und Muster der zu verwendeten Sicherungen zur Prüfung einzusenden. Die Einsendung der Sicherungen unterbleibt, wenn es sich um Grobsicherungen gleicher Bauart und Herkunft handelt wie bei den Sicherungen der Telegraphenverwaltung, oder wenn Schmelzsicherungen des Zede- und Diazed- und PD-Systems verwendet werden. Das T.R.A. wird u. U. die Umformer selbst vor der Einschaltung zur Prüfung einfordern. Vor der Zulassung zum Betrieb sind die Rufstromerzeuger darauf zu prüfen, ob die Rufströme in einem ordnungsmäßig eingestellten Kopffernhörer Knackgeräusche verursachen Treten solche auf, so ist die Zulassung von der vorherigen Beseitigung des Mangels abhängig zu machen. Bei Polwechslern kann zu dem Zwecke ein Kondensator zwischen die Rufstromleitungen, bei Polwechslern mit Umformer als zwischen die Enden der Zweitwicklung, geschaltet werden. Ferner ist festzustellen, ob die Benutzung des Polwechslers die — für 25 Perioden eingerichteten — Wechselstromwecker ZB gut anzusprechen. Wecker, die vom Wechselstrom durchflossen werden, müssen polarisiert sein; der Rollenwiderstand muß mindestens 300 Ohm betragen. Vorhandene Umformereinrichtungen, die den obigen Forderungen nicht

entsprechen, müssen von den Teilnehmern geändert werden, sobald es aus Betriebsrücksichten notwendig wird.

7. In nichtreichseigenen Nebenstellenanlagen, die an ZB-Ämter Anschluß erhalten, kann der zum Betrieb der Schauzeichen und der Mikrophone erforderliche Strom für den Amtsverkehr der Haupt- und Nebenstellen unentgeltlich aus der Amtsbatterie entnommen werden. Voraussetzung ist, daß Änderungen der technischen Einrichtungen der Vermittlungsstellen (z. B. Einbau von Speisebrücken) nicht erforderlich werden. Die Schauzeichen dürfen nicht in Erdabzweigungen liegen; ihr Widerstand muß so bemessen sein, daß sich für den Amtsbetrieb keine Schwierigkeiten ergeben, insbesondere, daß die Zeichengebung beim Amte und die Sprechverständigung nicht beeinträchtigt werden.

8. Es empfiehlt sich, **den vom Amtsstrom gespeisten Mikrophonen der Handapparate einen Widerstand von etwa 1500 Ohm mit hoher Selbstinduktion parallel zu schalten,** damit keine Unterbrechung des Amtsstroms und dadurch eine vorzeitige Schlußzeichengabe eintreten kann, wenn die Handapparate während einer Gesprächspause vorübergehend aus der Hand gelegt werden.

9. In Reihenanlagen und bei Vorschaltung von Reihen-Nebenstellen vor Umschalteschränke darf keine Amtsleitung — abgesehen von den Apparaten bei der Hauptstelle — über mehr als 15 Unterbrechungsschalter verlaufen.

(Zu II, Abs. 3.) Für jede Zulassung von Zeichnungen und Beschreibungen einer Schaltung, einer Schaltungsänderung oder einer Zusatzschaltung werden die Selbstkosten, bis auf weiteres jedoch nicht mehr als 400 M. erhoben.

(Zu II, Abs. 4). Die Genehmigung zur erstmaligen Anschließung nichtreichseigener Nebenstellenanlagen nach bereits genehmigten Schaltungen liegt den Telegraphenbauämtern ob. Die O.P.D. können in größeren Netzen die Fernsprechämter oder die Telegraphenämter ein für allemal damit beauftragen; ist die Schaltung noch nicht bekannt, so ist die Entscheidung der O.P.D. einzuholen. Die Genehmigung ist unter dem Vorbehalt des Widerrufs zu erteilen; in dem Benachrichtigungsschreiben an die Teilnehmer ist der Vorbehalt des Widerrufs nicht unnötig in den Vordergrund zu rücken. Bei geringfügigen Änderungen, z. B. bei Verlegung einzelner Sprechstellen oder Zubehörteile, brauchte eine förmliche Abnahme, von deren Ergebnis die Inbetriebsetzung abhängig gemacht wird, nicht stattzufinden. Die Prüfungen können gelegentlich ausgeführt werden. Das gleiche gilt für die Anschließungen neuer Hausstellen, soweit die Schaltung hierbei keine Änderung erfährt; neu hinzutretende Nebenstellen sind alsbald abzunehmen.

AB zur FO § 5.

2. Wegen des Vorgehens bei eigenmächtiger Anschaltung nichtreichseigener Nebenstellen an reichseigene Einrichtungen s. AB 1 zur FO § 28, II, Abs. 1, Ziffer 3.

3. Stehen bei den Vermittlungsstellen Betriebsveränderungen in Aussicht, die Änderungen in den technischen Einrichtungen der nichtreichseigenen Nebenstellenanlagen nötig machen, so sind die Inhaber rechtzeitig

zu benachrichtigen. Auf Wunsch können ihnen auch die Lieferer der zu den Änderungen notwendigen Teile der Einrichtung genannt werden. Die Ausführung der Änderungen durch Beamte der Telegraphenverwaltung oder die Abgabe von Apparatteilen zu diesen Änderungen aus den Beständen der Telegraphenverwaltung ist nicht gestattet*).

(Zu III A, Ziffer 1b). Werden Mehrfachanschlußapparate bei Hauptstellen verwendet, so sind die Gebühren nach FO § 5, III A neben der Grundgebühr für den Hauptanschluß zu erheben. Die in Mehrfachanschlußapparate eingebauten Wechselschalter unterliegen keiner besonderen Gebühr.

(Zu III A, Ziffer 2.) Wegen der Feststellung der Leitungslänge s. AB zum FGebG. § 3. Für jeden Anschluß sind mindestens 100 m Leitung anzusetzen. Die Leitungsgebühr ist für jede Leitung besonders zu berechnen.

(Zu III A, Ziffer 3, Abs. 1.) Unter Anschlußorgan ist der Teil der Vermittlungseinrichtung einer Nebenstellenanlage zu verstehen, mit dem die einzelne Nebenanschlußleitung fest verbunden ist. Jeder Nebenanschluß hat danach an jeder Stelle, an der er weiter verbunden werden kann, ein Anschlußorgan; Wechselschalter gelten nicht als Anschlußorgane. Werden reichseigene Nebenanschlüsse oder Reihenanlagen auf nichtreichseigene Vermittlungseinrichtungen geschaltet, so werden Gebühren für nichtreichseigene Anschlußorgane nicht erhoben.

(Zu III A, Ziffer 3, Abs. 1, Buchstabe b.) Das Wort Selbstanschlußbetrieb bezieht sich auf die Betriebsweise der Nebenstellenanlage. Auf die Betriebsweise des Ortsnetzes kommt es dabei nicht an. Die Gebühr von 300 M. stellt die Vergütung für das Anschlußorgan bei der Wählereinrichtung dar. Das Anschlußorgan bei der Zusatzeinrichtung für den durch Hand zu ermittelnden Verkehr (AB 2 zur FO § 5, I) ist daneben mit der Gebühr von 42 M. (FO. § 5, III A, Ziffer 3, Abs. 1, Buchstabe a) zu belegen.

(Zu III A, Ziffer 3, Abs. 2.) Für die einmaligen Kostenzuschüsse und die jährlichen Zuschlaggebühren bei besonders kostspieligen Nebenstellenanlagen gelten die vom R.P.M., in Württemberg von der O.P.D., Stuttgart, erlassenen besonderen Bestimmungen.

(Zu III A, Ziffer 4a.) Auch bei Reihenanlagen für mehrere Amtsleitungen gilt nur eine Sprechstelle als Hauptstelle. Der Zuschlag unter a ist demnach nur einmal zu erheben.

(Zu III A, Ziffer 4c, Abs. 1). 1. Reihenanlagen kommen ihrer Ausführung nach im allgemeinen nur für das Grundstück des Hauptanschlusses oder für benachbarte Grundstücke in Betracht. Über weitergehende Anträge entscheidet die O.P.D.

(Zu III A, Ziffer 5.) Nebenanschlüsse, die auf Antrag von Behörden, Gesellschaften, Genossenschaften usw. in den Wohnungen der Vorsteher, Mitglieder, Beamten oder Angestellten eingerichtet werden, sind nicht als Nebenanschlüsse Dritter anzusehen. Als Vorsteher, Mitglieder, Beamte oder Angestellte von Behörden usw. gelten nur Personen, die in ihrem Hauptberuf bei der Behörde usw. tätig sind. Wegen der Eintragung in das amtliche Fernsprechbuch und dessen Lieferung s. AB zur FO. § 14, II, Abs. 1.

(Zu III A, Ziffer 6.) Unter Sprechstellen sind Hauptstellen, Nebenstellen und zweite Sprechapparate (FO. § 8, II, Abs. 1, Ziffer 4) zu verstehen.

(Zu III b, Abs. 1, Ziffer 1 und 2.) Ist eine nicht reichseigene Nebenstelle mit verschiedenen Hauptstellen verbunden, so rechnen die Verbindungen zwischen der Nebenstelle und jeder Hauptstelle als besonderer Nebenanschluß*).

(Zu IV.) 1. Für die Herstellung von Ausnahme-Nebenanschlüssen sind die O.P.D. zuständig.

2. Innerhalb des Anschlußbereiches der Ortsnetze mit mehreren Vermittlungsstellen und innerhalb der einheitlichen Ortsnetze sind Nebenstellen auch dann keine Ausnahme-Nebenstellen, wenn sie nicht im Anschlußbereich der Vermittlungsstelle ihres Hauptanschlusses liegen.

3. Wegen der Beispiele für die Berechnung der Sondergebühren bei Ausnahme-Nebenanschlüssen siehe Anl. 1.

Zu § 6.

(Zu 1.) 1. Querverbindungen sind nur zwischen zwei unmittelbar an das öffentliche Netz angeschlossenen Vermittlungsstellen von Nebenstellenanlagen (AB 2 zur FO. § 5, I) zulässig. Durch Querverbindungen können auch Nebenstellenanlagen bei Ausnahme-Hauptstellen miteinander verbunden werden, wenn die Ausnahme-Hauptstellen im Anschlußbereich desselben Ortsnetzes liegen. Die Gebühren nach FO. und 6, III gelten auch für solche Querverbindungen. Querverbindungen zwischen Nebenstellen sind nicht statthaft. Unmittelbare Verbindungen zwischen einzelnen Hauptstellen, zwischen einer einzelnen Hauptstelle und einer Nebenstellenanlage und zwischen einer Haupt- und einer Nebenstelle werden nur als Nebenanschlüsse eingerichtet.

Durch die Fassung der Vorschrift unter I ist der Telegraphenverwaltung das Recht vorbehalten, die Herstellung von Querverbindungen abzulehnen. Von diesem Rechte wäre jedoch nur Gebrauch zu machen, wenn die Entwicklung der Querverbindungsanlagen zu schweren Unzuträglichkeiten für die Telegraphenverwaltung führen würde. In solchen Fällen wäre an das R.P.M., in Württemberg an die O.P.D., Stuttgart, zu berichten.

2. An dem Sprechverkehr über Querverbindungen können reichseigene und nichtreichseigene Nebenstellen und Hausstellen (in Bayern und Württemberg nur die reichseigenen Nebenstellen und reichseigene Hausstellen) teilnehmen. Damit nicht durch das Zusammenschalten von Nebenanschlüssen, die an verschiedene Hauptstellen herangeführt sind, unzuverlässigerweise der Zweck einer Querverbindung erreicht werden kann, müssen beden Nebenstellen die nach den verschiedenen Hauptstellen führenden Leitungen, z. B. unter Verwendung von Mehrfachanschlußapparaten oder Reihenapparaten, so geschaltet werden, daß sie untereinander nicht verbunden werden können. Das Zusammenschalten von Querverbindungen untereinander oder mit Hauptanschlüssen (Amtsleitungen) ist nicht gestattet. Daß unzulässige Verbindungen unterbleiben, ist nach Möglichkeit zu überwachen. Technische Verhinderungsmaßnahmen sind in der Regel nicht zu beanspruchen. Wird ein grober Mißbrauch bei der Benutzung von Querverbindungen festgestellt, so ist vor einer Sperrung oder Entziehung der Querverbindung zu prüfen, ob Wiederholungen durch technische Maßnahmen vor-

Auszug aus den Ausführungsbestimmungen zur Fernsprechordnung. 283

gebeugt werden kann. Zutreffendenfalls ist an das R.P.M., in Württemberg an die O.P.D., Stuttgart, zu berichten.

(Zu II.) 1. Nichtreichseigene Querverbindungen zwischen verschiedenen Grundstücken sind nicht zulässig. Wegen des Begriffs Grundstück siehe AB zur FO. § 6, III, Abs. 2. Bei nichtreichseigenen Nebenstellenanlagen ist jede reichseigene Querverbindung über einen Prüfschalter (AB 1 zur FO. § 5, II) zu führen.

2. Zulässig sind auch nichtreichseigene Leitungen (s. Anl. 2, I, IV, c—L, Iq) zwischen einer Hausanlage und der Vermittlungseinrichtung für Nebenanschlüsse und Hausanschlüsse einer nichtreichseigenen Nebenstellenanlage auf dem Grundstück der Hausanlage; jedoch dürfen mit der Hausanlage außenliegende, nach AB 3, Satz 2 zur FO. § 5, II., Abs. 1 vom Verkehr mit Nebenstellen ausgeschlossene Hausstellen nicht verbunden sein. Durch nichtreichseigene Leitungen können ferner Hausanlagen auf verschiedenen Grundstücken miteinander verbunden werden, wenn die Leitungen (s. Anl. 2L, Iz—M, Ic) nach § 3 des Telegraphengesetzes vom 6. April 1892 zulässig oder auf Grund von § 2 dieses Gesetzes genehmigt und außerdem die Leitungen so geschaltet sind, daß sie nicht auf beiden Seiten mit Nebenanschlüssen oder Abfragestellen für den Amtsverkehr verbunden werden können*)

(Zu III, Abs. 2.) Flächen, die verschiedenen Eigentümern gehören, und Flächen, die durch fremden Grund und Boden, öffentliche Wege, Plätze oder öffentliche Gewässer voneinander getrennt sind, werden als besondere Grundstücke angesehen. Die einzelnen Teile eines Grundstückes — z. B. eines Häuserblocks —, die zwar demselben Eigentümer gehören, aber durch Mauern, Zäune oder in anderer Weise so gegenseitig abgeschlossen sind, daß sie getrennte wirtschaftliche Einheiten bilden, gelten als verschiedene Grundstücke. In sich zusammenhängende, in keiner der vorstehend angegebenen Weise getrennte Flächen, die demselben Eigentümer gehören, werden als einheitliche Grundstücke auch dann angesehen, wenn sie auf verschiedenen Grundbuchblättern eingetragen sind. Das gilt auch für demselben Eigentümer gehörige Grundstücke, die zwar durch öffentliche Wege usw. getrennt, aber durch dem wechselseitigen Personenverkehr dienende Brücken oder Tunnel zusammenhängen.

(Zu IV). 1. Ausnahme-Querverbindungen werden nur zugelassen, wenn der Antragsteller ein dringendes wirtschaftliches Bedürfnis nachweist, wenn technische Schwierigkeiten nicht entgegenstehen, wenn die Nebenstellenanlagen demselben Teilnehmer gehören, und wenn Nebenanschlüsse für andere Personen mit den Hauptstellen nicht verbunden sind. Für die Herstellung sind die O.P.D. zuständig, wenn die Vermittlungsstellen, in deren Anschlußbereich die Nebenstellenanlagen liegen, in der Luftlinie nicht mehr als 25 km voneinander entfernt sind. Bei größeren Entfernungen ist das R.P.M., in Württemberg die O.P.D., Stuttgart, zuständig.

2. Für Ausnahme-Querverbindungen innerhalb der unter 1 bezeichneten Grenzen sind neben den für Querverbindungen zwischen Nebenstellenanlagen desselben Anschlußbereichs festgesetzten Gebühren (FO. § 6, III, § 9, Abs. 1, Ziffer 1 und 6 und § 10, II) zu erheben:

a) ein einmaliger Kostenzuschuß für die Leitung; er wird nach der Luftlinie bemessen und beträgt 150 M. für jede vollen oder angefangenen 100 m.

b) für den Ausfall an Ferngebühren ein Zuschlag zum Pauschbetrag (FO. § 6, III, Ziffer 1), wenn die Vermittlungsstellen, in deren Anschlußbereich die verbundenen Nebenstellenanlagen liegen, nach der Luftlinie mehr als 5 km voneinander entfernt sind. Der Zuschlag beträgt bei einer Entfernung der Vermittlungsstellen

von mehr als 5 bis 15 km einschließlich . . . . 1440 M.
„   „   „ 15 ., 25 „   „   . . . . 2880 M.

3. Bei Verlegung einer Ausnahme-Querverbindung nach einem anderen Gebäude wird neben den Verlegungsgebühren ein einmaliger Kostenzuschuß von 150 M. für jede vollen oder angefangenen, nach der Luftlinie gemessenen 100 m Doppelleitung der neu zu verwendenden Leitungsstrecke erhoben.

Zu § 7.

(Zu III A, Abs. 1, Ziffer 2.) Unter der Anschlußdosenlinie ist die Leitungsanlage zu verstehen, die zwischen den zu demselben Haupt- oder Nebenanschluß gehörigen Anschlußdosen vorhanden ist. Die bestimmungsmäßige Gebühr wird ohne Rücksicht auf die Zahl der Drähte erhoben. Wegen der Messung siehe AB zum FGebG. § 3. Für jede Anschlußdosenlinie sind mindestens 100 m anzusetzen.

(Zu III, A, Abs. 1, Ziffer 3.) Bei Hauptstellen dürfen als tragbare Apparate nur vollständige Tischapparate benutzt werden. Bei Nebenstellen können auch Brustmikrophone mit Kopffernhörer und Handapparate Verwendung finden; für diese Apparate sind die Gebühren nach FO. § 8, II, Abs. 1, Ziffer 5 und 7 zu erheben. Bei dieser Schaltung tritt die Anschlußdose an Stelle des Wechselschalters (FO. § 8, II, Abs. 2).

In reichseigenen Anschlußdosenanlagen dürfen nur reichseigene Apparate eingeschaltet werden; die Verwendung nichtreichseigener Apparate gilt als mißbräuchliche Benutzung des Anschlusses (FO. § 28, II, Abs. 1, Ziffer 3).

(Zu III A, Abs. 2.) Auch der bei Hauptanschlüssen mit Anschlußdosen stets erforderliche Wecker ist gebührenpflichtig.

(Zu IV.) Für Schiffsanschlüsse mit Anschlußdosen an den Hafenanlagen werden die bestimmungsmäßigen Gebühren erhoben. Wegen des Kostenzuschusses und der Mehrkosten der Instandhaltung für Apparate besonderer Bauart siehe FO. § 10, III. Die Anbringung eines besonderen Weckers an der Anschlußdose bei Schiffsanschlüssen ist nicht erforderlich.

Zu § 8.

(Zu II, Abs. 1, Ziffer 1.) Die Gebühr für einen Wechselschalter mit zwei einfachen Kontakten beträgt ebenfalls 12 M. Bei Wechselschaltern mit mehr als zwei Doppelkontakten sind 12 M. für je zwei Doppelkontakte zu erheben, für einen sogenannten achtfachen Schalter (Wechselschalter mit vier Doppelkontakten) mithin 48 M. Werden bei nichtreichseigenen Nebenstellenanlagen Prüfschränke an Stelle von Wechselschaltern benutzt, so ist für jeden mit einer Hauptanschluß- oder Nebenanschlußleitung oder mit einer Querverbindung belegten Umschalter die Gebühr von 12 M. zu erheben. Für die erstmalige Anbringung eines derartigen Prüfschrankes hat der Teilnehmer außerdem einen einmaligen Kostenbeitrag von 600 M. zu entrichten*).

AB zur FO. § 8 bis 10.

5. Die Beschaffung, Anbringung und Unterhaltung der Prüfschalter bei nichtreichseigenen Nebenstellenanlagen ist der Telegraphenverwaltung vorbehalten. Die Beschaffung usw. anderer Zusatzeinrichtungen bei derartigen Anlagen ist Sache des Teilnehmers. Für die hiernach vom Teilnehmer beschafften Zusatzeinrichtungen werden Gebühren nicht erhoben. Nichtreichseigene zweite Sprechapparate gewöhnlicher Art für Hauptanschlüsse sind nur zulässig bei Hauptanschlüssen nichtreichseigener Nebenstellenanlagen (Anl. 2, Jb.)*).

Zu § 9.

3. Werden bei nichtreichseigenen Nebenstellenanlagen an Stelle der Wechselschalter Prüfschränke benutzt, so ist für jede an den Prüfschrank geführte reichseigene Leitung eine Einrichtungsgebühr von 20 M. zu erheben*).

Zu § 11.

Vereinigungen von Personen, Firmen usw., die sich lediglich in der Absicht zusammentun, Fernspracheinrichtungen gemeinsam zu benutzen, werden von der Telegraphenverwaltung mit dem Zugeständnis der Eintragung der einzelnen Beteiligten in das amtliche Fernsprechbuch nur auf Widerruf und unter folgenden Voraussetzungen anerkannt:

a) Tun sich Personen usw., in deren Räumen sich keine Sprechstellen befinden, mit einem Teilnehmer zur Mitbenutzung seiner Fernspracheinrichtungen zusammen, so müssen sie entweder mit dem Teilnehmer gemeinsame Wohn- oder Geschäftsräume innehaben, oder die beiderseitigen Wohn- oder Geschäftsräume müssen so zueinander liegen, daß durch das Herbeirufen der Mitbenutzer keine unverhältnismäßig langen Wartezeiten entstehen.

b) Tun sich die Inhaber eines oder mehrerer Hauptanschlüsse zusammen, um eine Nebenstellenanlage gemeinsam zu betreiben, so müssen sich ihre Wohn- oder Geschäftsräume in demselben Gebäude befinden. Die Inhaber solcher Hauptanschlüsse haben sich schriftlich zu verpflichten, für alle aufkommenden Gebühren als Gesamtschuldner (§ 421 ff. BGB.) zu haften. Für die Hauptanschlüsse solcher Nebenstellenanlagen sind tunlichst Folge- oder Sammelnummern zur Verfügung zu stellen. Für Nebenstellen wird der Zuschlag nach FO. § 5, III A, Ziffer 5 nur erhoben, wenn sie sich in Wohn- oder Geschäftsräumen anderer Personen als der Inhaber der gemeinsam betriebenen Nebenstellenanlage befinden.

c) In den Fällen unter a und b dürfen die Anrufe des Amtes nur mit der Rufnummer beantwortet werden.

d) Von dem Widerruf ist Gebrauch zu machen, wenn sich aus der gemeinsamen Benutzung Unzuträglichkeiten ergeben, insbesondere, wenn die Betriebsvorschrift unter c fortgesetzt nicht beachtet wird.

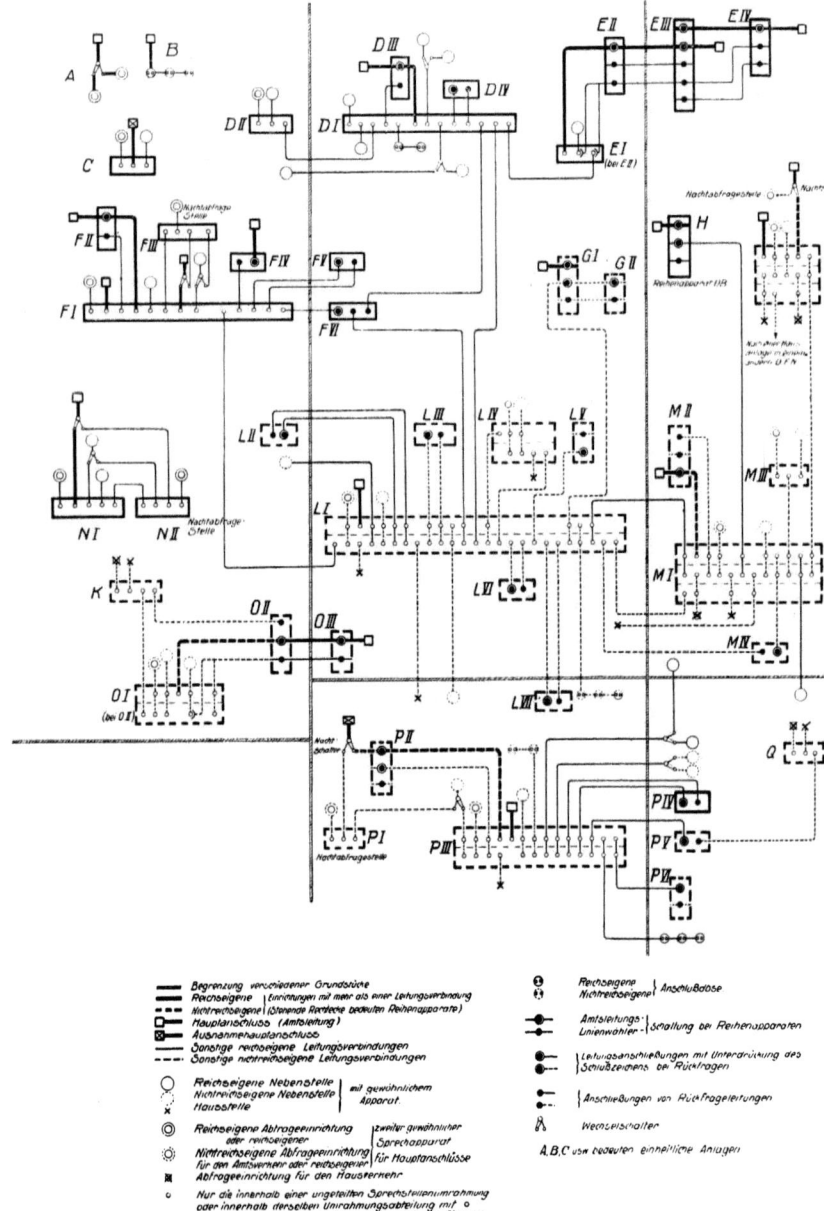

Abb. 418.

Zu § 16.

2. Im allgemeinen sind Falschverbinden durch den Abzug von 3 v. H., 4 v. H. und 5 v. H. nach FGebG. § 4 abgegolten. Macht jedoch ein Teilnehmer in glaubhafter Weise geltend, daß er falsch verbunden war, so kann das aufgezeichnete Gespräch gestrichen werden.
Anlage 2[1]) (Ab 3 zur FO. § 5, II, Abs. 1.).

Darstellung
der wichtigsten bei Teilnehmersprechstellen zulässigen Vereinigungen von Hauptanschlüssen, reichseigenen und nichtreichseigenen Nebenanschlüssen, Querverbindungen, Anschlußdosen, zweiten Sprechapparaten und Hausanschlüssen.

5. Regeln für die Errichtung elektrischer Fernmeldeanlagen.

Gültig ab 1. Januar 1923.

A. Geltungsbereich.

§ 1.

Nachstehende Regeln gelten für Telegraphen-, Fernsprech-, Signal-, Fernschaltungs- und ähnliche Anlagen, mit Ausnahme der öffentlichen Verkehrsanlagen der Eisenbahn- und der Post- und Telegraphenverwaltung.

Für Fernmeldeanlagen auf Schiffen sowie für Hochfrequenzanlagen und für Anlagen zur Sicherung von Leben und Sachwerten gelten diese Regeln, soweit nicht weitergehende Vorschriften für solche Anlagen bestehen. Über besondere Regeln für Schachtsignalanlagen siehe § 15.

Fernmeldeanlagen oder Teile von solchen, welche mit Licht- oder Kraftanlagen durch Leitung verbunden sind, unterliegen den Vorschriften für die Errichtung elektrischer Starkstromanlagen.

B. Begriffserklärungen.

§ 2.

a) **Fernmeldeanlagen** sind in allen Fällen solche Anlagen, bei denen es sich um die elektrische Fernmeldung (Übertragung) von Vorgängen, Wahrnehmungen, Willens- oder Gedankenäußerungen handelt. Das Wort „Fern" drückt hierbei nicht ein bestimmtes Maß aus, da die elektrische Fernmeldung auch auf ganz geringe Entfernungen stattfinden kann. Der früher verwendete Ausdruck „Schwachstrom" gestattet keine klare Abgrenzung gegenüber dem Begriff „Starkstrom", da eine Grenze zwischen den beiden Begriffen auf Grund von Spannungs- oder Stromabgaben festzustellen unmöglich ist.

b) **Freileitung.** Als Freileitungen gelten alle oberirdischen Leitungen außerhalb von Gebäuden, die weder eine metallische Schutzhülle noch eine Schutzverkleidung haben. Als Freileitungen sind nicht anzusehen

Leitungen, die im Freien auf ganz kurze Strecken an Gebäuden, in Höfen, Gärten u. dgl. geführt sind.

c) **Feuchtigkeitssicher** ist ein Stoff, der durch Feuchtigkeitsaufnahme in mechanischer und elektrischer Beziehung nicht derartig verändert wird, daß er für die Benutzung und den Betrieb der Anlage ungeeignet wird.

d) **Feuer- und wärmesicher.** Feuersicher ist ein Gegenstand, der entweder nicht entzündet werden kann oder nach Entzündung nicht von selbst weiterbrennt. Wärmesicher ist ein Gegenstand, der bei der höchsten betriebsmäßig vorkommenden Temperatur keine den Gebrauch beeinträchtigende Veränderung erleidet.

e) **Durchtränkte und ähnliche Räume.** Als solche gelten Betriebs- oder Lagerräume gewerblicher oder landwirtschaftlicher Anlagen, in welchen erfahrungsgemäß durch Feuchtigkeit oder Verunreinigungen (besonders chemischer Natur) die dauernde Erhaltung normaler Isolation erschwert oder der elektrische Widerstand des Körpers der darin beschäftigten Personen erheblich vermindert wird. Heiße Räume sind als durchtränkte zu betrachten, wenn die darin beschäftigten Personen ähnlichen Einwirkungen ausgesetzt sind.

f) **Explosionsgefährliche Betriebsstätten und Lagerräume.** Als explosionsgefährlich gelten Räume, in denen explosible Stoffe hergestellt, verarbeitet oder aufgespeichert werden, oder leicht explosible Gase, Dämpfe oder Gemische solcher mit Luft erfahrungsgemäß sich ansammeln.

Für Betriebe zum Herstellen und Aufspeichern von Sprengstoffen bestehen besondere behördliche Vorschriften.

C. Stromversorgung.

§ 3.

a) Als normale Spannungen für Fernmeldeanlagen gelten die in den „Normen für die Spannungen elektrischer Anlagen unter 100 V" festgesetzten Spannungen.

b) Bei Stromentnahme aus Niederspannungs-Starkstromnetzen für Fernmeldezwecke sind die „Leitsätze für den Anschluß von Geräten und Einrichtungen, die eine leitende Verbindung zwischen Starkstrom- und Fernmeldeanlagen erfordern", zu befolgen.

§ 4.

Elemente und Sammler (Akkumulatoren).

a) Elemente und Sammler, für die Normen und Vorschriften vom VDE herausgegeben sind, müssen diesen entsprechen.

b) Alle Elemente und Sammler müssen mit einem Ursprungszeichen versehen sein.

c) Elemente und Kleinsammler sind möglichst geschützt in Räumen aufzustellen, welche trocken und geringen Temperaturschwankungen unterworfen sind.

d) Batterieschränke oder Batteriegerüste für nasse Elemente und Kleinsammler müssen durch zweckentsprechende Mittel gegen Fäulnis und chemische Einflüsse geschützt und so angeordnet werden, daß sich der Zustand jedes einzelnen Elementes leicht prüfen läßt.

e) Für die Aufstellung von Sammlerbatterien mit offenen Zellen gelten die entsprechenden Bestimmungen der „Vorschriften für die Errichtung elektrischer Starkstromanlagen".

§ 5.
Maschinen, Umformer, Transformatoren, Gleichrichter.

a) Maschinen, Umformer, Transformatoren, Gleichrichter müssen, soweit sie nicht als Sonderausführungen nur für Zwecke der Fernmeldeanlagen dienen, wie z. B. Rufinduktoren, Umformer und Polwechsler, den Vorschriften für die Errichtung elektrischer Starkstromanlagen und den Regeln für die Bewertung und Prüfung von elektrischen Maschinen sowie Transformatoren entsprechen.

b) Alle Maschinen usw. müssen mit einem Ursprungszeichen versehen sein.

c) Außer den in § 6 d vorgeschriebenen Wicklungsangaben und Klemmenbezeichnungen muß auch die Klemmenspannung und Umdrehungszahl vermerkt sein. Bei Dauermagneten muß die Polarität gekennzeichnet sein.

D. Apparate.
§ 6.

a) Alle Apparate sowie deren Teile, für die besondere Normen vom VDE und NDI herausgegeben sind, müssen diesen entsprechen.

b) Alle Apparate müssen mit einem Ursprungszeichen versehen sein.

c) Diejenigen stromführenden Teile von Apparaten, die von Nichtkundigen bedient werden oder zufällig berührt werden können, sollen in geeigneter Weise (Abdeckung, Isolierung usw.) gegen Berührung geschützt sein.

d) Die einzelnen Apparateteile sind leicht zugänglich und übersichtlich anzuordnen.

1. An abgedeckten Schaltapparaten soll die Schaltstellung von außen erkennbar sein.
2. Drahtspulen müssen deutlich lesbare Angaben über Windungszahl und Widerstand aufweisen.

e) Bei allen Apparaten müssen die Anschlußklemmen mit gut lesbaren Bezeichnungen versehen sein. Außerdem müssen die Apparate übersichtliche, leicht zugängliche Schaltbilder enthalten.

Bei mehradrigen Anschlußschnüren müssen die einzelnen Adern oder deren Enden gekennzeichnet sein.

f) Drahtverbindungen sind nur durch Lötung, Verschraubung oder andere gleichwertige Mittel herzustellen.

Verbindungsschrauben müssen ihr Muttergewinde in Metall haben.

g) Steckvorrichtungen müssen so gebaut sein, daß die Stecker nicht in die Dosen der Starkstromanlagen gesteckt werden können.

h) Alle Schließstellen (Kontaktvorrichtungen) müssen an den Berührungsstellen mit einem schwer oxydierenden, schwer schmelzbaren Metall versehen sein, soweit nicht eine dauernd zuverlässige Kontaktgebung durch andere geeignete Mittel (z. B. Reibung, große Berührungsfläche usw.) sichergestellt ist.

i) Die für die Einführung der Leitungen in die Apparate bestimmten Öffnungen und Kanäle müssen so ausgeführt sein, daß eine Verletzung der Isolierhülle der Leiter ausgeschlossen ist.

k) Apparate in Fernmeldeanlagen, die dem Einfluß von Hochspannungsanlagen ausgesetzt sind, müssen so eingerichtet und angeordnet sein, daß eine Gefahr für den Benutzer vermieden wird.

E. Beschaffenheit und Verlegung der Leitungen.

§ 7.
Beschaffenheit isolierter Leitungen.

a) Isolierte Leitungen müssen hinsichtlich der Haltbarkeit und Isolierfähigkeit den vorliegenden Betriebsverhältnissen angepaßt werden.

Sie müssen den „Normen für isolierte Leitungen in Fernmeldeanlagen" entsprechen. Man unterscheidet folgende Arten von isolierten Leitungen:

1. Wachsdraht, geeignet zur festen Verlegung in dauernd trockenen Räumen über Putz . . . . . Bezeichnung: W
2. Lackaderdraht, geeignet zur festen Verlegung in trockenen Räumen über Putz oder in Rohr unter Putz . . . . „ L
3. Gummiaderdraht, geeignet zur festen Verlegung über Putz oder in Rohr unter Putz . . . . . . „ Z
4. Kabel ohne Bleimantel, geeignet für die gleichen Zwecke wie die Einzeldrähte, aus denen das Kabel zusammengesetzt ist . . . .
5. Kabel mit Bleimantel:
   a) Hausleiterkabel, geeignet zur festen Verlegung über oder unter Putz (nicht zur unterirdischen Verlegung) . . . .
   b) Kabel für unterirdische Verlegung . . . . . .
6. Schnüre, geeignet zum Anschluß beweglicher Kontakte (Schließstellen) . . . . „ BK

b) Drähte innerhalb der Apparate, die zur Verbindung der einzelnen Apparatteile dienen, unterliegen nicht den vorstehenden Bestimmungen.

§ 8.
Allgemeines über Leitungsverlegung.

a) Festverlegte Leitungen müssen durch ihre Lage oder durch besondere Verkleidung vor mechanischer Beschädigung geschützt sein.

b) Von festverlegten Leitungen abgezweigte Schnüre bedürfen, wenn sie rauher Behandlung ausgesetzt sind, eines besonderen Schutzes. Die Anschlußstellen von solchen Schnüren müssen von Zug entlastet sein.

c) Ungeerdete blanke Leitungen dürfen nur auf Isolierkörper verlegt werden. Sie müssen voneinander, sowie von Gebäudeteilen, Eisenkonstruktionen u. dgl. in einer der Spannweite, dem Drahtgewicht und der Spannung angemessenen Abstand entfernt sein.

Regeln für die Errichtung elektrischer Fernmeldeanlagen. 291

§ 9.
Freileitungen.

a) Im freien Gelände sind die Isoliervorrichtungen im allgemeinen an Holzmasten anzubringen, deren Stärke sich nach der Last der Leitungen zu richten hat. In keinem Falle darf die Zopfstärke einen Durchmesser von 10 cm unterschreiten.

b) Die Länge der Stangen richtet sich nach den örtlichen Verhältnissen und den verkehrspolizeilichen Vorschriften. Nach diesen muß die untere Leitung an öffentlichen Wegen mindestens 3 m, bei Kreuzungen mindestens 4,5 m von der Straßenoberfläche entfernt sein.

c) Die Stangenabstände sollen im allgemeinen zwischen 60 und 80 m liegen. Die Stangen sind auf $^1/_5$ ihrer Länge in den Erdboden zu setzen.

d) Der Durchhang der Leitungen ist so zu regeln, daß die Leitungen infolge der durch die Temperaturabnahme im Winter hervorgerufenen Verkürzung nicht reißen.

e) Hartgezogene Kupfer- oder Bronzedrähte dürfen nur an solchen Stellen durch Lötung verbunden werden, die von Zug entlastet sind. Verbindungen solcher Drähte, die auf Zug beansprucht werden, müssen mit Hilfe von Verbindungsröhren oder ähnlichen Vorrichtungen hergestellt werden. Bloßes Zusammendrehen zu einer Würgverbindungsstelle ist nicht zulässig. Bei Kreuzungs- und Näherungsstellen mit Starkstromleitungen sind die entsprechenden Bestimmungen des VDE einzuhalten.

f) Isolatoren müssen den Bedingungen der Reichstelegraphenverwaltung entsprechen. Die Verwendung von Isolatoren, die für Zwecke der Starkstromtechnik bestimmt sind, ist in Fernmeldeanlagen unzulässig.

§ 10.
Leitungen in Gebäuden.

a) Bei Verlegung von isolierten ungeerdeten Leitungen unmittelbar auf dem Mauerwerk muß die Befestigung der Leitung derart ausgeführt sein, daß die Isolierhülle durch das Befestigungsmittel nicht beschädigt wird.

b) Leitungen in Rohren oder Kanälen müssen so verlegt werden, daß sie ausgewechselt werden können. Die Verbindung von Leitungen untereinander sowie die Abzweigung von Leitungen darf nur durch Lötung oder innerhalb besonderer Dosen u. dgl. durch Verschraubung oder gleichwertige Verbindungen hergestellt werden.

c) Durch Wände, Decken und Fußböden sind die Leitungen so zu führen, daß sie gegen Feuchtigkeit, mechanische und chemische Beschädigung ausreichend geschützt sind.

d) Rohre sind so zu legen, daß eine Ansammlung von Kondenswasser vermieden wird.

e) An Freileitungen angeschlossene Innenleitungen sind an der Einführungsstelle durch Blitzableiter und Schmelzsicherungen vor atmosphärischen Entladungen und Übertritt von Starkstrom zu schützen. Bei der Ausführung der Erdung sind die „Regeln für Erdungen" sowie die „Leitsätze über den Schutz der Gebäude gegen den Blitz nebst Erläuterungen und Ausführungsvorschlägen und Anhängen" zu berücksichtigen.

§ 11.
Kabel.

a) Alle Kabel müssen den Normen des VDE entsprechen.

b) Es ist darauf zu achten, daß an den Befestigungsstellen der Bleimantel nicht eingedrückt oder verletzt wird. Rohrhaken sind unzulässig.

c) Kabel mit feuchtigkeitssicherer oder wasserdichter Schutzhülle, deren Adern nicht feuchtigkeitssicher isoliert sind, müssen beim Aufteilen gegen das Eindringen von Feuchtigkeit geschützt werden. Umwickeln mit Isolierband genügt hierfür nicht.

d) Die Einführung der Kabelenden in wasserdichte Apparate und Verteilungskästen muß so erfolgen, daß keine Feuchtigkeit in das Gehäuse eindringen kann.

e) Zur Verlegung in Erde sind bewehrte Kabel zu verwenden, blanke Bleikabel nur dann, wenn sie in geeigneter Weise gegen mechanische und chemische Einflüsse geschützt sind.

F. Behandlung von Fernmeldeanlagen in verschiedenen Räumen.

§ 12.
Fernmeldeanlagen in feuchten, durchtränkten und ähnlichen Räumen sowie im Freien.

a) Für die Apparatgehäuse müssen feuchtigkeitssichere Stoffe verwendet werden. Metallteile sind gegen Oxydieren zu schützen.

b) Blanke stromführende Apparateteile, wie z. B. Anschlußklemmen, müssen im Gehäuse derartig angeordnet werden, daß die Wirkungsweise der Apparate durch feuchten Niederschlag oder angesammeltes Kondenswasser nicht beeinträchtigt werden kann.

c) Die Leitungseinführungen in das Innere der Apparate sind gegen unmittelbare Benetzung durch Regen, Tropf- oder Spritzwasser zu schützen.

d) Apparate und Leitungsschnüre müssen feuchtigkeitssicher isoliert sein. Enden von Kabeln mit nicht feuchtigkeitssicherer Isolierung müssen durch Endverschlüsse geschützt werden.

§ 13.
Fernmeldeanlagen in explosionsgefährlichen Räumen.

a) Bei Apparaten müssen alle stromführenden Teile so abgeschlossen sein, daß weder Wasser eintreten noch durch entstehende Funkenbildung Explosionsgefahr auftreten kann.

b) Für die Apparatgehäuse müssen wasserdichte Stoffe verwendet werden. Falls isolierte Drähte innerhalb der Apparate für die Verbindung der einzelnen Teile verwendet werden, müssen sie mit wasserdichter Isolierhülle versehen sein.

c) Von außen kommende blanke Leitungen müssen in jedem Falle durch Sicherungen (s. § 10e), die außerhalb des Raumes anzubringen sind, geschützt werden.

Regeln für die Errichtung elektrischer Fernmeldeanlagen.

§ 14.
Fernmeldeanlagen in Räumen mit ätzenden Dünsten.

a) Apparate, Leitungen und Rohre müssen gegen chemische Einflüsse besonders geschützt sein.

§ 15.
Schachtsignalanlagen.

a) Schachtsignalanlagen müssen den Vorschriften für die Errichtung und den Betrieb elektrischer Starkstromanlagen entsprechen, mit Ausnahme des Isolationswertes, der bei Anlagen unter 110 V nicht 110 000 Ω unterschreiten darf. Bei Abnahme neuer Anlagen muß jeder Leiter einschließlich der einpolig angeschlossenen Apparate gegen Erde einen Isolationswiderstand von mindestens 500 000 Ω bei 440 V Prüfspannung haben; beide Leiter gegeneinander müssen mindestens 1 Million Ω haben.

b) Bei Gleichstromsignalanlagen darf jede Batterie nur eine einzige Signalanlage speisen. Eine Reservebatterie muß bei Verwendung von Akkumulatoren vorhanden sein.

c) An die Stromquellen der Schachtsignalanlagen dürfen keine anderen Stromverbraucher angeschlossen werden.

d) Die Signalanlage darf von keiner Batterie gespeist werden können, die in Aufladung begriffen ist.

e) Der Betrieb einer Signalanlage mittelbar oder unmittelbar aus einem vorhandenen Gleichstromnetz oder unmittelbar aus einem vorhandenen Wechselstromnetz ist unzulässig. Der mittelbare Anschluß an ein Wechselstromnetz ist nur dann zulässig, wenn noch eine besondere Stromlieferungsreserve oder eine unabhängige Fernmeldeanlage für dieselbe Förderanlage vorhanden ist.

G. Isolationszustand.

§ 16.

Eine gute Isolation der Leitungen gegeneinander und gegen Erde ist für einen zuverlässigen Betrieb einer Fernmeldeanlage notwendig. Fernmeldeanlagen sind nach ihrer Fertigstellung hinsichtlich ihres Isolationszustandes zu prüfen.

Im allgemeinen genügt eine Prüfung der Leitungen auf Betriebsfähigkeit (z. B. Weck- und Sprechverständigung). Ist die Betriebsfähigkeit ungenügend, so ist die Anlage im einzelnen (Isolatoren, Widerstand der Leitung, Apparate) nachzuprüfen.

Verband Deutscher Elektrotechniker.

Der Generalsekretär:

P. Schirp.

6. Leitsätze für den Anschluß von Schwachstromanlagen an Niederspannungs-Starkstromnetze durch Transformatoren oder Kondensatoren (mit Ausschluß der öffentlichen Telegraphen- und Fernsprechanlagen).

(Angenommen auf der Jahresversammlung des Verbandes Deutscher Elektrotechniker 1912. Gültig ab 1. Juli 1912.)

Allgemeines.

1. Zwischen den Starkstrom- und den Schwachstromleitungen darf eine leitende Verbindung nicht bestehen.

2. An den Transformatoren und Kondensatoren müssen die Anschlüsse ür die Starkstrom- wie für die Schwachstromseite elektrisch und räumlich u verlässig voneinander getrennt und leicht zu unterscheiden sein.

3. Die Starkstromklemmen müssen der Berührung entzogen sein.

4. Die Bestimmungen des § 10 der Vorschriften für die Errichtung elektrischer Starkstromanlagen nebst Ausführungsregeln des Verbandes Deutscher Elektrotechniker finden Anwendung.

5. Die Starkstrom- und die Schwachstromleitungen müssen in den Installationen unterscheidbar und in einem angemessenen Abstand voneinander verlegt sein.

Transformatoren.

6. Kleintransformatoren, die zum Betrieb von Schwachstromanlagen dienen, müssen als solche gekennzeichnet werden.

7. Kleintransformatoren, die zum Anschluß von Schwachstromleitungen bestimmt sind, müssen entweder derart gebaut oder mit solchen Schutzvorrichtungen versehen sein, daß bei dauerndem Kurzschluß der Sekundärklemmen die von außen zugänglichen Teile der Apparate eine Temperaturerhöhung von nicht mehr als 100° C erfahren.

8. Die Primär- und Sekundärwickelungen müssen auf getrennten Spulenkörpern befestigt sein.

9. Die sekundäre Spannung darf bei offenem Transformator 30 V nicht überschreiten.

10. Für die Isolationsprüfung gelten die Bestimmungen der Normalien für Bewertung und Prüfung von elektrischen Maschinen und Transformatoren.

7. Vorschriften für die Errichtung selbsttätiger Feuermeldeanlagen.

Ausgegeben im Oktober 1911 von der Vereinigung der in Deutschland arbeitenden Privat-Feuerversicherungsgesellschaften.

I. Umfang der selbsttätigen Feuermeldeanlage und allgemeine Ausführung.

1. Selbsttätige Feuermeldeanlagen, die als wirksamer Feuerschutz anerkannt werden, müssen den nachstehenden Vorschriften entsprechen. Die Ausführung darf nur durch die von der Vereinigung der in Deutschland arbeitenden Privat-Feuerversicherungs-Gesellschaften anerkannten Installationsfirmen erfolgen. Es dürfen dabei nur von der genannten Vereinigung zugelassene Apparate und Materialien verwandt werden.

2. In den Gebäuden, welche mit selbsttätigen Feuermeldern versehen sind, müssen, soweit nicht nachstehend Ausnahmen zugelassen sind, zwecks wirksamen Schutzes sämtliche Räume, welche brennbare Konstruktionsteile enthalten oder in denen brennbare Gegenstände sich befinden, in der unten angegebenen Weise durch selbsttätige Feuermelder geschützt sein.

3. Wenn mit selbsttätigen Feuermeldern vorschriftsmäßig versehene Gebäude an andere, nicht geschützte Gebäude, welche brennbare Konstruktionsteile enthalten oder in welchen brennbare Gegenstände sich befinden, unmittelbar anstoßen, so müssen sie von diesen durch völlig massive, durch alle Geschosse gehende, im obersten Geschoß mindestens einen Stein (bei Beton 25 cm, bei Bruchsteinen 30 cm) starke Mauern getrennt sein, wobei ferner vorausgesetzt wird, daß in diesen Mauern keinerlei Holzwerk liegt, daß dieselben 30 cm über Dach (bei Shedbauten über Shedspitze) reichen, und daß sie öffnungslos sind oder in sämtlichen Geschossen nur geschützte Öffnungen haben.

Die gleiche Vorschrift gilt, wenn ein mit selbsttätigen Feuermeldern vorschriftsmäßig versehenes Gebäude an ein anderes nicht geschütztes Gebäude zwar nicht unmittelbar anstößt, der kürzeste Abstand aber nach seiner Meterzahl (nach oben abgerundet) weniger beträgt als die Summe der Geschosse beider Gebäude über der Erde.

Bestimmungen über geschützte und ungeschützte Öffnungen in Mauern und Decken.

a) Tür- und Fensteröffnungen gelten als geschützt, wenn sie feuersicheren Verschluß haben.

Feuersicherer Verschluß wird bewirkt:
1. durch doppelte Wellblechtüren bzw. Läden oder
2. durch doppelte Eisenblechtüren bzw. Läden mit Verstärkung durch Eisenrahmen oder Kreuzstäbe oder
3. durch einfache feuerfeste Türen bzw. Läden.

Bemerkung zu Absatz a 1 und 2: Türen (Läden), welche gemäß der weiter unten sub 38 folgenden Vorschrift ausgeführt sind, aber nur eine Gesamtstärke von 3 cm mit Eisenblechbeschlag von mindestens 0,6 mm Stärke aufweisen, werden eiserne Türen gleichwertig erachtet. Demgemäß genügt zur Herbeiführung eines feuersicheren Verschlusses auch eine Doppeltür (Doppelläden), welche aus 2 Türen (Läden) der genannten schwächeren Ausführung oder aus einer solchen Tür (Laden) und einer eisernen Tür (Laden) besteht. Feuerfest ist eine Tür (Laden), wenn sie konstruiert ist:

d) aus einem gehörig versteiften Rahmen aus Formwalzeisen, mindestens vom Profil 4, mit einer durch inneres oder äußeres Eisengerüst bzw. Armatur gesicherten Bekleidung oder Füllung von bautechnisch als feuerfest anerkanntem Material (Monierplatten usw.) von mindestens 3 cm Stärke, wenn es sich nur um eine Wandung, von mindestens 2 cm Plattenstärke, wenn es sich um Doppelwandung mit oder ohne dazwischenliegendem Luftraum handelt;

e) aus eisernem Rahmen wie unter d mit Doppelwandung aus Eisenblech von (falls zur Erzielung der nötigen Steifheit der Tür nicht stärkeres Blech erforderlich ist) mindestens 0,7 mm Stärke und einer Füllung zwischen den Blechen aus unverbrennlichem, nicht vergasendem, die Wärme schlecht leitendem Material von mindestens 20 mm Stärke.

Werden derartige Türen unter Sicherung der erforderlichen Steifigkeit mit innerem Luftraum, mit oder ohne Verwendung besonderer eiserner Innenkammern ausgeführt, so muß doch der Raum im Rahmen voll ausgefüllt werden mit Isoliermaterial, und die Dicke der feuerfesten Schicht unter den Außenflächen der Tür darf nicht geringer als 5 mm bei Verwendung von Asbest und 10 mm bei anderem Material sein, während die Dicke der ganzen Türplatte nicht unter 3 cm betragen darf;

f) aus glatt gehobelten, mit Nut und Feder oder in anderer gleichwertiger Weise vollkommen dicht aneinander gefügten Hartholzbrettern, in nicht mehr als 3 Lagen und dann mit versetzten Fugen aufeinanderliegend, von 4 cm Gesamtstärke mit allseitig sicher angebrachter Eisenblechbekleidung von mindestens 0,7 mm Stärke.

Kommen bei solchen Türen isolierende Schichten aus Asbest oder dergleichen unter den Außenblechen allein oder gleichzeitig auch zwischen den Holzlagen in Anwendung oder werden mehrere Holzlagen durch Zwischenlagen aus Eisenblech getrennt, dann darf die Gesamtholzstärke um die Gesamtstärke der Asbestschichten bzw. Bleche verringert werden, soweit es ohne Schädigung der Steifheit der Tür zulässig ist.

Vorausgesetzt bei allen diesen Türen (Läden) ist, daß:

1. die Umrahmung einschließlich Schwelle aus unverbrennlichem Material besteht,

2. die Bänder hinreichend zahlreich und stark, durchaus sicher vernietet und die Angeln ohne Holzdübel in Stein eingelassen oder auf Eisenschienen ebenfalls gut vernietet sind,

3. Schlag- und Falltüren (Läden) in steinernem oder eisernem, an der Wand völlig auf Mauerwerk aufliegendem Falz von mindestens 5 cm

Tiefe und Breite einschlagen und die Türöffnung, abgesehen von der Schwelle, wenigstens um 4 cm allseitig überdecken,

4. Schiebetüren in einer derart auf dem Mauerwerk befestigten Umrahmung von Formwalzeisen laufen, daß sie in geschlossenem Zustande allseitig gut schließen und, abgesehen von der Schwelle, die Türöffnung wenigstens allseitig überdecken,

5. durch eine deutlich lesbare, unverwischbare Aufschrift oder graviertes, geprägtes oder gegossenes Metallschild den Namen des Fabrikanten die Beschaffenheit der Tür nach Maßgabe der Bestimmungen d—e und das Anfertigungsjahr erkennen lassen.

Aufschrift beispielsweise:

„Feuerfeste Tür
Fabrikant: X.
Rahmen: T-Eisen, Profil 4
Blechbekleidung: 0,7 mm stark
Füllung: Asbest 20 mm stark
Anfertigungsjahr: 1905."

Es bleibt der Vereinigung der in Deutschland arbeitenden Privat-Feuerversicherungsgesellschaften vorbehalten, Türen (Läden), die in anderer, aber den bestehenden Vorschriften gleichwertiger Weise ausgeführt sind, als feuerfest anzuerkennen.

Vorstehende Vorschriften haben einflügelige Türen zur Voraussetzung; zweiflügelige Türen bewirken keinen feuersicheren Verschluß.

b) Deckenöffnungen für den Durchlaß von Aufzügen und Treppen gelten als geschützt, wenn die Aufzüge bzw. Treppen in massiven oder Wellblechschächten liegen, deren Öffnungen in dem über der Decke und in dem unter der Decke gelegenen Geschosse geschützt sind. Schächte, die aus Rabitz, Bekule-Gewebe oder Gipsdielenvollwänden von mindestens 5 cm Stärke in eisernem Gerüst oder aus Gipsschlackenwänden Voltzschen Systems von mindestens 7 cm Stärke in eisernem Gerüst oder aus Brucknerschen Patentwänden von mindestens 5 cm Stärke in Eisenrohrverspannung bestehen, werden den Wellblechschächten gleich erachtet.

c) Mauer- und Deckenöffnungen zum Durchlaß von Kanälen für Materialientransport gelten als geschützt, wenn die Kanäle aus unverbrennlichem Material bestehen, von Mauerwerk dicht umschlossen und ihre Öffnungen mit selbstschließenden eisernen Klappen versehen sind.

d) Öffnungen für den Durchlaß von Rohrleitungen und Transmissionswellen werden als nicht vorhanden angesehen, wenn sie ins Freie führen, oder wenn sie, in angrenzende Räume führend, von Mauerwerk, eisernen Kasten oder auf beiden Seiten der Mauer von starkem Eisenblech dicht umschlossen sind. Fehlt solche Umschließung, so werden solche Öffnungen geschützten Öffnungen gleich erachtet, wenn der Spielraum zwischen Rohrleitung (Welle) und Mauer ringsum weniger als 3 cm beträgt. Sie werden ungeschützten Öffnungen gleich erachtet, wenn der Spielraum größer ist.

e) Öffnungen für den Durchlaß von Transmissionsriemen und Seilen gelten stets als ungeschützte Öffnungen. Sie werden aber als nicht vorhanden angesehen, wenn sie sich in der Mauer des Maschinenhauses befinden und nicht größer sind, als es der Betrieb erfordert.

4. Soweit es im Interesse der Feuersicherheit notwendig ist, sind innerhalb von größeren Aufzugsschächten, Ventilations- und Lichtschächten Transportschloten, Elevatoren, Seil- und Riemenschächten, Kanälen für Materialien und Abfälle sowie deren Sammelbehältern, ferner innerhalb von Kammern und Einbauten jeder Art sowie Transmissionsverschlägen selbsttätige Feuermelder zu montieren.

II. Einrichtung der selbsttätigen Feuermeldeanlagen.

5. Jede selbsttätige Feuermeldeanlage muß außer den wärmeempfindlichen Stromunterbrechern (eigentliche Feuermelder), Leitungen und Signalglocken die erforderlichen Nebenapparate wie die auf Schalttafeln vereinigten Gefahrstellenanzeiger und Kontrolleinrichtungen umfassen.

6. Die selbsttätige Feuermeldeanlage ist, abgesehen von den Alarmapparaten, für die auch Arbeitsstrom verwandt werden kann, nur für Ruhestrom einzurichten.

7. Die in Punkt 5 erwähnten Schalttafeln sind erschütterungsfrei und möglichst in einem zentral gelegenen Raume des zu schützenden Grundstückes aufzustellen. Der betreffende Raum muß trocken sein und normale Temperatur haben und soll möglichst im Erdgeschoß liegen. Bei der Wahl desselben ist darauf Rücksicht zu nehmen, daß sich in dem betreffenden Raume oder in dessen Nähe beständig Personen aufhalten, andernfalls muß auf alle Fälle dafür gesorgt werden, daß das Alarmsignal Beachtung findet (vgl. § 11).

8. Das Schaltsystem ist derart durchzubilden, daß unmittelbar nach dem Intätigkeittreten eines selbsttätigen Feuermelders die Alarmapparate ertönen und an der Schalttafel die in Frage kommende „Gefahrstelle" sichtbar wird.

9. Der Gefahrstellenanzeiger ist derart einzurichten, daß ohne irgendeine Bedienung mehrere Gefahrstellen gleichzeitig angezeigt werden können.

10. Für den Alarm müssen bei der Verwendung von Arbeitsstrom unabhängig voneinander stehende Alarmkreise mit getrennten Batterien, Zuleitungen und Alarmapparaten vorhanden sein. Jeder Alarmkreis ist durch ein für ihn bestimmtes Relais oder für eine ihn bestimmte Kontakteinrichtung zu betätigen.

11. Je nach Größe des zu schützenden Grundstückes ist außer den auf oder bei der Schalttafel befindlichen Alarmapparaten eine weitere Anzahl Alarmapparate vorzusehen, welche teils innerhalb, teils außerhalb der Gebäude anzubringen sind. Jede auf dem Grundstück befindliche Wohnung (Betriebsleiter, Meister) soll wenigstens einen von der Gesamtanlage abhängigen Alarmapparat erhalten. Bei Anlagen mit mehr als 10 derartigen Alarmapparaten müssen diese in zweckentsprechender Weise in mehrere voneinander unabhängige Alarmkreise unterteilt werden. Wenn Arbeitsstrom ohne Kontrolle durch Ruhestrom verwandt wird, muß für jeden Alarmkreis eine eigene Batterie vorhanden sein.

Errichtung selbsttätiger Feuermeldeanlagen.

12. Der Betriebsstrom für das Ruhestromleitungsnetz ist Meidinger Ballonelementen, gleichwertigen Dauerelementen oder Akkumulatoren zu entnehmen.

13. Zum Betrieb der Alarmapparate sind Akkumulatoren oder Elemente von mindestens 30 Amperestunden Kapazität zu verwenden.

14. Werden Elemente verwandt, so sind diese in einem verschließbaren, plombierten Elementenschranke unterzubringen, der möglichst im Schalttafelraume oder in einem benachbarten Raum mit normaler Temperatur aufzustellen ist.

15. Werden Akkumulatoren verwandt, so müssen dieselben ebenso wie die Elemente in jedermann zugänglichen Räumen möglichst nahe der Schalttafel untergebracht werden. Es dürfen nur stationäre Akkumulatoren mit eigener, auf einer Marmortafel fest montierten Ladeeinrichtung benutzt werden. Sowohl für die Ruhestrom- als auch für die Arbeitsstrombatterie ist je eine Reservebatterie vorzusehen. Die Wechselschalter für diese Batterien müssen das Umschalten auf die Reservebatterie ohne Stromunterbrechung gestatten.

III. Konstruktion, Anzahl und Installationen der selbsttätigen Feuermelder.

16. Die wärmeempfindlichen Stromunterbrecher (Feuermelder) müssen bei einer Temperatur wirken, die nicht mehr als 30° C über der normalen Temperatur des zu schützenden Raumes liegt. Sind diese Apparate für verschiedene Temperaturen einstellbar, so muß die Einstellung auf die jeweilige erforderliche Temperatur derartig, z. B. durch Plombe, gesichert sein, daß ein unbemerkbares Verstellen durch Unbefugte nicht leicht möglich ist. Etwaige Kontaktstellen müssen beiderseits aus Platin bestehen.

17. Alle selbsttätigen Feuermelder, welche nach der Art ihrer Anbringung mechanischen Beschädigungen ausgesetzt sind, oder von Unbefugten berührt werden können, sind mit einem geeigneten Schutzkorbe zu umgeben.

18. Die Anzahl der erforderlichen selbsttätigen Feuermelder richtet sich nach Größe, Gestalt, Verwendungsart und Deckenkonstruktion der zu schützenden Räume. Hierbei ist außerdem die Art und die Anzahl der vorhandenen Öffnungen (Fenster, Ventilationsschächte usw.) zu berücksichtigen.

Im allgemeinen ist im Durchschnitt mindestens für je 30 qm Grundfläche ein selbsttätiger Feuermelder zu rechnen.

19. Auch Räume unter 30 bis herab zu 20 qm Grundfläche müssen mindestens zwei selbsttätige Feuermelder erhalten, wenn
 a) der zu schützende Raum von nahezu quadratischer Grundfläche ist und mehr als zwei Öffnungen besitzt;
 b) die Grundfläche des zu schützenden Raumes ein Rechteck ist, bei welchem das Verhältnis der Rechteckseiten gleich oder größer als 2 ist;
 c) der Raum durch Regale oder Warenstapel unterteilt wird, die bis zu 50 cm oder weniger an die Decke heranreichen.

Ferner müssen auch die Räume unter 20 qm Grundfläche mindestens zwei Melder erhalten, wenn der einzelne Melder nicht für sich, ohne unbrauchbar zu werden, prüfbar ist.

20. Für Räume über 20 qm Grundfläche ist für je 20 bis 40 qm ein selbsttätiger Feuermelder zu rechnen. Dabei soll die maximale Entfernung der einzelnen Feuermelder voneinander 8 m nicht übersteigen.

21. Für den wirksamen Schutz eines Raumes ist im übrigen je ein Feuermelder zu rechnen:
    a) in Wohnräumen für je 20 qm Grundfläche,
    b) auf Dachböden ohne Unterteilung durch Wände oder Regale für ca. 40 qm Grundfläche,
    c) in Lagerräumen ohne Regale für ca. 40 qm Grundfläche.

22. Wird eine Decke durch Träger oder Balken, welche mehr als 30 cm unter der Decke vorstehen, in Felder geteilt, so soll je nach Größe der Felder jedes zweite oder dritte Feld einen selbsttätigen Feuermelder erhalten.

23. Bei Shedbauten muß jeder einzelne Shed selbsttätige Feuermelder erhalten. Hierbei sind die Apparate in Entfernungen von maximal 8 m und möglichst im Scheitel anzubringen.

24. In Räumen mit Oberlichtern sind die selbsttätigen Feuermelder in der Nähe der Oberlichter, jedoch derart anzubringen, daß die Sonnenstrahlen die Apparate nicht treffen können.

25. Die selbsttätigen Feuermelder sind, soweit nicht Öffnungen in den Wänden der Räume es anders bedingen, an der Decke oder nahe unter derselben zu befestigen, und es ist darauf zu achten, daß die Apparate nicht direkt über Licht- oder Wärmequellen angebracht werden.

26. Die selbsttätigen Feuermelder sind in allen Räumen in der Nähe der Tür- und Fensteröffnungen möglichst an der Decke anzubringen. Das gilt auch von Öffnungen nach Lichthöfen, Fahrstuhlschächten und dergleichen.

27. Die Feuermelder sind gruppenweise anzuordnen. Die Gruppeneinteilung hat so zu erfolgen, daß bei einem Alarm kein Zweifel bestehen kann, welcher Weg zur Erreichung der „Gefahrstelle" eingeschlagen werden muß.

28. Mehr als 20 selbsttätige Feuermelder sollen im allgemeinen an einen Stromkreis nicht angeschlossen werden.

29. Die in Gruppen eingeteilten selbsttätigen Feuermelder sind durch je eine Schleifenleitung mit besonderer, von der Schalttafel ausgehender Hin- und Rückleitung, also ohne Benutzung der Erde als Rückleitung, mit der Schalttafel zu verbinden.

30. An die einzelnen Meldergruppen dürfen mechanisch auslösbare Nebenstellen angeschlossen werden.

IV. Schalttafel mit den Alarmapparaten, Gefahrstellenanzeiger und Kontrolleinrichtungen.

31. Bei allen selbsttätigen Feuermeldeanlagen müssen, unabhängig von der Größe der Anlage, auf Schalttafeln die nachstehenden Apparate und Einrichtungen angebracht werden:

Errichtung selbsttätiger Feuermeldeanlagen.

a) 1 Stromanzeiger für das Ruhestromleitungsnetz, bei dem die maximale und eventuelle minimale Betriebsstromstärke durch einen roten Eichstrich zu kennzeichnen ist,
b) 1 Spannungsanzeiger, bei dem die minimale Spannung der Ruhestrombatterie durch einen roten Eichstrich zu kennzeichnen ist,
c) Alarmapparate nach § 10,
d) Gefahrstellenanzeiger in der erforderlichen Zahl,
e) ein Störungswecker,
f) eine Störungsanzeigevorrichtung,
g) die erforderlichen Ausschalter für die Störungsanzeigevorrichtung,
h) Kontrollvorrichtungen zum Prüfen der Alarmapparate und deren Zuleitungen usw.,
i) Überbrückungsvorrichtungen,
k) Bei Verwendung von Akkumulatoren die notwendigen Sicherungen.

Bei allen Apparaten mit Elektromagneten ist dafür Sorge zu tragen, daß ihre Wirkung nicht durch remanenten Magnetismus beeinträchtigt wird.

32. Der Gefahrstellenanzeiger ist so einzurichten, daß bei eintretendem Alarm kurz darauf an der Schalttafel deutlich sichtbar wird, in welcher Gruppe die „Gefahrstelle" liegt.

33. Die Störungsvorrichtungen müssen in Verbindung mit dem Störungswecker Erdschluß und ferner möglichst auch Leitungsbruch sowie abnormalen Stromabfall der Ruhestrombatterie anzeigen.

Die Störungsanzeigevorrichtung muß derart durchgebildet sein, daß nach Intätigkeittreten des Störungsweckers festgestellt werden kann, an welcher Stelle eine Störung vorliegt.

34. Um jederzeit die Alarmstromkreise, den Gefahrstellenanzeiger und die Störungsanzeigevorrichtung prüfen zu können, muß eine Kontrolleinrichtung vorhanden sein.

35. Mittels der Überbrückungsvorrichtung soll es möglich sein, jeden gestörten Stromkreis der Anlage sofort auszuschalten, ohne daß dadurch die übrigen Feuermeldegruppen außer Betrieb kommen.

Die Einrichtung ist so auszubilden, daß die Störung einer Schleife während ihrer ganzen Dauer erkennbar bleibt, und die Signaleinrichtung erst wieder bei normalem Zustande der Anlage in die Ruhelage gebracht werden kann.

36. Alle Verbindungsleitungen auf der Schalttafel sind soweit als möglich verdeckt zu verlegen. Die Schalttafel selbst ist durch ein Gehäuse mit verschließbarer Glastür vollständig abzudecken, nur die Wecker dürfen außerhalb dieses Gehäuses angebracht sein.

V. Leitungs- und Installationsmaterialien.

37. Die Installation des Leitungsnetzes hat, soweit nicht ausdrücklich Änderungen zugelassen sind, nach den Errichtungsvorschriften über die Einrichtung elektrischer Starkstromanlagen (Niederspannung) des Verbandes Deutscher Elektrotechniker zu erfolgen.

38. Als Leitungsmaterial ist ausschließlich Gummiaderdraht von mindestens 1 qmm Kupferquerschnitt zu verwenden. Nicht durch Ruhestrom kontrollierte Arbeitsstromleitungen müssen, abgesehen von Freileitungen, in mit Metallüberzug versehenen Isolierrohren oder in Rohrdraht verlegt werden.

39. Die Verlegung des Leitungsmaterials hat offen auf Rollen oder Isolatoren oder in Isolierrohr zu erfolgen. Steigleitungen sind, falls nicht armiertes Kabel verwendet wird, in Isolierrohr mit Metallüberzug unterzubringen.

40. Die Leitungsverlegung unter Putz muß möglichst in Panzerrohr, mindestens aber in eisenarmiertem Rohr und unter Verwendung von Abzweigdosen usw. vorgenommen werden.

41. Die Verbindungen zwischen getrennt stehenden Gebäuden können durch isolierte Freileitungen oder durch unterirdische, armierte Bleikabel erfolgen.

Bei der Verwendung von Freileitungen soll zwischen diese und die Schalttafel eine zuverlässige Blitzschutzvorrichtung eingeschaltet werden.

42. Die Isolation der Leitungen soll gegen Erde und gegeneinander bei Inbetriebnahme mehr als 100 000 Ohm betragen und darf im Dauerbetrieb nicht mehr unter 50 000 Ohm sinken.

VI. Sonstiges.

43. Die zur Ausführung von selbsttätigen Feuermeldeanlagen zugelassenen Firmen haben den hinreichenden Feuerschutz nach ihrem fachmännischen Ermessen auch dann sicherzustellen, wenn der Rahmen dieser Vorschriften für die Protektierung ausreicht.

44. Im Schalttafelraum sind die nachstehenden Vorschriften anzubringen:
    a) Gefahrstellenverzeichnis, aus welchem ersichtlich ist, von welchem Teil des geschützten Grundstückes die Gefahr gemeldet wurde,
    b) Bedienungsvorschriften der Schalttafel bei Feuersgefahr,
    c) Bedienungsvorschriften über die Kontrolleinrichtungen,
    d) Bedienungsvorschriften für die Akkumulatoren.

Die hier erwähnten Bedienungsvorschriften müssen von der „Vereinigung" genehmigt sein und vom Versicherungsnehmer beachtet werden.

45. Nach Fertigstellung der selbsttätigen Feuermeldeanlage hat die ausführende Firma dem Versicherungsnehmer eine Installationszeichnung und ein Attest über die ordnungsgemäße Installation zur Weitergabe an die Versicherungsgesellschaft zu übergeben.

46. Änderungen und Erweiterungen der Anlagen müssen in größter Eile von der ausführenden Firma vorgenommen werden und zwar derart daß der einwandsfreie Teil der Anlage nach Möglichkeit betriebsfähig bleibt.

Bemerkung.

Abweichungen von den vorstehenden Vorschriften unterliegen der Genehmigung der Versicherungs-Gesellschaften, falls für die Einrichtung einer selbsttätigen Feuermeldeanlage ein Rabatt von der Feuerversicherungsprämie beansprucht wird.

8. Leitsätze über den Schutz der Gebäude gegen den Blitz.

Aufgestellt vom Elektrotechnischen Verein und angenommen auf den Jahresversammlungen des Verbandes Deutscher Elektrotechniker 1901 und 1913. Veröffentlicht: „ETZ" 1901, S. 390 und „ETZ" 1913, S. 538.

1. Der Blitzableiter gewährt den Gebäuden und ihrem Inhalte Schutz gegen Schädigung oder Entzündung durch den Blitz. Seine Anwendung in immer weiterem Umfange ist durch Vereinfachung seiner Einrichtung und Verringerung seiner Kosten zu fördern.

2. Der Blitzableiter besteht aus:
   a) den Auffangvorrichtungen,
   b) den Gebäudeleitungen und
   c) den Erdleitungen.

a) Die Auffangvorrichtungen sind emporragende Metallkörper, -Flächen oder -Leitungen. Die erfahrungsgemäßen Einschlagstellen (Turm- oder Giebelspitzen, Firstkanten des Daches, hochgelegene Schornsteinköpfe und andere, besonders emporragende Gebäudeteile) werden am besten selbst als Auffangvorrichtungen ausgebildet oder mit solchen versehen.

b) Die Gebäudeleitungen bilden eine zusammenhängende metallische Verbindung der Auffangvorrichtungen mit den Erdleitungen; sie sollen das Gebäude, namentlich das Dach, möglichst allseitig umspannen und von den Auffangvorrichtungen auf den zulässig kürzesten Wegen und unter tunlichster Vermeidung schärferer Krümmungen zur Erde führen.

c) Die Erdleitungen bestehen aus metallenen Leitungen, welche sich an die unteren Enden der Gebäudeleitungen anschließen und in den Erdboden eindringen; sie sollen sich hier unter Bevorzugung feuchter Stellen möglichst weit ausbreiten.

3. Metallene Gebäudeteile und größere Metallmassen im und am Gebäude, insbesondere solche, welche mit der Erde in großflächiger Berührung stehen, wie Rohrleitungen, sind tunlichst unter sich und mit dem Blitzableiter leitend zu verbinden[1]). Insoweit sie den in den Leitsätzen 2, 5 und 6 gestellten Forderungen entsprechen, sind besondere Auffangevorrichtungen, Gebäude- und Erdleitungen entbehrlich. Sowohl zur Vervollkommnung des Blitzableiters, als auch zur Verminderung seiner Kosten ist es von größtem Wert, daß schon beim Entwurf und bei der Ausführung neuer Gebäude auf möglichste Ausnutzung der metallenen Bauteile, Rohrleitungen u. dgl. für die Zwecke des Blitzschutzes Rücksicht genommen wird.

4. Der Schutz, den ein Blitzableiter gewährt, ist um so sicherer, je vollkommener alle dem Einschlag ausgesetzten Stellen des Gebäudes durch

---

[1]) „Blitzableitungen, die nicht mit den Metallmassen, Rohrleitungen usw. leitend verbunden sind, sind stets unvollkommen, da ein Überspringen des Blitzes auf die letzteren häufig eintritt. Das Wort „tunlichst" bezieht sich auf die Fälle, in denen der Anschluß durch anderweitige Vorschriften nicht gestattet oder erschwert wird."

Auffangevorrichtungen geschützt, je größer die Zahl der Gebäudeleitungen und je reichlicher bemessen und besser ausgebreitet die Erdleitungen sind. Es tragen aber auch schon metallene Gebäudeteile von größerer Ausdehnung, insbesondere solche, welche von den höchsten Stellen der Gebäude zur Erde führen, selbst wenn sie ohne Rücksicht auf den Blitzschutz ausgeführt sind, in der Regel zur Verminderung des Blitzschadens bei. Eine Vergrößerung der Blitzgefahr durch Unvollkommenheiten des Blitzableiters ist im allgemeinen nicht zu befürchten.

5. Verzweigte Leitungen aus Eisen sollen nicht unter 50 qmm, unverzweigte nicht unter 100 qmm stark sein. Für Kupfer ist die Hälfte dieser Querschnitte ausreichend; Zink ist mindestens vom ein- und einhalbfachen, Blei vom dreifachen Querschnitt des Eisens zu wählen. Der Leiter soll nach Form und Befestigung sturmsicher sein.

6. Leitungsverbindungen und Anschlüsse sind dauerhaft, fest, dicht und möglichst großflächig herzustellen. Nicht geschweißte oder gelötete Verbindungsstellen sollen metallische Berührungsflächen von nicht unter 10 qcm erhalten.

7. Um den Blitzableiter dauernd in gutem Zustande zu erhalten, sind wiederholte sachverständige Untersuchungen erforderlich, wobei auch zu beachten ist, ob inzwischen Änderungen an dem Gebäude vorgekommen sind, welche entsprechende Änderungen oder Ergänzungen des Blitzableiters bedingen.

Erläuterungen und Ausführungsvorschläge zu den „Leitsätzen des elektrotechnischen Vereins über den Schutz der Gebäude gegen Blitz".

A. Allgemeines über Blitzgefahr und Blitzschutz.
B. Ausführungsvorschläge.
C. Die Prüfung.

A. Allgemeines über Blitzgefahr und Blitzschutz.

Die Statistik zeigt, daß durch Blitzschlag alljährlich bedeutende volkswirtschaftliche Werte vernichtet werden, und zwar auf dem Lande in weit höherem Maße als in der Stadt.

Um diesen Schaden und die Gefahr für Personen und Haustiere zu vermindern, sollten Gebäudeblitzableiter in weit größerem Umfange wie bisher, besonders auf dem Lande, eingeführt werden. Mindestens sollten Blitzableiter erhalten:

a) Gebäude in denen größere Menschenansammlungen stattfinden, wie Kirchen, Kasernen, Unterrichtsanstalten, Versorgungs- und Krankenhäuser, Gefängnisse, Theater und Gebäude, in denen Schaustellungen stattfinden, Versammlungslokale, Gasthöfe, Fabriken, größere Geschäftshäuser;

b) Gebäude, welche zur Herstellung, Verarbeitung und Lagerung großer Mengen leicht entzündlicher und schwer zu löschender bzw. explosiver Gegenstände oder Materialien bestimmt sind, wie Feuerwerkskörper, Zündhölzer, Dynamit, Pulver, Petroleum, Spiritus, Benzin;

c) Gebäude, durch deren Zerstörung ein größerer Teil der Bevölkerung in Mitleidenschaft gezogen wird, z. B. Elektrizitätswerke, Gaswerke, Wasserwerke;

d) Gebäude, deren Inhalt einen hohen wissenschaftlichen, geschichtlichen oder künstlerischen Wert aufweisen, der im Falle der Zerstörung sehr schwer oder gar nicht ersetzbar ist. z. B. Museen, Bibliotheken, Gerichtsgebäude;

e) Gebäude, welche wegen ihrer Höhe, vereinzelten Lage oder ihres Standortes dem Blitzschlag besonders ausgesetzt sind, wie Türme, einzeln stehende Schornsteine, Windmühlen, Feldscheunen, einzeln stehende Häuser auf Höhen;

f) weichgedeckte Gebäude, insbesondere solche, deren Bedachung nicht durch Imprägnierung wirksam gegen Entflammung geschützt ist;

g) Gebäude, die bereits vom Blitz getroffen wurden, oder in deren Nähe der Blitz schon öfter eingeschlagen hat.

Der Blitzgefahr begegnet man nach der grundlegenden Idee Franklins — im allgemeinen vollständig — durch Herstellung einer von den höchsten Teilen des Gebäudes bis zu den großen Leitermassen des Erdreichs führenden, zusammenhängenden metallischen Leitung. Spätere Erkenntnisse über die Natur des Blitzes und über die elektrischen Vorgänge in Leitern sowie die ausgedehnte Statistik über Blitzschläge haben den Grundgedanken des Franklinschen Blitzableiters in keiner Weise erschüttert, vielmehr seine Richtigkeit fortgesetzt erhärtet. Sie haben nur gelehrt, die Ursachen für vereinzelt vorkommende, unvollkommene Wirkungen der Blitzableiter aufzudecken, den dahin gehörigen auf Seitenentladung, Induktion und elektrischen Schwingungen beruhenden unbequemen Nebenerscheinungen entweder durch zweckmäßigen Anschluß an benachbarte Metalle oder nach dem Vorgange von Faraday und Melsens durch Vermehrung der Auffangvorrichtungen, Leitungen und Erdanschlüsse vorzubeugen und die genauere Bewertung der Materialien und Konstruktionsteile der Blitzableiter aufzustellen. Neuere, insbesondere von Findeisen getragene Bestrebungen haben versucht, eine Verbilligung und dadurch gesteigerte Verbreitung der Blitzableiter zu erzielen durch tunlichste Verminderung hoher kostspieliger Auffangsstangen, durch Mitbenutzung metallischer Gebäudeteile, und durch angemessenen Ersatz der oft schwierig auszuführenden Grundwasseranschlüsse durch Heranziehung der oberen Schichten des Erdreichs. Diese höchst beachtenswerten und vielfach erprobten Versuche stehen nicht im Gegensatz zu der altbewährten auf den Schultern von Franklin ruhenden Grundlage des Blitzableiterbaues.

Die Herstellung einer Blitzableiteranlage soll stets auf Grund einer Zeichnung erfolgen, die nach Fertigstellung der Ausführung entsprechend richtigzustellen ist. Die Zeichnung ist sorgfältig aufzubewahren und bei baulichen Veränderungen und Reparaturen stets zu ergänzen. Die Zeichnung muß einen Vermerk tragen, aus dem hervorgeht, welche Materialien verwendet wurden und welche Besonderheiten bei der Verlegung eingetreten sind.

Es lassen sich wirksame Blitzableiter vielfach leichter und billiger herstellen, wenn der Architekt gleich beim Entwurf und Bau des Hauses auf den Blitzschutz Rücksicht nimmt. An allen Gebäuden mit Dachrinnen und Regenabfallröhren können durch Ausnutzung dieser Teile schon wesentlich Vereinfachungen und Verbilligungen der Blitzableiteranlage erzielt werden. Sind noch weitere Metallteile am Gebäude vorhanden, wie Firstbleche, Gratzinke, Ortgangbleche, so kann schon durch zuverlässige Verbindung dieser Metallteile und kleine Ergänzungen oftmals eine ausreichende Blitzschutzanlage erreicht werden.

Man kann nicht damit rechnen, daß eine Blitzableitung durch ihre Spitzen die Entstehung von Blitzen verhütet. Der Blitzableiter soll vielmehr die ohnehin über dem Gebäude niedergehenden Blitzschläge aufnehmen und gefahrlos zur Erde ableiten. Um diese Absicht zu erreichen, ist es notwendig, bei dem Entwurf der Blitzableiteranlage jeweils Rücksicht zu nehmen auf die Art des zu schützenden Gebäudes, auf seine Lage, seine Form und Dimensionen, seinen Inhalt an gefährdeten Gegenständen, wie an metallischen Körpern, auf die Untergrundverhältnisse und die Umgebung. Es läßt sich aus diesem Grunde auch kein Blitzableiterschema angeben, das in allen Fällen zweckmäßig wäre, vielmehr ist es Sache des erfahrenen Blitzableitertechnikers, die Blitzableiteranlage den besonderen Verhältnissen jedes Falles so anzupassen, daß bei ausreichender Dauerhaftigkeit und genügendem Schutz möglichst einfache Hilfsmittel angewandt werden und entsprechend geringe Kosten entstehen.

Die Vollkommenheit des Blitzschutzes und der damit in Zusammenhang stehende Kostenaufwand sollte dem Umfang des durch Blitzschlag zu befürchtenden Schadens angepaßt werden, z. B. durch Wahl entsprechender Anzahl von Ableitungen und Erdleitungen. Für ländliche Anlagen und einfache städtische Gebäude ist verzinktes Eisen, das den Vorteil einer großen mechanischen Festigkeit besitzt, durch eine große Oberfläche als Ableiter gut geeignet und außerdem dem Diebstahl nicht ausgesetzt ist, zu empfehlen. Es kann in der Form von Draht, Bandeisen oder Drahtseil Verwendung finden.

Spielen die Mehrkosten keine Rolle, so kann Kupfer als Draht, Band oder Seil verwendet werden, da es den Witterungseinflüssen länger widersteht.

Bei der Anbringung der Leitungen ist Wert darauf zu legen, daß das Aussehen des Gebäudes durch die Leitungen und Auffangvorrichtungen nicht ungünstig beeinflußt wird. Die Anlage läßt sich leicht so gestalten, daß sich die Auffangvorrichtungen und Leitungen den Linien des Gebäudes gut anschmiegen.

Für die Herstellung der Blitzableiteranlagen geben die Leitsätze des Elektrotechnischen Vereins die allgemeinen Richtlinien.

Die folgenden Ausführungsvorschläge sollen daher teils als Erläuterungen zum Verständnis der Leitsätze, teils als Vorschläge für mit den Leitsätzen in Einklang stehende Ausführungen angesehen werden.

B. Ausführungsvorschläge.

1. Auffangvorrichtungen.

Über die Auffangvorrichtungen sagen die Leitsätze:

„Die Auffangvorrichtungen sind emporragende Metallkörper, -flächen oder Leitungen. Die erfahrungsgemäßen Einschlagstellen (Turm- oder

Giebelspitzen, Firstkanten des Daches, hochgelegene Schornsteinköpfe und andere besonders emporragende Gebäudeteile) werden am besten selbst als Auffangvorrichtungen ausgebildet oder mit solchen versehen."

Bestehen solche Bauteile aus Metall, so ist es nur erforderlich, sie mit ihren unteren Ecken an die Blitzableitung anzuschließen. Ist der Querschnitt des Metallkörpers nicht ausreichend, oder bestehen die emporragenden Gebäudeteile aus nicht leitendem Stoff, so wird ein Leitungsabzweig an ihnen bis über ihre Oberkante hinweg emporgeführt. So sind z. B. Windfahnen, Zierknaufe, Firmenschilder u. dgl., deren Querschnitt den Leitsätzen genügt, ohne weiteres als Auffangvorrichtung zu benutzen. Hierbei ist das unter Absatz 3 über Verbindungen Gesagte zu berücksichtigen.

Von den am Gebäude vorhandenen Schornsteinen sollen wenigstens die bis zur Höhe des Firstes reichenden oder etwa 1 m aus der Dachfläche hervorragenden mit Auffangvorrichtungen versehen werden. Diese können bestehen entweder aus den erwähnten einfachen Leitungen, die an ihnen hochgeführt sind und den Kamin ein Stück überragen, oder aus den am Kamin sowieso vorhandenen Metallteilen, die mit der Leitung verbunden werden. Ferner lassen sich Metallabdeckplatten, Einfassungen aus Metall oder am Kamin angebrachte kurze Stangen als Auffangvorrichtungen verwenden. Ähnlich wie mit den Schornsteinen ist mit etwa vorhandenen Dunstrohren und Abluftkästen zu verfahren.

Die Zahl der Auffangvorrichtung ist so zu bemessen, daß der Abstand zwischen ihnen nicht größer als 15 bis 20 m wird.

Ragen keine oder nur wenige Teile aus dem Dach empor, so kommen als erfahrungsgemäße Einschlagstellen der Reihenfolge nach in Betracht:
1. Die Endpunkte des Firstes (die Giebelspitzen).
2. Der First selbst.
3. Die Giebelkanten vom First zur Traufe.
4. Die Traufkanten selbst, namentlich bei freistehenden Gebäuden mit flachen Dächern.

Der Schutz dieser Kanten und Ecken geschieht meist am vorteilhaftesten durch gleichlaufend mit ihnen verlegte Fangleitungen.

Die Giebelspitzen und der First müssen immer geschützt werden. Von einem besonderen Schutz der Giebel und der Traufkanten kann bei steilen Dächern meist abgesehen werden; hat aber ein Dach eine Neigung von nur 25⁰ oder weniger, so ist zu erwägen, ob für Giebel und Traufkanten besondere Fangleitungen zu legen sind.

Wenn besondere Gründe vorliegen, die Einschlagstellen des Blitzes möglichst weit von der Dachfläche fernzuhalten, z. B. bei Strohdächern und Gebäuden mit gefährlichem Inhalt, so kann man Stangen von größerer Länge als Auffangvorrichtung dazu verwenden. Will man Stangen benutzen, so ist eine Mehrzahl von niedrigen Stangen einer einzigen oder weniger hohen vorzuziehen. Die Stangen können aus verzinktem Rund- oder Vierkanteisen bestehen oder aus galvanisiertem Rohr, das oben metallisch abzuschließen ist. Der Form der Endigung wird kein besonderer Wert beigelegt. Edelmetallspitzen sind keinesfalls erforderlich. Der Anschluß der

Gebäudeleitungen an die Stange erfolgt am einfachsten durch eine Schelle am Fuß der Stange oder durch besondere mit dem Fuß der Stange von vornherein verschweißte Ansatzmuffen. Emporführung der Leitung im Innern der Stange ist zu verwerfen.

2. Gebäudeleitungen.

Dieselben stellen die Verbindung zwischen den Auffangvorrichtungen und den Leitermassen des Erdreichs her. Als Material für die Gebäudeleitungen soll im allgemeinen Kupfer, Eisen oder Zink verwendet werden. Andere Metalle sollten nur für Nebenleitungen in Betracht kommen, wenn schon Hauptleitungen aus den vorgenannten Metallen vorhanden sind. Wenn möglich, empfiehlt es sich, den Leitungsmaterialien große Oberfläche zu geben.

Die Leitungen gelten als unverzweigt, wenn sie den gesamten Blitzstrahl führen müssen.

Leitungen sind verzweigt, wenn sie nur einen Teil des Blitzes zu führen haben, d. h. wenn sie von den Auffangvorrichtungen aus mehrere Leitungen zur Erde führen; das ist der normale Fall bei Gebäudeleitungen.

Es ergeben sich dann nach den Leitsätzen die folgenden Minimalquerschnitte:

	Kupfer	Eisen	Zink	Blei
verzweigt	25	50	75	150
unverzweigt	50	100	150	300

Für die verschiedenen hauptsächlich in Betracht kommenden Materialien sind etwa die folgenden Abmessungen zu empfehlen:

Kupfer:

	unverzweigt Durchmesser mm	verzweigt Durchmesser mm
Draht	8	7[1])
Band	2×25	2×15
Seil	7 Drähte von 3,4	7 Drähte von 2,3

Eisen:

Draht	11	8
Band	3×30	2×25
oder	3×35	2,5×20
Seil	12 Drähte von 3,3	7 Drähte von 3,3

Zink:

kommt im allgemeinen nicht als besonders verlegte Leitung in Betracht, sondern meist als Konstruktionsmaterial bei Gebäuden. Es ist jeweils der Querschnitt zu berechnen und zu kontrollieren.

Dasselbe gilt für Blei.

---

[1]) Aus Festigkeitsrücksichten sollte Draht von 6 mm Durchmesser entsprechend dem zulässigen Querschnitt von 25 qmm nicht verwendet werden.

Eisenleitungen sollten nur gut verzinkt verwendet werden. Außerdem empfiehlt es sich, nach der Verlegung einen rostschützenden Anstrich zu geben und zu unterhalten.

Die Gebäudeleitungen zerfallen ihrer Lage nach in Dachleitungen und Ableitungen. Alle Leitungen sind in großen Längen zu verwenden und Verbindungen möglichst zu vermeiden.

a) Dachleitungen: Die Dachleitungen sollen über die Stellen geführt werden, welche dem Einschlagen des Blitzes am meisten ausgesetzt sind. Sie sollen auf den First, auf Graten und Kanten, Giebeln, und zwar besonders dort liegen, wo diese Teile sich auf der Wetterseite befinden. Die Dachleitungen dienen dann als Fangleitungen.

Ist ein First länger als 20 m, so sollen die von der Firstleitung zu den Ableitungen führenden Dachleitungen nirgends weiter als 15—20 m entfernt sein. Bei geringerer Dachneigung als etwa 350 wächst die Gefahr eines Einschlages in die Dachfläche. Derselben begegnet man durch Herabsetzung des Abstandes der Dachleitungen, durch Anbringung von horizontalen, parallel zum First laufenden Leitungen, insbesondere solchen längs der Traufkante, oder durch Anbringung besonderer, die Dachfläche schützender Auffangvorrichtungen.

Die Befestigung der Leitungen kann auf verschiedene Weise erfolgen, jedenfalls sind alle sogenannten Isolierungen durch Porzellan, Glas u. dgl. zu vermeiden.

Bei weichgedeckten Gebäuden (Stroh-, Rohr- Schilf- oder Schindeldächern) ist die Leitung mittels Holzstützen mindestens 40 cm über dem First und im Abstand von mindestens 20 cm von den Dachflächen zu verlegen.

Bei hartgedeckten Dächern kann man die Leitungen entweder mit Haltern so befestigen, daß sie direkt auf der Dachfläche aufliegen oder sich in einem Abstand von 3 bis 5 cm vom Dache befinden. Hierbei können die Leitungen entweder über dem First liegen oder seitlich davon.

Die abwärts führenden Dachleitungen kann man statt auf den Dachflächen auf den Windbrettern der Giebelseiten verlegen; diese Verlegung kann auch anliegend erfolgen.

Die Halter sind in Abständen von 1 bis 2 m anzubringen. Als Material für die Halter ist gutes, zähes, verzinktes Eisen oder auch Kupfer zu verwenden.

Sind die Firste, Grate, Kehlen, Windbretter oder dgl. mit Metall verkleidet, so sind diese Metallteile unter sich und mit den Auffangvorrichtungen zu verbinden. Es sind keine besonderen Dachleitungen mehr erforderlich, wenn diese Metallteile den durch die Leitsätze geforderten Querschnitt haben und ihre Stoßstellen den in den Leitsätzen aufgestellten Bedingungen für die Verbindungen in den Leitungen entsprechen. Sind die Metallteile schwächer, so können sie entweder als Zweigleitungen eingeschaltet oder durch beigelegte Leitungen verstärkt und als einzige Leitung verwendet werden.

Bei Dächern, die ganz oder auf großen Strecken mit Metall gedeckt sind, können besondere Leitungen fortfallen, wenn die Metallstücke mit den Auffangvorrichtungen und unter sich verbunden sind. Dasselbe gilt für

Gebäude mit zusammenhängenden eisernen Dachstühlen bei Verwendung geeigneter Auffangvorrichtungen. Jedenfalls müssen alle größeren auf dem Dache oder in dessen Höhe vorhandenen Metallstücke, wenn sie auch nicht als Leitungen benutzt werden, wenigstens unten verbunden werden.

Zu diesen Metallteilen gehören: Kaminaufsätze, Windfahnen, Zierknaufe, Firstzinke, Gratzinke, Kehlbleche und andere Blechverwahrungen, Dachrinnen, Kiesleisten, Schneefanggitter, große eiserne Dachfenster, eiserne Gestänge für elektrische Leitungen, Glockenstühle, Uhrtransmissionen, Wasserreservoire, eiserne Treppengeländer, eiserne Leitern, Reklameschilder u. dgl. Die das Dach durchdringenden Metallkörper wie Auffangstangen, Fahnenstangen usw., sind mit ihrem unteren Ende anzuschließen, wenn sie in den Dachraum hineinragen und wenn andere Metallteile ihrem unteren Ende nahe kommen, oder geerdete Leiter leicht erreichbar sind. Je schlechter der Erdschluß der ganzen Blitzableitung ist, um so notwendiger ist die Erdung solcher in das Gebäude eindringenden Metallteile.

Die Verbindungen der Metallteile untereinander und mit den Ableitungen sollen möglichst entsprechend dem Absatz 4 durchgeführt werden; dienen die Metallteile als einzige Leitungen, so müssen diese Bedingungen eingehalten werden.

b) Ableitungen: Hierunter sollen die Ableitungen verstanden werden, die vom Dache zu den Erdleitungen führen.

Im allgemeinen sollen an jedem Gebäude mindestens zwei Ableitungen vorhanden sein. Im übrigen wird ihre Zahl dadurch bestimmt, daß jede quer zum First gelegene Dachleitung einer in derselben Linie verlaufenden Ableitung entspricht. Wenn jedoch Metalldächer als Dachleitung dienen, oder wenn die Dachleitungen an eine längs der Traufkante vorhandene zusammenhängende Leitung angeschlossen sind, kann die Anzahl der Ableitungen dadurch bemessen werden, daß der Abstand der Ableitungen voneinander nicht größer als 20 m sein soll.

Bei höheren Türmen und Schornsteinen empfiehlt es sich, zwei Ableitungen zu verwenden, von denen eine möglichst an der Wetterseite verlegt wird.

Die Leitungen an den Wänden können auf 2 bis 5 cm hohen Stützen verlegt oder unmittelbar aufliegend mit Haken oder entsprechenden Krampen in Abständen von etwa 1 m befestigt werden. Dann sind diese zweckmäßig mit einem Anstrich zu versehen, der sie vor einem Angriff durch Mauersalze u. dgl. schützt.

Sind an oder im Gebäude Metallteile vorhanden, die sich vom Dache aus nach der Erde erstrecken, und die bei genügender Dauerhaftigkeit den für Gebäudeleitungen gestellten Bedingungen entsprechen, so können diese als Ableitungen benutzt werden.

Sehr günstige Ableitungen bilden wegen ihrer großen Oberfläche die Abfallrohre, wenn die einzelnen Rohrschlüsse so gut ineinander passen, daß eine dauerhafte Verbindung gewährleistet ist, oder wenn sie durch aufgelötete Streifen von entsprechendem Querschnitt bzw. durch eine am Rohr angebrachte Leitung Verbindung besitzen. Sind die Kehlen, Regenrinnen und Abfallrohre von solcher Art, daß über ihren Fortbestand und gute Unterhaltung Zweifel bestehen können, so dürfen sie nicht an Stelle einer vorgeschriebenen Ableitung verwendet werden Anzuschließen sind sie trotzdem. Ebenso können eiserne vertikale Träger als Ableitungen verwendet werden, wenn es möglich ist, sie an den äußersten Enden mit den Dachleitungen und Erdleitungen zu verbinden.

Sind die Wände eines Gebäudes ganz aus Metall, oder sind größere zusammenhängende Metallteile vorhanden, die bis zum Erdboden gehen und gute Erdleitung besitzen oder erhalten, so können besondere Ableitungen fortfallen. Größere Metallteile, auch wenn kein vollständiger metallischer Zusammenhang zwischen ihnen besteht, sind tunlichst mit der Ableitung, und zwar dann an beiden Enden, zu verbinden.

Je vereinzelter solche Metallgegenstände sind, je mehr sie im Innern des Gebäudes liegen, je besser sie gegen die Erde isoliert sind und je mehr sie in horizontaler Richtung verlaufen, desto weniger ist die Verbindung mit dem Blitzableiter notwendig. Die Blitzableitung ist dann möglichst fern von den Metallobjekten zu führen.

Die sich in den Gebäuden bis in die Nähe des Daches erstreckenden Rohre der Gas und Wasserleitung und der Zentralheizung sind mit den Dachleitungen zu verbinden; die Zentralheizung ist auch unten an die Erdleitung anzuschließen. Ebenso sollen eiserne Treppen und sonstige, besonders aber die sich in größerer Länge senkrecht erstreckenden Metallteile oben und unten angeschlossen werden. Der untere Anschluß ist entbehrlich, wenn die Metallteile an sich gut geerdet sind. Je näher sie einer Ableitung liegen, um so wichtiger ist ihr Anschluß.

In ihrem unteren Teil, vor dem Eintritt in den Boden, sind die Ableitungen durch übergelegte ca. 2 bis 2,5 m lange Winkeleisen, U-Eisen, Holzleisten od. dgl. gegen Beschädigungen zu schützen. Bei Verwendung von Eisenrohren empfiehlt es sich, sie am oberen Ende mit der Leitung zu verbinden. Alle Schutzverkleidungen sind ungefähr 20 bis 30 cm tief in die Erde miteinzuführen. Bei Eisenleitungen kann auch der Schutz in der Weise durchgeführt werden, daß die Leitung auf der bedrohten Strecke so stark bemessen wird, daß sie selber den zu befürchtenden Angriffen standzuhalten vermag.

Bei den als Ableitungen benutzten Abfallrohren legt man den Anschluß an die Erdleitung zweckmäßig hinter das Rohr und schafft hierdurch einen Schutz. Der Eintritt in die Erde kann noch besonders geschützt werden.

Den Anschluß der Erdleitung an das Abfallrohr stellt man durch eine Schelle von verzinktem Eisen, Zink oder Kupfer (je nach Rohrmaterial) her, die an das Rohr mittels Schraubung festgeklemmt wird. Die Rohrschelle kann derartig eingerichtet sein, daß sie gleichzeitig eine Trennstelle ergibt.

Die Trennstellen, die im allgemeinen über der Schutzverkleidung in den Ableitungen sitzen sollen, sind überall dort erforderlich, wo die Widerstandsmessung einer unzugänglichen Verbindung ermöglicht werden soll und zu diesem Zweck Verzweigungen des Stromweges ausgeschaltet werden müssen, vor allem bei den Haupterdleitungen. Die Trennstellen sollen leicht lösbar sein, sich aber nicht von selbst lösen können, große Berührungsflächen besitzen und nicht leicht oxydieren.

Bei bandförmigen Leitern genügt z. B. das Übereinandergreifen zweier Bänder auf eine Länge von 10 bis 15 cm und die Aufeinanderpressung durch drei großköpfige Mutterschrauben unter Zwischenlage von Weichmetall. Ein am oberen Ende angebrachtes Tropfblech schützt vor Eindringen von Feuchtigkeit. Bei Draht- oder Seilleitungen sind die üblichen Schraubverbindungen einfacher Konstruktion zu verwenden.

3. Erdleitungen.

Auf die Herstellung guter Erdleitungen ist der allergrößte Wert zu legen. Für die Leitungen in der Erde können die gleichen Materialien wie für die Gebäudeleitungen (S. 259), mindestens mit dem dort angegebenen Querschnitt, verwendet werden. Mit Rücksicht auf die Haltbarkeit empfiehlt es sich, hierbei die Materialien nicht unter 2 mm, bei Kupfer nicht unter 1,5 mm Dicke zu wählen.

Befinden sich im Gebäude oder in einer Entfernung von weniger als 10 m Gas- oder Wasserleitungsrohre, so sind diese unbedingt in erster Linie als Erdleitung zu benutzen. Sind beide Rohrsysteme vorhanden, so empfiehlt es sich, dieselben auch untereinander zu verbinden. Gasmesser sind durch Leitungen zu überbrücken, solange ihre Bauart an sich nicht Sicherheit gewährleistet.

Der Anschluß der Ableitungen an die Rohrleitungen kann in den Kellerräumen oder im Erdboden geschehen. Er wird zweckmäßig mit einer Schelle hergestellt. Die Anschlußschellen müssen so stark bemessen sein, daß eine kräftige Pressung zwischen dem Schellenkörper und der Rohrwandung erzeugt werden kann. Die Schelle muß in einer Zwischenlage von Weichmetall fest auf das Rohr gepreßt werden. Man kann dann das Ganze nochmals mit Blei umgießen und stark mit Teer oder geteertem Hanf umgeben.

Bei in der Erde liegenden Anschlüssen sollte der Teeranstrich, welcher die Anschlüsse gegen Zerstören durch Bodenfeuchtigkeit schützt, keinesfalls fehlen. Er ist auch bei Verbindungen von Leitungen unter sich in der Erde zu verwenden.

Beim Anschluß einer einzelnen Anleitung an ausgedehnte Metallrohrnetze ist eine weitere Erdung für diese Ableitung überflüssig. Sind mehrere Ableitungen vorhanden, so sind, unter Berücksichtigung der auf Seite 262 aufgeführten Gesichtspunkte, auch mehrere Erdungen vorzusehen.

Zur Erdung empfehlen sich bei hochliegendem Grundwasser größere in dasselbe versenkte flächen-, netz- oder röhrenförmige Metallkörper; die zu diesen führenden Erdleitungen sollen sich auf möglichst große Länge in den bestleitenden Erdschichten erstrecken. Bei tiefliegendem und schwer erreichbarem Grundwasser an Stelle jener Metallkörper möglichst lange und tunlichst verzweigte Oberflächenleitungen zu verwenden. Diese sind so tief zu verlegen, daß sie einerseits genügend gegen mechanische Beschädigungen geschützt sind, anderseits die bestleitenden Erdschichten aufsuchen. Oberflächenleitungen sind je nach den Bodenverhältnissen verschieden lang zu wählen. Bei gutem Boden (Humus oder Lehm) werden Längen von 10 bis 15 m für jede Ableitung meist ausreichen. Bei trockenem und sandigem Boden sind die Leitungen gegebenenfalls um das ganze Gebäude zu legen (Abstand ungefähr 1,5 bis 2 m) und Ausläufer, die sich auch fächerförmig verteilen können, nach feuchten Stellen zu führen. Ebenso kann die Erdung durch Verbindung der Erdleitungen untereinander verbessert werden, durch Ausläufer nach benachbarten Dungstätten, Teichen, Gräben, Brunnen, Pumpen mit eisernen Brunnenstöcken u. dgl. Wenn diese sich näher als 15 m vom Gebäude befinden, so ist mindestens ein Teil derselben anzuschließen.

Handelt es sich um Gebäude, die durch ihren Inhalt (viele Metallteile, explosive Stoffe od. dgl.) stark gefährdet sind, so ist auf die Erdleitung erhöhter Wert zu legen.

Gestatten besonders schwierige Bodenverhältnisse die Verwendung von Oberflächenleitungen oder die wünschenswerte unterirdische Verbindung der Erdleitungen nicht, so sind oberirdische, nahe der Erdoberfläche oder im Keller geführte Verbindungen der Ableitungen zulässig.

Die ins Grundwasser verlegten Metallkörper (Platten, Netze, Schienen, Rohre, Stangen usw.) sollen mindestens $^1/_2$ qm einseitige Oberfläche besitzen und unter dem tiefsten Grundwasserstand bleiben. Gelingt es nicht, das Grundwasser zu erreichen, so sollen die Platten größer genommen und in Lehmmulden (Koks greift die Metalle an) gebettet werden oder besser durch möglichst lange Oberflächenleitungen ersetzt werden.

Die Plattendicke ist bei Kupfer (verzinnt) nicht unter 1 mm, bei Eisen (verzinkt) nicht unter 2 mm zu wählen.

Statt Platten können auch gleich große Netze aus 4-mm-Drähten mit einer Maschenweite von nicht über 100 qmm verwendet werden.

Erdplatten dürfen nicht in Spiralen, sondern nur in Zylinderform gerollt werden.

Im Brunnen sollten wegen der Vergiftungsgefahr kupferne Platten nur in gut verzinntem Zustand verwendet werden.

Bei Verlegung von Platten in Brunnen und Gewässern ist zu berücksichtigen, daß reines Wasser schlecht leitet. Deshalb ist besonders bei offenen Gewässern die Verlegung von Oberflächenleitungen im feuchten Ufer den Platten im Wasser vorzuziehen. Bei der Wahl der Stelle für die Verlegung der Oberflächenleitungen sind besonders die Stellen zu berücksichtigen, die durch Abwasser dauernd feucht gehalten werden, was sich oft durch starke Vegetation zeigt.

Sind an einem Gebäude nicht alle nach dem Boden zu verlaufenden Metallteile (wie Abfallrohre u. dgl.) an die Erdleitung angeschlossen, so kann man sie als Nebenleitungen verwenden, indem man wenigstens kurze Leitungen von 3—5 m als Oberflächenleitungen in die Erde führt.

4. Verbindungen.

Bei Herstellung der Verbindungen ist größter Wert auf genügende mechanische Festigkeit und auf Schutz gegen Oxydation zu legen.

Die Verbindung der Leitungen mit den Metallteilen des Gebäudes kann bei Bandleitungen einfach durch Aufnieten oder Aufschrauben auf eine Länge von ungefähr 10 cm, tunlichst unter Zwischenlage von Weichmetall erfolgen. Bei Draht- oder Seilleitungen wird das Ende der Leitung vorher in eine Blechhülse mit flächigem Ansatzstück eingelötet oder in ein besonderes Verbindungsstück eingeführt. Der Anschluß an Rohrleitungen u. dgl. wird mittels Rohrschellen hergestellt, die unter Zwischenlage von Weichmetall an das vorher blankgemachte Rohr gepreßt werden.

Bei Lötungen ist ohne Säure zu löten und die Lötstelle nach Fertigstellung gut abzuwaschen.

Alle Verbindungen, besonders aber diejenigen, bei denen zwei verschiedene Metalle zusammenkommen, sind mit einem guthaftenden, wetterfesten Anstrich versehen, wenn sie im Freien oder in feuchten Räumen (Keller u. dgl.) liegen. Die Berührungsflächen der Metalle müssen frei von Farbe bleiben.

5. Berücksichtigung benachbarter Bäume und Metallgegenstände.

Der durch benachbarte Bäume entstehenden Gefährdung begegnet man entweder:
1. durch Wegnahme der herüberhängenden Zweige, oder
2. durch Verlegung der Gebäudeableitungen an die den Bäumen nächstgelegene Stelle der Gebäude, oder
3. durch besondere Armierung der Bäume mit Blitzableitern.

In der Nähe der Einführungsstelle elektrischer Freileitungen und an Stellen, an denen solche Leitungen dem Gebäude nahe kommen, soll eine Ableitung zur Erde geführt werden.

Sind Freileitungen mit einem geerdeten Leiter an dem Gebäude befestigt, so sollen der geerdete Leiter und metallische Stützen mit dem Blitzableiter verbunden werden. Ebenso sind unmittelbar benachbarte metallische Einzäunungen, Seiltransmissionen, Schienenstrecken usw. möglichst mit der Erdleitung des Blitzableiters zu verbinden.

6. Herstellung des Entwurfs zur Blitzableiteranlage.

Um den Ausführungsplan für eine Blitzableitung festzulegen, ist es notwendig, einen Grundriß herzustellen, aus dem hervorgeht:
1. die Abmessungen des Bauwerks,
2. die Form des Daches (Dachaufsicht),
3. die Art der Dacheindeckung,
4. diejenigen Teile der Dacheindeckung, welche aus Metall bestehen,
5. die Regenrinnen und Abfallrohre,
6. die aus dem Dache hervorstehenden Bauteile, wobei die Herstellungsart aus Metall oder aus Nichtleitern kenntlich zu machen ist,
7. die Hauptentladungsstellen sowohl im Gebäude als auch in der nächsten Umgebung, z. B. innere Pumpen, Reservoire, die Hauptzuleitungen für Gas und Wasser (die Einführungsstellen und die obersten Ausläufer), Zentralheizungen mit metallenen Rohrleitungen (Lage des Kessels und des Ausdehnungsgefäßes), Abwasser- und

andere Gräben, Bäche, Teiche, Brunnen, Düngerstätten, Bodensenkungen, Eisenbahngleise, langgestreckte metallene Umzäunungen,
8. Leiter und andere für den Verlauf des Blitzes in Betracht kommende benachbarte Gegenstände, wie Baumbestände, elektrische Freileitungen u. dgl.,
9. die Nordrichtung.

Erst im Besitze einer solchen vollständigen Zusammenstellung kann die Anordnung einer Blitzableiteranlage in zweckmäßiger Weise ermittelt werden.

Unter Berücksichtigung der Hauptentladungsstellen und der bautechnischen Bedürfnisse sind zunächst diejenigen Stellen festzulegen, wo die Ableitungen zur Erde hinabgeführt werden sollen. Als solche Entladungsstellen kommen in Betracht:

Gas- und Wasserleitungsrohrnetze,
größere stehende und fließende Gewässer (Seen, Teiche, Flüsse, Kanäle, Gräben, die mit größeren Gewässern in Verbindung stehen),
hochstehendes Grundwasser,
nicht ausgemauerte Jauche- und Sickergruben,
sumpfige Stellen und Teile der Erdoberfläche, die von Jauche, Küchenabflüssen und anderem unreinem Wasser durchtränkt sind,
Schienengleise,
metallene Röhrenbrunnen, welche mit dem Grundwasser dauernd in gut leitender Verbindung stehen,
die verunreinigten und Humusschichten der Erdoberfläche,
Abflußstellen von Dachrinnen (Abfallrohren) und sonst von Regenwasser vorzugsweise getränkte Stellen des Geländes,
Geländepunkte, welche die Erdfeuchtigkeit besser als die Umgebung halten.

In der Regel entspricht ihre Bedeutung dieser Reihenfolge, jedoch können auch die in der Reihenfolge später genannten Stellen je nach ihrer besonderen Ausdehnung und räumlichen Anordnung von größerer Bedeutung werden. Die Bestimmung dieser Hauptentladungsstellen ist der bei weitem wichtigste Teil eines Blitzableiterentwurfes.

Nach Bestimmung der Erdableitungsstellen sind die Einschlagstellen und diejenigen Hervorragungen des Daches festzustellen, welche als Fangvorrichtung benutzt werden sollen. Unter Zugrundelegung dieser durch die Örtlichkeit im voraus gegebenen Punkte sind die Dachleitungen unter Berücksichtigung der bautechnischen Bedürfnisse anzuordnen. Endlich ist zu prüfen, ob das auf diese Weise entstandene Leitersystem noch einer Vervollständigung bedarf, etwa durch Vermehrung der Dachleitungen, der absteigenden Leitungen, der Erdungen, Anschluß innerer oder äußerer Metallmassen oder durch Heranziehung entfernter Entladungsstellen, damit die Anlage im ganzen den vorstehend besprochenen Anforderungen genügt.

Die hierbei sich mit Notwendigkeit aufdrängende Frage, wie weit die einzelnen Gebäudeteile durch höher gelegene Auffangvorrichtungen, Fang- oder Dachleitungen geschützt sind, und in welcher Weise die letzteren nach Zahl und Höhe etwa zu verändern sind, um mit einfachen Mitteln möglichst vollständigen Schutz zu erreichen, kann nicht durch theoretisch festbegründete Formeln entschieden werden, ist vielmehr Sache der Übung und Erfahrung.

Zusammenfassung.

Ein ordnungsmäßiger Blitzableiter, d. h. ein solcher, welcher für gewöhnliche Gebäude in Stadt und Land die Blitzgefährdung auf ein hinreichend kleines Maß herabsetzt, muß folgenden Anforderungen entsprechen:

1. Die dem Einschlag ausgesetzten Ecken und Kanten des Gebäudes sollen entweder als Auffangvorrichtung ausgebildet oder durch darüber hinweggeführte Leitungen geschützt oder durch höher gelegene Blitzableiterteile **genügend** gedeckt werden.

2. Der Blitzableiter soll mit allen seinen Verzweigungen einen lückenlosen metallischen Weg von **genügend großem** Querschnitt und **genügender Dauerhaftigkeit** bilden, der von dem höchsten Teil des Gebäudes zu der Erde führt und hier durch **genügend große** Berührungsflächen in möglichst widerstandsloser Verbindung mit den großen Leitermassen des Erdreichs steht.

3. Vorhandene Gas- und Wasserleitungen sind mindestens als ein Teil der Erdleitung zu verwenden.

4. Metallgegenstände sind **nach Maßgabe ihrer Größe und Lage** anzuschließen.

5. Alle Verbindungen der Blitzableiterteile untereinander sollen dauerhaft ausgeführt sein.

6. Die Auslegung der im vorstehenden gesperrt gedruckten Worte hängt von dem gewünschten Grade der Vollkommenheit des Blitzschutzes ab. Die vorstehenden Erläuterungen und die in den Leitsätzen des Elektrotechnischen Vereins niedergelegten Gesichtspunkte sollen hierbei **maßgebend** sein.

Blitzschutz von Gebäudekomplexen.

Aneinanderstehende oder gruppenweise vereinigte Gebäude lassen sich häufig mit erheblichem Vorteil durch eine gemeinsame Blitzableiteranlage schützen. Ausführungsvorschläge hierfür bleiben vorbehalten.

C. Die Prüfungen.

Abnahmen, Untersuchungen und Messungen an Blitzableitern sollen von sachverständigen Personen mit genügender Erfahrung und dementsprechender technischer Vorbildung vorgenommen werden.

Über alle an Blitzableitern vorgenommenen Untersuchungen ist Buch zu führen und das Ergebnis dem Gebäudebesitzer mitzuteilen. Die Untersuchungen sind immer in der gleichen Weise übersichtlich aufzuzeichnen, sie werden am besten in ein Prüfungsbuch eingetragen. Ein bewährtes Muster eines solchen ist nachstehend mitgeteilt.

Untersuchungen einer Anlage sind vorzunehmen:
 a) tunlichst bald nach Fertigstellung,
 b) nach Vornahme von Änderungen und Reparaturen an der Blitzableiteranlage oder am Hause, wenn durch letzteres die Blitzableiteranlage in Mitleidenschaft gezogen wurde,

c) nach stattgefundenem Blitzschlag,
d) innerhalb regelmäßiger Zwischenräume, und zwar sollen die Gebäude, die auf Seite 291 unter a, b, c, d aufgeführt sind, mindestens alle zwei Jahre untersucht werden. Bei sonstigen Gebäuden wird empfohlen, die Untersuchung mindestens alle fünf Jahre vorzunehmen. Es ist darauf hinzuwirken, daß die bei dieser Untersuchung vorgefundenen Mängel baldigst beseitigt werden.

Bei Neuanlagen sowie bei den späteren Revisionen ist es wichtig, festzustellen, ob die am Gebäude vorhandenen Metallteile in ausreichender Weise berücksichtigt und angeschlossen, ob die Verbindungen gut hergestellt, an den bekannten Einschlagstellen Auffangvorrichtungen vorgesehen sind und eine genügende Anzahl Ableitungen und Erdleitungen angebracht wurde. Es ist auch darauf zu achten, ob wegen inzwischen erfolgter Reparaturen und baulicher Veränderungen Ergänzungen nötig sind.

Hierfür sowie für die Prüfung der Dach- und Ableitungen ist eine genaue Besichtigung am besten geeignet. Widerstandsmessungen geben im allgemeinen über den Zustand der Gebäudeleitungen keinen brauchbaren Aufschluß, sie können aber gegebenenfalls bei der Untersuchung der Erdleitungen und wichtiger, nicht zugänglicher Teile der Blitzableitung mit Erfolg angewendet werden. Ist Wasser- oder Gasleitung vorhanden oder in der Nähe, so ist gegen diese zu messen, andernfalls gegen Hilfserden. Der ermittelte Widerstand darf nicht wesentlich größer als 1 Ohm sein, wenn Wasser- oder Gasrohranschluß als Erdung angewandt wurde. Bei Oberflächenleitungen oder sonstigen Erdungen (Platten, Netzen, Rohren) ergeben sich je nach den Bodenverhältnissen Größe und Erdung, Grundwasserstand u. dgl. verschiedene Werte. Der Widerstand schwankt zwischen etwa 5 und 25 Ohm, aber selbst Widerstände, die noch wesentlich höher sind, können bei besonders ungünstigen Bodenverhältnissen genügen. Bei normalen Bodenverhältnissen (Humusboden, Erdleitungen von ca. 25 bis 40 m Länge oder Netze im Grundwasser) lassen sich Werte von 5 bis 15 Ohm erreichen. Es kann nicht ein bestimmter geringster Wert gefordert werden. Es muß aber verlangt werden, daß der Erdwiderstand der Blitzableiteranlage der geringste aller in der Nähe erreichbaren Erdwiderstände ist.

Bei der Beurteilung des Erdwiderstandes ist zu berücksichtigen, daß derselbe je nach der Jahreszeit und den Witterungsverhältnissen verschieden sein kann. Ganz bedeutende Änderungen kann, speziell bei Erdplatten, die Senkung des Grundwasserstandes hervorrufen.

Muster für ein Prüfungsbuch.

Ort ....
Besitzer ....
Bestimmung des Gebäudes ....
Bauart ....
Größere Metallteile in und an dem Gebäude ....
Untergrundverhältnisse ....
Bodenart ....

Wann ist die Anlage errichtet? ....
Blitzableiteranlage: (Lageplan mit Himmelsrichtungen, genaue Einzeichnung der Blitzableiterleitungen, Erdleitungen usw.: Umgebung, Brunnen, Bäche, Dunggruben, Bäume, gepflasterte Straßen, Wege usw.).

Prüfungen:

Datum und Tageszeit ....
Wetter (auch der vorhergehenden Tage) ....
Oberirdische Leitung: (Zustand der Dachleitungen, Verbindungsstellen usw., notwendige Anschlüsse von Metallteilen usw.).
Erdleitung: Meßresultat, Beschaffenheit etwa sichtbarer Wasserleitungsanschlüsse, Angaben über verwendete Hilfserden, Vorschläge zur Verbesserung der Erde usw.
Am Gebäude, seinen Metallteilen und seiner Umgebung sind Änderungen eingetreten, welche bei der Blitzableiteranlage folgende Veränderungen bedingen.

Datum .... Wetter ....
Oberirdische Leitung ....
Erdleitung ....

Datum .... Wetter ....
Oberirdische Leitung ....
Erdleitung ....

Bezeichnungsweise für Blitzableiterzeichnungen.

Blitzableitung einschließlich aller Teile	rot.
Rohrleitungen	blau.
Andere Metallteile einschließlich Abfallrinnen und Abfallrohre.....................	grün.
Sichtbare Teile	durchgezogen.
Verdeckte Teile	gestrichelt.
Geplante Erweiterung bestehender Anlagen ..	punktiert.
Auffangsstangen	roter Kreis.
Fangendigung	rote Kreisscheibe.
Trennstellen	zwei sich berührende Kreisscheiben.
Anschlußstellen	ein zur Blitzableitung senkrechter Strich.
Abfallrohre	grüner Kreis.
Träger, vertikal	grüne Kreisscheibe.

Träger, horizontal	grün strichpunktiert.
Erdung (allgemein)	rotes Rechteck.
Falls nähere Form der Erdung angegeben werden soll:	
Platte	rotes Rechteck mit schraffierter Fläche.
Netz	rotes Rechteck karriert.
Rohrkörper	roter Kreis im Rechteck.
Eiserne Pumpe	blauer Ring mit Mittelpunkt.
Brunnen, Sickergrube	baues Quadrat.

9. Anleitung zur ersten Hilfeleistung bei Unfällen im elektrischen Betriebe.

Aufgestellt vom V. D. E. unter Mitwirkung des Reichsgesundheitsamtes. Angenommen auf der Jahresversammlung 1907. Gültig ab 1. Juli 1907.

I. **Ist der Verunglückte noch in Verbindung mit der elektrischen Leitung, so ist zunächst erforderlich, ihn der Einwirkung des elektrischen Stromes zu entziehen. Dabei ist folgendes zu beachten:**

1. Die Leitung ist, wenn möglich, sofort spannungslos zu machen durch Benutzung des nächsten Schalters, Lösung der Sicherung für den betreffenden Leitungsstrang oder Zerreißung der Leitungen mittels eines trockenen, nichtmetallischen Gegenstandes, z. B. eines Stückes Holz, eines Stockes oder eines Seiles, das über den Leitungsdraht geworfen wird.

2. Man stelle sich dabei selbst zur Fernhaltung oder Abschwächung der Stromwirkung (Isolierung) auf ein trockenes Holzbrett, auf trockene Tücher, Kleidungsstücke oder auf ähnliche, nicht metallische Unterlage, oder man ziehe Gummischuhe an.

3. Der Hilfesuchende soll seine Hände durch Gummihandschuhe, trockene Tücher, Kleidungsstücke oder ähnliche Umhüllungen isolieren; er vermeide bei den Rettungsarbeiten jede Berührung seines Körpers mit Metallteilen der Umgebung.

4. Man suche den Verunglückten von dem Boden aufzuheben und von der Leitung zu entfernen. Er ist dabei an den Kleidern zu fassen; das Berühren unbekleideter Körperteile ist möglichst zu vermeiden. Umfaßt der Verunglückte die Leitung vollständig, so hat der Hilfeleistende mit seiner durch Gummihandschuhe usw. isolierten Hand Finger für Finger des Betäubten zu lösen. Bisweilen genügt schon das Aufheben des Betroffenen von der Erde, da hierdurch der Stromweg unterbrochen wird.

Das Gebiet elektrischer Betriebe, in dem das Eingreifen eines Laien nach den vorbezeichneten Leitsätzen Erfolg verspricht, ohne ihn selbst zu gefährden, beschränkt sich auf solche Anlagen, welche mit Spannungen betrieben werden, die 500 Volt nicht wesentlich übersteigen. Der Betrieb der Straßenbahnen hält sich in der Regel innerhalb dieser Grenzen. Bei Unfällen, welche an Leitungen mit höherer Spannung erfolgt sind, ist schleunigst für

Benachrichtigung der nächsten Stelle der Betriebsleitung und für Herbeiholung eines Arztes zu sorgen. Leitungen und Apparate mit höherer Spannung pflegen mit einem roten Blitzpfeil gekennzeichnet zu sein.

II. **Ist der Verunglückte bewußtlos, so ist sofort zum Arzt zu schicken und bis zu dessen Eintreffen folgendermaßen zu verfahren:**

1. Für gute Lüftung des Raumes, in welchem der Verunglückte sich befindet, ist zu sorgen.

2. Alle den Körper beengenden Kleidungs- und Wäschestücke (Kragen, Hemden, Gürtel, Beinkleider, Unterzeug usw.) sind zu öffnen. Man lege den Getroffenen auf den Rücken und bringe ein Polster aus zusammengelegten Decken oder Kleidungsstücken unter die Schultern und den Kopf derart, daß der Kopf ein wenig niedriger liegt.

3. Ist die Atmung regelmäßig, so ist der Verunglückte genau zu überwachen und nicht allein zu lassen. Bevor das Bewußtsein zurückgekehrt ist, flöße man ihm Flüssigkeiten nicht ein.

4. Fehlt die Atmung oder ist sie sehr schwach, so ist künstliche Atmung einzuleiten. Bevor damit begonnen wird, hat man sich davon zu überzeugen, ob sich im Munde etwa Fremdkörper, z. B. Kautabak oder ein künstliches Gebiß befindet. Ist dies der Fall, so sind zunächst die Gegenstände zu entfernen. Die künstliche Atmung ist alsdann in folgender Weise vorzunehmen:

Man knie hinter dem Kopf des Verunglückten nieder, das Gesicht ihm zugewandt, fasse beide Arme an den Ellbogen und ziehe sie seitlich über den Kopf hinweg, so daß sich dort die Hände berühren. In dieser Lage sind die Arme 2 bis 3 Sekunden lang festzuhalten. Dann bewege man sie abwärts, beuge sie und presse die Ellbogen mit dem eigenen Körpergewicht gegen die Brustseiten des Verunglückten. Nach 2 bis 3 Sekunden strecke man die Arme wieder über dem Kopfe des Verunglückten aus und wiederhole das Ausstrecken und Anpressen der Arme möglichst regelmäßig etwa 15 mal in der Minute. Um Übereilung zu vermeiden, führe man die Bewegungen langsam aus und zähle während der Zwischenpausen laut: 101! 102! 103! 104!

5. Ist noch ein Helfer zur Hand, so fasse er während dieser Hantierungen die Zunge des Verunglückten mit einem Taschentuche, ziehe sie kräftig heraus und halte sie fest. Wenn der Mund nicht aufgeht, öffne man ihm gewaltsam mit einem Stück Holz, dem Griff eines Taschenmessers od. dgl.

6. Sind mehrere Helfer zur Hand, so sind die vorstehend unter II. 4. beschriebenen Hantierungen von zweien auszuführen, indem jeder einen Arm ergreift und beide in den Zwischenpausen 101! 102! 103! 104! zählend, gleichzeitig jene Bewegungen vornehmen.

7. Die künstliche Atmung ist solange fortzusetzen, bis die regelmäßige natürliche Atmung wieder eingetreten ist. Aber auch dann muß der Verunglückte noch längere Zeit überwacht und beobachtet bleiben. Bleibt die natürliche Atmung aus, so muß man die künstliche Atmung bis zum Eintreffen des Arztes, mindestens aber zwei Stunden lang fortsetzen, bevor man mit solchen Wiederbelebungsversuchen aufhört.

8. Beim Vorhandensein von Verletzungen, z. B. Knochenbrüchen, ist in diesem Zustande durch besondere Vorsicht bei der Behandlung des Verunglückten Rechnung zu tragen.

9. Die Unterschenkel und Füße können von Zeit zu Zeit mit einem rauhen warmen Tuche oder einer Bürste gerieben werden.

10. Auch nach der Rückkehr des Bewußtseins ist der Verunglückte in liegender oder halb liegender Stellung unter Aufsicht zu belassen und von stärkeren Bewegungen abzuhalten.

III. Liegt eine Verbrennung des Verunglückten vor, so ist, falls ärztliche Hilfe nicht zur Stelle ist, folgendes zu beachten:

1. Bevor der Hilfeleistende die Brandwunden berührt, wasche und bürste er sich auf das sorgfältigste beide Hände und Unterarme mit warmem Wasser und Seife ab; auch empfiehlt es sich, sie mit einem reinen Tuche, das mit Spiritus getränkt ist, abzureiben (das Abtrocknen hinterher ist zu unterlassen!).

2. Gerötete und geschwollene Stellen werden zweckmäßig mit Borsalbe auf Verbandwatte oder mit einer Wismut-Brandbinde bedeckt und sodann mit einer weichen Binde lose umwickelt.

Blasen sind nicht abzureißen, sondern mit einer gut (über Spiritusflamme) ausgeglühten Nadel anzustechen und mit einer Wismut-Brandbinde, darüber mit Verbandwatte und loser Binde zu bedecken.

Bei Verkohlungen und Schorfbildungen sind die Wunden mit Verbandmull in mehreren Lagen zu bedecken; darüber ist Watte anzubringen und das ganze mittels Binde zu befestigen.

10. Gewicht und Widerstand von Kupferdrähten bei 15° C.

Durchmesser	Querschnitt	Gewicht	Widerstand	Länge	
mm	mm²	kg/km	Ohm/km	m/kg	m/Ohm
0,05	0,00196	0,0175	8913	57140	0,1122
0,10	0,00785	0,0700	2228	14286	0,4488
0,15	0,0177	0,1575	990,3	6349	1,0098
0,20	0,0314	0,2800	557,0	3571	1,7952
0,25	0,0491	0,4375	356,5	2286	2,805
0,30	0,0707	0,6300	247,6	1587,3	4,039
0,35	0,0962	0,8575	181,89	1166,2	5,498
0,40	0,1257	1,1200	139,26	892,9	7,181
0,45	0,1590	1,4175	110,04	705,5	9,088
0,50	0,1963	1,7500	89,13	571,4	11,220
0,55	0,2376	2,118	73,66	472,3	13,576
0,60	0,2827	2,520	61,89	396,8	16,157
0,65	0,3318	2,957	52,74	338,1	18,96
0,70	0,3848	3,430	45,47	291,5	21,99
0,75	0,4418	3,937	39,61	254,0	25,25
0,80	0,5027	4,480	34,82	223,2	28,72

Durch-messer mm	Querschnitt mm²	Gewicht kg/km	Widerstand Ohm/km	Länge	
				m/kg	m/Ohm
0,85	0,5675	5,057	30,84	197,73	32,42
0,90	0,6362	5,670	27,51	176,37	36,35
0,95	0,7088	6,317	24,69	158,36	40,50
1,00	0,7854	7,000	22,28	142,86	44,88
1,20	1,1310	10,080	15,473	99,21	64,63
1,40	1,5394	13,720	11,368	72,89	87,97
1,60	2,0106	17,92	8,704	55,80	114,89
1,80	2,545	22,68	6,877	44,09	145,41
2,00	3,142	28,00	5,570	35,71	179,52
2,5	4,909	43,75	3,565	22,86	280,5
3,0	7,069	63,00	2,476	15,873	403,9
3,5	9,621	85,75	1,8189	11,662	549,8
4,0	12,566	112,00	1,3926	8,929	718,1
4,5	15,904	141,75	1,1004	7,055	908,8
5,0	19,635	175,00	0,8913	5,714	1122,0

Sachregister.

Abbindung 114.
Ableitungen 259.
Akkumulatoren 30.
Akkumulatoren, Tabelle 32.
Ampere 2.
Amperemeter 165.
Amperesekunde 16.
Anbringen von Apparaten 163.
Anleitung zur ersten Hilfeleistung 319.
Arbeitsstromelemente 19.
Atlassicherung 247.
Auffangevorrichtung 258.
Ausschalter 48.
Autojanusschränke 210.
Automatische Feuermelder 244.
Automatische Zentralen 220.

Batterie 17.
Beeinflussung durch Fremdströme 117.
Behandlung von Akkumulatoren 33.
Belltelephon 63.
Berechnung d. Elementzahl 26.
Berechnung der Akkumulatorenbetriebsbatterie 33.
Beutelelement 20.
Bleikabel 123.
Blitzableiteranlagen 257.
Blitzableitersätze 303.
Blitzsicherungen 81.
Braunsteinelemente 19.
Brikettelemente 20.
Bronzedraht 95.

Coulomb 16.

Dachgestänge 96.
Dauermagnete 11.
Doppelfadenlampe 85.
Dosentelephon 64.
Drähte, blanke, Tabelle 93.
Drähte 125.
Drahtmaterial 93.
Drahttabelle 130.
Drahtverbindung für Freileitungen 23.
Drosselrelais 81.
Drosselschauzeichen 85.
Drosselspule 12.
Druckkontakt 47.
Druckverbindung 144.
Durchhang 110.

Einbruchsicherung 247.
Eisenbahntelegraphie 242.
Eisenbahntelephonie 231.
Elektrischer Strom 1.
Elementprüfung 29.
Elementschaltung 29.
Elementschränke 26.
Elementtabelle 24.
Elementzahl 26.
Erdleitung 119.
Erdleitung (Blitz) 262.
Erdungsschalter 88.
Etagensignalanlage 236.

Fahrstuhlkabel 136.
Fallklappe 53, 76.
Farad 16.
Fehlersuchen in Kabeln 128.
Feinsicherungen 90.
Fernmeldeanlagen, Leitsätze über 274.

Fernsprechanschlüsse, Bestimmungen über 274.
Feuchte Räume, Leitung für 157.
Feueralarmanlagen 245.
Feuermeldeanlagen 243.
Feuermeldeanlagen, Vorschriften über 295.
Freileitungen 93.
Freileitungsbau 102.

Gabelständer 77.
Geschäftstelephonie 188.
Gesetzliche Verordnung 264.
Gleichstrom 4.
Gleichstromrelais 50.
Glühlampe 87.
Graphische Darstellung für zulässige Postnebenstellen 286.
Grobsicherungen 89.
Gummidämpfer 117.

Hakenumschalter 70.
Haustelegraphen 232.
Haustelephonie 179.
Hebelumschalter 78.
Henry 16.
Hilfeleistung, Anleitung zur 319.
Hochspannungsleitungen 120.
Hörschlüssel 78.
Hoteltelegraphie 237.

Induktion 11.
Induktionsspule 13.
Innenkabel 129.
Innenleitungen 129.
Isolationsprüfer 162.
Isolatorstützen 95.
Isolatorträger 96.

Sachregister.

Isoliermaterial für Freileitungen 95.
Isoliermaterial für Innenleitungen 139.
Isolierrohrtabelle 142.

Janusreihenschaltung 209.
Januszentralschaltung 214.

Kabelarmaturen 121.
Kabelendverschlüsse 127.
Kabelleitung 119.
Kabelplan 129.
Kabelverbindungen 125.
Kabelverteiler 157.
Kabelverteilungskasten 121.
Kapitel 1 1.
Kapitel 2 93.
Kapitel 3 179.
Kapitel 4 264.
Kapazität 9.
Kippklappe 58.
Klemmverbindungen 146.
Klemmkasten 146.
Klinke 78.
Klinkenschaltung 196.
Kondensator 6.
Kohlengrießmikrophon 67.
Kohlenkugelmikrophon 68.
Kontakte 47.
Kontaktwerk 250.
Kraftlinien 9.
Krügerelement 18.
Kugelmikrophon 68.
Kupferdraht 321.

Ladeeinrichtungen 37.
Lademaschinen 41.
Lauschanlagen 226.
Lautsprechanlagen 226.
Leclanchéelement 19.
Leerkontakt 244.
Leitungsbau 93.
Leitungsnetz, Prüfung 162.
Leitsätze über Blitzableiter 303.

Leitsätze über Fernmeldeanlagen 287.
Leitsätze über Schwachstrom- und Starkstromanlagen 294.
Lichtsignalanlagen 237.
Linienwähler 192.
Linienwählerkabel 139.
Löffeltelephon 66.
L-Relais 80.

Magnetinduktor 14.
Magnetismus 9.
Mammutelement 22.
Maßeinheiten, elektrische 16.
Meidingerelement 18.
Mikrofarad 16.
Mikrophone 68.
Mikrotelephone 76.
Ministerielle Verfügungen 264.
Mitsprechen 136.

Nebenanschlüsse, Bestimmungen 274.
Nebenanschlüsse, Gebühren 274.
Notsignalanlagen 236.

O.-B.-Mikrophon 68.
Ohm 2.
Ohmsches Gesetz 1.

Papierkabel 138.
Pendelklappe 56.
Periode 5.
Plattenblitzableiter 87.
Polwechsler 44.
Posttelephonanlagen 206.
Präzisionsmikrophon 69.
Primärelement 17.
Privattelephonanlagen 188.
Prüfung der Anlage 165.

Reihenanlagen, Bestimmungen 274.
Relais 53.
Remanenz 10.
Revision 171.
Rohrmontage 154.
Rufmaschine 45.
Rufstromumformer 46.

Ruhestromelemente 18.
Rückstellklappe 85.

Schauzeichen 86.
Schrankkabel 136.
Schutz, Leitungs- 118.
Selbstinduktion 11.
Selbstunterbrecher 49.
Sicherungen 87.
Signalanlagen 232.
Signalklappe 53.
Sinuskurve 6.
Spannung 1.
Spannungsabfall 3.
Spannungsmessungen 168.
Stahldraht 93.
Standkohlenelement 19.
Starkstromrelais 52.
Starkstromsicherungen 89.
Starktonmikrophon 76.
Stentormikrophon 69.
Stentortelephon 66.
Sternschauzeichen 85.
Stieltelephon 67.
Stöpsel 78.
Störungen, Aufsuchen von 167.
Streben 107.
Strom, elektrischer 1.
Stromkurven 9.
Strommessungen 165.
Stromquellen 17.
Stromstärke 1.
Stromquellen 17.
Stromwechselklappe 56.
Stromwechselrelais 50.
Stufenklappe 55.

Tabelle über Akkumulatoren 32.
— über blanke Drähte 93.
— über isolierte Drähte 129.
— über Elemente 24.
— über Kupferdrähte 321.
— über Isoliermaterial 139.
— über Isolierrohr 142.
— über Umformer 43.
Tableauanlagen 236.

Sachregister.

Tableauklappe 53.
Telegraphenwesen, Gesetz über 264.
Telephon 65.
Telephonie 69.
Telephonrelais 80.
Tönen der Leitungen 116.
Tonwellenbrecher 117.
Transformator 13.
Trockenelemente 23.
Türöffner 255.

Uhrenanlagen 254.
Umformer, Tabelle 43.
Umschalter 51.
Unfälle, Hilfeleistung für 319.
Übertrager 14.
Vakuumblitzsicherung 87.

Verbindungsklemmen 146.
Verbindungskästen 157.
Verdrillen von Freileitungen 118.
Verlegung von Kabeln 127.
Vertikalklappe 55.
Vollautomatische Zentralen 220.
Vollkontakt 248.
Volt 2.
Vorschriften über Akkumulatoren 33.
Vorschriften über Feuermeldeanlagen 295.

Walzenmikrophon 67.
Wasserdichte Telephonapparate 230.
Wasserstandsfernmelder 248.

Watt 16.
Wattstunde 16.
Wächterkontrollanlagen 246.
Wechselstrom 5.
Wechselstromrelais 54.
Werkzeug für Freileitungen 99.
— für Innenleitungen 142.
Wickeln von Kabeln 149.
Widerstand 2.
Wirbelstrom 12.
Würgelötstelle 145.

Z.-B.-Mikrophon 68.
Zeigerwerk 298.
Zentralanlagen 190.
Zugkontakt 49.
Zugkraft, magnetische 10.
Zungenfallklappe 84.

Verlag von Julius Springer in Berlin W 9

Die Telegraphentechnik. Ein Leitfaden für Post- und Telegraphenbeamte. Von Geh. Oberpostrat Prof. Dr. **K. Strecker,** Berlin. Siebente Auflage. In Vorbereitung.

Lehrbuch der drahtlosen Telegraphie. Von Dr.-Ing. **Hans Rein.** Nach dem Tode des Verfassers herausgegeben von Professor Dr. **K. Wirtz,** Darmstadt. Zweite Auflage. In Vorbereitung.

Radiotelegraphisches Praktikum. Von Dr.-Ing. **H. Rein.** Dritte, umgearbeitete und vermehrte Auflage von Prof. Dr. **K. Wirtz,** Darmstadt. Mit 432 Textabbildungen und 7 Tafeln. Berichtigter Neudruck 1922. Erscheint im Dezember 1922.

Die Radioschnelltelegraphie. Von Dipl.-Ing. Dr. phil. **Eugen Nesper.** Mit 108 Textabbildungen. Erscheint Ende November 1922.

Handbuch der drahtlosen Telegraphie und Telephonie. Ein Lehr- und Nachschlagebuch der drahtlosen Nachrichtenübermittlung. Von Dr. **Eugen Nesper.** Zwei Bände. Mit 1321 Abbildungen im Text und auf Tafeln. 1921. Gebunden GZ. 56

Experimentelle Untersuchungen aus dem Grenzgebiet zwischen drahtloser Telegraphie und Luftelektrizität. Von Privatdozent Dr. **M. Dieckmann.** Erster Teil: Die Empfangsstörung. Mit 56 Abbildungen. (Luftfahrt und Wissenschaft. Heft 2.) GZ. 3

Hochfrequenzmeßtechnik. Ihre wissenschaftlichen und praktischen Grundlagen. Von Dr.-Ing. **August Hund,** beratender Ingenieur. Mit 150 Textabbildungen. 1922. Gebunden GZ. 8,4

Die Nebenstellentechnik. Von **Hans B. Willers,** Oberingenieur und Prokurist der Aktiengesellschaft Mix & Genest, Berlin-Schöneberg. Mit 137 Textabbildungen. 1920. Gebunden GZ. 6

40 Jahre Fernsprecher. Stephan—Siemens—Rathenau. Von Geh. Oberpostrat **Oskar Große.** Mit 16 Textabbildungen. 1917. GZ. 3

Die Grundzahlen (GZ.) entsprechen den ungefähren Vorkriegspreisen und ergeben mit dem jeweiligen Entwertungsfaktor (Umrechnungsschlüssel) vervielfacht den Verkaufspreis. Über den zur Zeit geltenden Umrechnungsschlüssel geben alle Buchhandlungen sowie der Verlag bereitwilligst Auskunft.

Verlag von Julius Springer in Berlin W 9

Kurzer Leitfaden der Elektrotechnik für Unterricht und Praxis in allgemeinverständlicher Darstellung. Von Ingenieur **Rudolf Krause.** Vierte, verbesserte Auflage herausgegeben von Professor **H. Vieweger.** Mit 375 Textfiguren. 1920. Gebunden GZ. 6

Aufgaben und Lösungen aus der Gleich- und Wechselstromtechnik. Ein Übungsbuch für den Unterricht an technischen Hoch- und Fachschulen, sowie zum Selbststudium. Von Professor **H. Vieweger.** Siebente, verbesserte Auflage. Mit 210 Textfiguren und 2 Tafeln. 1922. GZ. 5; gebunden GZ. 7

Die Elektrotechnik und die elektromotorischen Antriebe. Ein elementares Lehrbuch für technische Lehranstalten und zum Selbstunterricht. Von Dipl.-Ing. **Wilhelm Lehmann.** Mit 520 Textabbildungen und 116 Beispielen. 1922. Gebunden GZ. 9

Elektrotechnische Winke für Architekten und Hausbesitzer. Von Dr.-Ing. **L. Bloch** und **R. Zaudy.** Mit 99 Textfiguren. 1911. Gebunden GZ. 2,8

Herstellen und Instandhalten elektrischer Licht- und Kraftanlagen. Ein Leitfaden auch für Nichttechniker unter Mitwirkung von **Gottlob Lux** und Dr. **C. Michalke,** verfaßt und herausgeben von **S. Frhr. v. Gaisberg.** Neunte, umgearbeitete und erweiterte Auflage. Mit 66 Textabbildungen. 1920. GZ. 1,8

Alles elektrisch! Ein Wegweiser für Haus und Gewerbe. Preisgekrönte Bearbeitung von **H. Zipp,** Ingenieur in Cöthen. Neue, durchgesehene Auflage. (81.—100. Tausend.) 1912. GZ. 0,25

Die Verordnung über die schiedsgerichtliche Erhöhung von Preisen bei der Lieferung von elektrischer Arbeit, Gas- und Leitungswasser vom 1. Februar 1919 bis 9. Juni 1922 nebst den zugehörigen weiteren Bestimmungen. Erläutert von Geh. Bergrat **Paul Zierkusch** und Dr. **K. Kauffmann,** Rechtsanwalt. Zweite, umgearbeitete Auflage. 1922. GZ. 4; gebunden GZ. 5

Der elektrische Landwirt. Ein Merkbüchlein in Frage und Antwort. Von Dipl.-Ing. **A. Vietze,** General-Direktor, Geschäftsführer der Landelektrizität G. m. b. H. zu Halle a. S. 41.—60. Tausend. 1922. GZ. 0,3

Die Genossenschaft als Träger der Elektrizitätsversorgung in der ländlichen Gemeinde. Erstes Heft: **Gründung und Finanzierung von Elektrizitätsgenossenschaften.** Von **Adolf Wolterstorff,** genossenschaftlichem Verbandssekretär. 1919. GZ. 1,2

Die Grundzahlen (GZ.) entsprechen den ungefähren Vorkriegspreisen und ergeben mit dem jeweiligen Entwertungsfaktor (Umrechnungsschlüssel) vervielfacht den Verkaufspreis. Über den zur Zeit geltenden Umrechnungsschlüssel geben alle Buchhandlungen sowie der Verlag bereitwilligst Auskunft.

Verlag von Julius Springer in Berlin W 9

Hilfsbuch für die Elektrotechnik. Unter Mitwirkung namhafter Fachgenossen bearbeitet und herausgegeben von Dr. **Karl Strecker.** Neunte, umgearbeitete Auflage. Mit 552 Textabbildungen. 1921.
Gebunden GZ. 12,5

Ankerwicklungen für Gleich- und Wechselstrommaschinen. Ein Lehrbuch. Von Professor **Rudolf Richter** in Karlsruhe. Mit 377 Textabbildungen. Berichtigter Neudruck. Erscheint Ende 1922

Elektrische Starkstromanlagen. Maschinen, Apparate, Schaltungen, Betrieb. Kurzgefaßtes Hilfsbuch für Ingenieure und Techniker sowie zum Gebrauch an technischen Lehranstalten. Von Studienrat Dipl.-Ing. **Emil Kosack** in Magdeburg. Sechste, durchgesehene Auflage. Mit etwa 297 Textabbildungen. [Erscheint Ende 1922

Schaltungen von Gleich- und Wechselstromanlagen. Dynamomaschinen, Motoren und Transformatoren, Lichtanlagen, Kraftwerke und Umformerstationen. Ein Lehr- und Hilfsbuch. Von Dipl.-Ing. **Emil Kosack,** Studienrat an den Staatl. Vereinigten Maschinenbauschulen zu Magdeburg. Mit 226 Textabbildungen. 1922. GZ. 4; gebunden GZ. 6

Theorie der Wechselströme. Von Dr.-Ing. **Alfred Fraenckel.** Zweite, erweiterte und verbesserte Auflage. Mit 237 Textfiguren. 1921.
Gebunden GZ. 11

Die symbolische Methode zur Lösung von Wechselstromaufgaben. Einführung in den praktischen Gebrauch. Von **Hugo Ring,** Ingenieur der Firma Blohm & Voß, Hamburg. Mit 33 Textfiguren. 1921.
GZ. 2,3

Die Berechnung von Gleich- und Wechselstromsystemen. Neue Gesetze über ihre Leistungsaufnahme. Von Dr.-Ing. **Fr. Natalis.** Mit 19 Textfiguren. 1920.
GZ. 1

Elektromotoren. Ein Leitfaden zum Gebrauch für Studierende, Betriebsleiter und Elektromonteure. Von Dr.-Ing. **Johann Grabscheid.** Mit 72 Textabbildungen. 1921.
GZ. 2,8

Die Hochspannungs-Gleichstrommaschine. Eine grundlegende Theorie. Von Elektroingenieur Dr. **A. Bolliger** in Zürich. Mit 53 Textfiguren. 1921.
GZ. 2

Die Grundzahlen (GZ.) entsprechen den ungefähren Vorkriegspreisen und ergeben mit dem jeweiligen Entwertungsfaktor (Umrechnungsschlüssel) vervielfacht den Verkaufspreis. Über den zur Zeit geltenden Umrechnungsschlüssel geben alle Buchhandlungen sowie der Verlag bereitwilligst Auskunft.

Verlag von **Julius Springer** in Berlin W 9

Elektrotechnische Meßkunde. Von Dr.-Ing. **P. B. Arthur Linker.**
Dritte, völlig umgearbeitete und erweiterte Auflage. Mit 408 Textfiguren. Unveränderter Neudruck. 1922. Gebunden GZ. 12

Elektrotechnische Meßinstrumente. Ein Leitfaden. Von **Konrad Gruhn**, Oberingenieur und Gewerbestudienrat. Zweite, verbesserte Auflage. Mit 321 Textabbildungen. Erscheint Anfang 1923

Messungen an elektrischen Maschinen. Apparate, Instrumente, Methoden, Schaltungen. Von **Rud. Krause.** Fünfte, gänzlich umgearbeitete Auflage von Ingenieur **Georg Jahn.** Mit etwa 256 Textfiguren und einer Tafel. In Vorbereitung

Meßgeräte und Schaltungen für Wechselstrom-Leistungsmessungen. Von Oberingenieur **Werner Skirl.** Mit 215 Abbildungen. 1920. Gebunden GZ. 6,8

Meßgeräte und Schaltungen zum Parallelschalten von Wechselstrommaschinen. Von Oberingenieur **Werner Skirl.** Mit 99 Textfiguren. 1921. Gebunden GZ. 3,4

Die Berechnung der Anlaß- und Regelwiderstände. Von Ingenieur **Erich Jasse.** Zweite Auflage. Mit etwa 65 Textabbildungen. In Vorbereitung

Die Berechnung elektrischer Leitungsnetze in Theorie und Praxis. Von Dipl.-Ing. **Joseph Herzog** † in Budapest, und **Clarence Feldmann**, Professor an der Technischen Hochschule zu Delft. Dritte, vermehrte und verbesserte Auflage. Mit 519 Textfiguren. 1921. Gebunden GZ. 22

Die Maschinenlehre der elektrischen Zugförderung. Eine Einführung für Studierende und Ingenieure. Von Professor Ing. Dr. **W. Kummer** in Zürich. Mit 108 Abbildungen im Text. 1915. Gebunden GZ. 6,8

Die Energieverteilung für elektrische Bahnen. Von Professor Ing. Dr. **W. Kummer.** Mit 62 Abbildungen im Text. 1920. (Zweiter Band der Maschinenlehre der elektrischen Zugförderung.) Gebunden GZ. 5,5

Die Grundzahlen (GZ.) entsprechen den ungefähren Vorkriegspreisen und ergeben mit dem jeweiligen Entwertungsfaktor (Umrechnungsschlüssel) vervielfacht den Verkaufspreis. Über den zur Zeit geltenden Umrechnungsschlüssel geben alle Buchhandlungen sowie der Verlag bereitwilligst Auskunft.

MIX
Papier aus verantwortungsvollen Quellen
Paper from responsible sources
FSC® C105338

If you have any concerns about our products,
you can contact us on
ProductSafety@springernature.com

In case Publisher is established outside the EU,
the EU authorized representative is:
**Springer Nature Customer Service Center GmbH
Europaplatz 3, 69115 Heidelberg, Germany**

Printed by Libri Plureos GmbH
in Hamburg, Germany